AF345051

DU

SERVICE HYDRAULIQUE

EN FRANCE.

———

PREMIÈRE LIVRAISON.

DU

SERVICE HYDRAULIQUE

EN FRANCE,

DE SON IMPORTANCE ET DE SON AVENIR,

Par M. le Docteur

JULES TEISSIER-ROLLAND,

Membre du Conseil-Général du Gard et de plusieurs Sociétés savantes.

Première Livraison.

NIMES.

TYPOGRAPHIE BALLIVET ET FABRE,
RUE DE L'HÔTEL-DE-VILLE, 11.

1849

DU

SERVICE HYDRAULIQUE,

DE SON IMPORTANCE

ET DE SON AVENIR.

INTRODUCTION.

Le dix-sept novembre mil-huit cent quarante-huit, la circulaire suivante fut adressée à MM. les Préfets des départemens par M. Vivien, alors Ministre des Travaux publics :

« Monsieur le Préfet,

» Parmi les questions qui intéressent le développement de l'aisance et du bien-être de la population, et qui méritent, à ce titre, toute la sollicitude du gouvernement, il n'en est pas de plus importantes que celles qui ont pour objet l'accroissement du produit des terres cultivables, la fertilisation des terrains improductifs, l'assainissement des campagnes.

» L'établissement des canaux d'irrigation , de limonage et de colmatage , la régularisation et le bon amé-
nagément des cours d'eau , la création de réservoirs
artificiels , l'emploi des eaux , soit comme moteur
hydraulique , soit comme agent fertilisant , enfin , le
dessèchement des marais et la destruction des étangs
insalubres , sont des travaux de nature à exercer une
influence directe sur la production agricole.

» Depuis long-temps ces objets préoccupent l'attention publique , et des mesures législatives ont levé
les principaux obstacles qui s'opposaient à la pratique
individuelle de l'arrosage des terres.

» .... La vérité étant universellement admise , il est
temps de sortir des considérations théoriques et d'a-
border résolument les applications.

» Le gouvernement seul , par une initiative puissante , par un concours bienveillant , peut imprimer
une vive impulsion aux travaux publics qui intéressent
l'agriculture.....

» Désormais , dans chaque département.., , un ingénieur spécial centralisera toutes les études relatives
aux cours d'eau : — la réglementation des usines hydrauliques, — la rédaction des projets de dessèchement,
d'irrigation, de colmatage, de réservoirs ou de tous autres ouvrages destinés à utiliser les eaux pluviales et
à créer des ressources pour les époques de sécheresse,
— l'organisation et la surveillance des associations
formées en vue de l'exécution des travaux publics
intéressant l'agriculture, — enfin, l'examen et la proposition de toutes les mesures propres à assurer le bon

emploi des eaux , et leur équitable répartion entre l'agriculture et l'industrie....

» Un crédit spécial permet à l'administration des travaux publics , de pourvoir aux frais d'études convenables et de substituer ainsi sa propre initiative à celle des intéressés.....

» Les études des ingénieurs du service spécial seront soumises à une commission permanente dans laquelle les deux départemens de l'agriculture et des travaux publics seront également représentées ; elles seront examinées , non-seulement sous le rapport technique et administratif par le conseil général des ponts-et-chaussées, mais encore, au point de vue agricole, par des hommes spéciaux et éclairés....

» Je vous prie , M. le Préfet , de donner connaissance des dispositions qui précèdent au conseil-général de votre département. Vous voudrez bien lui faire remarquer , en même temps , que si la législation actuelle fournit des solutions sur les plus essentielles des questions dont je viens de vous entretenir , il est utile cependant de rechercher les améliorations qui pourraient être introduites avec fruit dans cette législation.

» Parmi les nombreuses questions qui pourraient être posées à ce sujet , je signalerai particulièrement les suivantes à l'attention du conseil-général.

» Ne conviendrait-il pas que l'administration fût investie par la loi d'une autorité plus étendue pour l'exécution des travaux d'irrigation et de dessèchement par les propriétaires intéressés ?

» Lorsque des travaux de cette nature ont été déclarés d'utilité publique et réunissent l'assentiment de plus de la moitié des propriétaires de la surface des terrains, ne conviendrait-il pas d'appliquer, à l'exemple de ce qui se pratique pour les travaux d'endiguement, les dispositions de l'article 33 de la loi du 16 septembre 1807, c'est-à-dire, d'ordonner d'office la réunion de tous les intéressés en une association syndicale qui serait chargée d'exécuter les travaux approuvés, avec ou sans le concours de l'Etat, des départemens ou des communes ?

„ En ce qui touche l'usage des eaux comme force motrice, n'y aurait-il pas lieu, pour assurer l'utile emploi de la pente des eaux, qui forment une partie de la richesse publique, d'étendre à l'établissement des barrages destinés aux usines, le principe du droit d'appui créé par la loi du 11 juillet 1847 pour les barrages d'irrigation

„ En entrant dans cette voie d'améliorations pratiques, l'administration des travaux publics croit pouvoir compter sur l'adhésion et le concours des conseils-généraux des départemens. Peut-être même, pour hâter et faciliter l'accomplissement d'une tâche dont ils apprécieront sans doute l'utilité, croiront-ils devoir ajouter une subvention, sur les fonds départementaux, au crédit encore modique dont l'administration peut disposer pour l'étude des travaux d'utilité agricole.

« Veuillez, Monsieur le Préfet, me transmettre le résultat des délibérations du Conseil-général de votre département sur ces diverses questions.... „

Comme complément de la circulaire qui précède , M. le Ministre des Travaux publics a écrit à M. le Préfet du Gard ; en date du 2 décembre :

« M. Lefort, ingénieur en chef des ponts-et-chaussées , maintenant à la tête du service des eaux du département de la Seine , sera chargé du service spécial des *irrigations* , *dessèchemens et usines* , dans les départemens du Gard, de l'Hérault , de l'Aude et des Pyrénées-Orientales.

« Il résidera à Montpellier..... »

Et , dans une autre lettre du même jour, M. le Ministre disait encore :

» J'ai décidé que M. Dombre , ingénieur des ponts-et-chaussées , actuellement chargé de l'arrondissement de Nimes , sera attaché au service des irrigations , dessèchemens et usines dans le département du Gard.

« Il continuera de résider à Nimes.... »

Parmi les ingénieurs des ponts-et-chaussées fixés dans le Gard , le Ministre ne pouvait faire un choix plus favorable au pays que celui de M. Dombre , car , indépendamment des connaissances théoriques, si générales et si relevées dans le corps distingué auquel il appartient, notre compatriote a, de plus, l'avantage particulier d'avoir dirigé pendant plusieurs années le service des arrondissemens d'Alais, du Vigan , de Nimes, c'est-à-dire, de connaître parfaitement , au point de vue de ses fonctions nouvelles , les trois quarts du département.

Dans ces dernières années , M. Dombre a été chargé de l'étude spéciale et de la rédaction de projets de rectification et d'endiguement , sur une grande portion du parcours des deux Gardons d'Alais et d'Anduze. Quelque temps avant, par suite d'une mission municipale , il s'était occupé de l'examen de nos projets relatifs à la fourniture d'eau pour Nimes , ainsi que de la restauration de l'antique aqueduc romain qui l'a conduit jusque dans l'arrondissement d'Uzès et sur les bords de la rivière d'Eure ou d'Alzon , faible puissance motrice , mais pourtant la mieux employée du département, vu le nombre des usines en pleine activité. Enfin , la Commission spéciale des digues du Rhône vient de confier à M. Dombre une mission importante, qui , sur la partie marécageuse et palustre du département, le long des rives du grand , du petit Rhône et du littoral de la mer , complétera les connaissances, déjà si étendues, qu'il a acquises dans la surveillance des canaux de navigation du Gard et par les beaux travaux projetés, commencés ou déjà accomplis par lui pour la ville d'Aiguesmortes, le canal ou le port du *Grau.*

Il y a donc justice et convenance dans le choix de l'administration supérieure.

La circulaire de M. le ministre des travaux publics n'arriva dans le Gard qu'au moment où le conseil-général allait terminer une longue et laborieuse session ; il était donc impossible d'entreprendre , avec fruit, l'examen de questions dont le nombre et l'importance réclamaient des études et des discussions sérieuses ; il est à regretter qu'une commission spéciale n'ait pas pu être chargée de ce travail dès le début des opérations du conseil.

Si le ministre n'avait voulu qu'une adhésion vague ou générale à ses vues , il aurait pu l'obtenir immédiatement , mais il demandait un examen réel de ses idées , un avis sur leur exécution , une opinion motivée sur les lois existantes et sur la convenance de les laisser intactes , de les modifier ou d'en promulguer de nouvelles. Si le conseil s'était prononcé à la hâte sur tous ces points , il serait nécessairement resté au-dessous de sa tâche , il a dû s'abstenir jusqu'à une nouvelle réunion.

Voué par goût à l'étude des questions hydrauliques, frappé de l'actualité et de l'importance de celles que contient la circulaire ministérielle , ayant l'honneur de faire partie du conseil-général du Gard , et craignant que l'examen ne puisse être tardif s'il est renvoyé d'une année , — je prends le parti , à mes périls et risques , non-seulement d'étudier dans l'isolement les questions posées , mais encore de communiquer au public mes idées et mes impressions.

Si mon travail excitait quelqu'un de mes honorables collègues à en rédiger un meilleur, ou bien si ce travail surgissait du sein du public même, on obtiendrait des matériaux précieux pour la prochaine discusssion , et, dans tous les cas, je ne suis pas sans espoir d'être utile en accomplissant un devoir.

Le cadre d'un travail régulier serait tout naturellement tracé, il se diviserait en deux parties :

Dans la première, au point de vue sous lequel le ministre désire d'avoir les avis des Conseils-généraux, on examinerait l'état de la législation sur les dessèchemens, les irrigations, les usines et les diverses modifications qu'il pourrait être utile de lui faire subir;

Dans la seconde partie, on chercherait à déterminer, au point de vue spécial du département du Gard, quels sont les avantages qui peuvent découler de l'exécution intelligente et sage des différentes prescriptions du ministre des travaux publics. Dans ce cadre, chaque question importante devrait être le sujet d'un chapitre particulier.

Mais je n'écris que dans mes momens de loisir, à bâton rompu, pour des articles de journal; je ne veux donc m'astreindre à aucune méthode trop génante, et je ne m'occuperai de chaque objet qu'à mesure que j'en aurai les matériaux particuliers sous la main. Je ne puis mieux faire en ce moment, et je ne pense pas d'ailleurs que ce manque d'ordre, auquel je n'ai pas la faculté de me soustraire, m'éloigne beaucoup de mon but, ni qu'il ait de trop graves inconvéniens.

J'écrivais ce qui précède le 2 janvier dernier, et, le 13 du même mois, je le publiai dans le *Courrier du Gard*. Depuis, un grand malheur domestique m'a frappé, la mort de ma mère , suivie pour moi d'une maladie très grave et d'un surcroît de mes occupations de tous les jours. Mes recherches sur les questions hydrauliques ont été dès-lors , tantôt suspendues , tantôt ralenties , et le travail que j'espérais offrir au conseil-général est à peine ébauché.

Cependant, la chambre des représentans , frappée du mauvais état de nos finances et de l'impérieuse nécessité d'une sévère économie a refusé les fonds que le ministère demandait pour la complète organisation, pour la mise en activité du service hydraulique.

On m'assure que , faute de ressources , les ingénieurs et les conducteurs désignés sont obligés de rester dans une inaction aussi pénible pour eux que regrettable pour l'Etat.

On m'assure , qu'au lieu d'instituer le personnel nécessaire dans chaque département , comme la circulaire ministérielle le promettait, on aurait , au contraire , annulé plusieurs des nominations faites ;

Que l'institution elle-même serait en péril : ce que je ne puis croire....

Mais , s'il en est ainsi , tous les conseils-généraux, tous les amis sincères du pays , doivent élever la voix et plaider avec énergie pour une cause si importante , si juste, que je l'appellerai presque sainte !...

Nos finances sont dans un état déplorable , — je le reconnais ;

La nation fléchit sous le poids des impôts ;

Sans aucun doute, l'économie la plus stricte est un des premiers devoirs de nos législateurs ;

Mais ne faut-il pas distinguer les dépenses improductives , celles qui dissipent sans profit la richesse
publique, de celles qui , donnant presque aussitôt les
résultats les plus avantageux , augmentent l'aisance
générale bien loin d'y porter atteinte ?

Ne doit-on pas considérer que , pour des entreprises
desquelles dépend la prospérité de l'agriculture, l'a-
bondance du bétail et des engrais , le bas prix des
subsistances, et, par suite, la prospérité des manufactures et de notre commerce , surtout à l'extérieur ,
l'action individuelle des propriétaires ne peut suffire :
que leurs efforts doivent être réunis , leur volonté dirigée ; que tout doit être conçu , exécuté dans un esprit
de généralité et d'ensemble , et , par conséquent , subordonné à des études complètes , aux lumières de la
science.

Des travaux largement, patriotiquement conçus
sont des prêts temporaires que le riche fait au pauvre par l'impôt , prêts dont le pauvre s'acquitte par
des travaux dont les produits couvrent bientôt fructueusement le capital et les accessoires.

Enfin , l'un des moyens les plus efficaces de moraliser , d'éviter les troubles et les émeutes, c'est de
rappeler les masses aux travaux agricoles ; de rendre la campagne plus attrayante en l'embellissant ;
de créer, par l'irrigation , des ressources alimentaires ,
des élémens industriels et commerciaux inépuisables et à bas prix ; d'augmenter la salubrité par les
dessèchemens ; de créer des usines nombreuses pour

enrichir la nation, tout en diminuant son labeur, en ménageant ses forces.

N'est-il pas du devoir du tout bon citoyen de proclamer, de répandre des vérités aussi généreuses, aussi utiles; n'est-il pas instant de faire comprendre l'importance, la nécessité du service hydraulique, de protester contre l'abandon qui le menace.

Pour moi, c'est dans ce but que je me décide à publier un premier fragment de mes études, quelque imparfait qu'il soit, car je place le désir d'être utile bien au-dessus de mon amour-propre d'auteur.

Quand je ne répandrais sur mon sujet aucune lumière nouvelle, quand je me bornerais à répéter ce que d'autres ont dit avant moi; — écho propagateur de la vérité, je regarderais comme une chose importante la réunion, la publication nouvelle de matériaux peu connus ou disséminés.

Alors qu'il s'agit de questions d'une aussi haute portée, la recherche des opinions déjà émises, la compilation, si l'on veut, préparent et facilitent souvent mieux les bonnes solutions que les théories qu'on pourrait soi-même enfanter. Les idées saines, applicables, sont de tous les temps, de tous les pays, et je regarde celles qui ont obtenu la sanction d'une longue expérience comme les plus dignes de la confiance nationale.

L'auteur dont la voix n'a pas encore d'autorité reconnue, doit s'abriter sous celle des maîtres de la science et se faire un appui de leur sagesse et de leur nom ; je terminerai donc en disant, avec un poète ancien , ami des champs, que tout agriculteur bien inspiré doit largement irriguer ses domaines :

Herbiferis rorem disseminat agris ;

et j'ajouterai , avec un philosophe moderne :

« L'homme qui fait croître deux brins d'herbe là
» où il n'y en avait qu'un , mérite plus d'applaudis-
» semens que tous les guerriers et tous les politiques
» du monde. »

DU

SERVICE HYDRAULIQUE,

DE SON IMPORTANCE ET DE SON AVENIR.

CHAPITRE PREMIER.

De l'Irrigation chez les Anciens, et de ce qu'elle doit produire en France.

1.

L'Orient fut le berceau des peuples ; c'est dans ses vastes plaines , sillonnées par de grands fleuves , séparées par de hautes chaînes de montagnes , douées de climats propices et de terres fécondes , que naquit la civilisation , et que des croyances religieuses protégèrent les premières sociétés.

L'Assyrie et l'Egyte jettent un reflet lointain sur les anciens temps historiques ; leurs métropoles furent toujours, en Assyrie, sur les rives du Tigre et de l'Euphrate , en Egypte , sur celles du Nil. C'est là un fait dominant, trop exclusivement interprété en faveur du commerce et de la navigation , et dont une part l'irrigation , dans les lois et la religion protectrices du cultivateur. L'étude de ces causes peut être utile à l'agriculture française , dont l'avenir est plus intéressé qu'on ne ne le pense à la recherche des grands travaux , des lois, des coutumes et des croyances qui assurèrent à quelques peuples de l'Orient , une prospérité agricole si féconde en résultats politiques.

II.

Le sol de l'Assyrie est comme un vaste panorama où l'observateur peut étudier les misères de la vie nomade dans la famille que la faim isole, dans la tribu que le péril enfante et consolide , dans la horde du désert. Mais à côté de toutes les nuances de la barbarie sont aussi des tribus agricoles , les unes laborieusement attachées au sol des montagnes , les autres, plus heureuses , cultivant les vallées et les rivages des lacs et des rivières.

Avec ces dernières , l'agriculture avait conquis de bonne heure les bienfaits inappréciables de l'irrigation : l'eau dérivée par de faibles rigoles et plus tard par des canaux, porta la végétation sur des sables arides, sur des montagnes, au milieu de déserts longtemps inhospitaliers. A la suite , apparaissent des peuples nombreux, des villes puissantes, et le luxe que produisent une agriculture prospère et les arts. On voit briller successivement Ninive et Babylone , capitales de deux grandes monarchies ; les solitudes de la Susiane offrent des sites enchanteurs , et la Perside étale ses richesses agricoles sur les confins du désert. La Bactriane justifie sa renommée , par la fertilité de ses grandes vallées. Dans celles de l'Aria , apparaissent aussi de riches colonies où l'agriculture semble née par une inspiration du ciel ; et dans les régions plus lointaines de l'Ariane , tandis que les montagnards restés barbares vivent misérablement, les tribus agricoles prospèrent dans les plaines, et, par leur industrie , accaparent le commerce des Assyriens avec les peuples de l'Inde.

Cernée par le désert, Babylone ne fut une grande et magnifique cité que parce que des milliers de canaux en avaient converti les sables et les grèves en terres fécondes. Dans les vastes plaines qui s'étendaient sur la rive droite de l'Euphrate , on renouvelait à volonté les bienfaits du débordement , sans s'exposer à ses désastres ; la terre ne se reposait jamais, elle était également secourue par le climat , par des bras laborieux, et par des eaux intarissables. Ces belles cultures, tant vantées par Hérodote, étaient de plus de deux cent mille hectares de terre sur la seule rive droite

Lorsque les eaux de l'Euphrate étaient trop basses, le lac Nitocris , ouvrait son immense réserve , et , pendant quatre mois , l'eau coulait à pleins bords dans les canaux. Plusieurs avaient un cours de plus de vingt à vingt-cinq myriamètres ; quelques-uns allaient se perdre dans le désert. L'un d'eux franchissant une immense solitude , atteignait , dit-on , la lagune de Bassorah. Il offrait au commerce de Babylone et à la politique des princes assyriens une voie plus sûre et plus directe vers la mer que celle de l'Euphrate.

Entre les deux fleuves de la Mésopotamie , plus de cent mille hectares de terre étaient abondamment arrosés; et c'est dans le labyrinthe formé par les canaux que l'armée grecque trouva un refuge après la défaite du jeune Cyrus.

L'irrigation longeait aussi la rive gauche du Tigre , depuis Ninive jusqu'à la ville grecque de Séleucie.

Cette magnifique bordure , créée par des mains inconnues , s'enfonçait profondément dans les vallées arrosées par le Lycus , le Zabath , les Physcus et le Delos.

La vallée d'Arbelles était déjà célèbre par la richesse de ses produits , dus à une irrigation bien entendue , avant de le devenir par la défaite de Darius.

Au midi de la ville parthe de Ctésiphon , plusieurs grands canaux fécondaient les belles colonies agricoles qui unissaient la culture de la Mésopotamie avec les vastes plaines de la Susiane et les rivages du golfe Persique.

Le plus vif intérêt doit s'attacher à la marche de l'industrie agricole le long des rives de l'Euphrate et du Tigre , ainsi qu'aux efforts prodigieux de quelques princes Assyriens pour rendre la terre productive , malgré la chaleur extrême du climat et l'aridité naturelle du sol.

III.

Ninus fit ouvrir de grandes et belles routes dans l'intérieur de son empire ; il fit aussi encaisser le Tigre par de longues chaussées, pour en modérer le cours et pour en maîtriser en partie les crues périodiques.

De tous les travaux de ce prince, ceux qui contribuèrent le plus efficacement à enrichir le pays furent, sans contredit, les grands canaux dérivés du fleuve et destinés à doter les deux rives des bienfaits de l'irrigation. Des barrages solides, et que le temps a en partie respectés, versaient dans les canaux des volumes d'eau semblables à des rivières. Ces dérivations allaient au loin fertiliser des terres que paralysaient l'absence des pluies et l'action prolongée d'une chaleur dévorante. Les marécages, les plaines sablonneuses et arides se couvrirent ainsi, peu à peu, d'une couche limoneuse qui s'accroissait à chaque inondation et à chaque arrosage.

L'abondance des produits agricoles et le bas prix des choses nécessaires favorisèrent l'accroissement de la population ; la multitude des bras abaissa à son tour le prix de la main d'œuvre ; il fut possible de faire beaucoup, plus vite et à moins de frais. Ainsi s'expliquent la grandeur et la rapidité des travaux de Ninus, pour lesquels, suivant l'opinion de M. de Pastoret, l'Egypte seule pouvait disputer la priorité de la conception et du temps.

Sémiramis, qui succéda à ce prince, fit construire de longues chaussées sur les deux rives de l'Euphrate, en amont desquelles les eaux étaient divisées dans des canaux d'arrosement. Babylone, sur ce fleuve, était séparée du Tigre par un désert de douze lieues dans lequel des canaux de navigation et d'arrosage ne tardèrent pas à porter la vie et la fertilité.

Alexandre trouva sur la frontière de Scythie une inscription de Sémiramis qui disait : « J'ai contraint » les fleuves de couler où je voulais, et je n'ai voulú » qu'où il était utile : J'ai rendu féconde la terre sté- » rile en l'arrosant de leurs eaux..... »

Sous les faibles descendans de Ninus , sous les successeurs de Belésis , l'Assyrie éprouva souvent de grands désastres pendant douze siècles ; mais , après les invasions, les révolutions, les batailles, — on retrouvait les canaux, les rigoles , les aqueducs souterrains , — on réparait les écluses , les barrages , les vannes , les ponts,— on confiait à la terre une semence qu'elle rendait au centuple, et de nouvelles richesses remplaçaient bientôt les anciennes.

L'irrigation des terres , dans la partie supérieure de l'Euphrate , se pratiquait au moyen de machines hydrauliques qui élevaient le liquide amené par des canaux profondément encaissés. Ce système était dispendieux , il obligeait à des frais continuels et à une grande surveillance , mais il était seul praticable. Il est fâcheux que les anciens nous aient laissé ignorer le système des machines employées ; il est cependant probable que le *noria* , si usité dans le midi de la France, est un de ces précieux appareils , traditionnellement conservé en Asie , porté sur quelques points de l'Europe par les croisés , et plus particulièrement en Espagne par les Arabes.

Nabuchodonosor fit agrandir à Babylone les jardins suspendus de Sémiramis , et plusieurs machines , que Strabon appelle des *Limaces* , puisaient l'eau de l'Euphrate et la portaient sur les terrasses supérieures du palais.

La reine Nitocris fit recreuser les canaux anciens , elle en ouvrit de nouveaux ; elle agrandit et répara les chaussées de Sémiramis. Mais le plus remarquable de ses travaux fut , sans contredit , le creusement de ce réservoir immense qui porta son nom , rival du lac Mœris de l'Egypte , et dans lequel le large canal *Pallacopas* , conduisait les eaux de l'Euphrate , non-seulement au moment des crues , mais toutes les fois qu'on pouvait les dériver sans nuire à la navigation. D'autres canaux d'arrosage amenaient le liquide dans la campagne , quand il y avait pénurie et nécessité d'arrosement. Ce lac contenait environ un milliard de mètres cubes d'eau ; il fallait vingt-deux jours , avec tout ce que débitait l'Euphrate , pour le remplir , et cette réserve pouvait suffire à l'irrigation d'à-peu-près cent cinquante mille hectares.

Il y avait dans la Babylonie , au rapport d'Arrien , d'autres bassins [creusés de main d'homme pour le même objet , et dont Porter et quelques voyageurs modernes ont retrouvé les traces. Aujourd'hui que tant de calamités ont pesé sur l'antique Assyrie et bouleversé sa surface , on compte encore aux environs de Bagdad , plus de soixante canaux qui remontent peut-être à Sémiramis , et auxquels la ville des Califes doit sa prospérité agricole et la beauté de son terroir.

Quelques-uns des grands canaux antiques font toujours communiquer le Tigre à l'Euphrate ; en 1835 , Fontanier en a vu qui avaient l'aspect de belles rivières ; et c'est par l'un d'eux que le steamer du colonel Chesney passa d'un fleuve à l'autre.

C'est surtout sur la rive gauche de l'Euphrate, dans cette partie de la Babylonie que Nitocris fortifia, fertilisa et rendit populeuse , qu'on trouve encore les traces multipliées des canaux antiques. Celui qu'on appelait royal, dont l'embouchure était à peu de distance de l'emplacement de Bagdad, dessine ses hautes berges , son lit large et profond au milieu des sables du désert. Réparé par l'empereur Trajan , il était déjà ensablé lorsque Sévère en ordonna le curage pour le rendre à la navigation et à l'agriculture. Julien le fit nétoyer de nouveau ; il servit à sa flotte pour passer de l'Euphrate dans le Tigre ; plus tard , les Califes le rétablirent avec plusieurs autres, pour consolider leur puissance et embellir les abords de leur nouvelle capitale ; mais les exactions des pachas modernes ont ruiné des lieux longtemps renommés par leur fertilité. Sans ce qui lui reste encore de ses anciennes irrigations, Bagdad ne serait plus qu'une grande et triste ruine dans le voisinage de ruines plus grandes encore.

M. Fontanier , vice-consul de France à Bassora, nous apprend que cette ville est entourée de canaux , dont beaucoup vont *à plusieurs dixaines de lieues* dans l'intérieur. Pline nous dit que les Orchènes , ancien peuple de la contrée , épuisaient en partie les eaux de l'Euphrate , déjà réunies à celles du Tigre, par de nombreuses saignées servant à l'arrosage du sol.

Nous avons déjà vu qu'il existait un grand nombre de barrages sur les fleuves de la Babylonie , et qu'ils furent en partie détruits par Alexandre pour faciliter la navigation vers les régions supérieures. Celui que Tavernier vit à Mossul sur le Tigre, était en pierres de taille , long de plus de soixante-cinq mètres , sur quinze mètres d'élévation. Leur destruction , par le héros macédonien, porta un coup fatal aux irrigations riveraines.

IV.

L'arrosement offre des pratiques qui varient selon le climat, et selon le génie, les besoins ou le goût des peuples.

Dans la Perside et sur les pittoresques rivages de l'Araxe , on ne demandait à la terre que ce qui était nécessaire à l'homme , ce qui fortifiait, ennoblissait la race.

Dans la Médie, se trouvait un peuple nombreux, industriel, avide de jouissances, forçant la terre à produire partout et dans toutes les saisons. Cependant, les eaux courantes étaient rares dans le pays, et, pour y suppléer , les Mèdes allèrent en chercher dans des régions aussi élevées que lointaines. Ils percèrent des montagnes , ils creusèrent plusieurs milliers de conduits souterrains appelés *karyz* , pour fertiliser au loin les lisières du désert et des vallées jusqu'alors stériles. Ces magnifiques travaux , accomplis avec une simplicité et une puissance de moyens dont les anciens ont gardé longtemps le secret, enrichirent a

Médie pendant plus de trente siècles, et ils vivifient encore aujourd'hui la Perse moderne, qui en jouit sans
penser à rechercher les premiers auteurs.

Il existe encore un grand nombre de ces canaux
souterrains, non-seulement dans le Fars, mais dans
toute la Perse. Chardin prétend qu'ils sont tellement
multipliés que, dans le seul Khorassan, qui est l'ancienne Bactriane, il y en avait quarante-deux mille
d'inscrits sur les registres publics. Dans la Bactriane,
dans la Sogdiane, il a fallu les récentes révélations des
voyageurs pour faire connaître et apprécier l'étendue
des anciennes irrigations. La belle vallée de Samarcande, les bassins de Balk, d'Ankoï, de Koulm, de
Kandouz et de Feyzabad, les rives de l'Oxus, de
l'Ochus, du Margus et du Zariaspe, le labyrinthe qui
couvre le delta du lac Aral, tout atteste une agriculture
ancienne, florissante et bien assise, puisqu'elle résiste
encore aujourd'hui au régime féodal des Usbecs.

C'est des arrosages de l'Arménie et des vastes prairies qui bordaient le Cyrus et l'Araxe, que la Perse
recevait le tribut annuel de vingt mille poulains.

Mais, au-delà de l'Assyrie, il y avait encore d'autres races et d'autres peuples chez lesquels les pratiques agricoles, essentiellement basées sur l'irrigation,
prirent un prodigieux développement.

Dans la vaste contrée, sillonnée par cinq fleuves
et pour ce motif appelée Pandjab, on atteint les dernières limites des conquêtes d'Alexandre. Là, quelques
grandes tribus ont toujours dominé, mais moins par
le nombre que par leur intelligence et leurs habitudes

laborieuses. Elles ont amené avec une grande habileté des eaux intarissables dans les terrains de Bakhar, de Leia , de Miria pour et de Delrapour. Les machines hydrauliques pour élever les eaux y sont très-multipliées; elles bordent des canaux semblables à de grosses rivières ; des canaux de grandeur moyenne sont fréquemment alimentés par des lacs et des réservoirs artificiels. Tous ces travaux d'art nous initient à cette civilisation antique et mystérieuse dont Brahma fut le mythe , et dont l'existence fut assez longue pour disséminer dans toutes les parties de l'Inde un nombre prodigieux de monumens, de canaux et de grandes cités.

La province de Cachemire ou la vallée sainte, colonisée par les Brachmanes , fut autrefois un grand lac. Les jardins flottans du Dack sont des témoins irrécusables d'une industrie très-ancienne qui , surmontant tous les obstacles, créa des richesses durables, même sur des eaux stagnantes.

Des vallées arrosées ayant plus de cinq cents lieues de longueur, des plaines plus vastes que certains états européens, des princes d'une puissance colossale, des cités embellies par les arts et encombrées de richesses, voilà ce qui nous apparaît dans l'Inde et dans la Chine à une époque très-reculée. Les rivages du Brahmapoutre, de l'Irraouaddy, du Meynam et du Maykaung participèrent aussi, mais avec restriction, aux prospérités agricoles de l'Indus et du Gange, du Hoang-ho et du Kiang. Plus tard, l'irrigation franchit des mers inconnues et tapissa de verdure et de fleurs le sol volcanique et les massifs de madrépores, de Sumatra et de Java. Les régions glacées de la Sibérie elle-même ne restèrent pas tout-à-fait étrangères aux bienfaits de l'irrigation, et des colonies, fondées par des émigrans chinois et tartares, établirent des relations commerciales avec les peuples de la Sogdiane et du Caucase.

V.

Plongée aujourd'hui dans la barbarie, la Susianne avait longtemps possédé une agriculture florissante, des canaux sans nombre, une terre fertile, une population considérable, des voies commerciales et une magnifique cité; on y récoltait du coton, du riz, du sucre, du blé.

Pour résister aux tourbillons de sable que le désert livre aux vents et pousse sans cesse devant lui, il n'eût fallu peut-être, dans les temps modernes, à cette contrée, que la conservation de ses antiques canaux.

Sapor en fit réparer quelques-uns et construire un grand aqueduc dans le voisinage de la ville de Chauster dont il protégea ainsi l'avenir; aussi, dans ce terroir privilégié, un labour léger suffit à la terre, qui est élevée, profonde, bien arrosée et très-fertile.

L'eau est surtout indispensable dans un palais oriental. A Persépolis, Darius sut la trouver et la faire couler à profusion. Sur le point le plus élevé et dans le voisinage de la demeure royale, on avait taillé dans le roc un vaste réservoir où venaient se réunir les filets d'eau et les petites sources recueillies à grands frais

sur la montagne ; de là, le fluide circulait à travers la
plate-forme supérieure, et, par des conduits souterrains, jusqu'à la grande citerne du palais. Tout ce qui
excédait les besoins du service du roi était divisé et
distribué par d'autres conduits dans les édifices voisins et sur les cinq terrasses taillées avec magnifi-
cence sous la plate-forme du château.

En Perse, l'établissement des canaux est une nécessité du climat et de la nature du sol. Mais souvent
l'eau y manque sur les terrains calcaires ; pour y
suppléer, on creuse au pied de la montagne un puits
de recherche ; si l'on trouve le liquide et si la source
est abondante, on la conduit par un canal souterrain
jusqu'au terroir qu'on se propose d'arroser. Il est de
ces aqueducs qui sont à trois ou quatre mètres de la
surface, d'autres à vingt-cinq ou trente mètres et même
davantage ; ce sont les karyz ; leur origine est
très-ancienne. Polybe en attribue l'invention aux
Perses, qui, selon lui, en introduisirent l'usage dans
la Médie. Pour encourager leur établissement, les
Perses accordèrent aux Mèdes l'usufruit libre des
terres nouvellement arrosées, pendant cinq générations. Animés par ces promesses, les cultivateurs
en creusèrent un grand nombre depuis le mont Taurus jusqu'au désert de l'Aria ; quelques-uns de ces
canaux parcourraient de si grandes distances que
plus d'un usager ignora toujours l'origine de la source
qui arrosait son domaine.

M. de Gasparin fournit, d'après le voyageur El-
phinstone, quelques détails plus circonstanciés sur les
Karyz de la Perse et des régions voisines.

D'après lui , quand les terrains qu'on veut arroser se trouvent sur la pente d'une cólline , et qu'on a reconnu les points qui peuvent renfermer les sources ou les dépôts d'eau , on creuse au bas de la pente un puits très-profond , et l'on en établit ainsi une foule que l'on met tous en communication par une voie souterraine. La profondeur de ces puits augmente à mesure que l'on remonte la colline , et l'on donne au canal souterrain une déclivité vers la plaine. La communication entre ces puits n'est ouverte définitivement que quand le supérieur est entièrement creusé. Alors les eaux , trouvées au fond de chacun , se dirigent par le canal dans l'inférieur. Si elles le surmontent , on arrose directement le sol ; sinon , on y puise l'eau au moyen de machines. La distance entre les puits est communément de cinquante mètres ; les dimensions du canal de jonction sont telles qu'un homme y puisse passer ; mais plusieurs sont beaucoup plus grands. Le nombre des puits est en rapport avec celui des sources, et on l'augmente jusqu'à ce qu'on ait trouvé la quantité d'eau dont on a besoin. La longueur d'un karyz varie *de une à quinze lieues*. Un pareil travail, nécessairement très-coûteux , est fait par de grands propriétaires ou par l'association d'individus moins riches.

La plaine de Chyraz est, d'après Chardin , un des plus beaux pays et des plus fertiles qu'on puisse voir. Le Khorrem-Derreh traverse la ville ; mais , en été , les irrigations épuisent cette rivière dont le lit reste à sec. Chyraz possède un jardin royal et vingt jardins publics , tous remarquables par les formes colossales des arbres. Les rues sont arrosées par des canaux bordés de verdure et ombragées par des bosquets qui isolent, pour ainsi dire, chaque maison. Les ombrages multipliés au milieu des eaux courantes font le charme et l'ornement de la ville. Les cafés, si fréquentés en Orient, sont bâtis sur pilotis et sur des courans d'eau perpétuels , pour avoir plus de fraîcheur et de calme.

La plaine de Chyraz possède les plus beaux haras et les meilleurs pâturages de la Perse ; mais une infinité de canaux la parcourt dans tous les sens à partir de l'enceinte de la ville.

En Médie , le fleuve Oronte arrosait la plaine riche et pittoresque dominée par la ville d'Ecbatane. Les maisons descendirent peu-à-peu de la colline sur les bords du fleuve; et, dans ces habitations nouvelles, où le luxe des villes peut s'unir à la fraîcheur et à l'agrément d'un séjour champêtre , l'eau devint une indispensable nécessité. Dans tout l'Orient , les fontaines , les bassins , les jets d'eau et les rigoles sont encore aujourd'hui un objet de luxe et de besoins journaliers ; il n'y a d'habitation agréable que celle où l'on trouve de l'eau , de la fraîcheur et des ombrages.

Il existe donc des arrosages à Ecbatane , et , avec eux , des aqueducs, des canaux , des digues, des vannes , et tout ce que nécessitent les dérivations et l'usage des eaux. Un des travaux les plus remarquables, que Diodore de Sicile fait remonter jusqu'à Sémiramis, c'est l'aqueduc souterrain, creusé au travers du mont Oronte pour porter dans la ville les eaux d'un lac situé au pied d'un revers opposé. Ce canal avait cinq mètres de largeur et environ dix-huit de hauteur ; il alimentait un grand nombre de fontaines publiques placées dans tous les quartiers, et ses eaux pures et abondantes circulaient sans cesse dans les rues, les jardins, les bosquets et les parcs des riches habitations.

A partir du règne de Déjocès, l'irrigation cessa d'être dans la Médie, pour ainsi dire une œuvre individuelle ; elle devint le luxe de la royauté ; le pays fut couvert de canaux ; l'eau fut conduite dans un grand nombre de vallées, et quelquefois, à l'issue d'un beau terroir, elle alla se perdre dans le désert où elle créa des oasis que le temps a encore respectées.

Une tradition, sans doute exagérée, accorde à Rhagœa, ville des Parthes, douze mille moulins, dix-sept cents canaux et seize mille six cents bains publics ; de pareils récits prouvent au moins l'existence de travaux hydrauliques sur une très-grande échelle.

Ispahan avait sous ses murs un petit fleuve qu'on épuisait tous les étés par les nombreux canaux qui bordaient ses rives ; Abbas-le-Grand doubla le volume de ses eaux au moyen de celles d'une autre rivière, en perçant, avec des dépenses incroyables, une montagne située à trente lieues en amont. Ispahan eut alors un fleuve comme la Seine, qui est pourtant épuisé tous les étés. Abbas voulut encore y réunir le Kourang, mais ses efforts furent sans succès ; il n'en disgrâcia pas moins les ministres qui avaient échoué dans une entreprise peut-être au-dessus des forces humaines.

Un grand nombre de rues sont longées par un canal bordé de grands platanes ; elles sont toutes arrosées par de nombreuses rigoles. L'eau circule aussi dans des aqueducs souterrains destinés à recueillir les immondices et à assainir les quartiers. Les Persans veulent de l'eau partout, c'est une nécessité pour le peuple, c'est un luxe pour les grands ; mais nulle part elle n'est plus abondante que sur les promenades d'Ispahan et dans les environs de cette capitale.

Sur le sommet d'une montagne qui domine la plaine de Cachan, est un lac alimenté par la fonte de neiges, et que l'industrie agricole a converti en réservoir pour l'époque où la sécheresse appauvrit les canaux. Pour fortifier ce bassin naturel, Abbas-le-Grand le fit entourer de fortes digues percées par des écluses de décharge.

Ce réservoir, un grand nombre de canaux et un karyz antiques arrosent le vaste terroir de Cachan réputé aujourd'hui le plus productif de la Perse moderne, où se trouvent pourtant encore, rien que dans les limites de l'ancienne Parthie, plus de quatre-vingts lieues en longueur de terrains arrosés.

L'Arménie, la Géorgie, ont possédé autrefois de vastes irrigations que la guerre et des invasions fréquentes ont mutilées et cantonnées dans un petit nombre de terroirs. Mais ce qui a été respecté par le temps, ce que les débris de l'antique race arménienne sont parvenus à conserver, malgré la tyrannie des

Turcs et des Tartares et malgré la désorganisation de
la monarchie persane, suffit pour donner au pays un
aspect ravissant. Parvenu sur le revers méridional du
Caucase , le général espagnol de Bétancourt s'écria
à l'aspect subit des plaines géorgiennes : Quelle belle
Andalousie !....

VI.

Bactre était une ville immense située dans le voisinage de l'Oxus. Le fleuve Zariaspe baignait ses murailles et alimentait les canaux destinés à fertiliser
son terroir. La Bactriane fut souvent exposée au joug
des peuples envahisseurs ; mais l'irrigation ranima
toujours les cultures, et rendit au pays les richesses
perdues. Le sol offre encore aujourd'hui des traces
incontestables des grands travaux hydrauliques de ses
anciens habitans. De nombreuses dérivations distribuaient les eaux sur les bords de l'Oxus, du Zariaspe,
du Margus, et les canaux allaient au loin cerner les
steppes ou reculer leurs limites, à chaque période de
paix et de prospérité.

Maintenant à Balkh, l'antique Bactra, tout est en
décadence, mais l'agriculture vit encore. Douze canaux
d'arrosage existent aux environs ; ils sont principalement alimentés par un grand réservoir situé à deux
journées de marche de la capitale. Tant que le réservoir, tant que les canaux subsisteront, ils fourniront
aux cultivateurs les moyens de supporter le despotisme des Usbecs , leurs conquérans et leurs oppres-
seurs.

La Sogdiane eut de bonne heure une population active et laborieuse, des arrosages vastes et solidement établis, une navigation fluviale, de grandes richesses accumulées par le commerce et l'industrie agricole ou manufacturière. Voilà pourquoi les anciens surnommaient une partie de cette province *le paradis de l'Asie*.

Malgré des calamités sans nombre, on retrouve encore dans la Sogdiane ou grande Boukharie, des travaux hydrauliques très-remarquables disséminés le long des grands cours d'eau. Tout terrain qui s'arrose, dit M. de Meyendorff, est extrêmement fertile. Cette puissance de l'arrosage, la seule que la barbarie ait respecté en Orient, a toujours donné aux cultivateurs sogdiens le courage de se maintenir au milieu des tribus envahissantes.

Samarcande renfermait autrefois des jardins et des parcs; ses faubourgs étaient entourés de belles prairies. L'eau du Kouvan pénétrait dans la ville par un grand aqueduc et s'y distribuait par des conduits en plomb. Elle circulait de tous côtés; chaque maison avait son conduit et chaque jardin sa rigole; la ville était embellie par de délicieux ombrages. Un écrivain arabe disait, il y a plusieurs siècles : — «Pen-» dant huit jours on peut voyager dans le pays de » Sog, sans sortir d'un jardin délicieux; de tous côtés » des villages, des champs couverts de riches moissons, » des vergers féconds, des ruisseaux qui les coupent, » des réservoirs et des canaux; tout retrace l'image » de l'industrie et du bonheur. »

Au rapport de M. Meyendorff, «le terroir de Bou-
» khara est le mieux cultivé que l'on connaisse; pa-
» radis enchanté, véritable terre de merveilles, où
» les maisons, les vergers, les jardins se succèdent à
» chaque pas, arrosés par les cent mille canaux tracés
» dans la plaine qui entoure la capitale. » Des rigoles
et des fontaines sans nombre arrosent la ville elle-
même dans tous les sens. On ne saurait estimer trop
haut l'intelligence d'un peuple qui encaissa les fleuves,
maîtrisa le cours des torrens, saigna les lacs et convertit des terres arides ou marécageuses en magnifiques prairies et en champs d'une fécondité inépuisable.

L'Aria n'était d'abord qu'un immense désert; quelques tribus, imitant les nations voisines, recueillirent
les eaux de pluie dans de grands réservoirs et saignè-
rent l'Arius par des canaux d'irrigation; bientôt des
villes s'élevèrent sur le sol nouvellement fécondé.

Malgré les luttes de races, si souvent renouvelées,
cette région (aujourd'hui Hérat), a toujours conservé
ses canaux d'arrosage, et, depuis que Jérémie et
Zoroastre ont célébré ses richesses agricoles, ces
canaux ont été, comme ils le sont encore, l'élément
principal de sa prospérité. Au milieu de toutes les invasions, de toutes les calamités nationales, l'agriculture offre au vainqueur des ressources inépuisables,
et six mois de travaux suffisent au vaincu pour remplacer les richesses perdues.

L'Ariana (province de Caboul), aussi bien que le
Pandjab, seule partie de l'Inde septentrionale que

visitèrent Alexandre et Seleucus-Nicator, devaient
leur puissance, leurs richesses, leurs milliers de villes
et la durée de leurs institutions à l'industrie agricole,
et plus particulièrement à l'arrosage. Sans les canaux
et les machines hydrauliques qui prenaient leurs eaux
du Cophès, du Choaspe, de l'Hydaspe, de l'Acésine,
de l'Hydraote, de l'Hyphase, du Saranga et de tous
les fleuves et rivières du Pandjab, le pays n'eût été
qu'une vaste solitude et le stérile domaine de quelques
tribus nomades.

Strabon dit : « Dans ces contrées, les premiers ma-
» gistrats ont l'inspection des fleuves, de l'arpentage
» des terres et des canaux, fermés par des écluses
» pour conserver l'eau nécessaire aux arrosemens et
» la distribuer également à tous les cultivateurs,
» comme cela se pratique en Egypte. »

L'Assyrie, la Perse et la Médie avaient établi une
surveillance semblable à celle de l'Inde pour les canaux d'arrosage ; c'est que le même climat et les
mêmes besoins excitent puissamment les esprits et
inspirent les mêmes idées ; c'est que l'irrigation a été
inventée, non par un homme mais par un grand nombre d'hommes ; non par un peuple mais par plusieurs
peuples, et que cette invention, si secourable, doit
à la nature ses premières leçons.

La ville de Caboul est située dans une plaine déli-
cieuse que traversent trois grands canaux d'arrosage ;
de nombreux villages bordent ces canaux. Des milliers
de jardins remplis d'arbres fruitiers et de belles
maisons de plaisance donnent au terroir un aspect

ravissant. Caboul est un lieu de délices, disait l'empereur Baber, qui y désigna sa sépulture dans un monument ombragé par un magnifique bosquet. Les poètes persans ont aussi célébré la plaine de Caboul, qui, d'après Alexandre Burnes, a sept lieues de circonférence.

La province de Peichaouer est arrosée par des canaux qui viennent du Caboul; les jardins y sont vastes, très-multipliés et produisent une immense quantité de fruits et de plantes potagères. Les belles irrigations, le climat et la variété des sites ont fait surnommer cette circonscription la Lombardie de l'Afghanistan.

La féodalité pèse aujourd'hui lourdement sur le sol autrefois si productif du Pandjab. Depuis longtemps on ne creuse plus de canaux, on n'établit plus de machines élévatoires. Si le cultivateur cédait un jour au découragement, si les chefs négligeaient l'entretien des digues et des canaux antiques, si les lois rurales manquaient de protection, le pays serait bientôt envahi par le désert qui l'entoure de toutes parts.

En fait d'irrigation, rien n'égale, aux yeux des habitans en utilité et en économie, les étangs artificiels pourvus d'écluses, lorsque l'eau est abondante et qu'elle peut créer une grande réserve pour les temps de pénurie. Les associations d'arrosans préfèrent ces réservoirs à tout autre moyen parce que les frais d'entretien sont moindres, parce que l'existence des canaux n'est jamais compromise, et parce qu'une inondation ou crue subite peut détruire ceux-ci et faire, par suite, périr les plus belles récoltes.

Abu-Fazel fait un tableau enchanteur de l'heureuse vallée de Cachemire, qu'il appelle aussi la *Vallée sainte*. Les nombreux affluens du Djalem alimentent une quantité infinie de rigoles d'arrosage ; ces eaux courantes , dirigées avec une parfaite intelligence sur un sol naturellement limoneux et fertile , vivifient le pays et y entretiennent une riche végétation.

Les Empereurs mogols avaient des maisons de plaisance dans le Cachemire , dont ils affectionnaient le séjour lorsque des chaleurs excessives les exilaient d'Agra et de Delhi.

Le Djalem communique par un canal avec le lac romantique de Dak , et ces monarques avaient leurs palais d'été sur ses rives verdoyantes et ombragées.

VII.

A l'occident de l'Assyrie , l'arrosage fertilisa les riantes vallées du Liban , les roches calcinées de la Judée, les oasis de l'Arabie et elle borda le désert par la magnifique plaine de Damas , et par les vallons du Hauran. On vit, dans l'Arabie des cultivateurs intrépides s'établir au milieu de vastes solitudes, y recueillir des eaux, élever des barrages, créer de grands réservoirs, et une terre nouvelle, d'une fécondité inépuisable, fut la récompense de leurs pénibles labeurs. L'irrigation colonisa les rives de divers fleuves dans le désert méridional et c'est ainsi que la civilisation ouvrit une route commerciale vers l'Inde. Les anciens avaient célébré les richesses agricoles de l'Aria :

les caravanes des peuples modernes trouvent encore des stations indispensables dans les vallées ombragées du Hérat.

L'Egypte de Sésostris était déjà une antique monarchie. C'est avec les eaux limoneuses du Nil, c'est avec le concours des classes agricoles et avec les produits d'un sol inépuisable, que les Pharaons créèrent un des plus grands Etats de l'antiquité. L'irrigation détacha du désert une immense vallée ; elle rendit réalisables des travaux qui ont résisté à l'injure du temps et des hommes et elle servit de levier pour entasser les rochers de la Lybie dans la plaine de Memphis. Si une puissance humaine était assez forte pour détourner les eaux du Nil dans la partie mystérieuse de son cours, la belle vallée de l'Egypte serait bientôt ensevelie sous les sables et rendue au désert qui la presse de tous côtés.

Des colonies égyptiennes portèrent l'irrigation en Grèce, dans les grandes îles de l'Archipel, sur les beaux rivages de la mer Egée, de la Cilicie et de la mer ionienne. La royauté protégea partout ses débuts ; mais le morcellement des populations, avec ses rivalités, avec l'exiguité des ressources pécuniaires et des territoires, paralysa bientôt ses progrès : aussi l'arrosage, l'une des plus précieuses inventions de l'Orient, rendit peu de services au peuple le plus civilisé de l'antiquité.

Il y a eu pourtant des irrigations autour du golfe de Tarente, sur le littoral de la Campanie, et sur le sol si fertile de la Sicile.

Après avoir couvert l'Italie de cirques, de théâtres, de temples, de palais , d'aqueducs et de citernes , les patriciens de Rome s'arrêtèrent comme épuisés par ces travaux gigantesques, et ils méconnurent ou dédaignèrent toujours les richesses annuelles que d'autres aqueducs que ceux des cités ou des *villas* pouvaient répandre sur des terres fatiguées de produire.

Au contraire, la Cyrénaïque, civilisée pardes colonies grecques et cultivée par des bras robustes , pratiqua l'irrigation avec l'intelligence des Egyptiens, et sut jouir de ses richesses agricoles avec le goût épuré des Grecs.

Un jour, une nouvelle croyance s'éleva comme un tourbillon du fond de l'Arabie , et, poussant vers l'Occident des masses compactes de prosélytes, porta l'effroi sur la côte de Carthage et dans le continent ibérien. Sur les débris des trônes renversés , les Arabes élevèrent de nouveaux trônes ; ils répandirent autour d'eux les trésors scientifiques de l'Orient et établirent les premiers arrosages dans l'Espagne et dans les Mauritanies. Les dynasties, les sciences ont disparu, mais les canaux arabes fécondent encore certaines parties de ces terres brûlantes.

VIII.

Deux moyens d'améliorer le sol, employés par les modernes, les *puits artésiens et le colmatage* n'étaient pas inconnus aux anciens.

Lorsque la stratification du terrain peut faire présumer qu'à une certaine profondeur se trouve une masse d'eau contenue entre deux couches imperméables, et alimentée par des niveaux supérieurs, on peut pratiquer un forage qui amène ces eaux à la superficie et permette de s'en servir pour les irrigations. La profondeur à laquelle on l'atteindra ne peut être prévue que dans des bassins à stratification très-régulière comme celui de Paris, où M. Héricart de Thury annonça que l'on trouverait l'eau du puits de Grenelle de 550 à 560 mètres; elle fut rencontrée à 548.

La théorie des puits artésiens avait été comprise par Bernard de Palissy quand il disait :

» Ma tarière percerait les bancs de roche, et » trouverait au-dessous des marnes, des eaux » pour faire des puits, *lesquelles bien souvent pourraient monter plus haut que le lieu où la tarière les aurait trouvées*, et cela se pourrait faire moyennant » qu'elles viennent de plus haut que le fond du trou....»

En général, le forage fournit bien des eaux qui peuvent passer pour abondantes s'il s'agit d'alimenter une fontaine publique ou les bassins d'un jardin d'agrément; mais, le plus souvent, elles sont au-dessous des besoins d'une irrigation étendue. En France, le département des Pyrénées-Orientales paraît être un de ceux où l'on a obtenu les plus grands volumes d'eau ; le forage de M. Durand, à Bages, en produit environ cent pouces. A Tours, on en a obtenu deux cents pouces à 0^m 50 du sol ; à Grenelle, cent vingt-deux pouces à la surface, et quatre-vingt-deux à trente-trois mètres de surélévation. Mais le succès n'a pas été le même partout, et les forages produisant de deux à cinq pouces sont, de beaucoup , les plus nombreux.

Les fontaines publiques de Modène proviennent d'un forage, et ce moyen a récemment doté l'importante cité de Venise d'eaux jaillissantes dont elle avait un si impérieux besoin. La pratique en était générale en Artois, où l'eau se trouve à une petite profondeur.

Les puits forés ont été usités dès la plus haute antiquité , lorsque les besoins publics le réclamaient impérieusement , et les sources qui fécondent et embellissent les oasis , en Egypte , en proviennent , comme M. Aymé l'a reconnu.

Trente siècles avant l'ère vulgaire, on ouvrait des puits forés en Chine à une très-grande profondeur. Le sondage y est une pratique répandue depuis une époque très-reculée. On a été chercher les sources jaillissantes de Ssé-Tchuen jusqu' à la profondenr de trois mille pieds, par des trous de cinq à six pouces de diamètre. Dans le seul district de Ou-Tong-Kiao , vers la frontière du Thibet, on compte plus de dix mille puits salans ouverts avec la sonde.

Le colmatage est une suite inévitable de l'irrigation.

Quand on peut faire arriver sur des champs trop sablonneux, trop graveleux, arides, l'eau chargée de particules argileuses , on obtient une amélioration notable. Cet effet est produit à la longue par les irrigations faites avec les eaux qui paraissent les plus claires, mais qui ne laissent pas que de retenir de l'argile en suspension, et, à plus forte raison, quand on amène des eaux troubles sur le terrain.

Quand l'irrigation se fait régulièrement et au moyen d'une rivière chargée de matières terreuses, elle devient, sous le nom de colmatage une des opérations les plus importantes de l'agriculture, car, non seulement elle améliore, mais elle change complètement le sol qu'on veut modifier. On sait le succès obtenu par de telles opérations en Toscane, où le val de *Chiana,* jadis marécageux et infertile, est devenu le théâtre de la plus belle agriculture. C'est par le moyen de terres transportées par les eaux que, dans ce même pays, on est parvenu à régulariser la pente des collines, à niveler le fond des vallées dans la province de Sienne, et que, maintenant, on cherche à soustraire plusieurs parties des maremmes aux influences délétères qui les dépeuplent.

Dans le midi de la France, nous avons sous les yeux des exemples frappans des succès de cette opération sur les bords de la rivière d'Ouvèze, aux territoires de Sablet et de Seguret, (Vaucluse). En Provence, les terres arrosées par le canal de Craponne ont aussi été fertilisées par les dépôts des eaux troubles de la Durance.

L'exhaussement du terrain produit par les eaux du Nil n'est pas de plus de $0^m,132$ par siècle; le Gange, qui entraîne aussi beaucoup de limon puisqu'il, forme la cinq cent vingt-huitième partie de sa masse, n'exhausse pas plus rapidement ses vallées; mais, dans l'état naturel, les dépôts se font dans une eau en mouvement, tandis que le colmatage artificiel est beaucoup plus prompt parce qu'il a lieu dans une eau tranquille.

Sur une rivière qui aurait six crues par an et porterait un millième de limon, comme le Rhône, l'eau, introduite chaque fois d'un mètre de hauteur sur les champs, fournirait six millimètres de limon chaque année par un dépôt tranquille ; mais les rivières torrentielles entraînent une bien plus grande quantité de matières terreuses pendant leurs crues.

Sur les rives de l'Ouvèze les dépôts sont d'environ $0^m,16$ par an (1).

Sur le canal de Craponne, alimenté par la Durance, on reçoit les eaux troubles dans des fosses où on les fait déposer, ce qui donne de $0^m,40$ à $0^m,50$ de limon pendant l'été.

Il y a une foule de lieux où on ne peut disposer de l'eau à l'époque des besoins pour les irrigations, soit parce qu'alors les torrens sont à sec, soit à cause de concessions antérieures, et où, cependant, il serait facile d'utiliser les cours d'eau pour le colmatage ; des canaux creusés dans ce but, en donnant le moyen de régénérer les terres, auraient le plus haut degré d'utilité.

S'il est donc vrai qu'il n'y a pas d'irrigation possible sans colmatage direct ou indirect, on conçoit com-

---

(1) Sur les bords du Gardon, à Anduze, j'ai supputé qu'ils n'étaient pas de plus de $0^m,01$ par année.

bien les arrosages innombrables de l'antiquité durent
amender, fertiliser la surface de l'Asie , de l'Egypte
et du littoral septentrional de l'Afrique couverts de réservoirs, d'aqueducs et de canaux : tandis que, depuis
l'amoindrissement ou la destruction de ces admirables
ouvrages, le sable poussé par les vents envahit peu
à peu les territoires autrefois les plus fertiles. Par
l'irrigation et le colmatage qui en résulte, les anciens
faisaient de belles conquêtes sur le désért, qui maintenant revient au contraire d'une manière désastreuse , sur des territoires que ne protégent plus les
mêmes croyances, les mêmes lois, les mêmes pratiques
agricoles.

Mais c'est particulièrement dans la construction
des grands réservoirs d'eau, destinés à l'irrigation,
que se trouve la supériorité des anciens sur les modernes.

Nos canaux de navigation sont souvent entretenus par des bassins où l'on retient à leur point de
partage les eaux courantes et les eaux pluviales,
mais pour un autre usage que celui de l'irrigation. Tel
est le bassin de St-Ferréol, à la tête du canal du Languedoc, qui a une capacité de près de sept millions
de mètres cubes et qui reçoit par jour quatre-vingt-
sept mille mètres cubes d'eau.

Nous avons parlé ailleurs (*Recherches sur les
eaux de Nimes*) , des bassins de Greenock , de Manchester, de Liverpool et de Philadelphie , destinés
à pourvoir ces villes d'eau potable. Quant à l'agriculture moderne, elle n'a pas encore élevé ses prétentions

bien haut et nos réservoirs artificiels ne peuvent être mis en parallèle avec les réservoirs antiques. Le plus grand de ceux existans aujourd'hui , que cite Carena (*Réservoirs artificiels. — Turin 1811*) , est celui de Ternevasio près de Turin , qui occupe un espace de vingt-trois hectares, où l'eau s'amasse à la hauteur de cinq mètres et qui peut arroser cinquante-sept hectares de prairies. Le réservoir doit contenir quatorze cent mille mètres cubes ; il réunit les eaux pluviales d'une vaste étendue de terrains boisés.

Dans le courant du siècle dernier , une petite commune du département de Vaucluse, celle de Caromb, donna un exemple remarquable qui n'a pas été suivi: elle barra , à ses frais , l'entrée étroite d'un vallon où coulait un petit ruisseau : elle forma, en élevant un mur de cinquante mètres de hauteur sur quatre-vingt de largeur et huit d'épaisseur , un réservoir qui peut contenir quatre cent mille mètres cubes d'eau , au moyen duquel elle donne le mouvement à ses moulins et arrose une partie de ses terres.

Partout où un vallon recevant les eaux d'une vaste surface de collines laisse échapper , lors des pluies et des orages , un torrent passager qui souvent dégrade les terres inférieures ; partout où un ruisseau , trop peu abondant pour être utile , peut être retenu et ses eaux mises en réserve pour le besoin : la création d'un réservoir peut devenir une source de richesse.

Ce n'est point seulement en Asie qu'on a pratiqué , dans des vallons fermés par le moyen de digues construites à cet effet, des réservoirs artificiels pour y réunir , dans le but de s'en servir pendant l'été, les eaux de pluie de l'hiver ou du printemps , ou celles qui coulent, pendant les saisons humides, de sources peu abondantes. Les Grecs, les Romains connaissaient ce genre de retenue ; on en voit un exemple près de Saint-Remi, en Provence. Toutefois , si les modernes sont restés au-dessous de ces anciennes Républiques pour la conduite et l'amènagement des eaux, celles-ci, à leur tour, étaient bien loin, pour le nombre et la grandeur de ces bienfaisantes entreprises, des antiques monarchies de l'Assyrie , de l'Inde , de la Chine et de l'Egypte.

Dans l'Inde , il y a des réservoirs de sept et de treize kilomètres de circuit, des barrages de deux mille à cinq mille mètres de longueur : le bassin de Maïnery , aussi grand que celui de Nitocris , a trente-deux kilomètres de tour.

Il y a en Chine des réservoirs sur les pentes des montagnes, dans les vallons resserrés , sur les plateaux et à toutes les élévations. Ceux du canal impérial sont très-multipliés; ceux des parcs des anciens souverains étaient immenses. Dans la province de Ssé-Tchuen , qui nourrit vingt-sept millions d'habitans , le cultivateur, aussi habile que patient , est parvenu à dompter les obstacles que lui opposait la configuration du pays; il a creusé des réservoirs dans les lieux élevés, jeté des aqueducs entre les montagnes , creusé des canaux sur des pentes abruptes , et l'irrigation la plus abondante a récompensé , par ses produits , les labeurs héréditaires des habitans.

Bien que la Syrie fût en général fertilisée au moyen de dérivations de ses fleuves et de ses rivières, des réservoirs importans n'en suppléaient pas moins dans certains cantons à la disette des eaux courantes.

Dans les districts arides de la Palestine, qui précédaient la cité sainte, on avait barré des ravines, creusé des réservoirs, élevé des chaussées et des digues, afin de recueillir les eaux pluviales et de les tenir en réserve pour la saison d'été.

Les bassins de Bethléem étaient taillés dans le roc, ils arrosaient les jardins de Salomon.

Saba, ville illustrée par la Bible, possédait un grand réservoir, qui suffisait aux besoins des habitans et à l'irrigation de leurs terres.

Ménès, réputé le fondateur de la monarchie égyptienne, détourna le cours du Nil, et l'encaissa par de fortes digues, que les Perses victorieux réparaient encore plus de quarante siècles après. Memphis dut sa brillante destinée à cette œuvre colossale.

Les vastes plaines qui entourent cette cité, celles d'On, de Bubaste, de Tanis, et d'Aoris étaient arrosées lorsque les enfans de Jacob vinrent chercher un refuge en Egypte.

Sésostris employa la multitude de captifs trainés à la suite de ses armées, à ouvrir une immense quantité de canaux qui, par leur croisement, rendirent désormais impossible l'usage des voitures et des chevaux, avantageusement remplacés par la navigation fluviale.

A peine la crue du Nil commençait-elle à décliner

qu'on barrait les canaux navigables de l'Egypte.
Comme ils étaient d'une grande largeur, ils devenaient
de précieux réservoirs, d'où l'eau était puisée et répandue sur les terres élevées, au moyen de roues hydrauliques. Cette double fonction des canaux produisit des
effets prodigieux. Les Pharaons creusèrent aussi d'autres réserves pour suppléer à l'extrême rareté des pluies
et aux inondations incomplètes. En étudiant les ruines
de Memphis, on retrouve les traces des canaux, des
chaussées, des anciens réservoirs, et de tout ce qui
faisait jadis la splendeur de l'agriculture. Peut-être
n'a-t-on pas assez apprécié les services que le fameux
lac Mœris rendait à cet égard.

Le Pharaon Thouthmosis III, qu'on croit être le
même que le Mœris d'Hérodote, régnait, environ
dix-sept siècles avant l'ère vulgaire ; la pratique et la
perfection des arts étaient déjà remarquables à son
époque ; des temples dont l'enceinte était plus grande
que celle d'Athènes, des réservoirs semblables à des
mers, sur lesquels on naviguait à pleines voiles, tout
révèle une puissance à laquelle rien ne résista.

Mais, de tous les monumens que la fastueuse pro-
digalité des Pharaons dissémina sur le sol de l'Egypte,
le plus étonnant comme le plus utile, ce fut, sans
aucun doute, le lac Mœris. Deux motifs d'une grande
importance en déterminèrent la création.

Le pays était très-exposé aux désastres des grands
courans pendant les fortes crues ; la masse des eaux
était quelquefois si considérable qu'elle détruisait les
digues, les canaux, et submergeait les peuplades mal

défendues par des dunes factices ; en outre, les sécheresses étaient fréquentes dans la basse Egypte, et les
canaux, plus ou moins encaissés, ne recevaient
qu'une quantité d'eau insuffisante pour les besoins de
la végétation. Pour remédier à ces calamités, Mœris
forma le projet de recueillir les eaux débordées, dans
un immense réservoir, pour les rendre plus tard au
Nil, lorsque les besoins de l'agriculture en réclameraient
l'emploi.

Cette conception révèle une haute intelligence, un
grand génie d'observation, une souveraine puissance.

Si le lac Mœris avait été creusé en entier de main
d'homme, cette opération eût exigé le déplacement
de onze cent milliards de mètres cubes de terre. Il est
vrai que les observations des savans de notre expédition française en Egypte portent à croire que tout ne
résulta pas du travail de ouvrier, et que Mœris sut
profiter d'une grande dépression dans la chaîne des
montagnes libyques ; mais le mérite du projet reste le
même, et des travaux immenses n'en furent pas moins
résolus et accomplis sous un seul règne, pour approprier
le terrain, quels que fussent sa forme et son état primitifs.

Le lac Mœris avait du temps d'Hérodote (540 ans
avant l'ère vulgaire) environ soixante et quinze lieues
de tour, et sa forme était elliptique. La profondeur
de l'eau était de quatre-vingt douze mètres, et les
deux pyramides qui servaient à en indiquer la hauteur
variable avaient chacune cent quatre-vingt-quatre mètres d'élévation, c'est-à-dire près de trois fois la hauteur des tours de Notre-Dame de Paris.

Le lac Mœris, dit Strabon, ressemble à une mer par son étendue, par la couleur de ses eaux et par l'aspect de ses rives. On a supputé qu'il devait contenir de quatre à cinq cent milliards de mètres cubes d'eau ; ce qui eût fourni à un débit annuel presque double de celui de la Seine ou de la Garonne en été, et quadruple, si la réserve eût été distribuée seulement pendant la moitié de l'année.

Un grand canal, ouvert sur la rive gauche du Nil à travers les sables, la terre, les rochers et souvent en coupant les montagnes, dérivait le trop plein du fleuve pendant six mois et l'amenait dans le lac. Ce canal, qui comptait quarante-huit lieues de longueur, avait tantôt cent mètres et tantôt quatre cents de large, sur sept mètres de profondeur.

Pour éviter le trop plein du lac, qui aurait pu occasionner des désastres, un canal de décharge fut ouvert au travers de la chaîne lybique, et allait se perdre dans le désert.

Le canal d'amenée alimentait déjà, dans son parcours, les rigoles d'irrigation des terrains situées entre lui et le Nil ; mais la vallée s'élargissant à la hauteur de Memphis, et, à son extrémité, le delta présentant plus de mille lieues carrées de terres excellentes exposées au péril des longues sécheresses, Mœris fit creuser, dans les directions convenables, deux canaux principaux qui partaient de son immense réservoir.

Le grand canal d'amenée et ceux de décharge avaient en tête des écluses qui s'ouvraient et se fermaient à volonté. Diodore assure qu'il en coûtait

annuellement deux cent soixante-dix mille francs pour
cette manœuvre. Les découvertes récentes de M. Linant
confirment les récits d'Hérodote et prouvent que, malgré l'immensité de ses rivages, le lac était bordé d'ouvrages solides dont le temps a respecté quelques parties.

D'après l'historien grec, la pêche du lac Mœris donnait un produit annuel de treize cent mille francs.

Un voyageur français, le duc de Raguse, a remarqué que la province de Fayoum, autrefois arrosée par
ce lac, incline toujours vers l'est, et que cette pente
générale se décompose en deux plans opposés dont
l'un penche vers le nord et l'autre vers le sud. C'est à
la ligne d'intersection de ces deux plans qu'est le
grand canal qui va jusqu'à Médinet, capitale du Fayoum : là, il se divise en neuf branches et chacune
d'elles a un barrage pour élever les eaux et faciliter
l'irrigation.

Thouthmosis III ne régna que treize ans, et, dans
ce court intervalle, ce prince magnifique accomplit
non-seulement l'immense ouvrage du lac Mœris et
de ses dépendances, mais encore il embellit plusieurs
villes de l'Egypte et de la Nubie.

IX.

Des irrigations étendues, durables et perfection-
nées supposent un système de lois intelligentes et protectrices de l'indépendance de la propriété. En rédi-
geant un nouveau code, à la fois religieux et politique,
Zoroastre honora les travaux des champs et préconisa
les bienfaits de l'arrosage. Il respecta les droits régaliens du prince sur les eaux publiques, mais il déclara

indépendantes les eaux concédées à la sortie de l'écluse. Des coutumes locales, des lois positives et des magistrats ou des prud'hommes, élus par les usagers ou délégués du prince, furent constitués pour sauvegarder cette indépendance. Au-dessus des juges locaux, il y en eut d'autres plus puissans , ayant un ressort plus étendu, et subordonnés à leur tour à un intendant général des canaux et des fleuves. Le prophète Daniel fut d'abord intendant des eaux, c'est-à-dire un des trois ministres de l'empire avant d'être appelé à la direction suprême de l'Etat; et, encore aujourd'hui, après tous les bouleversemens que la Perse a subis , le *Mir-Ab* ou prince des eaux , est un des sept ministres de la monarchie.

Dans l'Inde , parmi les administrateurs de chaque commune, était le chef héréditaire, l'arpenteur *et le distributeur d'eau*. Lorsque la terre était privée d'eau courante, il se formait des associations de propriétaires pour creuser de grands réservoirs; quelquefois ces travaux dispendieux ont été l'œuvre d'un prince bienfaisant ou d'un homme charitable. On a vu même des dévots mendier , pendant longues années , pour faire creuser ensuite un réservoir , une retenue d'eau avec le produit des aumônes.

Un roi est le dieu des eaux , avait dit le législateur Menou avec une admirable précision d'expression et de pensée.

Ce sage recommande d'être charitable , c'est-à-dire de faire construire des réservoirs ; il défend à un roi vainqueur de détruire les pièces d'eau de son ennemi vaincu ; il punit d'une forte amende tout individu qui détourne les eaux ; il ordonne de noyer celui qui romprait une digue et occasionnerait la perte du fluide ; enfin , il inflige des pénitences sévères à celui qui a volé l'eau, à celui qui l'a frauduleusement vendue , et même à celui qui l'a souillée.

Pour mieux honorer les Dieux , les Pharaons entourèrent leurs temples d'ombrages et d'eaux courantes ; dans l'opinion des Egyptiens , les rois les plus illustres étaient ceux qui avaient exécuté les plus grands travaux hydrauliques ; aussi , la contrée la mieux arrosée sur le pourtour méditerranéen , celle où le régime des eaux devint une science exercée comme un devoir rigoureux et noble par le gouvernement , fut celle où fleurit pendant quarante siècles la nation la plus calme, la plus studieuse et la plus vénérée de l'antiquité.

Aussi, en Asie, comme en Egypte, malgré la diversité des races, des climats et des natures du sol, l'irrigation, sous toutes les formes de gouvernement successivement imposées aux peuples, a toujours été leur ressource, leur moyen de salut et la mine inépuisable avec laquelle les rois de l'orient ont soldé leurs fastueuses prodigalités.

L'étude des lois et des pratiques des peuples qui se sont élevés et soutenus par l'irrigation est une chose nécessaire pour la France. La Société Centrale d'Agriculture était pénétrée de cette grande vérité lorsqu'elle fit un appel éclatant , pour obtenir l'histoire de tous les arrosages chez les peuples anciens.

Notre industrie a pris un élan prodigieux ; mais notre agriculture est en retard, et c'est l'Orient qui nous révèle les moyens de lui imprimer une marche plus ferme et plus rapide.

L'irrigation, pour être permanente, a besoin de garanties. Il ne suffit pas à la terre qu'on lui concède un canal, quels que soient d'ailleurs le mérite des ouvrages d'art et celui des difficultés vaincues. L'irrigation, disent avec raison les praticiens, peut et doit se passer de luxe ; c'est à elle à se créer, à s'étendre partout où elle trouve des appuis. Ce qu'elle demande, ce qu'elle fait quand elle est soutenue et encouragée, ce sont des travaux simples, solides et bien conçus, avec l'appui d'une bonne législation rurale; ce qu'il lui faut, c'est aussi, comme en Perse, une administration spéciale des cours d'eau.

Malheureusement, en Orient, le despotisme des princes ne respectait pas toujours les choses les plus utiles.

Dans la Sogdiane et dans le voisinage de la source de l'Acès, une petite plaine entourée de montagnes s'ouvrait, par cinq vallons, vers les terroirs inférieurs. Depuis un temps immémorial, chaque vallon recevait une partie des eaux du fleuve par un canal d'arrosage; le roi de Perse fit barrer ces vallons, et les eaux retenues formèrent un vaste réservoir qui changea complètement leur ancien régime. Ce ne fut qu'en payant une forte redevance que les usagers purent obtenir que les vannes déjà établies à chaque barrage s'ouvriraient successivement. Désormais il

fallut payer au prince un droit d'irrigation, et, pour
la première fois dans la Sogdiane, l'usage de l'eau fut
imposé.

Trois faits importans résultent de ce récit d'Hérodote: la reconnaissance des droits régaliens sur les eaux
publique du temps de Darius fils d'Hystape (an 551
avant J.-C.); la distribution de ces eaux sous la surveillance du prince; l'antiquité des grands réservoirs
et des canaux d'irrigation dans l'empire persan.

En France, l'opinion publique se préoccupe depuis
plusieurs années des lacunes existantes dans les lois
rurales. En fixant le régime de nos eaux publiques, le
législateur s'est arrêté au milieu de sa tâche. Nous
n'osons pas dépasser la loi romaine ; — mais l'usage
des eaux concédées entraîne l'établissement, l'entretien
et la jouissance des canaux ; mais une juridiction plus
large, plus simple et plus économique est maintenant
indispensable. Ne devrions-nous pas imiter les lois
rurales de la Perse, que les Arabes importèrent si heureusement en Espagne.

Partout où l'irrigation pénétra dans les temps anciens, elle invoqua l'appui du législateur, dont on pourrait dire que le mérite est démontré par l'étendue et la
perfection des arrosages.

En Egypte, tout dépendait du débordement périodique du Nil et du bon état des aqueducs. Il y avait
des lois politiques pour délimiter les prétentions des
princes riverains; des lois civiles pour définir et protéger les droits des chefs et des villes; des règlemens
administratifs pour opérer le partage des eaux publi-

ques et privées et pour le curage de certains canaux ;
des lois rurales pour l'entretien des grandes et petites
dérivations, pour l'emplacement des écluses, des vannes, des machines hydrauliques, pour tous les intérêts
et contre toutes les prétentions. Il y avait aussi des
juges spéciaux réglant les conflits des particuliers ou
des localités, d'autres juges pour des intérêts supérieurs, et, en tête de tous , un directeur général du
fleuve et des canaux. Tous ces magistrats et le prince
lui-même étaient surveillés et contenus par un pouvoir occulte, qu'on disait émané des dieux , et qui
avait ses ministres pour interprètes.

Les codes religieux de l'Inde classent parmi les
devoirs importans , la culture de la terre , l'établissement ou l'agrandissement d'un réservoir d'eau , la
création d'une fontaine. Si, pour l'ouverture d'un canal
ou d'une rigole , si, pour creuser un réservoir, l'intérêt
public réclame un sacrifice à la propriété privée, les
oppositions se bornent à la demande d'une indemnité
légitime ; elles ne peuvent aller plus loin, et le pays
acquiert de nouvelles eaux dont le bienfait se transmet
aux générations futures.

L'Orient, si exposé aux invasions, aux luttes religieuses, aux anticipations des races , aurait été rendu désert depuis plus de vingt siècles, si l'irrigation n'avait
amolli les vainqueurs, si les produits de la terre n'a-
vaient inspiré des sentimens plus humains , si les lois
rurales, par leur simplicité et par le respect qu'elles
imposaient , n'avaient protégé la terre et les
hommes.

Un système bien ordonné de lois rurales se révèle en Chine dans la distribution des eaux, dans l'extrême division du sol, dans la prodigieuse fertilité de quelques districts, dans l'immensité des terres arrosées, dans le nombre infini de canaux qui coupent le pays en tous sens, dans les fleuves encaissés par des chaussées de trois à quatre cents lieues de longueur, dans les grandes dérivations qui épuisent des rivières plus fortes que la Seine, et qui vont se perdre par des milliers de rigoles ; dans le règlement des conflits que soulèvent tant de voies artificielles et d'embranchemens, se croisant, se séparant sans cesse pour se réunir de nouveau, et formant quelquefois par leur entrelacement un labyrinthe, pour ainsi dire inextricable. Les lois rurales se révèlent encore dans une agriculture savante que la pratique a popularisée ; dans une production abondante, dans l'organisation administrative des eaux et dans le calme habituel d'un peuple qui compte plus de deux cent millions de cultivateurs.

En Chine, la religion a constamment accordé son appui à l'agriculture. Par la loi religieuse, le laboureur habile obtient des grades et s'élève dans la hiérarchie sociale. Aussi l'agriculture chinoise est riche et perfectionnée ; ses entreprises sont vastes et bien conduites, ses canaux sont les plus nombreux et les mieux entretenus ; l'irrigation n'y est pas limitée aux rives des canaux et des rivières, des provinces entières sont arrosées, et on voit sur les montagnes et sur les pentes les plus abruptes des cours d'eau artificiels qui réalisent et multiplient les merveilles des jardins suspendus de Babylone.

Etudier de si beaux travaux et de si grands résultats, dans le but que la France ajoute à sa prospérité agricole et que toutes les existences précaires se ravivent dans les travaux des champs, n'est-ce pas aborder par le plus beau côté les systèmes économiques qui fermentent dans le pays , n'est-ce pas s'adjoindre aux travaux de ceux qni veulent une patrie pacifiquement progressive ?

X.

L'irrigation n'est point une pratique qu'on doive appliquer seulement à des territoires restreints ; en faire une question de localités ce serait amoindrir des bienfaits qui peuvent être immenses. N'a-t-elle pas rendu prospère autrefois la majeure partie du continent asiatique et une portion notable du sol africain malgré la différence des régions, des expositions des latitudes ?

La Grèce succomba misérablement parce que l'appui de la terre lui fit défaut et qu'elle chercha dans les institutions politiques et commerciales la force qu'elle eût mieux trouvée dans le sol cultivé par des mains libres. La Sicile eût possédé des richesses plus durables et une population moins turbulente, si l'irrigation eût développé toutes les ressources, créé des intérêts communs , un esprit de nationalité parmi tant de villes rivales. L'Italie enfin , avec un sol profond et des bras robustes , négligea de plus en plus les travaux des champs , et s'apauvrissait à mesure que les légions romaines reculaient les limites de l'empire. Les plus magnifiques villas dominèrent des campagnes désertes.

Dans une contrée merveilleusement disposée par la nature, un décret impérial aurait pu renouveler les prodiges de l'agriculture asiatique. A côté de ces magnifiques aqueducs jetés en travers des vallées, et sur lesquels l'eau venait, malgré tous les obstacles, embellir, assainir les cités, si des canaux plus larges et plus abondans eussent été consacrés à l'irrigation, les municipes se seraient empressés, sans nul doute, d'imiter la métropole, et des richesses incalculables eussent bientôt surgi du milieu des landes qui, semblables à un immense linceuil, recouvraient peu à peu l'empire romain. Si l'irrigation eût été pour l'Italie une pratique vulgaire lorsque les jours néfastes survinrent avec l'invasion des Barbares, il se fût trouvé, pour défendre la patrie, au lieu de populations découragées et de millions d'esclaves impatiens du joug ou avilis par la misère, une race forte et dévouée de cultivateurs attachés au sol par les liens de l'intérêt et de la famille.

Les besoins de la France réclament un complément indispensable à la législation sur les cours d'eau, et c'est dans une étude attentive des divers systèmes d'arrosage des anciens, et dans les lois rurales qui en perpétueraient les bienfaits, qu'on peut trouver un utile enseignement et des moyens nouveaux pour agrandir et améliorer l'industrie agricole.

Qui pourrait calculer aujourd'hui ce que l'avenir

réserve à notre patrie si l'irrigation s'y acclimate à l'abri des lois ;

Si de nouveaux et paisibles chantiers de travail s'ouvrent pour la classe indigente ;

Si la culture plus parfaite et plus variée de la terre, et si le défrichement, avec le concours ou le voisinage des eaux d'arrosage, retient dans les villages et dans les fermes cette multitude de bras que le besoin, l'abandon et tant d'autres causes entassent dans les cités populeuses et partout où les passions ont des foyers permanens ;

Si la nouriture du peuple est plus abondante et plus saine ;

Si des prairies plus vastes et de meilleurs fourrages permettent d'améliorer la race chevaline et la race bovine ;

Enfin, si l'agriculture, par la multitude de ses ateliers et par l'aptitude qu'elle montre à utiliser tous les bras et à tirer parti de toutes les forces vitales, devient, de plus en plus, le refuge de tous ceux que la société oublie, que l'industrie repousse et que la misère dégraderait.

XI.

Au nombre des choses qui préoccupent aujourd'hui les bons citoyens comme devant exercer une influence fâcheuse sur l'avenir de la France, il faut placer essentiellement :

L'affaiblissement physique des habitans ;

L'irrégularité de conduite des ouvriers dans les villes manufacturières ;

Et le peu d'accord d'idées qui se manifeste incessamment dans la société, au lieu de cette harmonie
sympathique qui devrait animer tous les enfans d'une
même patrie.

L'affaiblissement de la race est, à nos yeux, un résultat inévitable du désordre dans le régime et les habitudes ; de cette fièvre d'ambition, de crainte ou d'espérance dans laquelle le pays vit depuis cinquante ans.
Que de produits défectueux naquirent pendant et
après le règne de la Terreur !....

Pour leurs guerres de géans, la République et l'Empire appelèrent toute la génération virile sous les armes ; les hommes étaient alors vigoureux et forts,
mais ils furent bientôt usés à la poursuite de la victoire.

Que de constitutions détériorées par les fatigues,
le bivouac, les intempéries, les pérégrinations sous
tous les climats, les longues privations suivies d'excès
momentanés de jouissances !....

Pendant vingt-cinq ans, l'élite de deux générations
consuma sa jeunesse et ses forces à l'étranger, com-
battit, mourut glorieusement, et, pendant vingt-cinq
ans, la reproduction, sur le sol de la patrie, manqua
de ses élémens les plus énergiques et les plus sains.

La vaccine est un grand bienfait, sans doute, au
point de vue de la conservation d'enfans toujours si
chers à leurs parens. Que n'épargne-t-elle pas de morts
précoces et de difformités du visage ? Cependant, au
point de vue de la médecine politique, ses avantages
peuvent être contestés ; car la petite vérole est com-

parable à l'essai à double charge d'une arme nouvelle : les bonnes seules résistent. Maintenant que tous se sauvent, le faible aussi bien que le fort, les produits défectueux parcourent leur âge d'homme par la disparution du fléau, ce qui n'est point un mal ; mais ils procréent, et, quand c'est avec des sujets aussi faibles qu'eux, la lignée qui survient tend à se détériorer en proportion géométrique, ce qui est effrayant pour l'avenir.

La cause de ce mal doit sans doute être respectée, car, qui oserait, en proscrivant la vaccine, condamner à mort sans pitié les enfans qu'elle sauve tous les ans ? Mais, puisque le nombre n'est protégé qu'au détriment de la valeur de l'espèce, ne faut-il pas, tout en acceptant le bienfait, chercher un préservatif contre ses suites désastreuses ?

Après la chute de l'Empire, ce qui restait de nos glorieuses armées rentra dans ses foyers. Mais une vie irrégulière et agitée comme celle des camps ; mais des fatigues inouïes, des blessures, les affections pulmonaires et les rhumatismes pris au bivouac, et des vices morbifiques de toute espèce rendaient ces hommes peu propres à relever une race amoindrie en leur absence.

Au même moment, la France, privée de ses conquêtes, de son influence sur le continent, dépouillée de ses trésors, de ses grands débouchés commerciaux et d'alimens pour son activité, la France était contrainte de n'occuper l'activité de ses fils désarmés, rentrant forcément dans la vie civile, que dans l'industrie, les sciences ou l'agriculture. Malheureusement un grand nombre dédaigna la vie des champs, malgré que, partout ailleurs, la concurrence fut écrasante, et que les positions fructueuses fussent de plus en plus difficiles à atteindre.

Alors, celui qui naguères, dans une vie toute d'action, de combats, de triomphes, parcourait l'Europe en vainqueur, se trouva confiné dans un atelier étroit, dans une manufacture malsaine, et, trop souvent, ce qui lui restait de santé et de forces se détruisit petit à petit sous un joug si insolite.

De nombreux mariages et des unions moins licites suivirent la rentrée, dans leur pays, de nos soldats devenus ceux de l'industrie. Si l'expérience des pères est, dit-on, perdue pour les enfans, il en est autrement sous le rapport physique, et, pour la santé, les fautes des pères laissent à leur descendance un héritage aussi funeste que certain.

XII,

La carrière militaire étant presque fermée, les emplois à l'extérieur n'existant plus, les privilégiés de l'ancien régime s'étant abattus sur le nombre alors bien plus restreint des emplois dont l'État pouvait disposer, et l'industrie française, qui n'avait plus le continent pour tributaire, se trouvant surchargée d'un trop grand nombre de travailleurs nouveaux, il en résulta du malaise et du mécontentement.

Les classes aisées ne renoncèrent pas à pousser leurs enfans dans le petit nombre de carrières libérales qui restaient encore ouvertes ; mais , sentant bien que les plus capables pourraient seuls arriver , on les écrasa d'efforts intellectuels , en même temps qu'on détruisait leur vigueur par une vie trop sédentaire.

Réclusion précoce dans les colléges , dangers physiques et moraux des rapprochemens imprudens dans un âge tendre , — influence pernicieuse de la corruption sur l'innocence ; — air trop peu vivifiant respiré dans les classes et dans les dortoirs ; — surexcitation du système cérébral et nerveux , — exercice insuffisant du système musculaire ; — atonie de la digestion, de la respiration , des forces assimilatrices ; — que pouvait-il résulter de bon de cette éducation en serre-chaude , surexcitante pour l'esprit , molle , énervante pour le corps ?

Il en est résulté des passions vives , une intelligence précoce , des talens , des connaissances , de l'ambition , mais trop souvent des habitudes funestes , une vieillesse prématurée , et l'absence de cette énergie , de cette constance , de cette résolution que donnent un corps robuste , un tempéramment vigoureux.

Académies en plein air, éducation gymnastique de la Grèce ; — vie sévère du Spartiate, — habitudes militaires du Romain ; — existence errante , chevauchées perpétuelles , grandes chasses du moyen-âge ; — vie active et dure du gentilhomme campagnard , qu'êtes-vous devenues ?.... Vous produisiez peu de savans , sans doute ; mais , ce qui vaut mieux , vous produisiez des hommes.

Depuis la chute de l'empire napoléonien jusqu'au

moment actuel , le peuple , en France , s'est-il moins
énervé que les classes supérieures et moyennes !

Ceci touche à la question du paupérisme.

XIII.

Par suite de la finesse naturelle de leur esprit , de
la supériorité de leurs lumières acquises ; par suite
de leur position insulaire ou maritime entre les trois
mondes anciens , et par les ressources illimitées d'un
commerce où ils n'eurent de rivaux que les Phéniciens
et les Carthaginois, les Grecs virent dans tous les temps
leur existence assurée sur la terre ou sur la mer,
en alliant la culture du sol aux relations fructueuses
avec l'étranger. D'ailleurs , des guerres perpétuelles
entre des états trop morcelés s'opposaient au développement d'une population exubérante. Le paupérisme,
qui exista partout et toujours comme malheur individuel , ne pouvait donc s'élever , en Hellénie ,
à la hauteur d'une calamité, d'un danger politique.

Nous devons faire ici une observation très-importante. — L'esclavage exista chez tous les peuples de
l'antiquité , et si , sur l'échelle sociale , l'homme dans
cette condition était placé plus bas que le prolétaire
moderne ; d'autre part, le citoyen avait une existence
très-relevée par ses priviléges , et , quelque singulier
que cela paraisse , on pourrait l'appeler un véritable
gentilhomme. A Lacédémone , il y avait deux cent
mille esclaves pour quatorze mille citoyens.

Or , les classes supérieures , qui sont plus intelligentes et plus éclairées , qui tiennent fortement à

l'honneur et aux avantages de leur position , sont, en général , bien moins prolifiques que les autres. Les familles n'ont d'enfans que ceux qu'elles peuvent soutenir sans déroger, à moins que , par l'effet du droit d'ainesse , on n'en compte qu'un , *le premier venu*, et que les autres ne soient voués au service de l'héritier de la maison comme les neutres dans la ruche à miel , ou placés dans l'armée , envoyés dans les colonies , ou bien condamnés à un célibat perpétuel , ensevelis dans un cloître dès leur jeunesse.

Les citoyens , dans l'antiquité , mesuraient donc , comme les classes élevées de tous les âges , leur famille à leurs facultés ou aux ressources qui existaient pour leurs enfans ; et , quant aux esclaves , tenus la plupart hors du mariage, la volonté du maître remplaçait la contrainte morale que le peuple ne s'impose pas. L'excès de population n'amenait donc pas inévitablement l'affligeant tableau du paupérisme : ce qui ne nous empêche pas de considérer comme un crime de lèze-humanité le régime de l'ergastule, où les Romains calculaient froidement qu'un esclave adulte ne pouvait pas résister plus de dix ans aux travaux qui lui étaient imposés.

Chez les nations moins civilisées que les Romains et les Grecs , chez les Gaulois , chez les peuples de la Germanie, chez les nomades de la Haute-Asie et de l'Europe Septentrionale, des émigrations périodiques qui entraînaient les jeunes guerriers , leurs femmes et leurs enfans, déchargeaient le corps de la tribu d'un excès de population devenu incommode, et la horde , pendant ses expéditions aventureuses, périssait le plus souvent sur les champs de bataille, ou par la disette et les maladies.

L'existence de l'esclavage d'une part, des guerres continuelles de l'autre, la mort qui moissonnait dans les combats, de fréquentes colonisations et la distribution des terres conquises, mirent Rome, pendant long-temps, à l'abri de l'existence trop redoutable du paupérisme qui protestait cependant avec vivacité contre les exigences des créanciers, et qui demanda long-temps l'exécution de la loi agraire.

Une nation qui ne s'enrichit que par les armes ne peut se soutenir qu'à la condition de ne les déposer jamais et d'être constamment victorieuse. Les Romains expièrent cruellement, sous la main des Barbares, douze siècles de triomphes, de rapines et d'oppression.

Il est des Etats, comme la Russie et les Républiques américaines, où l'immensité du territoire offre des moyens d'existence à celui qui se trouve aux degrés infimes de l'échelle sociale ; mais il faut cependant que des capitaux accumulés par l'Etat permettent de subvenir aux dépenses de transport, de premier établissement, au défrichement du sol, à l'attente du produit des premières semences.

La condition de l'Angleterre semble au premier coup d'œil très-heureuse. Sa position insulaire la met presque à l'abri des invasions et la convie à la domination des mers. La nature fit la nation britannique pour le commerce et la navigation ; l'exiguité du territoire, par rapport au nombre des habitans , la force à l'industrialisme.

Un trafic avantageux avec le monde entier, soutenu par une marine formidable ; des débouchés acquis et conservés par une politique astucieuse et persévérante ; cent millions de vassaux dans l'Inde, exploités sans concurrence et sans rivalité ; de l'énergie, du patriotisme, de la suite dans les entreprises ; des machines admirables , des capitaux immenses ; tout cela ne peut pas suffire à l'existence de vingt-quatre millions d'habitans , et le paupérisme mine la fière Albion ; et le cri d'oppression de l'Inde répond au râle menaçant de l'Irlande.

Fabrication, commerce, industrie, êtes-vous donc sans puissance auprès de ce redoutable fléau , et ne pouvez-vous que comprimer ses victimes par la terreur ?

XIV.

Comment la France qui , en 1814 , perdait ses conquêtes, son influence extérieure, ses débouchés, la meilleure part de ses capitaux, des établissemens qu'elle avait créés à grands frais ;

Comment la France, où de si nombreux fonctionnaires , où six cent mille soldats plus ou moins valides revenaient au foyer paternel , le plus souvent sans autre capital que leur gloire , aurait-elle pu échapper aux crises commerciales, aux désastres industriels, au paupérisme de l'atelier, lorsque tant d'individus à la fois devaient se créer des moyens d'existence , des ressources pour l'avenir , au milieu des revers et des humiliations de la patrie ?

L'intérieur offrait alors , d'un côté, l'enthousiasme exagéré pour le triomphe d'une cause qu'on avait cru perdue si long-temps, et des tentatives irréfléchies pour rappeler un passé définitivement clos ; de l'autre , le noble deuil des gloires de la République et de l'Empire, la haine de l'étranger, l'éloignement pour le pouvoir qui était rentré à sa suite, le dégoût du présent , l'anxiété pour l'avenir. Difficultés nombreuses, gêne de position ; carrières commerciales, libérales, militaires et politiques encombrées , voilà ce qui fomenta de plus en plus des mécontentemens , des divisions dans le pays ; ce qui produisit des conspirations plusieurs fois étouffées, victorieuses enfin, et prenant alors le nom de révolution.

Quand, malgré la part évidente faite à la liberté , la crainte du retour aux idées de l'ancien régime eut excité profondément les défiances du pays ; quand il eut trouvé insuffisantes les concessions faites aux théories nouvelles ; quand des regrets se furent fait entendre, que des ambitions se furent agitées et, quand le peuple descendu sur la voie publique, fut resté maître de la victoire, — une dynastie nouvelle apparut.

Le gouvernement de juillet pensa qu'un des moyens les plus efficaces de satisfaire aux désirs du peuple qui l'avait élevé sur le pavois, de le distraire des passions politiques, d'élargir la voie de prospérité, de combattre le paupérisme, c'était de donner une extension très-large aux travaux entrepris au compte de l'Etat.

On s'occupa avec ardeur de l'amélioration de la viabilité commune, de l'achèvement des canaux de navigation, de la création des chemins de fer, et le budget des travaux publics fut appelé *la liste civile du pauvre*.

Malheureusement, il ne fut pas fait de l'argent dépensé l'emploi le meilleur, le plus profitable ; la mise en action de ces grandes entreprises ne fut point à l'abri de reproches très-fondés, et cette nouvelle liste civile devint bientôt l'aliment de spéculations avides et d'un agiotage corrupteur.

De là, le scandale de fortunes énormes faites sans travail et le triste spectacle des ruines profondes produites dans l'immoralité des jeux de bourse ; — de là, deux classes de plus de mauvais citoyens : ceux qui tombaient et ceux qui s'élevaient trop vite.

On vit, à la suite, se développer l'avidité, la jalousie, le dégoût du travail dans toutes les positions ; — le sensualisme de ceux que le hasard avait enrichis n'avait d'égal que l'irritation de ceux qui, de l'aisance, de l'opulence même, arrivaient aux tortures de la misère. La société ne pouvait qu'être menacée sous l'influence d'aussi dangereux élémens.

La philosophie du dix-huitième siècle avait déjà sapé les croyances religieuses ;

La Révolution de 1789 avait supprimé le dogme de la légitimité ;

L'enthousiasme des amis de la liberté avait été presque éteint par la Terreur ;

Les désastres de l'Empire avaient affaibli le prestige de la gloire ;

La nation s'était trouvée trop à l'étroit physiquement et moralement sous le sceptre de la Restauration ;

La bourgeoisie montée au pouvoir après les combats de juillet, appelée à remplacer le clergé, la noblesse, le peuple, les guerriers, qui tour-à-tour avaient eu une influence prédominante sur les destinées de la France, la bourgeoisie ne comprit pas la grandeur et la sainteté de sa mission.

Dix-huit ans de paix, et même de prospérité apparente n'ont point remédié à la dégradation physique de la race, qui, chaque année, se manifeste d'une manière si évidente aux conseils de révision ;

Le paupérisme n'avait pas disparu ;

La moralité publique et l'harmonie des opinions et des intelligences étaient loin d'être en progrès ;

Beaucoup de positions, brillantes en apparence, étaient secrètement minées ;

L'Etat se trouvait obéré ;

Le 24 Février arriva, la République fut proclamée ; — quel doit être le rôle du gouvernement nouveau pour adoucir les maux qui pèsent sur la France ?

XV.

Pour rendre la vigueur à des corps affaiblis, pour relever la race et l'affranchir des influences d'un tempérament trop lymphatique, de la surexcitation cérébrale et rachidienne, de la phtysie pulmonaire ; pour amoindrir le lugubre cortége des maladies chroniques et des affections constitutionnelles, ne faut-il pas aug-

menter pour la plupart des citoyens , pour l'enfance
surtout, la quantité d'air et de lumière ? — ne faut-il
pas fournir aux uns une nourriture plus substantielle et
plus saine; — relever pour tous, par l'exercice en plein
air, l'énergie des systèmes musculaires et circulatoires;
— bannir une vie molle , trop sédentaire , des études
trop prolongées; amoindrir la surexcitation du système
nerveux ; — éviter , éviter surtout le rapprochement
trop précoce et trop intime de la jeunesse dans les colléges, qui conduit à ces habitudes pernicieuses, à ces
suicides anticipés, résultat des mauvais exemples, de
l'ennui , d'une vie trop inactive , et d'une mauvaise
direction des forces vitales.

Ne serait-il pas de la plus haute importance sociale
d'empêcher dans les manufactures , dans les ateliers,
dans les grands centres de population , ces débauches
précoces si funestes à la santé du corps et de l'âme ,
ces communautés de libertinage qui , se substituant au
mariage légitime , détruisent la sainte existence de la
famille, produisent des rejetons défectueux que leurs
parens abandonnent souvent et qui ne deviennent que
par exception des hommes vigoureux , des citoyens
utiles.

N'est-ce pas , surtout , dans les grands foyers d'industrie que règnent l'immoralité, le désordre, l'abâ-
tardissement de l'espèce, et le paupérisme conséquence
dernière de tous ces maux ?

Pensions , colléges , manufactnres pour les enfans :
liberté sans frein de la jeunesse trop vite émancipée
de la surveillance de la famille pour des études supé-

rieures ou dans des vues d'avancement ; vie et travaux trop intellectuels ou trop sédentaires pour le riche et pour le pauvre ; corruption qui résulte inévitablement des agglomérations trop nombreuses, d'un rapprochement imprudent des sexes , surtout pendant l'enfance et la jeunesse , dans les grandes villes et les grands ateliers ; telles sont , selon nous, les causes principales du désordre moral , de la dégradation physique , du paupérisme enfin , dans nos sociétés modernes.

Existe - t - il des moyens de remédier à tous ces maux ?

Le plus efficace , à nos yeux , serait de rappeler, de fixer à la campagne , de rapprocher de la nature le plus grand nombre des citoyens qui encombrent les grandes villes aujourd'hui , et qui s'efforcent vainement de se procurer une bonne position dans l'industrie.

Mais , pour atteindre ce but , il faut que le séjour des champs puisse devenir attrayant et fructueux à ses hôtes nouveaux, au moyen d'entreprises nationales conçues et exécutées sur la plus large échelle.

Il faut que l'agriculture puisse nourrir la France et qu'elle soit une carrière où le travail et l'intelligence se développent à coup sûr avec profit.

Il faut qu'un grand nombre de citoyens de toutes les classes trouve le séjour des champs préférable à celui des villes, et que, non-seulement, la terre française nourisse largement la population présente , mais encore qu'on assure le bien-être des citoyens à venir , quel qu'en puisse être le nombre.

*L'irrigation seule peut doter notre pays de bien-
faits de cette étendue...*

XVI.

Si l'agriculture n'est pas une mère prodigue, elle
est au moins généreuse, et ses dons sont incessans.
L'industrie, au contraire, comble un moment ses
adeptes de trésors pour les laisser tomber, trop souvent après, dans le désespoir et la misère. Sage qui
sait plier ses voiles à propos ; malheureux celui qui,
lorsqu'arrive la tempête, est resté exposé aux périls
de la mer.

L'industrie, on le sait, départ rapidement de grands
profits ou amène de grandes pertes ; elle produit, tour-
à-tour, les fortunes qu'on envie et les catastrophes qui
épouvantent ; elle crée la richesse trop orgueilleuse,
le paupérisme trop dégradé.

Sur un sol aussi mobile, où tant de choses participent de la nature du jeu, trop de chances sont données
à la faveur du moment, à l'inspiration heureuse, à
l'instinct individuel, et, pour tout dire en un mot, au
hasard ; — trop peu de garanties sont laissées à la
persévérance héréditaire, à l'esprit de suite et de conservation. Or, ce n'est qu'exceptionnellement qu'une
véritable influence dans la cité peut être personnelle,
viagère ; les talens ou les qualités hors de ligne peuvent seuls y prétendre ; l'intérêt de tous veut que la
durée, qui est le résultat de l'esprit d'ordre, ait une
large représentation. Celui qui s'enrichit trop vite en
exposant trop au hasard, et celui qui se ruine par im-

prudence ou par incurie , ne sont pas des citoyens
irréprochables.

L'agriculture appelle, aujourd'hui, plus que jamais,
l'application de l'intelligence ; l'art est maintenant
devenu une science véritable. La culture des champs
fut toujours la plus utile et la plus honorable des pro-
fessions ; libre, attrayante, hygiénique, elle est , pour
celui qui procède avec prudence , à l'abri de brusques
revers. Nourricière antique de l'homme intelligent ,
laborieux et rangé, elle peut, sous l'influence de l'irrigation , procurer , disséminer la richesse et les jouissances les plus vives...

Quels emplois lucratifs, quelles positions satisfaisan-
tes la République peut-elle offrir aujourd'hui à ceux
qui souffrent et qui se plaignent ?

La France a-t-elle, comme l'Amérique ou la Russie,
un sol illimité qui n'attend que des bras plus nombreux
pour s'ouvrir et produire? — Non : depuis long-temps
le sol de la patrie est occupé, et les parties fertiles
sont complètement exploitées. Quant aux portions trop
rebelles jusqu'à ce jour , il est nécessaire que des
moyens nationaux , c'est-à-dire conçus et exécutés
dans l'intérêt de tous, les rendent propres à une exploitation fructueuse ; les travaux individuels ne sauraient
suffire à une pareille tâche.

La France peut-elle, comme au temps de l'Empire,
imposer ses lois à l'Europe par les armes , rendre les
peuples tributaires , leur départir ses agens , ses fonctionnaires, ses volontés ou ses lois ? Mais notre génération héroïque a passé, et celui qui la guidait repose

avec elle dans la tombe ; mais les nations étrangères ont appris , à leurs dépens , la science des batailles. D'ailleurs , la civilisation est trop avancée pour que le rôle de Rome antique puisse être repris dans l'Europe moderne , une coalition formidable des peuples menacés s'élèverait à l'instant contre le peuple envahisseur.

La France se présenterait dans l'arène trop tard pour fonder l'avenir de sa richesse et de sa puissance sur les produits de son commerce et de ses manufactures ; car il lui faudrait soutenir , dès l'abord , une guerre à mort contre le peuple anglais , qui a pour lui les avantages de sa position insulaire , de sa marine formidable, de ses machines savantes, de ses capitaux accumulés et de positions prises sur toute la surface du globe , positions qu'il s'efforce de conserver par tous les moyens, tandis que, de longue main, il cherche à les étendre , ou à les remplacer quand elles lui échappent.

La France n'a jamais cédé le sceptre de l'élégance et du bon goût ; et , sous ce rapport , le monde sera toujours tributaire de ses produits, à moins qu'elle ne s'abaisse sur l'échelle sociale. Mais , au point de vue général , la position manufacturière de l'Angleterre doit-elle nous tenter ; avec toute l'étendue de son monopole commercial , le peuple anglais est-il donc plus heureux que le nôtre ?

Les nations que le gouvernement britannique a soumises par son machiavélisme politique lui échapperont inévitablement par les progrès de la civilisation,

des lumières, et, dès lors, quelle sera la position de
la métropole ?

Quant à la France, le sol qui lui appartient ne saurait lui échapper, et, si son agriculture reçoit une impulsion assez puissante, si de grandes entreprises
nationales permettent d'en décupler les produits, chaque citoyen pourra se reposer satisfait, au pied de
l'arbre ou de la vigne qu'il aura planté comme propriétaire.

Alors, la vie à bon marché permettra d'abaisser,
sans oppression, le prix de la main-d'œuvre dans les
manufactures, et leurs produits pourront rivaliser
avantageusement sur les marchés extérieurs avec
ceux de l'Angleterre, dont l'ouvrier, obligé de tirer
du dehors la plus grande part de sa subsistance, aura
toujours besoin de salaires très-élevés.

Les produits de notre sol, réduits au prix le plus
bas par leur abondance, peuvent seuls contrebalancer
les avantages qu'ont les Anglais par leurs machines,
leurs capitaux et leurs débouchés acquis.

Le christianisme et la saine philosophie ont à jamais
fermé le retour à l'esclavage, et la France ne connaît
que des citoyens : or, si la nation ne peut distribuer
des terres à ceux qui souffrent ; si, pour imposer des
lois à l'étranger, la voie de la conquête est désormais
fermée par le progrès politique de tous les peuples ; si
nous ne pouvons dicter et rendre obligatoires des traités
de commerce et d'échange avantageux pour nous, que
nous reste-t-il donc à faire, dans une situation sociale
où l'inaction serait peut-être le danger le plus grand ?

'Une seule voie salutaire me semble ouverte : c'est une large , une grande amélioration du sol , qui permette à la patrie de nourrir généreusement tous ses fils : et ce résultat si désirable , L'IRRIGATION SEULE PEUT LE DONNER.

XVII.

L'augmentation pacifique de la richesse véritable de la France sera plus efficace pour ramener les idées saines dans les esprits et l'ordre dans les masses, que les prédications les plus éloquentes et l'appareil de la force militaire.

Le peuple s'occupera peu de théories sociales quand il sera convaincu que le travail peut assurer son avenir.

L'aspect d'une nature riche et féconde n'est-il pas moralisateur ? — Les passions ne s'amortissent-elles pas dans les paisibles travaux de la campagne ?

En rompant tous les liens de famille , toutes les affections natales pour agglomérer les populations outre mesure , le travail manufacturier augmente incessamment la corruption physique et morale ; les entreprises agricoles , au contraire, en disséminant les hommes et les fixant comme à perpétuité sur de plus larges espaces , rendent plus intimes et presque exclusifs les purs attachemens de la famille. L'immoralité ne peut prévaloir dans des groupes peu nombreux , où tous se connaissent, se surveillent et sont appelés à vivre ensemble de génération en génération.

L'atelier appelle de tous les pays des hommes qui

n'ont entre eux aucun lien de parenté, d'habitudes communes , de souvenirs , — que la solidarité de la famille ne retient pas , — ce qui ne donne que trop souvent accès à la crapule et au dévergondage. Les individus les plus misérables de nos hameaux présentent-ils un spectacle aussi affligeant que la classe infime des ouvriers de nos grandes villes manufacturières , et , bien plus encore , de celles de Manchester et de Liverpool ?

Quelles sont les populations les plus susceptibles de s'abandonner à de dangereuses excitations politiques ? Est-ce dans les cantons agricoles ou dans les centres manufacturiers que l'émeute , la sédition , la révolte sévissent tout d'abord ? Le cultivateur n'a-t-il pas plus d'affection pour la terre qui le nourrit , que l'ouvrier de l'industrie pour son atelier ou sa machine ?

Et, quand le sol s'embellira sous un travail nouveau, quand il deviendra plus fertile encore ; quand , sous l'influence de l'irrigation , la culture sera plus fructueuse et beaucoup moins pénible, alors les avantages de l'aisance se joindront à ceux de la liberté.

Le cultivateur peut développer son intelligence par quelques études pendant les loisirs que lui donnent les fêtes chômées, pendant les jours de mauvais temps et les longues soirées d'hiver. Alors , loin des exemples pernicieux, des excitations factices , des plaisirs démoralisateurs , sans inquiétude pour son avenir, pour sa compagne légitime , pour ses enfans réunis autour du foyer, le paysan , intéressé à l'ordre , bénit les institutions bienfaisantes de sa patrie et se dévoue, en véritable citoyen , à leur stabilité , à leur défense.

Son cœur s'élève aussi, par la reconnaissance, vers une sagesse au-dessus de la faible raison de l'homme , vers une puissance, une bonté, évidentes de toute part dans la création , surtout pour celui qui a constamment sous les yeux les grands effets et les merveilles de la nature. Moins éloigné de Dieu que l'habitant des villes , le cultivateur apprend aux siens à le bénir et à l'adorer.

Par la vie active des champs , la force du corps se conserve et s'augmente, la santé publique se rétablit ; — les passions se calment , la conduite se régularise ; la propriété , la famille , la religion sont respectées, l'ordre moral est retrouvé...

Pour moi, L'AVENIR DE LA FRANCE EST DANS LA BONNE DIRECTION ; L'AMÉNAGEMENT COMPLET ET L'EM- PLOI NATIONAL DE SES COURS D'EAU.

XVIII.

Si l'on opposait immédiatement à cette assertion : — « Qu'il faudrait des dépenses énormes pour appli- » quer un système pareil , — et que la France est » hors d'état de les supporter dans la déplorable situa- » tion de ses finances. »

Si l'on ajoutait : — « Que le meilleur aménagement » de nos cours d'eau serait loin de procurer au pays » les avantages que j'annonce , »

Je répondrais :

Toutes les nations qui ont largement usé des res- sources de l'arrosage ont été riches, paisibles , floris-

santes. — J'en ai cité des exemples nombreux ; —
j'en fournirai de plus frappans encore.

Nos finances ne sont pas dans un état si désastreux
qu'un gouvernement régulier ne puisse relever le crédit, et que des pratiques utiles d'ordre et d'économie
ne permettent de diminuer certaines dépenses ; d'en
accepter d'autres beaucoup mieux conçues, en un mot,
de diriger les ressources de la nation tout autrement
qu'on ne l'a fait jusqu'à ce jour.

Les captifs, les prisonniers, les soldats étaient employés chez les anciens aux grands travaux d'utilité
publique. « La première armée du monde , l'armée
» romaine, dit M. Auguste de Gasparin , ne dédai-
» gnait pas de s'associer aux travaux patriotiques.....
» En France , cinq cent mille hommes armés , l'élite
» de la nation , pourraient produire près d'un million
» de travaux par jour ; l'intérêt général ennoblirait
» cet exemple de l'armée.. »(1)

Au temps où son irrigation était prospère, l'Egypte
nourrissait huit millions d'habitans, c'est-à-dire environ quatre mille par lieue carrée , tandis qu'on n'en
compte que mille en France. Napoléon n'évaluait plus
la population de l'Egypte moderne, sous la domina-
nation des Turcs , qu'à deux millions cinq cent mille
âmes.

Au reste, tout ce que nous n'avons fait qu'indiquer
dans ce premier chapitre, sera repris et confirmé dans
ceux qui suivront ; je termine par un paragraphe que

(1) *Des Machines*, — broch. in 8°, 1854, p. 54.

j'emprunte à M. de Gasparin l'aîné , l'homme, peut-
être qui s'est le plus occupé d'agriculture, en France ,
comme simple particulier , député , pair, ministre, et
comme écrivain spécial.

« Il est évident qu'une canalisation générale du sol,
» dans le but de l'irrigation , est maintenant une des
» entreprises les plus utiles , pour la fortune publique
» et particulière, que puisse entreprendre le gouverne-
» ment. Bientôt la multiplication des chemins de fer
» rendra les voies navigables moins nécessaires, et les
» fleuves couleront presque inutiles sur le sol , si on
» ne les emploie pas à en doubler la fécondité; cette
» heureuse pensée aura mis enfin à la disposition de
» l'agriculture une ressource que la préférence donnée
» aux autres industries lui enlevait. L'agriculture
» semble ne devoir recueillir que les miettes qui tom-
» bent de la table du riche, tandis qu'elle utiliserait
» plus fructueusement les eaux, que les industries pour
» lesquelles on l'en prive....

» *C'est par centaines de millions que les gouverne-*
» *nemens doivent compter la perte qui résulte de la*
» *masse d'eau qu'ils laissent arriver à la mer sans*
» *avoir su en profiter.* Au reste, les esprits sont déjà
» éveillés sur cette grave question , et il faut espérer
» que , mieux régis à l'avenir, nos travaux publics
» prendront cette noble direction... (1) »

----

(1) *Cours d'Agriculture* — 1846, t. J, p. 446 et 447.

CHAPITRE SECOND.

—

Bibliographie spéciale ; réservoirs pour l'irrigation.

I.

« Je veux, je demande de l'eau, disait l'un des
» pères de l'agriculture latine, parce que, sans elle,
» toute culture est misérable. — *Etiam precor lym-*
» *pham, quoniam, sine aquâ, omnis misera est agri-*
cultura. » (1) Et, suivant un auteur moderne : « L'eau
» mêlée à notre soleil du midi, c'est de l'argent li-
» quide. » (2)

Bien que le régime des eaux ait de tout temps
occupé l'attention des nations civilisées et fait l'objet
des études sérieuses des jurisconsultes, des ingénieurs,
des agronomes, cependant, après la chute des grandes monarchies de l'Orient, la pratique de l'irrigation
fut trop négligée pour le bonheur de peuples, tant
sous la domination romaine, qu'au moyen âge et dans
les temps modernes. L'Espagne, l'Italie septentrionale et quelques points du midi de la France, avaient
seules conservé de salutaires traditions ; il était temps
de sortir d'un sommeil trop général et trop funeste.

Depuis quelques années, un élan très remarquable,

(1) Marc. Terent. Varro — *De re rusticâ.*

(2) Mahul. — *Considérations sur l'économie et la pratique de
l'agriculture, in* 8°, 1846, *p.* 142.

une émulation bien digne d'encouragemens se manifestent en France. La Société centrale d'agriculture
avait plusieurs fois proclamé tout ce que les irrigations , pratiquées avec intelligence et sur une grande
échelle, devaient ajouter au bien-être des populations
agricoles , à la prospérité du pays ; mais elle ne se
dissimulait pas ce qu'il fallait de prudente persévérance et de ménagemens pour faire adopter des idées
aussi fécondes que nouvelles , en évitant que des
essais faits à la hâte n'en compromissent le succès.
Pour atteindre ce but , pour vulgariser les connaissances nécessaires , pour appeler , encourager l'imitation et préparer une législation en harmonie avec
nos codes et nos besoins nationaux , il fallait que les
grands procédés d'irrigation des anciens et des modernes fussent étudiés à fond , ainsi que la législation
respective de tous les lieux et de tous les âges.

M. Jaubert de Passa répondit noblement à l'appel
de la Société centrale en lui adressant en 1846 et 1847
un livre qui manquait à tous les peuples, l'histoire
complète de l'irrigation dans l'antiquité , avec un
aperçu sur les lois qui régissaient les eaux publiques
et privées (3). Ce beau travail se divise en six parties.

La première contient , en autant de chapitres , l'histoire de l'arrosage dans l'empire des Assyriens, c'est-
à-dire dans la vaste contrée comprise entre l'Euphrate,
la mer Caspienne, les déserts de la Scythie , les gla-

(3) *Recherches sur les Arrosages chez les peuples anciens.*—
Paris , chez Bouchard-Huzard , 4 vol. in-8°

ciers du Paropamisus ou Taurus oriental, la rive droite du Setledj et les rivages de la mer Erythrée.

Dans la seconde partie, l'auteur passe en revue toute la région méridionale de l'Asie, y compris les îles de Ceylan, de Sumatra et de Java.

La troisième est consacrée à la Chine et aux Etats feudataires du Céleste-Empire.

La quatrième partie traite des arrosages de la Syrie, de l'Arabie, de l'Egypte et de l'Ethiopie.

La cinquième est consacrée au continent grec, à l'archipel et au littoral de l'Asie mineure.

La sixième et dernière contient, dans un cadre très-resserré, les irrigations et les travaux hydrauliques disséminés dans l'empire romain et notamment en Sicile, dans la Mauritanie et dans la Cyrénaïque.

Les dix premiers paragraphes du chapitre qui précède sont une fidèle analyse d'une portion du magnifique ouvrage de M. Jaubert de Passa; nous avons aussi profité des rapports faits à l'apparition de ce livre, par M. Héricart de Thury, à la Société centrale d'agriculture, et, de plus, du savant cours d'agronomie de M. de Gasparin l'aîné (4).

II.

Prise dans son sens le plus large, la question des irrigations se rattache à la science plus vaste encore du régime des eaux, sur laquelle, à toutes les époques, on a fait un grand nombre de publications utiles.

(4) A Paris chez Dusacq, 5 vol. in 8°

Les livres spéciaux de l'Egypte et de l'Orient ne sont pas parvenus jusqu'à nous ; on en est réduit à juger de la nature et de l'importance des idées, à ces époques antiques, par ce qui reste des monumens et par quelques témoignages épars dans les écrits des auteurs grecs et romains.

Au point de vue de la législation des cours d'eau, nous n'avons véritablement des documens étendus et précis que dans les codes ou les recueils des jurisconsultes de Rome, d'où dérivent la plupart de nos lois modernes, et qui ont enfanté de nombreux commentateurs.

Après le long sommeil de la barbarie, on en revint à s'occuper du régime des eaux, comme de toutes les autres sciences, et parmi les auteurs qui, au point de vue du droit, ont écrit sur ce sujet, on distingue en Allemagne, en Italie ou en Provence :

Heringius.—*De Molendinis*, Francfort, in 4° 1663.

Gobius, de Mantoue. — *De Aquis*, in fol., 1669.

Leiser.—*Jus Georgicum*, in fol., Leipsick, 1698.

Cœpola. — *De Servitutibus*.

San-Léger, d'Avignon — *Resolutiones civiles*.

Richeri, de Turin — *Universa civilis et criminalis jurisprudentia*, in-4° 1775.

Et surtout Peccius, de Pavie. *De Aquœductu*, 1665 à 1669, in fol. — C'est l'ouvrage le plus complet qu'on connaisse sur cette matière.

Depuis San-Léger, la France n'a fourni aucun traité spécial sur les eaux.

Seulement, Latouloubre et Pastour, auteurs de Provence, en ont parlé sous le rapport du droit féodal.

Il en est de même de la Poix-Fréminville , dans sa *Pratique des Terriers* (1).

Parmi les ouvrages publiés depuis le code civil , on trouve des articles importans dans :

Les *Questions de Droit* ;

Le *Droit du Voisinage*, de M. Fournel.

Le recueil de Sirey contient une multitude de dé-crets, d'arrêtés, d'avis du Conseil d'Etat, d'arrêts de la Cour de cassation et des autres Tribunaux qui ont établi ou fixé la jurisprudence sur plusieurs points.

On peut consulter avec fruit les traités généraux de :

Merlin .— *Repertoire universel de Jurisprudence ;*

Proudon. — *Traité du Domaine public ;*

Cormenin. — *Cours de droit administratif ;*

Duranton. — *Droit Civil ;*

Carré. — *Cours de droit ;*

Toullier. —*Droit civil;*

Troplong. — *De la Prescription ;*

Pardessus. — *Traité des Servitudes ;*

Isambert. — *Traité de la Voirie ;*

Henrion de Pansey—*De l'Autorité judiciaire dans les gouvernemens monarchiques ;*

Et , *De la Compétence des Juges de paix ;*

Enfin , *le projet de Code rural* de M. Duverneilh.

Si nous voulons nous instruire dans des ouvrages plus spéciaux , nous trouvons :

(1) Joseph Dubreuil — *Analyse de la Législation sur les Eaux* in 4o . Aix, 1817.

Les lois et usages sur les Cours d'eau, par M. Ribes;

L'essai sur la législation des Cours d'eau, par M. Chassiron ;

La législation sur les Eaux, par Dubreuil, avocat à Aix , 1817 , in 4°.

Du régime des cours d'eau, par Garnier, Paris, in-4°.

Le premier appel de la Société centrale d'agriculture eut lieu en 1822 , et plusieurs auteurs s'empressèrent d'y répondre d'une manière utile en publiant le fruit de leurs observations , de leurs méditations , de leurs recherches , tant sur les irrigations que sur les divers objets qui s'y rattachent , comme les prises d'eau , les réservoirs , les barrages , les droits d'établissement et d'appui , l'endiguement des fleuves , des rivières et des torrens.

Ainsi, les esprits se familiarisaient peu à peu avec des idées qu'on regardait comme nouvelles ; l'opinion se prononçait en leur faveur ; une conférence agricole se forma parmi les membres de la chambre des députés, et bientôt, à sa tête, se plaça M. d'Angeville qui , en 1845 , attacha son nom à la première loi française sur les irrigations.

M. l'avocat-général Daviel publia en 1838 la seconde édition de son traité *sur la Législation et la pratique des cours d'eau* (2 vol. in 8°),

Suivi , en 1845 , d'un *Commentaire de la loi d'Angeville*.

Comme M. Daviel, M. Henri Pellault , docteur en droit, publia , en 1845 aussi , un *Commentaire* sur la même loi (1 vol. in 12).

En 1840 , M. Chardon , avocat et agriculteur , a écrit un ouvrage remarquable sur le *Droit d'alluvion examiné au point de vue de son origine et des prétentions de l'Etat et des riverains* (1 vol. in 8º}.

M. Rivet , conseiller à la Cour de cassation , a fait aussi , sous le rapport historique et critique , l'examen de ces droits prétendus.

On connaît la savante dissertation de M. Alphonse Pitoie *sur les irrigations , suivant la loi de* 1807 .

L'exellent *Traité théorique et pratique des irrigations* de M. Nadault de Buffon (3 vol. in 8º 1843),

Qu'avait précédé son livre *sur les Usines et les cours d'eau* (2 vol. in 8º, 1840),

M. Mauny de Mornay , inspecteur de l'agriculture, envoyé en mission par le gouvernement , composa en 1844 un rapport *sur la Pratique et la législation des irrigations dans l'Italie supérieure et dans quelques Etats de l'Allemagne,* dont la seconde partie seule est publiée (1 vol. in 8º) , la première est attendue avec impatience.

M. Puvis , ancien député , a écrit en 1844 , *sur les avantages de l'irrigation , l'étendue qu'on peut lui donner en France et les mesures légales nécessaires pour la faciliter* (in 4º de 84 pages, chez Huzard).

Le traité *de l'Organisation légale des cours d'eau , sous le triple point de vue de l'endiguement , de l'irrigation et du dessèchement , suivi d'un exposé de la législation lombarde ,* par M. Adrien Dumont et A. Dumont , son frère , ingénieur des ponts-et-chaussées, parut en 1845 (1 vol. in 8º).

M. Championière, avocat, a traité, *ex professo, de la Propriété des eaux courantes, du droit des riverains, et de la valeur actuelle des concessions féodales* (Paris, chez Hingray, 1846, 1 vol. in 8°)

En 1848, M. Gustave Gayrard, ingénieur civil, a écrit *Sur l'administration, par l'Etat et par le département, des cours d'eau non navigables.*

Cependant, toutes les questions relatives au régime des eaux se débattaient avec beaucoup de soin à la conférence agricole de la Chambre des députés, et M. d'Esterno, son rapporteur, offrit, en 1843, au Conseil-général d'agriculture un mémoire imprimé sur ses propres travaux et ceux de ses collègues.

M. Teste avait fait un exposé remarquable sur les motifs de la loi présentée aux deux Chambres en 1842, touchant l'endiguement.

Emule de M. d'Angeville, notre concitoyen, M. Félix de La Farelle, publia, en 1845, l'étude d'un projet de loi *sur l'Endiguement et les autres travaux défensifs à opérer contre les fleuves, les rivières et les torrents*, et cela, en sa qualité de membre de la commission spéciale de la Chambre des députés chargée d'étudier ces questions importantes (brochure in 8°, Paris, chez Guillaume);

Et M. Adolphe Martin, député de la Haute-Garonne, donna, pendant la session de 1846, un rapport développé sur le travail de son collègue (in-4° imprimerie de la Chambre).

Le projet de loi ne put être accccepté tel que la commission le présentait, mais le ministre promit qu'à la session suivante le gouvernement en apporterait un, lui-même', sur cette matière à laquelle se rattachaient de si grands intérêts. La République accomplira, sans doute, cette promesse importante de la Monarchie.

III.

Si, du point de vue de la législation et du droit, nous passons à celui de l'exécution des travaux d'appropriation et de défense, au point de vue de la science de l'ingénieur, nous devons rappeler d'abord les constructions de l'antiquité, admirables sous le rapport de leurs dimensions, de leur solidité et de leur majestueuse élégance.

La Perse, l'Inde, la Chine, l'Egypte, toute la surface de l'empire romain, sont couvertes des débris imposans de canaux, de réservoirs, d'aqueducs, d'arcatures qui confondent notre imagination, qui étonnent notre faiblesse. Le temps, et les barbares, plus destructeurs encore que le temps, ont ravagé tous ces monumens, les ont rendus inutiles, car, pendant douze siècles, le monde civilisé a été comme écrasé sous le joug de l'ignorance et de la tyrannie. A l'époque de la renaissance, l'Italie fut la terre classique de la science des eaux, comme elle l'était déjà de la littérature, des beaux arts et de la jurisprudence.

Les Italiens se glorifient d'avoir, si ce n'est inventé, du moins singulièrement perfectionné l'hydraulique, et leur supériorité était si peu contestée que, jusqu'à ces derniers temps, et sur les points les plus essentiels, on s'est borné partout à les copier. Toutefois, cette science ne naquit véritablement que lorsque Galilée découvrit les lois de la chute des graves. Ce grand homme en fit l'application au mouvement des eaux dans le lit des fleuves; une discussion s'éleva bientôt entre lui et l'ingénieur Bartolotti au sujet de la rectification du cours du Bisentio, et, comme la science était encore dans l'enfance, la raison ne fut pas toujours du côté du génie.

Castelli, Montanari et Guglielmini, par leurs discussions sur les moyens d'assainissement des lagunes de Venise, contribuèrent à lui faire faire quelques progrès.

Toricelli découvrit la loi des vitesses de l'eau, lorsqu'elle sort d'un réservoir par de petits orifices.

Viviani ne craignit pas de rectifier certaines des propositions de son maître Galilée sur l'effet des sinuosités des rivières.

Le grand ouvrage de Guglielmini, intitulé *Della Natura dei Fiumi* (1697 à 1752) lui a valu les éloges de Fontenelle, de d'Alembert, de l'abbé Bossu, de Montucla; il le fit suivre de son traité *de Aquarum fluentium mensurá*.

Les productions de Guglielmini furent longtemps classiques, et ses erreurs, qui dérivaient des principes fautifs prématurément adoptés par Galilée, par Castelli, Viviani, Grandi, Zendrini, ont été toutes adoptées par Lecchi, père jésuite, qui en mit au jour de nouvelles.

Le traité *des Torrents et des Rivières* du père Frisi, a joui d'une grande réputation; mais, tout en corrigeant de grandes fautes de ses devanciers, il n'a pas manqué d'en commettre lui-même.

Les Français ont marché d'un pas plus sûr à la vérité.

Le *Traité du Mouvement des Eaux*, de Mariotte, renferme une multitude d'expériences qui ont beaucoup contribué au perfectionnement de l'hydraulique pratique.

Varignon mit en formules les idées de Guglielmini, auquel il donna ainsi plus d'autorité.

Les travaux de Bélidor eurent, à leur apparition, une grande importance ; le professeur Navier, dans la nouvelle édition qu'il en avait commencée, les mettait à la hauteur de la science actuelle.

Avec beaucoup de savoir et de sagacité, l'abbé Bossut a fait marcher de front la théorie et l'expérience.

Daniel Bernouilli laissa, dans son *Hydrau-dynamique*, l'empreinte de ses profondes connaissances mathématiques et de son génie.

S'. Gravesande s'occupa de l'écoulement des liquides par des orifices et avec des ajutages de formes différentes ; il confirma ainsi plusieurs observations que le célèbre Frontin avait déjà faites dans l'antique Rome.

De son côté, Bernouilli rendit manifestes certaines lois sur le mouvement des fluides qu'avait pressenties le génie de Newton.

M. du Buat publia en 1780 un *Traité sur les Rivières*, dans lequel il posa, avec succès, plusieurs principes nouveaux.

En 1787, M. Bernard donna ses *Nouveaux principes d'hydraulique appliqués à tous les objets d'utilité, et particulièrement aux rivières.*

Dix ans plus tard, l'ingénieur Fabre mit au jour son *Essai sur la Théorie des Torrents et des Rivières,* 1 vol. in-4°.

Le traité d'*hydraulique physique , d'hydrostatique et d'hydro-dynamique* de M. le professeur Mollet (1 vol. in-8°), parut en 1810 ;

La seconde édition du *Traité d'hydraulique à l'usage des Ingénieurs,* de M. d'Aubuisson de Voisins, vit le jour en 1840. (1 vol. in-8°).

Les savantes leçons faites par le professeur Bellanger à l'école des ponts-et-chaussées, ne sont pas encore imprimées.

Sur les irrigations, sur le régime des eaux, on pourra consulter avec un grand profit le *Dictionnaire des Travaux publics* par Tarbé, de Vauxclairs (1 vol. in-4°).

Les *Annales des Ponts-et-Chaussées ,* renferment un grand nombre d'articles afférens à notre sujet , et notamment ceux qui sont sortis de la plume de M. l'ingénieur en chef Doyat, long-temps fixé par son service dans notre département, à Alais, sur les bords du Gardon.

En 1844, M. Polonceau, inspecteur divisionnaire des ponts-et-chaussées, publia des *Considérations générales sur les causes des ravages produits par les Rivières à pente rapide et par les Torrents ,* (Paris, in-4°, Mathias.)

Qu'il fit suivre, en 1846, par un traité *des moyens pratiques de remédier aux dommages causés par les eaux, des divers procédés d'irrigation, de limonage, et de l'établissement des réservoirs et des étangs.* (1 vol. in-12),

En 1841 , le gouvernement avait fait imprimer, à ses frais, l'ouvrage très-remarquable de M. l'ingénieur Surell *sur les Torrents des Hautes-Alpes* , (Paris , Carillan-Gœury , et veuve Dalmont, in-4º).

Si le corps des ponts-et-chaussées peut présenter avec orgueil l'ouvrage de M. Surell, celui des mines peut offrir à son tour le mémoire de M. l'ingénieur Scipion Gras, de Grenoble , *sur les causes géologiques de l'action dévastatrice des torrents des Alpes*, lu à l'Institut, puis inséré dans les Annales des mines de 1848, et dont on trouve une analyse exacte dans le Journal d'agriculture pratique de mars 1847 , p. 249.

Enfin , en 1848, M. J.-C.-P. Bernard a publié un opuscule in-4º, — *sur les cours d'eau , considérés au point de vue des inondations , et les moyens de les prévenir , avec un nouveau système d'irrigation.*

IV.

Les publications sur le régime et l'usage des eaux , au point de vue purement agricole , sont assurément les plus nombreuses de toutes ; nous nous bornerons à la nomenclature suivante :

Jean Bertrand d'Orbe publia , le premier en Suisse, un *Traité sur l'Irrigation des Prairies* , en un volume in-12.

Après lui, l'Anglais William Tatham donna son *Traité de l'irrigation*, traduit en français en 1803 (Paris, chez Meurant, 1 vol. in-8°).

Nous avons le mémoire *sur l'amélioration des prairies naturelles et sur leur irrigation*, par M. de Perthuis (1 vol. in-8°).

Un traité *des Prairies naturelles et artificielles et diverses méthodes d'Irrigation et de Nivellement*, par M. Boitard, in-8°.

Un *Traité général des Prairies et de leur Irrigation*, par M. Ch. d'Ouches, in-8°.

Un *Nouvel essai sur l'irrigation des Prairies*, par M. Léorier, in-8°.

Les *Recherches sur la meilleure manière d'irriguer les prairies*, par Stopfer.

La *Méthode pour irriguer les Prairies et les améliorer*, par J. Scheyer.

Avant la publication de son grand ouvrage, M. Jaubert de Passa avait déjà produit en 1821 un volume in-8°, *sur les cours d'eau et les canaux d'arrosage des Pyrénées-Orientales*,

Qu'il fit suivre, en 1833, de ses *Recherches sur les Arrosages de l'Espagne et sur les lois et les coutumes qui les régissent* (2 vol. in-8°).

En 1834 et 1835, M. Auguste de Gasparin, député, et frère de l'ex-pair de France à qui l'on doit le Cours complet d'agriculture, avait proclamé les bienfaits de l'irrigation, dans deux brochures très-remarquables intitulées :

L'une, *Considérations sur les Machines*, in-8°.

Et l'autre, *Du plan incliné comme grande Machine agricole*, in-8°.

Bientôt après parurent : *De l'influence des irrigations dans le Midi de la France*, par P.-C. Cazeaux, in-8°, 1841.

Sur la production fourragère dans le Nord et le Midi, par Lecoulteux, in-8°, 1743.

L'Art de s'enrichir en créant des prairies, in-12, 1845, par Henri Pellault, déjà commentateur de la loi d'Angeville ;

Des Etangs, de leur construction ; de leur produit et de leur dessèchement, par M. Puvis (in 8°, Huzard 1844) ;

Sur l'endiguement des fleuves, des rivières et des torrents, par le même (in 8°, Huzard, 1845) ;

Considérations sur l'économie et la pratique de l'agriculture, les irrigations, etc. par M. Mahul, ancien député, (in 8°, 1846) ;

Notice sur le dessèchement et l'assainissement des terres, par Th.-J. Thacheray, Paris, chez Appert, in 8°, 1846 ;

Sur les irrigations en France, et la servitude d'appui en matière d'irrigation, par de Montgodry, brochure in 8° 1847 ;

Enfin, un petit volume très-original, qui, quoique assaisonné d'exagération, contient des idées utiles et nouvelles, a été publié en 1847 par M. Ognate, desservant de la paroisse de Lasserre ; il est intitulé : *Trois moyens de salut pour les sociétés modernes : — Arrosement par des puisards ; — bon fumier ; —*

assolement ou récoltes alternes. (Toulouse, Bonnal et Gibrac , 1 vol. in 12).

Outre les livres que je viens d'indiquer , et tant d'autres que j'oublie sans doute , les journaux de jurisprudence , les Annales des ponts-et-chaussées et des mines , les journaux d'agriculture , et, particulièrement, ceux de MM. Bixio et Tessier, renferment sur l'irrigation , sur l'endiguement , sur le régime général des eaux , une foule de notices , de mémoires , qu'il serait fastidieux d'énumérer ici , mais qui pourront nous occuper dans la suite.

Etudier avec soin toutes les questions qui se rattachent au régime des eaux , c'est démontrer à chaque pas l'importance du service hydraulique , c'est indiquer les avantages que la France en peut attendre et qu'elle n'espérera pas en vain , si l'Etat investit le personnel , déjà choisi dans le corps savant des ponts-et-chaussées , des moyens d'influence et d'action et des ressources pécuniaires indispensables. Le service hydraulique ne doit pas rester au-dessous de celui des routes et des mines ; tout ce qui suivra , dans notre écrit, établira, d'une manière évidente, que son importance n'est pas moindre que celle des deux corps d'ingénieurs antérieurement organisés. Nous en trouverons des preuves sensibles à chaque page , à chaque ligne , pour ainsi dire , de l'analyse rapide de la plupart des ouvrages que nous venons d'indiquer.

V.

« Laisser l'eau des fleuves et des rivières s'écouler

à la mer sans en tirer parti , c'est perdre un précieux élément de richesse, condamner les cours d'eau à un misérable étiage, y faire périr le poisson de sècheresse, et perpétuer les fièvres intermittentes aux approches de la mer. L'eau , c'est le principe vital de la culture méridionale; douze mille mètres cubes se vendent vingt francs dans nos départemens du sud ; or , comme il tombe en France environ trois cent vingt milliards de mètres cubes d'eau, année moyenne, c'est une valeur, moyenne aussi, d'environ cinq cent millions de francs qui se perd inutilement à la mer.

» En outre l'eau charrie avec elle le limon qui se dépose à l'embouchure des fleuves et y produit des marécages infects.

» Pour remédier à ces maux , on a proposé de reboiser les montagnes , comme s'il était possible de planter sur le granit , sur des plateaux dénudés par les torrents. L'endiguement , les chaussées les plus coûteuses sont insuffisans pour régulariser le régime des eaux courantes : *La construction de vastes bassins de retenue est le seul remède efficace.* Ce n'est pas dans les lieux bas, mais sur les hauteurs qu'il faut que l'eau s'accumule ; à une altitude de quelques centaines de mètres , l'air plus vif, la chaleur moins intense empêchent le développement des miasmes fébriles.

» Le fond du bassin devra être argileux ou granitique ; un barrage, composé de deux murs , laissant entre eux un espace occupé par de l'argile battue , fermera l'ouverture de la vallée , comme on l'observe sur une ruine romaine près de Saint-Rémi. De vastes retenues formées ainsi au-dessus des plaines, seront approvisionnées d'eau par les pluies torrentielles du midi de la France où il pleut cent jours par an , où il tombe huit millimètres d'eau par jour de pluie. Ces lacs artificiels vivifieront l'agriculture et seront des régulateurs précieux pour le cours des rivières.

« Cent barrages construits sur la Haute-Loire et le Haut-Allier, au prix total de cinq millions de francs, préviendraient les inondations de ces rivières, ou les rendraient bien moins nuisibles. Ces retenues d'eau permettraient de dessécher plus facilement les bassins inférieurs ; et deux cent mille hectares, couverts aujourd'hui d'eaux stagnantes, pourraient être rendus à la salubrité et à la culture (1).

« Au reste, depuis quelque temps, un certain nombre d'essais a été fait en France pour l'irrigation, en barrant de petits courants dans les vallées, ou même en retenant les eaux pluviales dans les ravins. On a formé ainsi des retenues artificielles, bien différentes sans doute des réservoirs immenses de l'antique Orient, mais qui, munies de déversoirs et de vannes mobiles, arrosent cependant avec certitude et régularité des étendues de terrain proportionnées au volume d'eau qu'on est parvenu à rassembler dans les bassins de réserve.

« Il n'est presque pas de communes, hors des plai-

(1) Blondet. — *Journal d'agriculture pratique*, mars 1847, page 267.

nes , presque point de propriétaires parmi ceux dont les domaines se trouvent au sein des contrées montagneuses , ou même à leur pied , qui ne puissent parvenir, au moyen de ce procédé , à arroser une portion notable de leur territoire et , par suite , à en doubler au moins la valeur dans nos contrées méridionales.

« Ce moyen d'irrigation mérite de fixer sérieusement l'attention de la puissance publique , car elle seule peut régénérer les contrées immenses dévastées par le défrichement et par les eaux torrentielles dans les Alpes dauphinoises et provençales , dans les Cevennes, les Corbières et la Montagne noire. Elle seule peut créer rapidement des forêts , des pâturages , des bestiaux , des champs fertiles , car les travaux à faire sont , le plus souvent, hors de la portée des faibles ressources des communes et des particuliers.

« Prise sur la plus large échelle , la construction des réservoirs artificiels exigerait peut-être autant de millions qu'en absorbe la construction des routes , *mais elle ne répandrait pas moins de bienfaits.*

« C'est dans le Midi que nous trouvons les plus beaux exemples à citer de grands barrages de cours d'eau. Les réservoirs de St-Ferréol et de Lampy , construits pour l'alimentation du canal du Languedoc, retiennent dans leur vaste capacité le produit de plusieurs ruisseaux dont ils arrêtent le cours. On trouve dans l'ouvrage du général Andréossy, la description scientifique et complète de ces grandes et utiles constructions. L'auteur indique , d'après un mémoire de feu M. Lespinasse , ingénieur en chef du canal du midi , l'utililité qu'on pourrait en tirer sous le rapport de l'irrigation , et qui , jusqu'à ce jour , est restée beaucoup trop restreinte. On conçoit en effet que , pour l'arrosage , on pourrait multiplier dans la Montagne-Noire des bassins semblables à ceux qui existent déjà , et alors des eaux plus abondantes , en suivant le canal de navigation et se déversant de distance en distance sur ses bords , iraient fertiliser et assainir les plaines altérées de Castelnaudary , de Carcassonne , de Narbonne , de Béziers , d'Agde, et même celles de Toulouse, sur le versant occidental de son parcours.

» Le Piémont nous offre plusieurs exemples de réservoirs artificiels uniquement destinés à l'arrosement des terres , dans des lieux où l'on n'a pas d'autre eau que celle qui tombe du ciel. On cite comme le plus grand et le plus ancien celui que M. Zoero de la Turbie a fait construire dans sa terre de Tornavasio , à six lieues de Turin , et dont nous avons déjà parlé.

» Sa surface est de vingt-trois hectares , et l'eau s'y amasse à la hauteur de cinq mètres. Avec le produit de ce réservoir , on arrose cinquante-sept hectares de pré ; c'est un magnifique résultat sans doute , mais nous regrettons de ne pas connaître le chiffre de la dépense, pour apprécier complètement l'entreprise.

» Le réservoir est fermé par une longue digue en maçonnerie qui , placée à l'entrée de plusieurs vallées d'une pente très-douce , arrête les eaux pluviales tombant sur une grande étendue de terrain. Les diffi-

cultés que présentait l'inégalité du sol ont été vaincues-
avec beaucoup d'art, et , depuis plusieurs années , les
eaux de ce vaste bassin dirigées habilement , répandent la vie et la fécondité sur la terre la plus forte , la
plus compacte, et la plus ferrugineuse qu'il y ait en
Piémont. On voit aujourd'hui des peupliers , des
saules et de vastes pâturages, là où jadis on ne trouvait que des chardons , des plantes parasites et des
tiges rampantes de genevriers rabougris.

» On peut citer encore quelques exemples plus modestes, mais plus voisins, de barrages construits pour
l'irrigation agricole.

« Dans le département de Vaucluse , celui de Caromb, élevé par un évêque de Carpentras , arrêtant
pendant l'hiver un filet des eaux du Mont-Ventoux qui,
ainsi accumulées, suffisent pendant l'été à l'irrigation
de la plaine voisine (1).

Le barrage de St-Saturnin-lès-Apt , établi sur un
ravin formé de rochers nus et qui ne reçoit que les
eaux pluviales. Il a été construit tout récemment avec
les seules ressources de la commune et n'a pas coûté
plus de trente mille francs.

» Un barrage de même nature existe à la Tour-
d'Aygues, arrondissement d'Apt aussi. Il fut fait,
assez longtemps avant la révolution de 1789, par les
seigneurs de Perthuis (2).

» Le barrage de St-Denis de Cabardès , arrondis-

(1) Voyez nos *Recherches sur les eaux de Nimes*, tome 1 ,
page 446.

(2) Ces renseignemens, donnés par M. Mahul, ont été rectifiés

sement de Carcassonne (Aude), établi sur le cours supérieur de l'Alzon, contient cent quatre-vingt mille mètres cubes d'eau et a coûté vingt-huit mille francs. Par l'exhaussement du barrage, la quantité d'eau retenue pourra être portée à trois cent mille mètres cubes, et la dépense de ce rehaussement est évaluée à une somme égale à celle de la construction primitive.

» Enfin, les agriculteurs abandonnés à leurs seules ressources, peuvent s'encourager et s'instruire en étudiant le barrage de Gondal près de Carcassonne, au moyen duquel le propriétaire a su transformer des coteaux desséchés en un jardin anglais de la plus brillante fraîcheur. Il a décrit lui-même les procédés de construction dans le journal de la Société d'agriculture de l'Aude (xxe année, page 102). Ce réservoir contient quatre-vingt-dix mille mètres cubes d'eau : il a coûté cinq mille cinq cents francs, et arrose dix hectares semés en luzerne, ce qui ne revient qu'à cinq cent cinquante francs par hectare. »

M. Mahul, qui nous fournit tous ces renseigne-

par un de mes honorables collègues, M. de Dampmartin, membre du Conseil-général du Gard, parent des possesseurs actuels du réservoir. Il m'a dit : « Un étang factice a été créé par les sei- » gneurs de la Tour–d'Aygues, au moyen d'un barrage établi au » lieu dit *de la Bonde*, dans la commune de La Motte-d'Aygues. » Le nom que portent à la fois cet étang et la ferme considéra- » ble qui l'avoisine, est significatif et se rapporte à l'émissoire » de l'eau destinée à l'irrigation, et servant de plus de moteur à » plusieurs moulins.. . »

mens (1), termine en disant : — Ce système de grands
lacs artificiels, formés par l'art sur les montagnes
qui en sont dépourvues , à l'imitation de ceux qui
existent au haut des Alpes et des Pyrénées et qui
répandent au loin la fraîcheur et la fécondité de leurs
eaux , a été célébré avec un enthousiasme empreint
d'une poétique philosophie , par un écrivain deux
fois populaire parmi tous ceux qui théorisent ou
qui pratiquent l'agriculture , par M. Auguste de Gasparin , ancien député. Sous sa plume , la question des
barrages est traitée dans toute sa grandeur avec
l'autorité d'un excellent esprit et d'une habile et
longue expérience....»

Nous allons essayer l'analyse de ce qui se rapporte,
dans cet écrit, au sujet que nous traitons actuellement
nous-même.

VI.

Suivant M. de Gasparin (2) :

» A Orange, des prairies irriguées, aussi belles que
celles du Milanais , se coupent trois ou quatre fois
l'année , et s'afferment jusqu'à huit cent cinquante
francs l'hectare ; c'est de trois à dix fois le revenu de
sols parfaitement semblables , mais soumis à la culture ordinaire.

» Dix hectares de prairies rendent annuellement

---

(1) *Considérations sur l'économie et la pratique de l'agricul-*
ture , p. 141 à 160.

(2) *Du plan incliné comme grande machine agricole. —*
passim.

cinq mille francs, tandis que, dans le même territoire, vingt hectares de terres , non arrosées , ne s'afferment que mille francs ; le mode de culture et d'arrosage changent seuls la valeur. Un homme et un cheval suffisent , et au-delà , pour exploiter la première propriété ; deux ou trois hommes, quatre chevaux, toutes les forces d'un ménage rustique sont nécessaires pour la seconde. Moins de travail , plus de produits , tels sont les résultats immédiats de l'arrosage.

» Il se développe sur une large échelle à Avignon, où le revenu des terrains excellens qui entourent la ville est triplé par un canal pris à la Durance et par les eaux de la Sorgue ; tout ce qui ne s'arrose pas est considéré comme lande : la France est une lande pour Avignon. Le fanatisme avec lequel cette ville professe le culte de l'arrosage , l'exagération de ses prétentions, sa jalousie à l'encontre de la construction d'autres canaux dans son voisinage , tout annonce qu'elle comprend les avantages d'un système devenu l'une des conditions de son existence. Ne lui doit-elle pas la culture rendue facile , l'aisance générale manifestée par les constructions, par l'heureuse expression des visages , par l'harmonie des formes , par le goût des plaisirs, la pompe du culte, l'élégance des vêtemens , le luxe de la cité.

» A Vaison , à Malaucène , l'arrosage élève , à douze et quatorze mille francs l'hectare , la valeur vénale de terrains naturellement médiocres.

» A Sorgues , une lande stérile, qui affligeait l'œil du voyageur , a centuplé de prix sous l'influence de l'irrigation, et de riantes campagnes, dignes de la Lombardie, ont remplacé le désert.

» A Cavaillon, où l'on tire du terrain des produits si variés, où le melon et l'artichaut sont, pour ainsi dire, de la grande culture, où, sous l'irrigation, le blé brave les plus grandes sècheresses, l'eau de la Durance a décuplé la valeur du sol en certains lieux, et des garrigues, qui valaient à peine cinq cent francs l'hectare, en valent cinq mille aujourd'hui. Là, des blés immergés plusieurs fois atteignent la hauteur d'un homme, quand, dans les communes voisines, ils épient à deux pieds de terre. Les uns donnent vingt fois la semence, quand les autres ne la rendent que cinq fois dans les meilleures années ; et Cavaillon enlève encore, en seconde récolte, des haricots dont la valeur égale celle du blé. Les terres brûlées par le soleil ne pouvant produire de récoltes intercallaires, c'est donc un produit de quarante contre cinq qu'on obtient par l'arrosement. Pour la même quantité de substances alimentaires, il faut sept fois moins de terrains, la culture devient un jeu, *et les sept huitièmes des forces employées pour faire le pain de la France, pourraient être appliquées ailleurs.*

» Il faut donc sans délai, surtout dans le Midi, recourir à l'arrosage qui amène continuellement sur le sol des masses de détritus que la mer ne devrait pas recevoir ; les prairies augmentent pour le sol le tribut puissant des engrais.

» Nul ne peut contester les grands avantages qu'on

retire des canaux dérivés des fleuves et des rivières ;
toutefois , à moins de leur donner une très-grande longueur , on ne peut répandre les eaux que sur les terrains bas , qu'au thalweg des vallées , déjà d'une
suffisante fertilité. Ne désirons-nous pas davantage ,
et le grand but des irrigations n'est-il pas de féconder , d'enrichir , de *créer* les sols élevés , desséchés et
pierreux , partie si considérable du pays , qui ne
peut prospérer que par l'irrigation et le colmatage.
C'est à d'autres ressources qu'il faut s'adresser.

» A Caromb , à la Tour-d'Aygues , la main de
l'homme intelligent a renouvelé de grands exemples :
— *Quand les cours d'eau considérables ne sont pas à
une hauteur suffisante, quand les ardeurs de l'eté dessèchent les torrents, alors, avec de faibles ruisseaux,
avec les eaux pluviales même, retenues convenablement , on peut former des réservoirs précieux pour
la prospérité de la contrée.*

» Les quelques constructions modernes qui nous rap-
pellent heureusement , quoique sur une échelle très
réduite, les constructions grandioses des anciens ; nos
réservoirs, trop clair-semés, sont comme un germe
qui fructifiera quand la haute direction agricole ces-
sera d'être commise aux seuls efforts des propriétaires,
et que les gouvernemens comprendront qu'ils doivent
être le grand , l'unique syndicat d'une population
dispersée et sans liens.

» C'est un évêque de Carpentras qui fit construire
l'écluse de Caromb , et sous l'impulsion d'un bienfaisant génie, une source insignifiante , dont les eaux

se ramassent lentement en hiver , a pris l'importance
d'une rivière. Les seigneurs de la Tour-d'Aygues devinrent ses imitateurs aux environs de Perthuis ; mais
aujourd'hui que tout patronage a disparu , l'association nationale peut seule développer des moyens
efficaces.

» L'irrigation n'est pas le seul avantage qu'on retirerait des lacs artificiels, produits au moyen de barrages dans les vallées supérieures. En recevant l'eau
des orages , ces réservoirs modèrent les irruptions
subites qui menacent les pays inférieurs ; la chute perpendiculaire des cataractes atténue leur impétuosité ;
le poisson reparaît dans des cours d'eau que l'intermittence a dépeuplés. Des bords de ces lacs , humectés
par l'infiltration et une évaporation constante , s'élè-
veraient ces bois qui préviennent les éboulemens et
arrêtent le comblement du lit des ruisseaux , des rivières et des fleuves , enfin des vallons , maintenant dé-
solés , embellis par ces moyens nouveaux , se peuple-
raient d'habitations où , respirant un air salubre , on
échapperait aux ardeurs dévorantes de l'été ; l'heure
de la réparation serait venue, et les bois reparaîtraient
sur les flancs des montagnes.

» Les fleuves s'obstruent maintenant de débris , et
c'est vainement que l'homme recommence sans relâche
sur leur cours les travaux d'Ixion ; nos forces sont
impuissantes pour fouiller les dépôts incessans qui se
forment en toute saison , le jour , la nuit , à toute
heure, *on n'aura de véritables rivières que quand on
aura des lacs* ; ce sont eux qui régularisent leur cours,

et l'agriculture , le commerce, n'ont ici qu'un seul et même intérêt.

» Peut-on , dans le midi de la France , s'occuper d'arrosage sans songer au delta du Rhône qui, comme celui du Nil , réclame un vaste système d'irrigation. Le sel s'y cristallise aux rayons du soleil, la végétation périt : mais que l'eau douce touche ce sol , et la végétation la plus vigoureuse s'y manifeste.

» Les projets d'amélioration foisonnent : toutefois , ce n'est que dans les petites rivières qui se précipitent immédiatement des montagnes qu'on peut trouver , assez près , les niveaux supérieurs. Alors que, sur le Rhône , il faudrait les chercher à Viviers en franchissant tous les obstacles d'un pays très accidenté , le Gardon, à dix-sept milles de la tête de la Camargue, se trouve assez élevé pour qu'on puisse amener ses eaux sur les terrains en culture. Il faut donc imiter d'antiques, de salutaires exemples et réunir en hiver dans la profondeur des vallées ces eaux qui doivent vivifier la canicule.

» Le Gardon pourrait remplir trois grands bassins d'irrigation : deux supérieurs dans les vallons incultes qu'il traverse au pied de la Lozère pour les branches d'Alais et d'Anduze , et un troisième , inférieur , placé comme régulateur entre les ponts de St-Nicolas et de Collias.

» La longueur de cette dernière vallée, qu'encaissent des rochers perpendiculaires, est de plus de douze mille mètres en ligne droite ; mais , comme sa direction est très sinueuse , on peut la porter réellement à vingt mille. En estimant la largeur moyenne à quatre cents (1), et, en supposant une profondeur de cinq mètres, on aurait une masse de quarante millions de mètres cubes d'eau contenue dans ce seul bassin ; et, en supposant encore qu'il pût se remplir trois fois pendant la saison des arrosages , on obtiendrait sur ce seul point cent vingt millions de mètres cubes. Les bassins supérieurs donneraient facilement ensemble les mêmes résulats ; c'est donc deux cent quarante millions de mètres cubes d'eau dont on aurait à disposer : d'après nos calculs , on pourrait étendre cet arrosage à vingt-quatre mille hectares (2).

La surface géographique de la Camargue est d'environ quarante-cinq mille hectares (3), et si l'on en retranche l'immense étang du Valcarès, et les marais, qui dans leur état actuel donnent un produit qu'il ne convient pas de modifier (4), on voit que la masse de liquide mise en retenue répondrait à tous les besoins.

Cette eau aurait une valeur vénale de plus d'un million, triplée au profit des propriétaires qui l'appliqueraient à leurs domaines. Voilà donc trois millions de revenu que la Camargue peut demander au Gardon;

(1) Il y a erreur évidente pour cette dimension qui est beaucoup moindre : le résultat est donc exagéré, mais le priucipe n'est pas moins vrai.

(2) Soit dix mille mètres cubes par hectare et par saison d'arrosage.

(3) 71,929 hectares, d'après M. Surell, — *Du barrage du Petit-Rhône*, p. 49.

(4) 26,391 hectares, d'après M. Surell,—*Loc cit.*

et tel est l'avenir promis à ceux qui oseront faire trois écluses principales, quelques diaphragmes de sûreté pour les pays inférieurs, six lieues de canaux, un pont-aqueduc sur le petit Rhône.

» C'est par là qu'on devra commencer quand on songera sérieusement à élever une race forte et nombreuse de chevaux qu'une nourriture abondante reproduirait en Camargue, douée de l'élasticité qui est le privilége du cheval numide.

« En étendant les travaux sur le Gardon, et la marge est immense dans les vallées supérieures, *Nimes qui soupire après l'eau*, déshéritée des ouvrages des Romains, pourrait, par des constructions dignes de ses fondateurs, avoir recours aux même sources; c'est l'émeraude des eaux décantée dans les lacs qui convient à son industrie.

On pourrait, pour l'irrigation, tirer les mêmes avantages de l'Ardèche et de la plupart des autres affluens du Rhône. *Ce serait un grand et utile ouvrage que celui qui décrirait les lieux, qui donnerait les nivellemens, qui cuberait les bassins et arrêterait les moyens de construction* (1). Nous ne pouvons ici suivre pas à pas la vallée du Rhône dans tout son développement, remonter le cours de tous les torrents qui s'y rendent; mais les mêmes nécessités se présentent dans toutes les directions : partout un soleil ardent dévore les sillons, partout des fleuves aériens s'élèvant

____

(1) Un corps spécial d'ingénieurs habiles peut seul être chargé d'un pareil labeur.

de nos sommets dessèchent le sol qui implore le secours des eaux.

» Les produits agricoles sont la source la plus sûre de la richesse des nations, et ces produits ne sont jamais plus abondans que lorsque l'humidité d'un pays est dans une juste proportion avec sa chaleur. On peut dire mathématiquement *que la végétation est le produit de l'humidité multipliée par la chaleur.*

$$V = H \times C.$$

Ces deux agens et leurs rapports exacts doivent guider l'agriculture rationnelle dans ses opérations, et les travaux faits, comme aujourd'hui, en dehors de la pondération de ces forces, sont malheureusement infructueux.

Là où manque la chaleur, la tâche est la plus difficile; on est jeté dans le système des abris, des couches, des serres ; — c'est le Nord.

Mais là où l'humidité manque seule au terrain, une carrière immense est ouverte au cultivateur ; car l'eau peut y être le régulateur suprême de toutes les combinaisons ; — c'est le Midi.

Les deux grands principes d'abondance étant la chaleur et l'eau ; peut-on mettre la première en réserve comme celle-ci, et tout l'avantage n'est-il pas pour les régions méridionales ?

Plus les deux élémens réunis se montreront avec énergie, plus la proportion de leurs forces sera convenable, et plus le règne végétal prendra de développement.

Sous les tropiques, inondés des rayons du jour et

d'effroyables pluies, les plantes se succèdent sans interruption et donnent le maximum de richesse végétale. Près des pôles ou sur les Alpes, un gazon frêle et ras, quelques plantes en miniature marquent le dernier degré de l'échelle : la chaleur sans humidité fait le désert ; l'excès d'humidité fait le marais.

» Le Midi ne peut prétendre à un entier développement que par des entreprises spéciales que les circonstances de sa latitude rendent indispensables. *Deux d'humidité multipliés par deux de chaleur donnent quatre de végétation ; — mais quatre d'humidité multipliés par quatre de chaleur produiront seize !...* — L'un c'est le Nord, l'autre sera le Midi quand il aura rempli ses nobles destinées.

Toutes les prospérités antiques, toutes les civilisations méridionales, qui ont pris quelque consistance, reposent sur un riche système d'irrigation, et c'est l'exemple des temps anciens, conservé par le moyen-âge dépositaire de leurs traditions, qui a jeté sur notre sol quelques germes qu'il est si important de propager, de développer aujourd'hui.

« Voyez les sympathies populaires se groupant autour de l'administration quand elle s'occupe d'un canal d'irrigation nouveau ; c'est qu'il n'est pas de culture qui ne tire avantage de l'arrosement, c'est que toutes en réclament le bienfait. Les réservoirs artificiels créés par les mains savantes de l'homme peuvent seuls mettre en équilibre les besoins et les secours.

» Dans le midi, l'élément régulier c'est la chaleur, qu'on ne peut emmagasiner à volonté, qui échappe à

notre puissance, et l'élément irrégulier , c'est la pluie
qui varie bien comme de un à trois, mais heureusement
que notre activité intelligente peut régulariser son
inconstance.

» L'arrosage triple, il décuple, il centuple les produits , suivant les circonstances : l'étendre à toute la
surface de nos plaines, de nos vallons, de nos plateaux
élevés , c'est doter le pays d'une abondance jusqu'alors
inconnue , c'est changer radicalement la nature de nos
travaux , la base de l'existence nationale.

» Le haut Dauphiné a tellement souffert de la destruction des bois, que , dans les hameaux reculés , on
est réduit à construire des voûtes faute de poutrelles
pour les planchers ; qu'on n'a que la fiente de vaches
sèche pour l'alimentation du foyer , et que des habitans , d'ailleurs dans l'aisance , sont obligés de chercher en hiver dans leurs étables une chaleur d'émanation animale, la seule possible à obtenir dans ces lieux
dépouillés d'arbres et d'arbrisseaux. L'herbe pousse
bien encore depuis la suppression imprévoyante des
bois ; mais l'érosion successive des montagnes pros-
crira ces restes de végétation , et, de vallée en vallée,
de bassin en bassin , l'homme fuira devant le désert
pour avoir tristement violé les lois de la nature.

» Il n'existe de remèdes à tant de maux que l'irrigation , les *retenues*, les atterrissemens ; c'est du bord de
nos lacs nouveaux que doit s'élancer la végétation des
bois pour regagner, pied à pied, le terrain perdu ,
pour ombrager de nouveau le flanc de nos montagnes.

» En jetant sur la France un regard attentif , on voit

qu'une grande destruction fut consommée : les champs nouveaux conquis par le défrichement ont disparu, et les anciens eux-mêmes, privés de la protection séculaire des bois, se ravinent de toute part. Mais si nous supposons un lac sur le torrent, à la partie supérieure de la vallée, si les arbres croissent sur ses rives, que les prairies verdissent sous son influence, ce lac régularisera le torrent ; les sols encore existans seront sauvés, les arbres retiendront les éboulemens, le lit de la rivière ne s'exhaussera plus, on ne craindra pas qu'il domine prochainement les terres. Les prairies irriguées nourrissent le bétail, en attendant que le gibier suive la progression forestière qui s'étend de proche en proche. Le poisson reparaîtra dans les eaux plus tranquilles de la rivière et du lac, les blés succèderont par intervalle aux prairies, et prendront ce développement qui assure le pain avec huit fois moins d'espace et de travail que par la culture actuelle ; l'aisance apparaît avec l'économie du sol et du temps ; l'usine peut s'établir à la chute régulière des eaux.

«Mais qui commencera les travaux nécessaires ? De faibles associations, des paysans découragés rétabliront-ils la nature primitive ? — *Le premier lac doit être entrepris comme une œuvre nationale ;* son succès fera naître le second, et la progression marchera. Les intérêts éclairés se réveilleront, les départemens, les villes, les associations, les individus entreront successivement dans la voie de cette grande amélioration.

„ Après la dévastation des bois, qui s'est étendue d'une manière effrayante depuis Louis XV jusqu'à nos jours, le Buis, ville romaine, qui jusqu'alors avait existé avec sécurité au bord de l'Ouvèze, a été obligé de se couvrir d'une digue énorme. Destruction fatale! les rivières se sont changées en torrent, les eaux des plus fortes pluies s'écoulent en vingt-quatre heures et laissent un lit qui, par son immensité, atteste l'intermittence des courans. Tous ces ponts romains, d'une seule arche, ne sont plus en proportion avec de telles crues, et témoignent du changement radical qui s'est opéré depuis leur construction. C'est que nos anciens trésors se précipitent à la mer, le ciel se dessèche, le sol se prétrifie, et que le désert, le désert affreux, sans eau, sans arbres, sans animaux, silencieux et brûlant, succède à cette nature équilibrée telle que Dieu l'avait produite. Et cet avilissement de la création, ces forêts abattues, ces herbages déchirés par le fer, c'est ce qu'on appelle le triomphe de notre activité !

» Travail funeste de désorganisation : les racines des arbres soulevaient le sol et l'ouvraient à l'infiltration ; elles fixaient l'humidité dans le terrain, elles étaient comme autant de digues qui s'opposaient à la fuite trop rapide des eaux ; le feuillage arrêtait cette évaporation spontanée qui dessèche nos montagnes ; l'ombrage des arbres toujours verts fixait pour longtemps ces neiges qui rendent à la terre plus qu'elles n'ont reçu du ciel, car elles forment à sa surface de vastes réfrigérans où se condensent l'humidité de l'air et les vapeurs souterraines. Ainsi s'alimentaient les sources qui vivifient l'été, ainsi s'étalaient avec exubérance tous les trésors de la végétation.

„Un autre attentat avait précédé le déboisement des montagnes et commencé la démolition du monde. Soit qu'on voulût conquérir certaines vallées sur l'empire des eaux, soit que le globe ait aussi sa décrépitude qui s'annonce à de tristes symptômes, les digues naturelles qui arrêtaient l'impétuosité des torrents et l'atténuaient en cataractes avaient disparu. Les lacs primitifs qui retenaient l'impétuosité des eaux et les clarifiaient, qui préparaient lentement de fertiles contrées, régularisaient et harmonisaient les courans jusqu'à la mer, avaient cessé d'exister. Partout les ruptures se rencontrent; les livres romains mentionnent des lacs qui n'existent plus aujourd'hui; sur l'Ouvèze, au-dessus du Buis, le marteau destructeur a laissé sa trace sur le rocher. Il n'est pas un de nos affluens qui n'ait son resserrement, ses piles où la main de l'homme s'est jointe aux convulsions de la nature pour sacrifier trois milliards que nos fleuves roulent maintenant à la mer.... „

VII.

Après avoir lu cette analyse de l'œuvre si remarquable et si rapide de M. de Gasparin, que nous avons réduite au quart de son étendue, en regretant tout ce que les exigences de notre cadre nous forçaient de sacrifier, nous devons répéter que les contrées méridionales ne sont pas les seules qui profitent des bienfaits de l'irrigation, inappréciables même pour le Nord. Comme les auteurs que nous avons déja cités,

M. de Montgobry (1) proclame les avantages de l'eau pour toute agriculture, puis il s'écrie :

« Personne plus que moi n'est persuadé de l'absolue nécessité de profiter des richesses immenses qu'une bonne utilisation des eaux peut distribuer sur toute la France. De longs voyages ont fait passer sous mes yeux presque toutes les régions irriguées : j'ai vu les récoltes qu'elles fournissent, le bien-être, l'abondance, la richesse des contrées favorisées par un bon système d'irrigation ; des pays, jadis pauvres, presque inhabités, sont aujourd'hui très-peuplés et dans l'opulence.

» Les irrigations de la Vétéravie, dues au baillif Dressler, ont fait une contrée très-productive du territoire de Siégen, autrefois léger, graveleux, et peu fertile.

» Les irrigations de la Bavière-Rhénane, régularisées par l'empereur Napoléon, firent sur le territoire de Frankeinstein, de Neustadt, de Witzingen, des vallées qu'on pourrait surnommer *prairies-jardins*.

» Les prises d'eau de la Wise, dans le grand-duché de Bade, donnent aux habitans de cette localité le moyen le plus sûr d'arriver à l'entière production du sol, celui de nourrir à peu de frais beaucoup d'animaux, et lui livrent le secret de toute culture, la production d'une masse d'engrais. — « Sans fourra- « ges, point de bestiaux, dit M. Charles d'Ourches (2) ;

(1) *De la Servitude d'appui en matière d'irrigation et des Irrigations en France*, in-8o p. 1, 1847.

(2) *Traité général des Prairies et de leur Irrigation* p. 55.

» sans bestiaux, point d'engrais , point de culture , et
» sans culture point de subsistances. »

Des ingénieurs allemands créent de vastes prairies
sur des sables et des cailloux , au moyen d'une prise
d'eau de la Mozelle.

» Sous l'influence de l'irrigation , le Nord peut donc
rivaliser avec les riches produits du Piémont , de la
Lombardie , de l'Espagne , de la Sardaigne , de la
Sicile , de quelques parties du littoral africain , restes
précieux de la splendide agriculture des Maures. »

Suivant M. Bertrand d'Orbe (1) ; « Lorsqu'on s'est
assuré de la bonté des eaux dont on dispose , et qu'on
peut créer une prairie arrosable , il ne faut rien épar-
gner pour y parvenir ; on ne saurait travailler à une
amélioration plus durable , qui centuple quelquefois
le revenu et fertilise, à demeure, les fonds le plus stériles.

» Les meilleurs domaines sont ceux où le fourrage
abonde ; l'augmentation , l'amélioration des prairies
sont la base de tout progrès agricole.

» La Suisse ne néglige pas ses nombreux cours d'eau;
dans le canton de Berne on en tire parti d'une manière
admirable. Dans les vallons fertiles de l'Aargau , arrosés par la Sour et le Wigger , il n'y a pas , pour
ainsi dire, une goutte d'eau qui ne soit mise à profit.
Ces deux rivières , prises à l'entrée de la vallée , se
divisent en mille canaux ; l'on voit des ruisseaux qui,
reçus dans des conduites diverses , traversent d'autres

(1) *Traité de l'Irrigation des Prés* , 1 vol. in-12.

ruisseaux, et jusqu'à trois cours d'eau qui se croisent et se coupent ; quelquefois on en voit deux, étagés au-dessus de celui qui coule sur la terre. Ailleurs, ce sont de longs canaux qui , soutenus par une suite d'appuis et de chevalets de bois ou de maçonnerie , conduisent l'eau au travers d'un chemin creux, d'une rivière, d'une vallée , pour arroser des prés placés à l'opposite.

„ *De toutes parts on trouve des étangs destinés à rassembler les eaux* , à les corriger, à les distribuer convenablement ; souvent , des machines mouvantes puisent l'eau dans des seaux pour l'élever sur les parties supérieures d'une prairie. Partout on a cherché et l'on trouve encore des sources abondantes ; on a percé des montagnes , fait sauter des rochers ; on a tiré les ruisseaux des abîmes profonds où ils étaient inutiles, pour les conduire sur des plaines arides qu'ils ont fertisées. Du sein des marécages on a fait sortir des cours d'eau qui ont arrosé des campagnes infé-rieures, tout en desséchant le marais.

„ Les étrangers admirent jusqu'à quel point, dans ce pays, l'art et l'industrie secondent la nature. „

Un praticien, un homme sage, un partisan des plantes fourragères annuelles et de la culture alterne , M. Edouard Lecoulteux, ancien répétiteur à Grignon, actuellement directeur de l'établissement agricole de Lesegno , ne peut pourtant s'empêcher de dire (1) :

« Il est des sables arides , presque impropres à

(1) *De la production fourragère dans le Nord et dans le Midi*, in—8o 1843 p. 67.

toute végétation, se laissant transporter par les vents, ou bien des graviers presque sans détritus organique , que l'irrigation peut, en quelques années, transformer en terrains de première classe.Heureux le cultivateur qui trouve des prés arrosés pour appuyer sa production fourragère ; pour lui c'est une mine dont il doit perfectionner l'exploitation.

» Sans irrigation point de culture maraichère ; or, on ne saurait croire à quelle distance celle-ci peut , avec avantage , chercher le débit de ses productions. Les maraichers de Bra, en Piémont, transportent leurs légumes jusqu'à notre foire de Beaucaire ; ce fait est un enseignement pour tous.

» Dans les pays où l'irrigation n'est pas usuelle , on ne voit de moyens pour se procurer de l'eau que de la dériver des ruisseaux ou des fleuves ; mais comme , depuis des siècles, ces eaux servent principalement, en France , à l'alimentation des usines et des canaux de transport ; comme la loi n'a presque considéré , protégé que ces seuls besoins, il en résulte que nos campagnes, sillonnées par mille et mille rivières, sont condamnées à les voir couler en pure perte pour les irrigations. Très-heureusement qu'il nous reste d'autres eaux encore.

Si , trop souvent placées au milieu de nos champs , celles-ci nuisent actuellement à leur culture, ne pouvons-nous pas travailler à l'assainissement , en leur donnant l'emploi le plus utile ?

» Dessécher les marais , les terrains fangeux , c'est rendre leur emplacement à l'agriculture ; de plus , on

peut diriger vers des surfaces inférieures , où elles serviraient à l'arrosage, les eaux recueillies par les fossés
d'égoutement. Deux résultats avantageux seront donc
fournis par une seule opération.

» Dans les contrées accidentées , il n'est pas rare
que, lors des crues extraordiaires occasionnées par les
orages ou la fonte des neiges , les vallons soient sillonnés par des eaux temporaires , qui s'en échappent aussitôt pour se précipiter dans les rivières voisines ou
pour se réunir en marais insalubres ; il importe d'autant plus de recueillir ces eaux, qu'elles sont chargées
de feuilles, d'engrais, de parties ténues dérobées aux
bois, aux champs et que l'art peut obliger à se déposer sur les prairies. *Pour atteindre ce but , il suffit
de construire, comme le fait M. Rieffel à Grand-
jouan , une ou plusieurs digues presque au sommet
des vallons, et, par ce moyen, on amasserait, dans
les temps de surabondance, des eaux pour les sècheresses de l'été.*

» Même dans le Nord , les prairies naturelles arrosées sont un des moyens les plus précieux pour accroître la masse des fourrages : puisse notre agriculture
les admettre comme soutiens de ses rotations ! Leur
antique origine n'empêche en rien qu'elles s'adjoignent
avec les nouveaux moyens de production fourragère
qui ont élevé l'agriculture septentrionale à un si haut
degré de perfection. Puisse bientôt le moindre filet
d'eau ne se soustraire à nos campagnes qu'après les
avoir fécondées !

Produire beaucoup de fourrage, le produire à bon

marché, c'est diminuer le prix de revient du bétail, et, dès lors, pouvoir affronter sans danger la concurrence étrangère. Maîtres des moyens qui donnent la fécondité du sol, le temps sera venu de nous reposer avec confiance sur notre heureux climat, sur notre activité industrielle, et ce nouvel état politique, ce nouveau genre de puissance, vaudront bien la supériorité que nous avait donnée la force des armes, et qui, maintenant, n'appartient plus qu'aux peuples industrieux. »

VIII.

» La ville de St-Etienne, située au pied de la chaîne du mont Pilat dont la cime s'élance à quatorze cent trente-quatre mètres au-dessus du niveau de la mer, devrait posséder des eaux abondantes ; il n'en est rien pourtant. La rivière de Furens qui la traverse ne tarit pas dans les étés les plus secs, et sa pente énorme permettrait de les conduire sur les points culminans ; mais le Furens appartient aux usines et non à la population qui se presse sur ses bords. D'un autre côté, à la suite des pluies d'orage qui se précipitent sur les croupes déclives du mont Pilat, le Furens roule une masse d'eau énorme, il sort de son lit et inonde la ville et les environs.

Le 27 juillet dernier, il a déraciné les arbres, envahi, renversé plusieurs maisons, fait périr les habitans, occasionné pour plus de deux millions de dommages, dont l'État vient généreusement de prendre une partie à sa charge.

VIII.

» La ville de St-Etienne, située au pied de la chaîne du mont Pilat dont la cime s'élance à quatorze cent trente-quatre mètres au-dessus du niveau de la mer, devrait posséder des eaux abondantes ; il n'en est rien pourtant. La rivière de Furens qui la traverse ne tarit pas dans les étés les plus secs, et sa pente énorme permettrait de la conduire sur les points culminans ; mais le Furens appartient aux usines et non à la population qui se presse sur ses bords. D'un autre côté, à la suite des pluies d'orage qui se précipitent sur les croupes déclives du mont Pilat, le Furens roule une masse d'eau énorme, il sort de son lit et inonde la ville et les environs.

Le 27 juillet dernier, il a déraciné les arbres, envahi, renversé plusieurs maisons, fait périr les habitans, occasionné pour plus de deux millions de dommages, dont l'État vient généreusement de prendre une partie à sa charge.

« *Aussi, depuis longtemps, on a songé à établir des réservoirs pour régulariser ce torrent et conserver, pour les saisons sèches, les eaux qui s'écoulent en pure perte pendant les pluies et qui, trop souvent, produisent de cruels ravages.*

» Les ingénieurs qui ont résidé à Saint-Etienne, ont tous adopté en principe le système des réservoirs pour fournir des eaux à la ville, aux usines et même au canal projeté en amont de Rive-de-Gier. MM. Lacordaire, Michal, Burdin, Blandat, ingénieurs des ponts-et-chaussées ou des mines, ont rédigé des projets et formulé des propositions dans ce sens. M. Barreau, ingénieur ordinaire de l'arrondissement de Saint-Etienne, chargé, en 1838, de l'étude du canal de la Loire au Rhône, a repris la question au point où l'avaient laissée ses devanciers, et a posé les bases d'une solution définitive.

D'après M. Peyret-Lallier, on pourrait, sur les affluens du Furens, former, pour quatre cent cinquante mille francs, des retenues ayant ensemble une capacité de neuf cent mille mètres cubes, à l'effet de compléter l'approvisionnement nécessaire à Saint-Etienne. Ce surcroît, d'environ trois mille mètres cubes par vingt-quatre heures, ou cent cinquante pouces d'eau, serait très-important, car, en le réunissant au produit ordinaire du torrent, dont on modérerait le débit en hiver, on augmenterait, très-fructueusement, à l'étiage, le volume d'eau utilisable.

Le réservoir de Couzon, qui alimente le canal de Rive-de-Gier, contient quinze cent mille mètres cubes d'eau. Est-il plus difficile d'entreprendre, pour l'agriculture, ce qu'on a fait si souvent pour les canaux de navigation et pour l'approvisionnement des villes.

J'ai parlé ailleurs (1) des magnifiques réservoirs d'alimentation créés, avec un succès remarquable à Greenock, en Ecosse, par l'habile ingénieur Robert

-----

(1) Voir mon ouvrage sur *les Eaux de Nimes*, t. 1., p. 448.

Thom, et pouvant fournir continuellement plus de deux mille pouces d'eau.

J'ai aussi indiqué l'ensemble remarquable de réservoirs et d'aqueducs établis dans la forêt de Belgrade, assise sur les derniers rameaux des Balkans et servant à l'approvisionnement des fontaines de Constantinople (1).

Ne sont-ce pas là des résultats aussi remarquables que bienfaisans, obtenus tant dans le nord que dans le midi.

IX.

« M. Galabert a créé et préconisé, avec persévérance, l'utile projet d'un canal de navigation de Toulouse à Bayonne. Tout en acceptant cette idée, l'administration supérieure lui a donné une bienfaisante extension, en s'occupant d'un résultat non moins important à atteindre, celui de l'arrosement du sol. Sous l'ardent soleil du midi, le plus puissant des engrais c'est l'eau, et l'irrigation le plus grand service qu'on puisse rendre à l'agriculture, ce premier des arts, qui occupe le plus grand nombre de bras, qui nourrit toutes les bouches, qui calme les passions et raffermit la moralité des citoyens, trop ébranlée par tant de révolutions successives (2). »

(1) Voir Peyret-Lallier. — *Des moyens de fournir de l'eau aux villes de Lyon et de St-Etienne*, p. 49 à 60.

(2) Ce paragraphe est extrait d'un article de M. l'ingénieur en chef Michel Chevalier. — *Journal dA'griculture pratique*, p. 196 et suiv., de novembre 1843.

L'étude de ce grand projet fut confiée à M. l'ingénieur Montet, *avec mission de savoir si le plateau de Lannemezan ne pourrait pas être occupé par des réservoirs immenses d'où les eaux seraient ensuite distribuées dans la plupart des vallées occidentales de la chaîne, de manière à combiner le service de l'arrosage avec celui de la navigation.* Ce vaste plateau occupe le sommet d'un contrefort allongé, dans les flancs duquel une multitude de rivières prennent leurs sources, pour se diriger ensuite en éventail dans tous les sens. Elles sont au nombre de douze ou treize, et des fleuves puissans, comme la Garonne et l'Adour, passent à une petite distance du pied de ce plateau.

» En même temps qu'il domine tous ces cours d'eau, le plateau est dominé lui-même par la partie supérieure du cours de la Neste, belle rivière bien alimentée en toute saison, dont on peut rassembler le produit dans des réservoirs artificiels creusés sur le plateau, ou dans des bassins qu'on peut agrandir, en barrant par des digues plusieurs lacs épars au-dessus du plateau lui-même. De Lannemezan peuvent descendre des canaux qui rattacheraient les réservoirs aux principaux cours d'eau de la contrée sous-pyrénéenne à la Garonne, à la Baïsse, au Gers et même à l'Adour.

» M. Monnet a démontré que ce plan général était non-seulement possible, mais d'une réalisation facile ; qu'on pourrait, pour trente millions, doter le sud-ouest de la France de quatre cents kilomètres d'artères de navigation et d'arrosage.

» La masse d'intérêts qui recommandait ce plan à l'administration était si imposante, que le dernier gouvernement le prit en sérieuse considération. — «Certes, disait M. Michel Chevalier en 1843, » comme moyen de communication, ces travaux sous- » pyrénéens rendront de grands services; mais, comme » entreprise d'utilité agricole, ils auront des effets plus » remarquables encore, plus dignes de la reconnais- » sance publique. A Paris et dans la France du nord, » où l'eau se répartit par doses peu différentes entre » les diverses saisons, on n'a qu'une faible idée de la » puissance de l'arrosage dans les régions méridio- » nales. Dans les départemens du littoral méditerra- » néen, l'irrigation triple, quadruple, décuple la valeur » des terres ; cette partie de la France tient de la » nature de l'Espagne, de l'Italie, de l'Orient. Dans » la plaine de Toulouse, dans les départemens de » l'Aude, des Pyrénées-Orientales, de l'Hérault, du » Gard, des Bouches-du-Rhône et du Var, le ciel et » la végétation semblent indiquer l'approche des ré- » gions équinoxiales.

» La canalisation projetée opérera une révolution dans l'agriculture du sud-ouest, car il ne manque à cette région que de l'eau pour multiplier et pour varier ses produits, pour fournir à la France, sur la plus vaste échelle, le bétail qui lui fait défaut, et le lin dont la machine à filer permet de tirer actuellement un produit meilleur que par le passé.

» Les principales vallées du midi sont merveilleusement disposées pour l'irrigation ; placées au pied
des montagnes, elles sont spacieuses et unies. Le
voyageur qui revient d'Espagne, la tête pleine du
souvenir de la *Huerta* de Valence, frappé de la largeur et de l'aplanissement des vallées qu'il rencontre
au pied de nos Pyrénées, se demande comment, sur
ce sol nivelé, l'homme n'a pas encore eu l'idée de répandre les eaux qu'il a sous la main.

» Les sept départemens sous-pyrénéens n'ont que
trente-trois mille hectares de terrains irrigués, ou environ la dix-huitième partie de la surface moyenne d'un
département. C'est bien peu comparativement à ce
qu'il serait facile d'arroser à l'aide des rivières sortant
des Pyrénées. Le seul canal de Saint-Martory à Gre-
nade, dans la plaine de la Garonne, en arrosera le
double.

» Ceux de nos départemens méridionaux qui sont
adossés aux Alpes, ont été plus industrieux ou mieux
servis ; le voisinage de l'Italie leur a porté bonheur.
Les Bouches-du-Rhône, Vaucluse, la Drôme, l'Isère,
les Hautes et Basses-Alpes et le Var présentent une
surface, artificiellement arrosée, de près de soixante-
trois mille hectares, sur quoi la Durance contribue
presque pour la moitié.

» Dans la France entière, la superficie totale des
terres irriguées par des canaux de quelque étendue,
dépasse peu cent mille hectares. C'est à peine le cinquième de la surface moyenne d'un département,
quand le Piémont arrose cent dix mille hectares avec

plus de régularité que nous, et quand la Lombardie
présente trois cent quinze mille hectares supérieure-
ment arrosés, dont cent quarante-six mille dans le
Milanais proprement dit.

» Qu'on ne pense pas, toutefois, qu'il n'y ait lieu
de s'occuper d'un vaste système d'utilisation des eaux
que pour le midi de la France. Les cours d'eau ne sont-
ils pas partout un des élémens les plus précieux de la
richesse nationale ? Pour la mouture des grains, pour
l'industrie manufacturière, ils fournissent une force motrice immense, indéfinie, que d'autres peuples paient
fort cher, obligés qu'ils sont de la demander à des
machines à vapeur, dispendieuses de premier achat,
dispendieuses d'alimentation et d'entretien. Au sein
de la ville de Toulouse, au moyen de simples barrages
de la Garonne déjà construits l'un et l'autre depuis
quelques siècles, on a la disposition d'une puissance de
plusieurs milliers de chevaux, dont on n'utilise qu'une
faible partie ; or, avec la vapeur, une force de cheval
revient à plus de mille francs par an.

» Qu'on ne s'y trompe pas cependant, le plus grand
service à attendre des eaux c'est l'irrigation, qui ajoute
dans une proportion énorme à la fécondité des terres,
à leur prix vénal. Par l'irrigation, ce n'est pas seulement une étroite lisière sur la rive des cours d'eau naturels qui reste fertile ; c'est toute la vallée, et même
des plateaux spacieux qui peuvent le devenir. Sans
l'arrosement, tous les efforts qu'on fera pour mettre la
production de l'espèce chevaline au niveau des besoins
de l'agriculture et de l'armée resteront sans succès.

L'arrosement seul peut fournir, en quantité convenable, l'aliment le plus indispensable aux populations industrieuses et dont cependant la France n'a qu'un approvisionnement très-insuffisant : la Viande.

» Il nous faudrait au moins deux millions d'hectares de prairies, c'est-à dire vingt fois autant que ce que nous avons, — ce qui ne consommerait que deux mille mètres cubes d'eau par seconde (1) et augmenterait le revenu de la France de deux cents millions, ou son capital de six milliards ! L'élément essentiel des prairies naturelles, l'engrais spécial dont elles se contentent, l'eau abonde dans le pays. Nous avons d'immenses ressources pour l'irrigation à cause des chaînes de montagnes, riches en réservoirs naturels, qui bordent ou découpent notre territoire. Mais nos lois n'encouragent pas l'irrigation, et leur dispositif, combiné avec le morcellement du sol, la rend difficile et même impossible.

X.

En 1843, le conseil-général d'agriculture retentissait d'observations fort sages sur ce sujet, et la conférence agricole de la chambre des députés appuyait ses réclamations. Elle fit imprimer un mémoire, où M. d'Esterno, l'un de ses membres, relevait judicieusement les vices et les entraves de notre législation.

(1) C'est le débit du Gardon à Anduze pendant ses fortes crues.

C'est à la même époque que, dans l'article remarquable que nous avons tant cité, et qui est intitulé : *Des irrigations dans le midi, et d'un règlement sur les eaux*, M. Michel Cheva'ier, ingénieur en chef des Mines, bien connu du monde savant, disait :

» Il faut pourvoir à ce que cette partie du domaine » public, qui est composée des eaux courantes, et » qui a été presque entièrement négligée jusqu'à ce » jour, soit mise à profit pour l'irrigation et aussi pour » les manufactures.

» Une loi complète est nécessaire, elle devrait auto-» riser la formation des syndicats par ordonnance » gouvernementale ; elle aurait à régler la police des » cours d'eau, ou plutôt à l'organiser ; car elle est nulle » aujourd'hui, et de là, mille non-valeurs, mille dom-» mages. *Elle devrait créer un personnel spécial d'a-* » *gens chargés de l'entretien, du curage et de l'amé-* » *nagement des cours d'eau, sous la surveillance et la* » *direction des ingénieurs des ponts-et-chaussées.* » Elle préviendrait, soit les empiètemens des riverains » qui, dans certains départemens, s'empressent de » s'emparer des moindres alluvions déposées acciden-» tellement pendant les crues, et de les fixer par des » plantations, au risque d'obstruer les cours d'eau, » d'en empêcher l'écoulement et de causer à tout le » monde, aux usines, à l'agriculture et à eux-mêmes, » un tort considérable ; soit la cupidité des usiniers, » qui, pour accroître leur force motrice, exposent à » l'inondation, en haussant leurs barrages de retenue,

» toutes les prairies du voisinage. Avec un conducteur
» des ponts-et-chaussées de plus par département, et'
» une vingtaine d'ingénieurs convenablement répar-
» tis, on rendrait aux contribuables un inappréciable
» service.

» Nous avons un code forestier ; il nous manque un
» code des eaux. Peu d'actes législatifs exerceraient
» autant d'influence sur le développement de la pros-
» périté publique, et celui-ci est demandé de toutes
» parts. Une pareille loi générale, associée à des lois
» spéciales de travaux publics pour le creusement de
» certains grands canaux d'irrigation que l'adminis-
» tration fait étudier, *pour l'établissement d'im-*
» *menses réservoirs dans les vallées des Pyrénées ,*
» *des Alpes, du Jura, des Vosges et de nos autres*
» *chaines de montagnes, aurait d'immenses effets.* Il
» n'y a peut-être qu'une médiocre exagération dans
» ces paroles que l'enthousiasme pour l'arrosement
» arrachait à un habile agronome, M. Auguste de
» Gasparin : — « *Que les sources de nos montagnes et*
» *nos fleuves majestueux roulent annuellement trois*
» *milliards à la mer ,* et qu'une pensée , une volonté
» fermes, pourraient les fixer sur notre territoire (1).»

Au mois de juin dernier, la question du régime des
eaux a vivement préoccupé le congrès central d'agriculture.

» Selon M. Cornu , l'un de ses membres , il faut ,

(1) *Journal d'Agriculture pratique,* novembre 1845, p. 199.

avant tout, déterminer les droits respectifs de ceux qui se prétendent propriétaires des cours d'eau non flottables ni navigables. La loi à faire doit fixer toutes les prétentions, et l'eau pourra être assimilée aux richesses souterraines, dont la concession est souvent accordée à un étranger, quand le propriétaire du sol ne veut pas l'exploiter. Là, lui paraît être le point capital de la question. Aussi, l'assemblée, avant d'adopter cette proposition, l'a-t-elle examinée sous toutes ses faces, dans une discussion à laquelle ont pris part MM. Dupin aîné, président ; Darblay, vice-président; MM. Barral, d'Esterno, Pistoie, Malapert, Bordeaux, Sauzeau, Robinet, Tillancourt, de Vogué, Rondot.

» Après avoir exprimé le besoin d'une législation nouvelle, dont la proposition qui précède serait le point de départ, le congrès a, de plus, émis le vœu :

» Que les chambres d'agriculture soient entendues sur toutes les questions d'intérêt général, relatives au régime des eaux ;

» Que les cours d'eau non navigables, non flottables, relèvent à l'avenir d'une seule administration ;

Que les travaux publics soient remis au ministère de l'agriculture et du commerce ;

Que le curage, le redressement et la délimitation de tous les cours d'eau non navigables ou flottables aient lieu en exécution d'arrêtés administratifs, pris d'office, ou à la diligence de syndicats formés par les intéressés ;

» Que la commission permanente du congrès donne suite à la demande formée l'année dernière d'une enquête sur l'état des cours d'eau du pays, et des ressources qu'ils présentent ;

» Que les vœux précédemment formés, sur le desséchement, soient pris en considération ;

» Que l'administration soit invitée à mettre à la disposition des arrosans toutes les eaux qui ne sont pas nécessaires à la navigation, ni aux usines établies ;

» Que les formalités nécessaires pour arriver aux concessions d'eau soient considérablement simplifiées et abrégées ;

» Que l'instruction des demandes de prise d'eau sur les rivières navigables et pour les barrages, soit désormais gratuite. »

Tous ces vœux ont été admis sur la proposition de M. d'Esterno, rapporteur, dont les magnifiques travaux d'irrigation ont eu un si grand retentissement en France.

De tout ce qui précède, et particulièrement des vœux émis par le congrès central, par M. Jaubert de Passa, par M. de Gasparin, par M. Michel Chevalier, en un mot, par les hommes les plus spéciaux et les plus capables, le lecteur ne conclura-t-il pas :
— Que pour répondre aux besoins de l'agriculture, pour préparer à la nation un avenir de prospérité et de paix, — l'irrigation doit verser à grands flots ses trésors sur nos campagnes, — et que, dans ce but, — l'existence d'une législation spéciale, — et d'un service hydraülique actif, composé d'un personnel nombreux, capable et investi de la confiance, de la con-

sidération publique, sont des nécessités réelles de l'époque?

Pour des motifs d'utilité aux moins égaux, le service hydraulique doit être admis, en France, sur le même pied que ceux des ponts-et-chaussées et des mines. Tout ce qui va suivre prouvera de plus en plus cette vérité capitale.

Anduze, le 15 août 1849.

FIN DE LA PREMIÈRE LIVRAISON.

Nîmes, Typ. Ballivet et Fabre.

— 142 —

sidération publique , sote des procédés publics de
l'époque?

-four des matiz d'utilité aux moins égaux, le service hydraulique doit être abrité, en France, sur le
même pied que ceux des ... -et chaussées et de...
mines, tout ce qui va battre par ses ... de plus en
plus cette vérité connuie. —

Apchon, le 15 août 1810.

FIN DE LA PREMIÈRE LIVRAISON.

Mans, Typ. Belland et Fabre.

DU

SERVICE HYDRAULIQUE

EN FRANCE.

DEUXIÈME LIVRAISON.

DU

SERVICE HYDRAULIQUE

EN FRANCE,

DE SON IMPORTANCE ET DE SON AVENIR,

Par M. le Docteur

JULES TEISSIER-ROLLAND.

Membre du Conseil-Général du Gard et de plusieurs Sociétés savantes.

***

Deuxième Livraison.

NIMES.

TYPOGRAPHIE BALLIVET ET FABRE,

RUE DE L'HÔTEL-DE-VILLE, 11.

1849

DU

SERVICE HYDRAULIQUE,

DE SON IMPORTANCE ET DE SON AVENIR.

CHAPITRE TROISIÈME.

—

Du Service Hydraulique dans le Gard.

I.

M. Charles Dombre, ingénieur ordinaire du service hydraulique, adressa, le 17 août dernier, à M. le préfet du Gard un rapport que nous allons publier en partie.

Il dit :

« Une décision de M. le ministre des travaux publics du 19 novembre 1848, porte que dans chaque département, il sera créé un service spécial de travaux publics agricoles, qui centralisera toutes les études relatives au régime des cours d'eau, la règlementation des moulins et usines, la rédaction des projets de dessèchement, d'irrigation, de colmatage, de réservoirs, etc.

» Mais , l'Assemblée constituante ayant refusé au ministre un crédit de cinq cent mille francs qu'il demandait pour cet objet dans le budget de l'exercice courant, ce service n'a été conservé que dans un très-petit nombre de départements, où il n'a pu même être organisé que d'une manière très-incomplète.

» C'est ainsi que, dans le Gard, bien que ce service spécial ait été créé par décision du 2 décembre 1848, les ingénieurs n'ont pu encore se livrer à aucune étude importante, par suite de l'insuffisance des ressources et du personnel mis à leur disposition, et qu'ils ont dû se borner à l'expédition d'un assez grand nombre de demandes relatives à la règlementation d'usines, ou de prises d'eau pour irrigation, ainsi qu'à l'organisation de divers syndicats, qui attendaient une solution depuis plusieurs années.

» Nous ne pouvons donc, par des causes indépendantes de notre volonté, soumettre maintenant aucun projet d'amélioration agricole à l'examen du Conseil-général, et nous nous bornerons à lui présenter un programme des questions qui peuvent être étudiées par ce service spécial, ce qui suffira pour faire ressortir tous les avantages qui doivent en résulter pour les intérêts du département.

» En première ligne se présentent les études de projets d'irrigation.

» Il est inutile de rappeler combien le département est arriéré sous ce rapport, malgré les magnifiques ressources dont il dispose.

» Il y a évidemment des projets très-utiles à étudier pour l'irrigation des plaines de la rive droite du Rhône entre le confluent de l'Ardèche et Beaucaire, sur une longueur de quatre-vingt-neuf kilomètres, où l'on ne trouve pas une seule entreprise de ce genre.

» Dans la plaine qui s'étend de Beaucaire à Aiguesmortes, les irrigations sont un peu plus avancées, mais elles sont loin d'avoir reçu tout le développement qu'elles peuvent atteindre. Elles n'y sont pratiquées sur une large échelle que par la compagnie du canal de Beaucaire qui, indépendamment de ses propriétés, arrose celles de quelques particuliers ; mais les terrains arrosés ne forment qu'une très-minime partie de cette plaine, dont la contenance totale est de quarante mille hectares et qui serait susceptible d'être arrosée dans toute son étendue par des canaux d'une exécution très-simple et peu coûteuse.

» Ne serait-il pas de la plus haute utilité, pour cette partie du département, de rechercher les moyens d'étendre le bienfait des irrigations aux terrains qui n'en jouissent pas, soit par l'établissement de nouveaux canaux, soit en réunissant les propriétaires intéressés en associations syndicales, de manière à faire participer aux avantages fournis par les canaux actuels, des terrains qui pourraient en profiter sans une augmentation très-sensible dans les frais d'entretien ?

» Ne serait-il pas utile, même dans l'intérêt général, que l'administration pût s'occuper d'une manière plus suivie des rapports entre la compagnie du canal existant de Beaucaire et les propriétaires ou les communes dont elle arrose les terrains ; — de rechercher si elle satisfait aux obligations que lui imposent à cet égard sa concession et les actes administratifs qui l'ont suivie , et si , en vertu de cette concession et de ces actes, il ne serait pas possible, par voie de règlements administratifs , d'étendre à d'autres terrains que les siens les avantages de l'irrigation.

» L'arrosage est également très-arriéré dans les vallées des principales rivières du département. Il n'est en général pratiqué que dans le haut de ces vallées où il ne forme que des entreprises individuelles ; mais les grandes entreprises d'irrigation, si nombreuses dans les départements des Bouches-du-Rhône et de Vaucluse, sont à peu près inconnues dans le Gard. Et cependant le Gardon , la Cèze , l'Hérault , le Vidourle et leurs affluents, conservent jusqu'à la fin de juin assez d'eau pour arroser huit à dix mille hectares de terrains.

» Ne conviendrait-il pas , dans cet état de choses , de rechercher les moyens d'utiliser ces eaux , non seulement en dressant des projets de canaux de dérivation pour mettre les populations en état de connaître leurs dépenses d'établissement , mais encore en cherchant à développer dans cette partie du département le système d'associations syndicales qui y est complètement inconnu.

» On pourra objecter, à la vérité, que des entreprises d'irrigation, qui seraient une source de prospérité pour les riverains supérieurs, pourraient, au contraire, être une cause de dommages considérables pour les usiniers et les riverains inférieurs, et que, d'ailleurs, les populations seraient peu portées à la réalisation de ces entreprises, par suite du faible débit des rivières du département pendant les mois de juillet et d'août , dans certaines années de sécheresse extraordinaire.

» *Mais ne sait-on pas qu'il serait facile d'augmenter notablement le débit de ces rivières en établissant, dans la partie supérieure des vallées , des réservoirs qui auraient en outre l'avantage de ralentir les crues et d'en rendre les effets moins désastreux ?* Nous ne voulons pas parler de ces immenses réservoirs établis à grands frais pour l'alimentation des canaux à point de partage , mais seulement d'une série de barrages à élever dans les vallées les mieux disposées pour cet objet, de manière à y créer des étangs artificiels semblables à ceux qui recouvrent les montagnes du Morvan, dans les parties supérieures des bassins de la Loire, de l'Yonne et de la Saône. N'y a-t-il pas là, pour le service hydraulique, un sujet d'études dont les résultats peuvent être les plus heureux pour la prospérité agricole et même pour la salubrité de plusieurs vallées du département?

» L'étude des projets de desséchement ou plutôt d'amélioration des marais ou terres marécageuses de la plaine de Beaucaire à la mer sera également une des parties importantes du service hydraulique du Gard. Nous ne proposons certainement pas de dessécher d'une manière absolue tous les marais, ce qui ne pourrait être réalisé qu'à l'aide de moyens mécaniques probablement fort coûteux, et ce qui aurait en outre le grave inconvénient de diminuer la production des roseaux indispensables pour l'agriculture de la presque totalité de l'arrondissement de Nimes ; mais il est incontestable qu'une grande partie des terrains dont il s'agit, aujourd'hui complètement stériles, sont susceptibles de produire des roseaux ou même de recevoir une culture plus avancée, et, en un mot, d'être notablement améliorés, soit par voie d'irrigation ou de colmatage, soit par voie de desséchements partiels.

» Le service hydraulique peut encore être très-utile dans le département du Gard, pour la règlementation des usines mues par l'eau, et des prises d'eau pour irrigations; on sait, en effet, que ces usines et prises d'eau y sont dépourvues, en général, de règlements administratifs, qui sont cependant indispensables au point de vue du bon aménagement des eaux, et pour éviter, aux usiniers et aux riverains, des discussions innombrables et des procès ruineux.

» Ce service sera enfin chargé de l'étude des règlements relatifs au curage des cours d'eau, et nous espérons, notamment, soumettre au Conseil-général dans la session de l'année prochaine, des propositions définitives au sujet du curage du nouveau lit du Vistre, pour lequel il a promis, dans ses sessions de 1840, 42, 43, une subvention de quinze mille francs.

» La défense des bords des rivières torrentielles sera sans doute mise, par une décision définitive, dans les attributions du service hydraulique.

» Tel est le programme des études que vont entreprendre, dans le département du Gard, les ingénieurs chargés de ce service spécial. Nous espérons que le

Conseil-général , appréciant toute leur utilité pour la prospérité agricole du département, voudra bien ajouter sur les fonds départementaux , comme preuve de l'intérêt qu'il apporte à la création de ce service , une légère subvention au crédit dont l'administration peut disposer, et indiquer en même temps quels sont, parmi les nombreux projets dont il vient d'être question, ceux qui , lui paraissant les plus urgents , devraient , par conséquent, être immédiatement étudiés. »

II.

A la lecture de ces quelques pages , chacun aura parfaitement apprécié chez leur auteur une connaissance réelle des besoins et des ressources du département , un esprit ferme , éclairé , ne se laissant aller à aucun aventureux enthousiasme , mais marchant droit aux choses utiles et praticables. La fin du mémoire de M. Dombre n'est pas moins remarquable que le commencement ; on s'en convaincra avec satisfaction par les quelques passages que nous allons citer encore.

» Je termine , dit-il , ce Rapport par quelques considérations sur les voies et moyens les plus propres à assurer l'exécution des travaux publics d'utilité agricole.

» Les divers projets que nous venons d'indiquer sont, à proprement parler , des entreprises d'utilité locale et qui ne peuvent être , en général , exécutées par l'Etat ou le département comme les travaux d'utilité nationale ou départementale.

» Il ne faut pas espérer, non plus, qu'elles puissent l'être par les seules ressources de la spéculation. Les bénéfices des entreprises agricoles ne sont, en effet, ni assez forts, ni assez immédiats, ni même assez certains pour attirer les capitaux. L'expérience démontre qu'il faut beaucoup de temps pour vaincre l'esprit de routine et les habitudes des agriculteurs, et personne n'ignore que les constructeurs des canaux d'irrigation auxquels le département de Vaucluse doit sa prospérité, et qui font la fortune des détenteurs actuels, se sont ruinés dans ces entreprises.

» Ces derniers travaux ne peuvent donc être exécutés que par les intéressés, réunis en totalité ou en partie en associations syndicales; mais ce moyen d'exécution serait encore sans résultats, si ces associations étaient livrées à leurs propres ressources, et si la formation n'en était stimulée par l'espoir d'obtenir des subventions sur les fonds du Trésor ou du département.

» Si on veut, en France, entrer résolument dans la voie des travaux publics agricoles, sortir enfin des considérations théoriques pour aborder les applications, ce n'est pas seulement des changements dans la législation, ou l'étude d'un plus ou moins grand nombre de projets qu'il faut offrir aux populations, mais bien des subventions ou des secours directs, qui devront même être assez élevés, à l'origine, pour surmonter l'inertie des agriculteurs et suppléer à la rareté des capitaux dont ils disposent.

»C'est par des encouragements de ce genre qu'on a

pu , dans le Gard , fortifier et rehausser, depuis 1840, les digues du Rhône , à partir de Pont-St-Esprit jusqu'à la mer, et dépenser à cette œuvre près de deux millions. On peut affirmer , avec certitude , que ces travaux n'auraient pas été exécutés si l'Etat n'avait pris à sa charge plus du tiers du montant de cette dépense. Si donc des subventions aussi considérables sont nécessaires pour stimuler l'esprit d'association quand il s'agit pour les intéressés , non-seulement de la conservation de leurs terrains, mais encore de celle de leurs habitations et de leurs familles , peut-on espérer de voir entreprendre , sans des secours de ce genre, de simples travaux d'amélioration de terrains ?

» Pourquoi ne ferait-on pas pour les travaux publics agricoles ce qu'on a fait pour les travaux publics communaux ? Ne sait-on pas que c'est à l'aide d'un fonds d'encouragement inscrit dans le budget du ministère de l'intérieur , et par des promesses de subvention, que l'on a pu faire élever et reconstruire depuis quinze ans dans les communes rurales une foule d'édifices , tels qu'églises, écoles , maisons communes , presbytères , etc. ? On n'aurait jamais obtenu de pareils résultats si on avait laissé les communes livrées à leurs propres ressources , et ce n'est que par l'appât des secours promis , que les administrations municipales ont voté des allocations , souvent trèsconsidérables , et ont donné aux travaux de cette nature une impulsion et un développement qu'on pourrait appeler par les mêmes moyens sur les travaux publics agricoles.

» Ne serait-il pas , d'ailleurs , d'une bonne économie politique , après avoir fait des dépenses si considérables pour faciliter la circulation des produits agricoles et avoir satisfait à cet égard aux plus pressants
besoins , d'encourager d'une manière un peu plus directe l'augmentation même de ces produits ?

» On a dépensé , en France , depuis 1830 , six cent
vingt millions pour l'amélioration des routes nationales , des canaux et des rivières. Si l'on considère le
caractère d'utilité locale de la plupart des travaux
exécutés sur les routes nationales et les petites rivières , on peut certainement supposer que le tiers de
cette somme , environ deux cents millions, a été dépensé exclusivement pour faciliter la circulation des
produits agricoles. Les départements et les communes
ont dépensé pour le même objet , en améliorant leurs
routes départementales et leurs chemins vicinaux, une
somme au moins aussi considérable.

» Voilà donc quatre cents millions dépensés pour
faciliter la circulation des produits. N'est-il pas permis
de supposer que si le quart de cette magnifique do-
tation avait été affecté à leur augmentation par des
travaux d'irrigation, de reboisement, de défrichement
des terres incultes , le capital de la France en serait
augmenté et que le pays serait plus puissant et plus
fort pour supporter les crises financières et politiques
qu'il peut encore avoir à traverser ?

» On ne peut donner aux travaux publics agricoles
le développement désirable qu'en allouant des subventions aux associations formées en vue de l'exécu-

tion de ces travaux ; et, à cet effet, il y a lieu d'inscrire annuellement au budget du ministère de l'agriculture et du commerce, un fonds de secours, à
distribuer entre les départements par une commission
centrale , et à répartir , dans chacun par le Conseil-
général, entre les diverses entreprises les plus dignes
d'intérêt et d'encouragement. »

A cette conclusion de M. Dombre, aux réflexions
si justes qui la précèdent , je n'ajouterai qu'un mot.

Si, pour la Provence, Adam de Craponne s'est
complètement ruiné ; si les Crillon , les Boisgelin ont
vu leur fortune compromise ;

Si notre célèbre Riquet eût complètement perdu son
patrimoine sans les généreux secours que Louis xiv
lui accorda sur les fonds de l'Etat (1);

(1) L'auteur du remarquable mémoire sur la Camargue , M.
de Rivière dit très-bien :

« Quoi de plus honorable que d'enrichir une contrée, de sau-
» ver une population des maladies et de la misère? Mais si l'on
» n'est sensible qu'aux honneurs apparens, à ceux qui donnent un
» grand relief dans la société, qu'on voie la fortune, l'importance
» sociale de la famille de Caraman à qui la France doit le canal
» du Languedoc. Cependant, Riquet s'était trompé dans ses cal-
» culs : son entreprise l'eût ruiné, eût ruiné tous ses associés ;
» en un mot, il eût complétement échoué si le gouvernement ne
» fût généreusement venu à son secours.

» Le canal de Languedoc coûta au roi et à la province 30 mil-
» lions 575,790 francs. »

La loi du 25 pluviôse an xii promettait cent mille francs à

Si l'on ne trouve plus aujourd'hui de ces admirables dévoûments, et surtout de ces grandes positions qui permettent les grands sacrifices ;

Est-ce à dire qu'on ne doive plus tenter de ces entreprises bienfaisantes, qui assurent à jamais la prospérité d'une contrée ?

L'association peut seule remplacer maintenant les grandes fortunes qui ne sont plus. Lesdiguière a fertilisé le bassin du Drac par des canaux et créé les champs arrosés qui font la fortune de Grenoble ;

Les princes d'Orange endiguèrent la rivière d'Eygues dont nos contemporains savent à peine se défendre ;

Les comtes de Barcelonne conservèrent, augmentèrent, dans le Roussillon, les canaux d'arrosement que leur avaient laissés les Visigoths et les Maures.

Le Languedoc et la Provence n'ont-ils pas , par les œuvres des Riquet, des Crillon, des Boisgelin, des Craponne, gagné mille fois plus que ce qui fut sacrifié par ces hommes généreux, pour leurs compatriotes ? Nos pères auraient-ils subi une condition onéreuse en s'associant à leurs pertes immédiates, pour jouir plus tard d'éternels avantages ? — Personne n'oserait le soutenir.

Cette association libre ou forcée , qui eût été juste

titre d'encouragement pour la construction d'un nouveau canal de dérivation des eaux du Drac ; la république et la royauté avaient dans ces circonstances l'intelligence véritable des intérêts nationaux.

alors, est aujourd'hui juste et nécessaire. On n'entreprendra de grands canaux d'irrigation que quand les communes intéressées, quand les départements, quand l'Etat viendront au secours de ces entreprises. Ces subventions seront des actes de prévoyance et de bonne administration. Si le public est forcé d'avancer la *semence*, son grain produira mille pour un dans les champs irrigués; le propriétaire du sol profitera de l'abondance des produits; la commune, le département, l'état, de cette même abondance sur les marchés, d'une culture plus facile, de l'abaissement du prix des substances alimentaires, de la facilité d'augmenter les impôts.

La Provence, aujourd'hui si riche, si riante et si belle, que serait-elle, sous un climat brûlant, sans ses canaux d'irrigation?

III.

Un dossier administratif sur le service hydraulique a été communiqué, dans cette session, au Conseil-général du Gard. Il a été renvoyé à la Commission des travaux publics qui m'a fait l'honneur de me nommer son rapporteur dans cette affaire, et j'ai soumis, en son nom, l'exposé qui suit au Conseil (1) :

(1) La Commission des travaux publics était composée de MM. Frézier, notaire à Montfrin, président ;

    Numa Meynadier, ancien préfet;

    Veau de Robiac, co-propriétaire des mines, fonderies et forges de Bessège;

    Troupel, industriel, ancien maire de Nimes;

Messieurs,

Le ministre des travaux publics a organisé, en 1848, un service spécial d'ingénieurs qui, dans chaque département, ont été chargés des études et des travaux d'utilité agricole; ces ingénieurs centralisent tout ce qui concerne le règlement des cours d'eau, des questions relatives aux irrigations, aux desséchements et aux usines.

Pour former ce personnel il a suffi, dans le plus grand nombre des cas, de détacher du service ordinaire un ingénieur qu'on a chargé de toutes les affaires relatives à l'aménagement des eaux. Cependant, dans quelques départements, un service distinct a été créé.

Le Gard, notamment, fait partie d'une circonscription qui comprend le versant méridional des Cevennes, et qui est formée de notre département et de ceux de l'Hérault et de l'Aude. Ce nouveau service a été confié à un ingénieur en chef qui réside à Montpellier et qui a sous sa direction un ingénieur ordinaire pour chaque département.

Le ministre appelait, l'année dernière, l'attention

MM. Causse, avocat, ancien maire de Nimes aussi;

    Angliviel, maire de Valleraugues;

    Cambessèdes, naturaliste-agronome;

    Et du rapporteur, M. Teissier.

Presque tous les membres étaient propriétaires riverains du Rhône, du Gardon, de l'Hérault, de la Cèse ou du Vidourle.

des Conseils-généraux sur cette organisation importante ; sa circulaire du 17 novembre 1848, arrivée
tardivement dans le Gard, ne put être l'objet de vos
délibérations, mais vous la connaissez tous.

Par une autre circulaire, du 23 août dernier, il appelle de nouveau votre attention sur cet objet.

Le service hydraulique, dit-il, a été combiné de
telle sorte que, dans chaque département, un ingénieur
fût chargé spécialement de tout ce qui a rapport au
bon emploi des eaux, et pût appliquer tout son temps
et toute son activité à des travaux qui ne formaient
jusqu'ici qu'une partie accessoire du service ordinaire
des arrondissements.

Le ministre s'enquiert de votre avis sur cette création importante. Déjà l'an dernier, dans plusieurs
départements, les Conseils-généraux se sont associés
aux vues du gouvernement et ont voté des subventions pour concourir à la mise en œuvre du service
hydraulique. L'expérience a déjà démontré les avantages qu'on doit attendre de son organisation.

L'administration, de son côté, a composé une
commission supérieure d'hommes spéciaux, qui s'occupe de résumer et de compléter toutes les instruc-
tions sur la matière. Déjà cette Commission a proposé
des mesures propres à alléger, dans les départements
pourvus d'un service spécial, les frais qui pèsent sur
les propriétaires intéressés pour l'instruction des affaires d'usines et de prises d'eau.

Bientôt, de nouveaux règlements imprimeront aux
affaires concernant le régime des eaux une marche

plus prompte et plus régulière, et le Conseil-général est invité à s'occuper des points importants indiqués dans la circulaire du 17 novembre dernier ; il devra, en outre, examiner si son budget lui permet d'entrer dans une voie destinée à développer la prospérité publique....

Outre les deux circulaires ministérielles, le dossier administratif contient encore un rapport sur la situation du service hydraulique du Gard, au 15 août 1849, par M. Lefort, ingénieur en chef de ce service dans les trois départements que j'ai déjà désignés.

Ce rapport vous a été individuellement distribué, vous en avez pris connaissance et vous y avez vu :

Que les grands travaux exécutés dans ces dernières années sur nos routes, nos canaux et nos chemins de fer, sont, sans aucun doute, des entreprises utiles de communication et de transport, mais qu'elles n'agissent sur la production que d'une manière indirecte ; *qu'avant que d'échanger il faut produire*, et que, par suite du système adopté, la production agricole, de qui dépendent principalement la richesse et la prospérité de la France, a vu s'éloigner d'elle les bras et les capitaux qui lui étaient nécessaires. L'industrie et la bourse ayant tout absorbé, une crise sociale a été flagrante.

L'Assemblée nationale ne s'est pas montrée aussi favorable qu'on devait l'espérer aux idées importantes et patriotiques qu'exprimait la circulaire ministérielle du 17 novembre. Effrayée du mauvais état du Trésor public, elle a, par l'exiguïté de son allocation spéciale,

obligé le ministre à restreindre l'organisation du service hydraulique aux départements qui pouvaient en
espérer les plus grands bienfaits, ou qui, par une
subvention sur les fonds départementaux, avaient
montré combien ils en appréciaient l'importance.

C'est au premier titre, les bienfaits à espérer, que
le département du Gard a dû de rester en possession
du service.

De grandes difficultés l'ont assailli à son origine :
il a long-temps manqué des agents secondaires et du
matériel nécessaire aux opérations. Deux conducteurs
seulement sont attachés au service hydraulique du
Gard ; M. l'ingénieur en chef en sollicite un troisième.

Il sollicite aussi du ministère le jugement définitif
et détaillé d'un conflit qui s'est malheureusement élevé
entre lui et M. l'ingénieur en chef des ponts-et-chaussées du Gard au sujet de la surveillance des syndicats
formés entre les communes et les particuliers pour la
défense des propriétés riveraines. On conçoit qu'entre
les routes et les rivières les points de contact sont
nombreux ; on conçoit que la direction des cours d'eau
peut influer sur la conservation des ponts, de leurs
abords et de tous les moyens de viabilité ; — Des conflits ont donc été imminents entre le service ordinaire
des ponts-et-chaussées et le service spécial hydraulique
dès la formation de celui-ci.

Votre commission ne pense pas que le Conseil-général puisse formuler aucune proposition dans une
matière aussi complexe que délicate, mais elle croit
qu'il convient d'adresser un vœu pressant au gouver-

nement, tendant à ce qu'un règlement formel et détaillé spécifie aussitôt que possible les attributions exclusives du service hydraulique, afin que son action, dont on doit attendre les plus grands bienfaits, ne soit pas incessamment paralysée.

Votre Commission désire, et vous désirerez sans doute avec elle, *que le service hydraulique soit conservé, son existence de plus en plus assurée et ses moyens d'action étendus et fortifiés.* Il nous paraît que la formation et la surveillance des syndicats sur les cours d'eau et leurs rives doivent ressortir de ce service.

M. l'ingénieur hydraulique du Gard avait pensé que la défense des bords des rivières torrentielles comme le Gardon, la Cèze, etc., l'étude et l'application des règlements qui doivent mettre un terme à cette guerre désastreuse que se livrent les riverains opposés, seraient dans les attributions de son service ; M. le ministre a decidé que, ces questions n'intéressant pas exclusivement l'agriculture, l'examen en resterait dans les attributions du service ordinaire ; M. l'ingénieur en chef du service spécial réclame, et, en attendant, les luttes riveraines continuent, les propriétés, les habitations même sont en danger, et ce conflit est dommageable au plus haut degré·sur les bords du Gardon et de nos autres cours d'eau, aussi bien que pour ceux qui pourraient profiter de l'irrigation au moyen des eaux de la Compagnie du canal de Beaucaire ; des intérêts majeurs sont en souffrance.

Le Conseil-général pourra se rappeler que, dans sa

session de l'année dernière , il se félicitait de voir bientôt toutes les questions de défense riveraine et d'arrosement dans les attributions d'un service spécial , nécessaire, en effet , vu le nombre, l'importance et la difficulté des affaires qui doivent lui être soumises.

D'après M. l'ingénieur en chef du service spécial , les études doivent embrasser tous les cours d'eau de quelque importance et avoir pour objet :

1° *L'aménagement du fluide* , c'est-à-dire l'examen des ressources actuelles et la recherche des moyens de les augmenter par la création de réservoirs ou de rigoles qui recueilleront , pour les utiliser en temps et lieu propices , les eaux aujourd'hui perdues , soit à cause de la saison pendant laquelle elles tombent, soit à cause de la direction qu'elles suivent ;

2° *La distribution des eaux* , qui comprend le tracé des canaux de dérivation ou d'irrigation qui peuvent être entrepris pour étendre leur emploi ou pour rendre cet emploi meilleur ; — le règlement des prises d'eau des barrages , etc. , afin de concilier les intérêts de l'industrie et de l'agriculture , de prévenir les abus , etc.;

3° *L'évacuation des eaux* , c'est-à-dire l'ensemble des travaux propres à assurer un régulier écoulement , à empêcher les débordements et la stagnation sur les terrains bas. A ce titre , se rattachent les règlements de curage et d'élargissement ; les digues de défense , les canaux de limonage, d'asséchement et d'assainissement.

Ces divers points ont paru à votre Commission de la plus grande utilité pour tous les lieux et pour tous les pays ; *mais la question des réservoirs l'a frappée par son importance, toute spéciale, dans des contrées montagneuses, brûlantes en été comme les nôtres, où la plupart des cours d'eau, torrents dévastateurs dans la saison des pluies, sont à sec précisément pendant les mois de l'année où ils pourraient fertiliser les champs riverains qu'ils ne ravagent que trop souvent.* Les grands réservoirs seuls peuvent corriger les vices de ce régime climatérique et assurer un débit moyen, si désirable pour la richesse agricole.

Ces études doivent être entreprises avec ordre et méthode, embrasser successivement les différents bassins, et suivre, pour chacun, le cours entier des affluents. Toutes les connaissances positives reposent sur des opérations de nivellement dont il est très-essentiel de conserver les traces, et, à cet effet, M. l'ingénieur en chef propose l'emploi de repères, qui permettraient au corps des ponts-et-chaussées de compléter, au point de vue du relief du sol, le beau travail de la carte de France ; ou, mieux encore, au service hydraulique, de créer une carte spéciale, non moins utile pour les travaux d'ensemble et pour l'appréciation des ressources industrielles et agricoles que présentent tous nos cours d'eau.

Pour le placement de deux cents repères en fonte dans le Gard en 1850, M. l'ingénieur en chef vous demande une subvention de sept cents francs sur les fonds départementaux.

Votre Commission n'a pas pensé que l'état de vos finances vous permît d'accéder à cette demande cette année. Des repères'provisoires pourront être pris tout d'abord sur des points fixes et connus , comme le sommet ou le seuil de certains édifices, et , plus tard, s'il y a lieu , on pourra revenir à la proposition dans des temps de moindre pénurie.

Une des parties les plus importantes pour nous du rapport de M. l'ingénieur en chef , c'est l'exposition des projets dont l'étude est déjà commencée dans notre département.

Pour l'alignement du Gardon , entre Anduze et Dions , un règlement élaboré par MM. les ingénieurs du département a été approuvé par l'autorité supérieure , mais il reste à planter sur chaque rive les bornes ou repères nécessaires dont la dépense doit s'élever à cinq mille deux cents francs.

Un crédit de neuf cents francs pour cet objet figure à votre budget de 1849 , suivant M. l'ingénieur en chef qui vous demande une somme pareille pour 1850 ; et , quant aux trois mille quatre cents francs restants, il pense qu'on pourrait les mettre à la charge des propriétaires riverains , tout particulièrement intéressés à la mesure , et qu'il faut réunir en syndicat.

Sur le Gardon d'Alais , la demande d'un canal d'irrigation formée par cette ville , et les études d'alignement de la rivière elle-même , sont restées en suspens par suite du conflit déplorable dont nous avons parlé et auquel il est si important que l'autorité supérieure mette incessamment un terme.

En attendant , votre Commission pense que la somme de neuf cents francs , demandée pour 1850 , à l'effet de concourir à la plantation du bornage d'alignement , serait très-utilement employée ; mais elle vous annonce avec satisfaction que , sans de nouvelles charges pour vous , il peut y être pourvu jusques à concurrence de trois mille francs , par des fonds restés libres dans la caisse d'une autre service.

Il vous a été présenté un rapport spécial sur le desséchement de l'étang de la Capelle , dont les études, commencées par M. l'ingénieur Ballon et suivies par M. l'ingénieur Dombre, seront prochainement terminées ; il en est de même pour le desséchement du plan de Thésiers.

Au reste , le service hydraulique est de création trop récente , et son organisation a été trop peu favorisée jusqu'ici pour qu'il soit en mesure d'offrir incontinent des projets réels d'amélioration agricole ; mais on n'en doit pas moins attendre les avantages les plus incontestables pour l'avenir.

Dans le Gard , comme dans la plupart des départements du Midi , aucun ordre n'existe sur les cours d'eau dont les bords sont en proie à la plus complète anarchie. Les propriétaires se servent des rivières comme d'une épée de combat ; d'innombrables contestations en sont la conséquence , et les tribunaux sont impuissants pour mettre fin à ces désordres.

Chaque année , les rivières font les plus grands ravages ; aucun propriétaire voisin n'est assuré de la conservation de sa récolte ou de son champ. Des populations entières sont quelquefois menacées jusque dans leurs demeures, témoin le village de Cardet, sur le Gardon, et les inondations qui, par le dépôt d'un engrais fertilisant, devraient n'être qu'un bienfait pour les campagnes, en sont au contraire la désolation. S'il existe quelques propriétaires assez riches pour entreprendre des travaux de défense, ces travaux tournent ordinairement au préjudice des riverains inférieurs ou opposés.

Il n'est que deux remèdes à un si triste état de choses :

La création de réservoirs pour régulariser le débit des rivièreset diminuer la hauteur des crues, au profit de l'étiage ;

La conception d'un ensemble de travaux de défense que devront exécuter les propriétaires eux-mêmes, réunis en syndicat.

La création des réservoirs aura encore un autre effet utile : elle permettra, par l'accroissement du volume des basses eaux d'été, d'étendre à une plus grande surface de terrains les bienfaits de l'irrigation, et elle restreindra les chômages des usines dont l'activité, en certains lieux, est une question de vie ou de mort pour une partie de la population. Cette dernière considération est d'une grande valeur. On ne peut point se dissimuler, en effet, que les arrosages tendent à s'accroître de jour en jour, que, dès-lors, la part des usines devient moindre, et qu'on ne pourrait empêcher leur décadence sans porter atteinte aux droits que la loi confère aux riverains sur l'usage des eaux, et sans arrêter , par suite , les progrès les plus assurés dans la voie des améliorations agricoles.

Les questions de desséchement ont beaucoup d'importance dans le Gard, elles intéressent des populations nombreuses, aujourd'hui décimées par la fièvre, et se rapportent à de vastes étendues de terrain d'une valeur peu élevée.

Le problème du desséchement des marais est un des plus difficiles, mais est-il complètement insoluble ? A défaut de pente naturelle pour assurer l'écoulement, on pourra , dans certaines circonstances , faire émerger les terrains par voie de limonage ; — dans d'autres cas , on pourra recourir aux moyens mécaniques pour enlever les eaux.

Les irrigations sont malheureusement peu avancées dans le département; on ne les pratique guère que dans les hautes vallées, c'est-à-dire dans la région des montagnes ; elles ne résultent même là que d'entreprises individuelles. Sur la principale rivière du département, le Gardon , qui présente un parcours de quatre-vingts kilomètres entre Anduze et le Rhône, on ne compte que deux entreprises d'irrigation , fertilisant ensemble tout au plus cent hectares de terrain. La compagnie du canal de Beaucaire n'arrose que la minime partie d'une plaine de quarante mille hectares , susceptible d'être fécondée sur toute son étendue par des canaux ou rigoles d'une exécution facile.

La superficie totale du département est de 592,000 hectares.

La superficie du domaine agricole est de 575,000 ;

Celle des prairies naturelles (arrosées) de   9,000 ;

Celle des prairies artificielles (non arro-⎱ 8,000 ;
sées) de........................⎰

Le Gard est donc dans une infériorité manifeste relativement aux départements voisins de Vaucluse et des Bouches-du-Rhône. Le gros bétail ne peut y être élevé et l'agriculture souffre par l'insuffisance des engrais.

On ne peut s'en prendre à la nature pour un pareil état de choses; car le Gardon, la Cèse, l'Hérault, le Vidourle et leurs affluents conservent encore, jusqu'à la fin de juin, assez d'eau pour arroser dix mille hectares. Le Rhône, entre le confluent de l'Ardèche et Beaucaire, borde le département sur une longueur de quatre-vingt-neuf kilomètres, c'est un réservoir à peu près inépuisable dont on pourrait dériver vingt-cinq à trente mètres cubes d'eau par seconde, qui procureraient largement l'irrigation de quarante mille hectares de prairies.

M. l'ingénieur en chef pense que cet exposé doit suffire pour faire apprécier l'état actuel du service hydraulique et les développements dont il est susceptible.

En conséquence, dans l'esprit de la circulaire du 17 novembre dernier, ce fonctionnaire demande que, sur les fonds départementaux, une subvention de *deux mille francs* soit ajoutée au crédit modique alloué par l'Etat pour l'étude des travaux d'utilité agricole. N'est-ce pas, en effet, le moyen véritable, pour le département, de manifester son adhésion à la création du service des arrosages, desséchements et usines, et de rendre plus certains les avantages que nous sommes en droit d'attendre de ce service spécial.

Suivant M. l'ingénieur en chef, le ministre, quand il a réglé les frais fixes des ingénieurs hydrauliques, paraît n'avoir pas suffisamment porté son attention sur le nombre de courses et de déplacements nécessaires pour l'accomplissement complet de leur mission. M. l'ingénieur en chef ne fait pas de demande pour lui-même, mais il sollicite l'attention du conseil sur ce qui concerne la position de son collaborateur dans le Gard.

Notre département est vaste, les cours d'eau ont un long développement, les usines sont assez nombreuses. Presque tout est à règlementer, soit au point de vue du régime des eaux, soit à celui de leur usage. Le chef-lieu du département est excentrique, les communications difficiles ; l'ingénieur du service hydraulique sera obligé à des déplacements fréquents, et l'accomplissement d'une des parties les plus importantes de ses devoirs l'appelle et le retiendra souvent dans la montagne. On comprend que de doubles frais fixes doivent l'indemniser médiocrement des dépenses extraordinaires que cause une vie nomade. Jusqu'à ce jour, les frais occasionnés par l'instruction des affaires d'usines ou d'irrigations ont été supportés par les propriétaires qu'elles intéressaient. Cet état de choses doit-il cesser avec l'organisation d'un service qui a pour principale mission d'instruire ces sortes d'affaires ? M. l'ingénieur le pense ainsi, et, dans cette conviction, il demande qu'il soit alloué à M. l'ingénieur ordinaire un supplément de frais fixes de six cents francs, pris sur les fonds départementaux, à titre d'indemnité personnelle.

Selon lui , cette allocation doit être considérée comme un témoignage d'intérêt pour le service , et destinée à mettre fin aux états de frais qui ont été produits jusqu'à ce jour. M. l'ingénieur en chef désire personnellement, pour la dignité du service , que l'instruction des affaires administratives soit entièrement gratuite.

M. l'ingénieur ordinaire ne souhaite pas moins que les états de frais, pour vérification de barrages ou autres, soient remplacés par un abonnement de six cents francs. Certes, quant à la somme, cet arrangement ne sera point avantageux à l'ingénieur ; mais n'y a-t-il pas d'autre part plus de convenance , plus de liberté , une indépendance plus manifeste , quand le propriétaire , l'usinier n'ont à payer ni l'examen qui autorise leurs projets, ni le jugement qui les condamne ?

M. le Préfet nous dit lui-même , dans un rapport spécial : — « Aux termes de l'article 75 du décret du » 7 fructidor an XII, les ingénieurs des ponts-et-chaus- » sées, lorsqu'ils ont été commis à des travaux étran- » gers à leur service régulier, mais dépendant de l'ad- » ministration publique , ont droit à des honoraires et » au remboursement de leurs frais de voyage et autres » dépenses. Ces frais sont supportés par les proprié- » taires intéressés.

» Ce genre de rémunération n'est pas convenable

pour la dignité du service ; il est de nature à inspirer, dans certaines circonstances, des défiances sur l'entière indépendance des ingénieurs. D'ailleurs, le paiement de ces frais extraordinaires peut être un obstacle à des demandes que des industriels peu aisés seraient tentés d'adresser à l'administration pour l'établissement d'usines.

» Plusieurs motifs doivent faire désirer que l'instruction des affaires administratives de l'espèce soit entièrement gratuite, et lorsqu'un propriétaire demande un règlement d'eau, ou l'autorisation d'établir une usine ou appareil quelconque, il doit être exempt de toute contribution spéciale à ce sujet, comme lorsqu'on lui trace un alignement sur la voie publique.

» Si ce système était adopté, l'allocation accordée devrait être entendue, non comme une augmentation des frais fixes de l'ingénieur, mais comme un abonnement consenti avec lui, d'après lequel il serait tenu d'instruire, sans frais pour les propriétaires ni pour le syndicat, toutes les affaires qui donnent actuellement lieu à l'application de l'article 75 du décret précité... »

Ici se termine, Messieurs, l'examen des questions de fait, relatives au service hydraulique, qui devaient nous occuper dans ce rapport. — Dans un autre travail nous aurons à examiner les questions de droit, sur lesquelles le ministre sollicite aussi la manifestation de votre pensée.

De tout ce qui précède, votre Commission des travaux publics a déduit les conclusions qui suivent, qu'elle propose, ainsi que le rapport lui-même, à votre approbation.

1º Le Conseil-général apprécie et reconnaît l'importance du SERVICE HYDRAULIQUE pour la France toute entière ;

2º Il se félicite que le département du Gard soit compris dans un *service particulier*, dont il approuve la circonscription ;

3º Le Conseil-général émet un vœu pressant pour qu'un règlement formel et précis détermine les attributions du service hydraulique *qui doivent s'étendre sans entraves sur tous les cours d'eau et leurs rives ; toute autorité mixte ne pouvant être qu'une source de conflits perpétuels très-onéreux pour le pays.*

Ces trois propositions ont été adoptées à l'unanimité par vos commissaires.

4º Quant à la demande faite par M. l'ingénieur en chef d'une somme de neuf cents francs qui, suivant lui, se cumulerait avec pareille votée l'an dernier pour la plantation des repères indicateurs de l'alignement des Gardons d'Anduze et d'Alais. — Votre Commission se félicite que des ressources déjà réalisées permettent de couvrir cette dépense jusqu'à concurrence de trois mille francs, sans avoir besoin de vous demander actuellement aucune subvention.

5º Au sujet de la demande de deux mille francs à prendre sur les fonds départementaux, pour l'étude des travaux d'utilité agricole, — votre Commission s'est assurée qu'une affectation de quatre mille francs était inscrite pour cet objet, en l'année courante, au budget de l'Etat;

Elle espère que cette allocation sera plus forte en 1850 ;

Elle regrette que l'époque tardive à laquelle M. l'ingénieur en chef a adressé sa demande n'ait pas permis à M. le Préfet d'insérer, dans son budget, une proposition formelle à cet égard.

Enfin, dans l'état des choses, la Commission s'est divisée ; — la minorité a pensé que, sur les fonds libres qui resteraient, il convenait d'inscrire au budget départemental la somme de mille ou deux mille francs comme marque de sympathie au service nouveau.

La majorité, au contraire, a pensé qu'il convenait, avant de rien prendre sur le budget départemental, d'attendre que notre position financière fût améliorée et que les premières études du service hydraulique eussent mieux fait apprécier son importance.

6° Quant à la demande d'abonnement de M. l'ingénieur ordinaire, la minorité de votre Commission a pensé qu'il convenait de voter, à ce titre, une allocation de six cents francs pour remplacer les rétributions qui lui sont accordées par l'art. 75 du décret du 7 fructidor an XII.

La majorité, au contraire, a été d'avis :

Que les usiniers seraient beaucoup trop exigeants, et M. l'ingénieur peut-être moins empressé, quand les uns sauraient qu'ils n'ont rien à payer, et celui-ci rien à percevoir pour les vérifications de cours d'eau et d'usines ;

Qu'un salaire légitime et légal ne nuit en rien à l'indépendance du fonctionnaire ;

Qu'en pareille matière, les rétributions proportionnelles au travail sont avantageuses au service lui-même, et que le même mode de rémunération existe depuis long-temps sans inconvénients pour MM. les ingénieurs des Mines.

En conséquence, la majorité de la Commission rejette la proposition d'abonnement.

Quatre des conclusions qui précèdent vous sont donc présentées à l'unanimité : il n'y a eu dissidence que pour les deux dernières.

Messieurs ,

Selon nous, le service hydraulique peut avoir une influence capitale sur la prospérité du pays.

La population s'accroissant d'une manière incessante, les subsistances doivent être mises en équilibre avec elle.

L'ouvrier doit vivre à bon marché , pour que notre fabrication , notre commerce puissent lutter avec succès contre la concurrence étrangère.

La viande est une nécessité hygiénique pour un peuple qui s'affaiblit dans les travaux sédentaires de l'atelier. Point de prairies sans irrigation, pas d'engrais, pas de bestiaux sans prairies , et la France, pour la nourriture de ses habitants, est honteusement tributaire de l'étranger.

Le séjour des villes énerve et corrompt ; celui des champs fortifie et moralise.

Si l'amélioration des routes et des canaux, si la création des chemins de fer surtout ont, sous certains rapports, des avantages incontestables ; — d'autre part, n'en résulte-t-il pas trop de facilité et d'attraits pour les voyages incessants, pour les changements de domicile.

Nous aurions bientôt un peuple presque nomade, si, pour contrebalancer cette action, pour sauvegarder les liens de famille, les attachements héréditaires, les vertus traditionnelles, on ne s'efforçait de rendre le sol natal plus attrayant et plus fertile ; si des entreprises fructueuses et durables ne rattachaient pas la population agricole au foyer paternel, à l'héritage qui, désormais, la nourrirait avec moins de labeur.

Les peuples agriculteurs ont tous été religieux et paisibles ; l'histoire le prouve, et la richesse a partout accompagné l'irrigation.

Les questions que nous venons d'agiter sont donc des questions de bien-être général, de prospérité nationale, de moralisation, de salut pour le présent et l'avenir.

Vous l'avez compris, Messieurs, et vous le témoignerez hautement par votre adhésion aux conclusions que nous vous avons soumises....

Les propositions de la majorité de la Commission sont adoptée spar le Conseil-général du Gard, à l'unanimité.

IV.

Au midi de notre département, sous le ciel le plus pur, avec le sol le plus riche, une belle et vaste plaine se trouve placée dans l'alternative d'une stérilité complète ou d'une extrême insalubrité. L'année est-elle pluvieuse, les terres sont fécondes, mais leurs malheureux cultivateurs sont presque tous atteints de fièvres. Le temps, au contraire, est-il constamment sec, plus de malades alors, mais aussi point de récolte. Ainsi, la sécheresse ruine le colon quand la fièvre épargne sa famille. A St-Gilles, à Aiguesmortes et dans les communes voisines, la mortalité humaine et l'importance des récoltes varient comme de un à quatre, mais, en sens inverse, suivant que l'année est sèche ou pluvieuse (1).

En hiver, dit M. Poule, ingénieur de l'arrondissement d'Arles, la fange des marais est submergée, la décomposition des animaux morts est suspendue, les miasmes ne sont point à craindre ; mais au printemps, en été, dans l'automne, le soleil plus ardent échauffant nos climats, favorise l'évaporation, provoque la putréfaction ; une humidité malsaine s'élève dans l'air et, par la fraîcheur des nuits, se réduit en serein, en rosée, en brouillard, causes de ces nombreuses épizooties et de ces fièvres intermittentes, bilieuses, putrides, insidieuses qui affligent en foule les malheureux habitants.

(1) Voyez l'excellent *Mémoire sur la Camargue* de M. de Rivière de Saint-Gilles, *passim.*

Suivant M. Garella, ingénieur en chef dans la même contrée, les maladies épidémiques causent leur désespoir et consomment leur ruine. Quand la mortalité, en France, est, terme moyen, d'un quarantième de la population, elle est d'un vingtième à St-Gilles, à Arles, à Bellegarde, et quelquefois d'un huitième à Aiguesmortes ou aux Saintes-Maries.

Les mêmes faits s'observent dans tous les pays marécageux.

On connaît l'insalubrité de la Bresse, des Antilles, de la Vera-Cruz, de la Louisiane, du littoral des Florides, des Carolines, de la Georgie et de la Virginie (1).

Le choléra n'est-il pas originaire du delta vaseux du Gange et des autres fleuves asiatiques ;

Les inondations du Nil ne sont-elles pas la cause véritable de la peste d'Orient ;

Et les marécages des fleuves et du littoral américain n'engendrent-ils pas la fièvre jaune ?

Si l'Europe n'a pas, comme les trois autres parties de la surface du globe, de fléau qui lui soit propre, cela tient, sans aucun doute, à la moindre élévation de la température, mais aussi, à l'activité industrieuse de l'homme pour assainir successivement les lieux où les eaux stagnantes présentaient un véritable danger.

Des avantages de l'ordre le plus élevé, qui, depuis longtemps, préoccupent nos législateurs et nos hommes d'Etat, réclament donc le desséchement des marais.

(1) Voyez Montfalcon. — *Histoire des Marais*, 1824.

Henri iv fit venir du Brabant une compagnie d'ingénieurs et de capitalistes à la tête desquels était Hum-
phroi-Bradley de Berg-op-zoom ; il leur donna l'entreprise générale des desséchements de la France ; il
ennoblit la famille de douze d'entre eux, et déclara les
sols qui seraient desséchés, terres nobles avec jouissance de tous les priviléges qui s'ensuivaient. De plus,
tout étranger qui venait travailler aux desséchements
obtenait le titre et les priviléges de Français.

Ce prince voulait dessécher non-seulement les marais qui ont assez de pente pour s'écouler naturellement, mais encore ceux qui ne peuvent être vidés
qu'à l'aide de machines hydrauliques, *telles que les
moulins à tirer d'eau et autres engins* (1).

C'était sur le modèle des wattéringues des Pays-
Bas que toutes ces opérations devaient être faites,
tant pour les moyens mécaniques que pour les systèmes d'association.

L'édit du roi du 8 avril 1599, porte, article 3 : —
« Voulons et ordonnons que là où les propriétaires se-
» raient de différent avis pour les faits de desséche-
» ment, la voix de ceux ayant la plus grande partie
» des marais emporte l'avis de la moindre part. »

La mort violente de Henri iv arrêta l'exécution de
ces grands projets. Cependant un édit de son succes-
seur, du 23 août 1613, disait : « Pour exciter encore
» davantage les étrangers à venir habiter et cultiver
» les marais, voulons qu'ils demeurent affranchis pen-

(1) Voyez l'ordonnance du 8 avril 1599, article 3.

» dant vingt ans de toutes tailles pour les biens qu'ils
» tiennent ès dits lieux... voulons, en outre, qu'ils
» soient exempts de toutes charges personnelles. »

On voit encore dans la déclaration du roi Louis XIII,
du 4 mai 1641, sur les desséchements du Poitou, de
la Saintonge et de l'Aunis : — « Voulons que les re-
» fusants soient contraints, au même prix et condi-
» tions que les autres, pourvu que les entrepreneurs
» soient d'accord avec les propriétaires des deux tiers
» desdits marais et terres, qu'il n'y ait qu'un tiers
» qui empêche. »

L'édit de Louis XIV du 5 mai 1644, ordonne : —
« L'expropriation des marais, sous la réservation aux
» propriétaires desdits marais, particuliers, ecclésias-
» tiques, communautés, d'une portion des terres des-
» séchées, de valeur et du revenu que lesdites terres
» sont de présent. »

Les mêmes principes furent consacrés dans les statuts du Haut-Poitou, du 7 juin 1654, dans la déclaration du roi Louis XV, du 14 juin 1764.

Par la celle du 6 septembre 1768, le gouvernement
avait accordé l'exemption absolue de contributions
à tous ceux qui exécuteraient des desséchements ou
des défrichements en Bretagne, ce qui fit que, d'après
les mêmes principes, le Conseil-général du département du Nord demanda, sous l'Empire, une exemption pendant vingt ans, dans la commune des Moëres,
de tout impôt, à condition qu'elle construirait des
moulins de desséchement, et les canaux nécessaires
pour l'écoulement des eaux.

La Révolution arrêta l'exécution des projets bienfaisants de nos administrateurs de la province de Languedoc. Voulant procéder aux travaux de desséchement de la vaste plaine qui s'étend de Beaucaire à
Aiguesmortes, les Etats avaient envoyé tout exprès
en Hollande, en 1768, M. de Garripuy, directeur des
travaux publics de la province, pour étudier les procédés et les machines de ce peuple industrieux, *et
pour conférer avec les célèbres hydrauliciens de ce
pays, sur les moyens qu'ils se proposaient d'employer
pour le desséchement de la mer de Harlem* (1),
magnifique entreprise qui n'est pas encore terminée
de nos jours.

Le décret du 4 thermidor an XIII oblige les intéressés à concourir à la construction des digues ; leur volonté s'exprime par la majorité. La Commission de
rédaction du Code rural, après avoir posé en principe
qu'un seul propriétaire pourrait demander la réunion
des intéressés à des travaux communs, et que les ab-
sents seraient soumis aux décisions de la majorité,
ajoute : —« Il ne faut pas laisser un ou deux individus
» les maîtres de paralyser impunément des opérations
» toujours très-importantes, et urgentes souvent. »

La loi spéciale du 16 septembre 1807 règle, encore
aujourd'hui, cette matière qui a donné lieu dans nos
assemblées législatives à des propositions récentes.

L'importance attachée dans tous les temps au desséchement des marais est, sans doute, rendue évidente par ce qu'on vient de lire. L'endiguement des

(1) Trouvé. *Essai Historique sur les Etats du Languedoc*, p. 448.

rivières ne serait pas moins désirable , mais jusqu'à la
loi du 14 floréal an xi et à celle du 16 septembre 1807,.
nos législateurs s'en étaient peu occupés ; les intérêts
de l'irrigation ont été plus négligés encore. Toutefois,
dans les prescriptions existantes, on trouve incontestablement le principe de la coercition, et, dans tous
les temps , on a reconnu et proclamé que les intérêts
privés devaient céder devant le grand intérêt de l'assainissement ou celui de la prospérité publique.

V.

Dans sa circulaire du 17 novembre 1848, M. le ministre des travaux publics invitait les Conseils-généraux à rechercher les améliorations qui pourraient
être introduites avec fruit dans la législation des cours
d'eau, en ce qui concerne les travaux d'utilité agricole,
et signalait particulièrement à leur attention les deux
questions suivantes.

En premier lieu, M. le ministre demandait : —
« S'il ne conviendrait pas que l'administration fût in-
» vestie , par la loi, d'une autorité plus étendue pour
» assurer l'exécution des travaux de desséchement
» et d'irrigation par les propriétaires intéressés. Lors-
» que des travaux de cette nature ont été déclarés d'u-
» tilité publique, et réunissent l'assentiment de plus
» de la moitié des propriétaires de la surface des ter-
» rains, ne conviendrait-il pas d'appliquer , à l'exem-
» ple de ce qui se pratique pour les travaux d'endigue-
» ment , les dispositions de l'article 33 de la loi du

» 16 septembre 1807 , c'est-à-dire d'ordonner d'office
» la réunion de tous les intéressés en une association
» syndicale qui serait chargée d'exécuter les tra-
» vaux ? »

En ce qui touche les desséchements , M. Dombre
pense (1) : — « Que le droit de coaction que l'administration réclame doit être accordé ; mais qu'il n'en
est pas de même pour les irrigations ; car , dans ce
cas , cette mesure , qui ne lui paraît nullement indispensable, apporterait, selon lui , une trop grande
atteinte au droit de propriété.

» D'abord , les desséchements intéressant, non-seulement la production agricole , mais encore la salubrité publique , ils ont un caractère de haute utilité, en
faveur duquel il doit être permis d'apporter au droit
absolu de propriété une dérogation d'autant plus légère que les terrains à dessécher sont , en général ,
improductifs, et qu'un propriétaire ne peut pas avoir
un intérêt sérieux à les conserver dans cet état.

» De plus , dit-il, ce droit de coaction nous paraît
nécessaire dans ce cas , parce que, en desséchant une
parcelle d'un marais , on dessèche nécessairement la
parcelle voisine et , qu'en général, les propriétaires
qui voudraient dessécher leurs terrains compris dans
un marais ne pourraient pas les isoler de manière
à n'opérer que sur ceux qui leur appartiennent. La
même raison existe pour les endiguements , et c'est
certainement un des motifs sur lesquels est fondé le

(1) Rapport déjà cité.

droit de coaction que renferme la loi du 14 floréal xi.

» Toutefois, nous devons faire observer que l'effet d'un endiguement étant certain et immédiat, les propriétaires consentent, en général, à faire quelques sacrifices pour protéger et conserver des terrains en plein rapport et souvent d'une grande valeur. Il n'en est pas de même des desséchements ; le succès en est souvent incertain et rarement immédiat, et nous pouvons citer, à l'appui de cette assertion, les innombrables procès qu'ont eu à soutenir tous les entrepreneurs de desséchements pour obtenir la part de plus value qui leur est accordée par l'article 20 de la loi du 16 septembre 1807.

» Ce serait un peu rigoureux et souvent même très-gênant, eu égard à la rareté des capitaux dont dispose l'agriculture, d'obliger ainsi un propriétaire à faire des avances, quelquefois considérables, non pas pour la conservation d'un terrain dont il retire peut-être tous les revenus, mais seulement pour une amélioration qu'il considère comme très-incertaine.

» Pour obvier à cet inconvénient, il suffirait de donner au propriétaire, compris dans le périmètre syndical et qui ne voudrait pas faire partie de l'association, le droit de délaisser son terrain au syndicat, qui lui en paierait la valeur fixée soit par experts, soit par un jury d'expropriation.

» Sous cette réserve, le droit de coaction, réclamé par le ministre, paraît à M. Dombre devoir être accordé en matière de desséchement.

» En matière d'irrigations, les mêmes motifs

n'existent pas. Une entreprise d'irrigation a toujours le caractère d'utilité publique pour l'ensemble de la contrée qui en est l'objet ; mais il est très-possible , au point de vue même d'une bonne exploitation agricole , qu'un propriétaire ait un intérêt à conserver à l'état de vigne ou de terre à blé , un terrain que le droit de coaction réclamé par le ministre l'obligerait à transformer en prairie.

„ De plus , ce droit n'est pas nécessaire comme pour les desséchements ; car , sous le rapport des irrigations, les parcelles sont indépendantes les unes des autres , et on peut appliquer cette amélioration à quelques-unes sans y faire participer nécessairement celles qui sont contiguës. Le seul droit que réclame , à cet égard , l'intérêt public , c'est celui de traverser les parcelles des propriétaires qui ne veulent pas participer au bénéfice de l'irrigation ; mais il est suffisamment garanti par la loi d'expropriation du 3 mai 1841 et par la loi spéciale des irrigations.

„ Dailleurs l'administration a toujours un moyen indirect d'attirer le plus grand nombre possible de propriétaires dans les syndicats formés pour l'exécution des entreprises d'irrigation, c'est d'accorder à ces associations des tarifs d'arrosage très-élevés, ce qui offrira un avantage évident pour leurs membres.

„ *En second lieu* , le ministre des travaux publics demande : « S'il ne conviendrait pas d'étendre à l'éta-

» blissement des barrages destinés aux usines le
» principe du droit d'appui créé par la loi du 11 juillet
» 1847 pour les barrages d'irrigation. »

M. Dombre pense que cette extension serait utile.

Selon lui : — « Ce droit d'appui ne constitue, en
général, qu'une servitude peu gênante pour la propriété qui y est soumise, et il permettrait de mieux
utiliser la force motrice des eaux, qui forme une partie
importante de la richesse publique. »

Les deux questions de la circulaire ministérielle sont
encore examinées dans le rapport que M. l'ingénieur
en chef du service hydraulique a présenté au Conseil-
général, et voici l'opinion qu'il exprime sur la première question :

« Dans l'état actuel de la législation, tous les travaux que l'Etat juge utiles peuvent être exécutés
moyennant une simple déclaration d'utilité publique,
à la suite de laquelle l'administration les adjuge ; et, si
ces travaux profitent à des intérêts particuliers, une
plus value est exigible suivant les formes et les proportions établies par des règlements d'administration.

» Mais, quand ces travaux intéressent directement
et spécialement un certain nombre de citoyens, ceux-
ci doivent être appelés, non-seulement à y concourir de leur argent, mais encore de leurs personnes,
par une coopération à la direction et à la surveillance.
Ce n'est que sur leur refus que l'administration en
charge, d'office, ses agents ou des adjudicataires.

» C'est ainsi que pour les desséchements , les digues à la mer ou contre les fleuves , rivières et torrents , et pour certains travaux de salubrité , la loi du 16 septembre 1807 a conféré à l'administration des attributions spéciales, et l'a autorisée à en ordonner l'exécution suivant certaines formes, dont les unes se rapportent à l'adjudication des travaux et les autres au recouvrement des dépenses.

» Dans l'un et dans l'autre cas , l'administration est pourvue des moyens de faire exécuter l'entreprise, mais elle n'a pas de droit de coaction proprement dit, ce droit étant entendu de l'obligation imposée à un certain nombre de propriétaires de se réunir en association syndicale et de se charger en commun de l'exécution des travaux.

» Je ne sais comment M. le ministre a pu voir l'expression de ce droit de coaction , en matière d'endiguement, dans l'article 33 de la loi du 16 septembre 1807. Rien de semblable n'y est écrit. La loi ne pose pas , pour les endiguements, d'autre règle que pour les desséchements, et, à l'égard de ces derniers, les syndicats n'ont pour mission que de nommer un expert avant l'entreprise et après l'achèvement des travaux. Si , par la force des choses , l'usage s'est introduit de leur donner une part de coopération dans la rédaction des projets, dans l'adjudication et la direction, ainsi que d'autres attributions très-étendues, ce fait ne constitue pas moins une dérogation qui n'a d'autre sanction que l'équité et une interprétation extensive de la loi du 24 floréal an XI.

» Autrement, de la similitude parfaite établie par l'article 34 de la loi de 1807 dans les règles à suivre pour les endiguements et les desséchements, il résulterait que la même faculté proposée pour exemple par le ministre au sujet des endiguements, serait déjà dévolue à l'administration pour les desséchements, et la question ne devrait plus alors porter que sur les irrigations (1).

»La déclaration d'utilité publique est évidemment indispensable pour qu'on puisse ordonner l'exécution de travaux qui ne font pas l'objet d'une association volontaire de la part de tous les intéressés ; car on ne saurait, sans invoquer ce motif, imposer à un propriétaire des dépenses qu'il ne juge pas lui-même en rapport avec les avantages qu'elles doivent lui procurer.

» Mais comment admettre la clause relative au nombre des propriétaires consentants ? Si l'entreprise est utile, les propriétaires non consentants, en quelque nombre qu'ils soient, ne peuvent légitimement l'interdire aux autres ; si elle ne l'est pas, les propriétaires consentants n'ont pas le droit de l'imposer aux propriétaires qui s'y refusent.

« Une moitié des proprietaires peut ne représenter qu'une faible partie de l'ensemble des intérêts , et un seul propriétaire peut, au contraire, en représenter la plus grande. La considération du nombre des opposants

(1) J'ai prouvé combien la loi du 16 septembre 1807 était incomplète et obscure, dans le second volume de mon *Rapport sur le Syndicat des digues du Rhône* , p. 190 à 218.

ne peut donc servir de base dans une question de cette nature. Des considérations tirées de l'étendue des propriétés seraient plus spécieuses, mais elles ne seraient 'pas plus admissibles. La déclaration d'utilité publique crée évidemment, pour chaque propriétaire intéressé, le droit d'en réclamer les effets, et pour l'administration le droit d'agir d'office.

» A ce point de la discussion, la solution ne peut plus être douteuse. Ce que l'on pourrait, en effet, condamner dans une loi qui investirait l'administration du droit de coaction, ne saurait être évidemment la stipulation relative à l'exécution des travaux par les intéressés ; ce ne serait que le pouvoir de les ordonner malgré leur volonté. Or, ce droit existe, il est spécialement consacré par la loi de 1807 pour les desséchements, les endiguements, les travaux de salubrité ; il s'agit donc uniquement de savoir si les irrigations intéressent au même degré la prospérité publique.

» Je pense que la réponse à la première question doit être formulée comme il suit :

» Il est à désirer que l'administration soit investie par la loi d'une autorité plus étendue pour assurer l'exécution par les propriétaires intéressés, des travaux d'irrigation et de ceux de desséchement, d'endiguement et de salubrité règlementés par la loi du 16 septembre 1807. Lorsque des travaux de cette nature ont été déclarés d'utilité publique, après l'accomplissement de toutes les formalités préalables, il y a lieu d'ordonner d'office la réunion de tous les intéressés en une association syndicale, qui serait chargée d'exécuter les travaux approuvés, avec ou sans le concours de l'Etat, des départements et des communes. Les principales attributions des commissions syndicales doivent être définies dans la loi.

» Quant à la deuxième question : — Il n'est aucun des motifs justificatifs de la loi du 11 juillet 1847 qui ne soit applicable au droit d'appui pour les barrages destinés aux usines. L'emploi des eaux, comme force motrice, contribue ainsi que leur emploi pour les irrigations à l'accroissement de la richesse publique ; il doit donc être encouragé au même titre. L'agriculture et l'industrie des usines à eau ne sont pas toujours antagonistes : il faut des grains au meunier et de la farine au cultivateur.

» L'extension aux usines du principe de la loi du 11 juillet 1847 aurait sans doute pour résultat de multiplier les arrosages, soit par l'emploi des forces motrices créées, soit par l'usage simultané des nouveaux barrages sur les deux rives, au moyen de la faculté qui serait accordée au propriétaire soumis au droit d'appui, de se servir du barrage en payant une partie des dépenses de sa construction.

» *La réponse à la deuxième question* serait donc :

» Il y a lieu d'étendre à l'établissement des barrages destinés aux usines le principe du droit d'appui créé par la loi du 11 juillet 1847 pour les barrages d'irrigation.

» Mais il est impossible de traiter de semblables matières sans être amené à regretter l'absence d'un code rural. C'est aux Conseils-généraux qu'il appartient de presser le gouvernement d'accomplir un travail que le pays attend depuis trop long-temps, et que cinquante années d'expérience et de réflexions doivent avoir singulièrement facilité. »

VI.

Les deux questions de la circulaire ministérielle ayant été soumises au Conseil-général du Gard, sa Commission des travaux publics me chargea de faire le rapport qui suit :

« Messieurs,

» *Sur la première question* ,

» *En ce qui concerne le desséchement* , votre Commission est d'avis :

» Que la demande de coaction posée par le ministre est inutile par trois raisons.

» La première, parce que la loi du 3 mai 1841, relative à l'expropriation pour cause d'utilité publique, y est applicable ;

» En second lieu, parce que le droit de contrainte résulte aussi de la loi du 16 septembre 1807 ;

» Enfin, parce que le droit d'expropriation, s'il était obligatoire, serait un obstacle à la formation des syndicats, par les déboursés quelquefois énormes qu'il entraînerait.

» *En ce qui concerne les irrigations*, la Commission pense que le droit de coaction existe pareillement d'une manière implicite dans la loi du 3 mai 1841 ;

*tout au plus pourrait-il y avoir lieu de la rendre plus
claire et plus positive sur ce point.*

» La Commission croit que l'utilité publique devrait
être déclarée toutes les fois qu'un assez grand nombre
d'intéressés réclamerait un syndicat d'irrigation pour
des surfaces suffisamment étendues. Dans le cas où la
concession demandée pourrait avoir pour résultat d'a-
moindrir tellement les courrants d'eau, en aval , que
les propriétaires riverains, qui en supportent les inconvénients et qui, par suite, ont un droit naturel et antérieur à toute législation de jouir des avantages,
verraient ces avantages notablement diminuer : —Un
intérêt public se trouverait alors en opposition avec
celui des arrosages et devrait empêcher les concessions, à moins que le cours d'eau ne fût assez considérable pour qu'un règlement d'administration publique pût satisfaire à tous les besoins ; — les intéressés
entendus, et particulièrement les propriétaires d'usines
et d'irrigations déjà existantes.

» *Sur la seconde question :*

» La Commission est d'avis que la loi du 11 juillet
1847 doit être appliquée aux barrages pour usines ,
comme elle l'est pour ceux destinés à l'irrigation.

Le Conseil-général adopta , à l'unanimité, ce rapport de sa Commission des travaux publics.

On voit que ce travail se rapproche beaucoup des
conclusions proposées par M. l'ingénieur en chef de

notre service hydraulique. Rendre la loi du 3 mai 1841 explicitement applicable aux entreprises d'irrigation serait une amélioration sans doute : mais, dans l'opinion personnelle du rapporteur, cela ne suffirait pas.

Il désire, comme M. l'ingénieur en chef, que l'Assemblée législative s'occupe enfin sérieusement de la rédaction, de la promulgation d'un code rural complet, où toutes les lois existantes, toutes les prescriptions éparses sur la propriété agricole, seraient enfin réunies et systématisées.

Si cette œuvre paraît, encore aujourd'hui, trop vaste et trop ardue, il croit que, tout au moins, le moment est venu de reprendre et de remanier notre législation entière sur les cours d'eau de toute espèce, de faire à ce sujet un code spécial reclamé par les besoins les plus sérieux de l'agriculture et de l'industrie.

Un large système, un système national d'irrigation peut seul remédier aux souffrances actuelles, rattacher les populations au sol natal, ramener dans leurs esprits un calme salutaire ; rétablir l'équilibre entre la production et la consommation, entre les travaux des champs et ceux de l'atelier ; moraliser la nation en l'enrichissant ; la rendre plus prospère à l'intérieur, plus indépendante et plus forte à l'encontre des nations étrangères.

Les peuples anciens et modernes nous fournissent de beaux exemples à imiter : notre législation sur les eaux n'est pas à la hauteur de notre civilisation actuelle.

Nous reviendrons sur cet objet si important et si digne des méditations de nos hommes d'Etat, de nos législateurs, de tous les esprits éclairés, de tous les cœurs dévoués au bien de la patrie.

CHAPITRE QUATRIÈME.

—

Du service spécial du Rhône.

Avant l'établissement du service hydraulique en France, le gouvernement avait déjà senti que, pour les fleuves importants, pour les lignes de navigation considérables, *un service spécial* devait être créé ; il fut organisé dans le corps des ponts-et-chaussées.

A notre avis, le service des fleuves, des rivières, des voies de navigation, devrait désormais être confondu avec le *service hydraulique* institué en 1848, et, cela fait, le service nouveau devrait obtenir une position égale à celui des ponts-et-chaussées, au lieu d'en être une partie intégrante, mais, seulement, avec des attributions particulières.

Il me semble que, considéré dans son ensemble, le corps de MM. les ingénieurs devrait porter le nom de *Corps des travaux nationaux*, et que trois de ses principales branches devraient être :

La section des travaux hydrauliques ;
La section des ponts-et-chaussées ;
La section des mines.

Chacune de ces trois divisions premières des travaux français, et toutes autres qu'il pourrait être utile de constituer encore, auraient une existence indépendante vis-à-vis des sections collatérales ; la soumission commune au ministre des travaux publics serait seule le lien du faisceau.

Les attributions étant distinctes , les sections ne doivent pas être subordonnées l'une à l'autre , mais placées dans un rang égal ; il faut que toutes puissent, en toute liberté, rendre à la chose publique les services spéciaux qu'elle est en droit d'en attendre. Les conflits seraient bien moins à redouter, quand les limites de chaque service résulteraient de la nature même des choses.

Certainement, si le service hydraulique est un jour organisé , comme son but et son importance le réclament, si le budget de ses dépenses est mis en rapport avec ce qu'il doit produire, il ne restera pas le dernier dans l'opinion publique, il ne rendra pas le moins de services à l'Etat, j'en ai l'intime conviction; l'institution la plus récente occupera bientôt , tout au moins , le même rang que ses aînées par les conséquences immenses des entreprises qui s'y rattachent , si elle n'est pas étouffée à son début.

Le service spécial du Rhône , soit qu'on le réunisse au service hydraulique, comme cela devrait être, soit qu'il en reste encore nominalement séparé , est d'une trop grande importance au point de vue de la France entière , et surtout des départements voisins du fleuve, pour que les Conseils-généraux des circonscriptions riveraines n'aient pas suivi , avec l'attention la plus sérieuse , ses études et ses travaux.

Le département du Gard est l'un des plus intéressés à tout ce qui se rapporte au superbe cours d'eau qui

borde une portion si étendue et si belle de son territoire.

Plusieurs questions importantes, relatives au Rhône,
furent agitées au Conseil-général en 1848 ; elles ont
été reprises en 1849. J'eus l'honneur d'être le rapporteur de la Commission des travaux publics, et de faire
adopter toutes ses conclusions.

On verra que ces questions ne sont point étrangères
au sujet du livre que je publie en ce moment ; en un
mot, comme je le disais tout-à-l'heure, que les attributions du service hydraulique, pour être rationnelles
et complètes, pour répondre à la nature des choses,
doivent embrasser toutes les eaux qui se trouvent ou
qui coulent à la surface du pays, sans aucune exception, et quels que soient d'ailleurs leur emploi, leur
origine et leur importance.

Je vais m'occuper successivement du lit du Rhône
et de ses rives ; de l'état de ses embouchures, et d'un
projet d'irrigation de son delta et des plaines adjacentes, objet important sur lequel je reviendrai encore
dans le chapitre qui suivra.

I.

Je disais, le deux décembre 1848, au Conseil-général du Gard :

« Vous connaissez tous, Messieurs, l'importance
commerciale du Rhône, non-seulement pour notre
département, mais pour la France et pour les nations
limitrophes.

» Mais vous connaissez, d'autre part, pour les propriétaires riverains du fleuve les dangers d'un aussi puissant , d'un aussi impétueux voisin.

» Ces avantages et ces dangers fixent depuis quelques années , d'une façon toute particulière , l'attention du gouvernement , qui a senti la nécessité de régulariser , de rétrécir , d'approfondir autant que possible le lit du fleuve pour la navigation, et de protéger les villes et les villages riverains , les propriétés rurales au moyen de digues coordonnées entre elles , soumises aux règles de la science et de l'art.

» De là , Messieurs, de nombreuses, de généreuses allocations sur les fonds de l'Etat , et des secours non moins utiles demandés aux départements, aux communes limitrophes ; de là , l'établissement d'un service spécial d'ingénieurs pour diriger tous les travaux.

» Dans toute la longueur du cours du Rhône , en France , depuis les frontières de la Suisse et de la Savoie jusqu'à la Méditerranée, des ouvrages importants sont accomplis , en cours d'exécution , ou , du moins, en projet ; la question même a été agitée de détruire le passage souterrain appelé *la perte du Rhône* , afin que la marche des bateaux à vapeur ne fût point interrompue depuis notre mer jusqu'au Léman.

» La grandeur des travaux accomplis, en exécution ou en projet dans le département du Gard ou sur les points des départements des Bouches-du-Rhône et de Vaucluse , qui nous avoisinent , répond à la grandeur du but , à l'intérêt national de la question.

Je dois succintement vous exposer ce qui a été fait et ce qui reste à faire , sans omettre ce que le rapport de MM. les ingénieurs du service du Rhône contient sur les travaux de ces départements voisins ; car vous le sentez, Messieurs, *les coupures administratives ne peuvent régler le régime des fleuves et des rivières ;* ici les entreprises en amont peuvent influer sur l'état de l'aval, et le Gard peut avoir un véritable intérêt à connaître les travaux de Vaucluse, par exemple, dans le lit du Rhône ou sur ses bords.

„ S'il ne s'agissait pour moi que de vous présenter une simple nomenclature, je me contenterais de vous lire le tableau de MM. les ingénieurs de la navigation du Rhône ; mais quelques considérations, qui ne peuvent s'y trouver, sont le but essentiel de mon travail.

„Nous devons nous féliciter, Messieurs, de ce qui est déjà fait, solliciter le gouvernement pour l'achèvement de ce qui reste à faire ; mais, comme malheureusement la situation actuelle du trésor est loin de lui permettre de s'occuper de tout immédiatement, notre devoir et l'intérêt du département veulent que nous sollicitions particulièrement des allocations aussi promptes et aussi considérables que possible, pour les entreprises les plus nécessaires et les plus urgentes.

„ Les indiquer à votre choix, telle sera la partie utile de ce rapport.

„En peu d'années, le gouvernement a fait entreprendre dans le département du Gard pour trois millions à peu-près de travaux sur les bords du Rhône. Terminés ou au moment de l'être, ces travaux sont :

„ Les quais en amont et en aval de Pont-St-Esprit ;

„ Deux chemins considérables de hallage dans la même commune ;

„ La construction ou le rehaussement des digues, la fermeture des brèches, la construction des chemins de hallage dans les communes de Roquemaure, de Villeneuve, des Angles, d'Aramon, où les quais ont été rehaussés et des digues insubmersibles construites.

„ Un boulevart insubmersible protége désormais la ville de Beaucaire, et un port nouveau, en aval, a été mis à la disposition du commerce sur une longueur de deux cents mètres.

„ Enfin, lorsque les inondations de 1840 et 1841 eurent rompu les digues de la rive droite du Rhône, plongé dans la désolation et menacé d'une ruine complète dix communes du département du Gard et deux compagnies puissantes, le gouvernement employa plus d'un million à fermer les brèches, à réparer les digues, comme vous avez pu le voir dans mon rapport spécial imprimé, qui vous a été distribué au nom du syndicat du Rhône (1). — Mais il y a plus, le gouvernement, après avoir réparé les avaries, a dépensé neuf cent mille francs pour fortifier, pour rehausser ces digues, pour rendre de pareils désastres impossibles dans l'avenir.

„ Sur cette première partie du rapport de MM. les

(1) Voyez *Rapport de la Commission spéciale du syndicat des digues du Rhône* par M. Jules Teissier-Rolland, 1848, 2 vol. in-8.

ingénieurs du service spécial du Rhône , votre Commission vous propose , Messieurs , de solliciter le prompt achèvement des travaux en cours d'exécution : ce qui du reste , vu leur état d'avancement , ne réclame pas des allocations importantes.

» Le rapport de l'ingénieur de la navigation du Rhône présente ensuite l'état des projets étudiés, mais non encore en voie d'exécution. Les prévisions pour ces divers travaux s'élèvent à 4,465,000 francs , dont 2,300,000 s'appliquent exclusivement au département de Vaucluse et ne doivent pas directement nous occuper ; et 1,000,000 à employer pour l'amélioration de la navigation entre Beaucaire et Arles , ce qui rend les avantages communs entre le département des Bouches-du-Rhône et le nôtre.

»Il ne reste donc, dans les projets étudiés par MM. les ingénieurs du service spécial, que 1,165,000 francs applicables exclusivement aux besoins du département du Gard.

» Ces travaux seraient deux digues dans les territoires de Roquemaure et de Villeneuve , estimées ensemble 130,000 ; une rectification de digue dans la commune d'Aramon ; des revêtements de rives dans l'Ilette en face de Vallabrègue, et un endiguement au confluent du Rhône et du Gardon à Comps ; le tout estimé à 199,000 ;

» La régularisation du Rhône entre la Durance et Beaucaire , dont l'estimation manque au rapport ;

» Le barrage du bras de la Meyrarde , en aval de Beaucaire ;

» Le perrayement partiel des chaussées de Beaucaire à Sylvéréal , et enfin le relèvement de la chaussée de Sylvéréal à la mer ; — l'évaluation de ces trois projets réunis se montant à 220,000 francs.

»Votre Commission'vous propose de déclarer, Messieurs , que, si l'état du trésor permet d'exécuter cette année tous ces travaux et ceux dont nous allons immédiatement parler, vous regardez l'ensemble de ces dépenses comme éminemment utile au département du Gard.

» Mais dans le cas, qui nous paraît probable , où les fonds dont le gouvernement peut disposer ne lui permettraient pas d'affecter quatre millions et demi à l'exécution des travaux mentionnés au tableau dont nous nous occupons';

» Dans le cas où le département du Gard ne pourrait pas même recevoir l'allocation de 1,165,000 fr. qui le concerne exclusivement sur ces projets ;

» Alors vous déclareriez que les deux entreprises les plus avantageuses pour le département sont :

» L'amélioration du Rhône à Beaucaire estimée à 500,000 francs ;

» Et l'achèvement du port aval de Beaucaire , évalué à 116,000. »

II.

Les tristes prévisions de notre rapport de 1848 ne se sont que trop réalisées , et appelés cette année à entretenir le Conseil-général des mêmes objets, nous avons dû lui dire :

» La pénurie du trésor n'a permis d'allouer que soixante et seize mille francs au département pendant l'année courante pour l'entretien des digues et perrais, pour le dragage du Rhône et l'achèvement de divers quais, digues ou chemins de halage ; c'est bien peu sans doute eu égard aux besoins, mais le ministre espère que, pour la campagne prochaine, un budget moins restreint pourra être mis à la disposition de MM. les ingénieurs pour l'amélioration progressive du lit du fleuve et de ses bords ; il nous dit que sept nouveaux projets sont déjà soumis à l'approbation de l'administration supérieure.

» Votre Commission, Messieurs, a vu avec la plus vive peine que, pendant l'exercice courant, il n'ait été accordé que des sommes tout-à-fait insuffisantes, dans le Gard, pour les travaux du Rhône dont plusieurs sont du plus grand intérêt et de la plus extrême urgence.

» Nous devons donc recommander ceux-ci de nouveau au gouvernement, et avec les sollicitations les plus vives..... »

Les conclusions de nos rapports de 1848 et 1849 furent adoptées à l'unanimité.

Dans l'opinion de la Commission des travaux publics, l'amélioration du cours du Rhône à Beaucaire devait avoir la priorité sur tous les autres projets ; voici les motifs que j'en donnais au Conseil dans un rapport spécial :

« Déjà, Messieurs, dans la session du Conseil-général de 1845, M. le Préfet signalait à l'attention de l'assemblée le fâcheux état du port sur le Rhône, situé en amont de Beaucaire.

» Les eaux se portant en trop grande quantité du côté de Tarascon, il était de la plus grande importance de les diriger de telle sorte qu'elles pussent alimenter le port lui-même et le canal d'Aiguesmortes. Les ingénieurs du service spécial du Rhône n'avaient pas fait connaître encore le résultat de leurs études.

» Cette question fut reprise en 1846, et M. le Préfet Darcy disait au Conseil :

« Les ports de Beaucaire s'attérissent chaque jour
» davantage , et le courant les abandonne pour se
» porter dans le bras de Tarascon. Cette tendance du
» fleuve constitue un péril grave pour la foire euro-
» péenne du 22 juillet et la navigation du canal du
» Midi ; je ne sache point de question qui doive émou-
» voir à un plus haut degré l'attention vigilante du
» pays ; il faut empêcher à tout prix que la menace
» du Rhône ne se réalise , et qu'on laisse se consom-
» mer l'anéantissement d'une ville si justement recom-
» mandable par l'importance du bazard qu'elle offre
» chaque année à l'activité commerciale du royaume,
» par la grandeur des intérêts industriels qui se croi-
» sent sur son territoire, et y aboutissent avec les
» chemins de fer et le canal du Midi ; enfin par les
» quatre cent mille tonnes que son port reçoit et expé-
» die annuellement. »

« Sur cet exposé , le Conseil s'empressa de réitérer son vœu de l'année précédente relativement à la restauration de ce port.

» En 1847, M. le Préfet du Gard jetait encore le cri d'alarme :

« Le port de Beaucaire s'ensable tous les jours d'une
» manière effrayante, disait-il ; le haut-fond qui s'est
» formé dans le lit du fleuve , et qui marche à vue
» d'œil vers la rive droite , laisse à peine le long de
» celle-ci un étroit mouillage où quelques bateaux
» peuvent se placer. Il semble que le Rhône soit fata-
» lement poussé vers Tarascon ; et, pour peu qu'on
» hésite quelque temps encore à faire un choix entre
» les projets proposés , le mal , arrivé à son extrême
» limite, se jouera de remèdes tardifs ; la direction du
» Rhône sera profondément modifiée ; Beaucaire et
» le canal d'Aiguesmortes cesseront d'être alimentés
» par ses eaux. »

» Préoccupé de la gravité de ces faits , le Conseil-
général recommanda surtout le port de Beaucaire à
l'activité de MM. les ingénieurs : « car, si le partage des
» eaux entre la rive de Tarascon et celle de Beaucaire
» n'était pas promptement effectué , le port de cette
» dernière ville serait évidemment encombré de sable. »
D'accord avec la Commission d'enquête et M. le Préfet, le Conseil-général demanda avec instance au gouvernement de ne pas perdre en formalités un temps
précieux pour agir.

» Ce triple appel fut entendu.

» Le 24 août 1848 , le ministre des travaux publics
écrivit au Préfet du Gard , qu'après avoir examiné le
dossier de l'affaire, il approuvait le projet de barrage
du bras de Tarascon et l'endiguement de sa rive gau-

che, dont la dépense est évaluée à cinq cent mille francs.

« Il prescrit les conditions d'exécution.

» Cette lettre nous a été adressée, Messieurs, le 21 de ce mois par M. le Préfet du Gard, qui nous dit : « Que le projet consiste à augmenter la pro-
» fondeur du bras de Beaucaire et à le débarrasser
» des graviers qui l'obstruent, *par le barrage du bras*
» *de Tarascon et par l'endiguement de la rive gauche*
» *de ce dernier bras, prolongé jusqu'au rocher de cette*
» *ville ;*

» Que la dépense de ce projet est en entier au » compte de l'Etat.

» Malheureusement, ajoute le Préfet, la dépêche » ne fait pas connaître si un prochain et suffisant cré-
» dit sera ouvert sur le trésor pour l'exécution de cette
» importante entreprise. Il est même à craindre qu'à
» raison des difficultés financières, cette allocation ne
» nous soit pas accordée en 1849, si le Conseil-géné-
» ral n'en signale de rechef l'urgence et l'impérieuse
» nécessité dans sa session actuelle... »

» Nous ne donnons aucuns détails sur l'entreprise elle-même ; ce serait, ce nous semble, sortir des limites de notre mandat (1) ; mais, dans l'état de l'affaire, votre Commission des travaux publics a l'honneur de vous proposer, par mon organe, d'exposer

(1) Voyez le *Courrier du Gard* des 6, 10 août et 3 septembre 1847, pour de plus amples renseignements.

à ce sujet les besoins du département , du commerce de la France entière, et vos propres vœux comme suit :

» Attendu que le bon état des ports de Beaucaire est de la plus haute importance pendant tout le cours de l'année, tant pour le département du Gard que pour les départements limitrophes , comme station , lieu de débarquement et de chargement des marchandises étrangères ou des productions de la contrée ;

» Attendu que , du 15 au 28 juillet , il se tient tous les ans , dans cette ville , une foire connue du monde entier, où toutes sortes de denrées et de marchandises affluent de la France et des pays les plus éloignés ;

» Attendu que cette foire , dont la durée de fait est bien autrement prolongée que la durée légale, a produit la prospérité de la ville de Beaucaire ;

» Que le département tout entier retire de ce marché européen de très-grands avantages qui s'irradient sur tout le pays ;

» Attendu que le Rhône et le canal d'Aiguesmortes sont les deux voies les plus favorables à l'arrivée des voyageurs et surtout au transport des marchandises qui parcourent les plus grands espaces ;

» Qu'un vote précis de votre part est d'autant plus important que le Conseil-général des Bouches-du-Rhône s'est prononcé en sens contraire ;

» Par ces motifs , le Conseil-général du Gard émet les vœux les plus pressants pour que, sur l'exercice financier de 1849, l'Etat ouvre au département sur le Trésor, un crédit suffisant pour l'exécution de cette entreprise...

» Cette conclusion fut adoptée à l'unanimité.

» Telle était en 1848 notre demande principale et notre espérance ; cette espérance ne s'est point réalisée ; et nous avons dû revenir encore sur des sollicitations qui remontent à 1845.

» Certainement, Messieurs, redisais-je au Conseil en 1849, votre conviction n'est pas changée sur la question du Rhône à Beaucaire. Le même mal existe, il aura des conséquences funestes, car il s'aggrave de jour en jour. Il importe au département, il importe à la France toute entière que le fleuve n'abandonne pas l'embouchure, l'entrée de nos canaux du Midi et les murs d'une ville où se tient tous les ans un marché peut-être sans égal dans le monde.

» M. l'ingénieur Surell proposait, l'an dernier, d'élever par un radier le fond du bras de Tarascon ; on propose aujourd'hui de rétrécir cette branche et non plus de l'élever ; laissons les hommes de l'art juges du moyen de salut, mais attestons tous ici sa nécessité, sollicitons énergiquement son application la plus prompte.

» On ne saurait différer plus long-temps des travaux qui peuvent seuls sauvegarder les intérêts les plus puissants. La navigation est presque interceptée sur le bras occidental du Rhône ; les quais de Beaucaire sont inabordables, les relations commerciales de chaque jour entre cette ville et Lyon, Avignon, Arles ou la Méditerranée sont amoindries par les obstacles que rencontrent les bateaux à vapeur et toute la navigation fluviale ; les arrivages du côté d'Aigues-mortes sont aussi menacés , les graviers envahissant peu à peu la prise d'eau du canal de la province. Laissera-t-on s'anihiler cette ligne importante de navigation , ce moyen puissant d'arrosage pour lesquels le pays a dépensé plus de vingt millions ?

» Il n'en peut-être ainsi , Messieurs , et, en signalant de nouveau ces faits malheureux et leur aggravation incessante à la sollicitude du gouvernement , nous obtiendrons certainement l'allocation d'urgence des fonds nécessaires pour exécuter les travaux.

» Au reste , le Rhône présente, entre Villeneuve et Avignon, le même fait , mais seulement en sens inverse , qu'entre Tarascon et Beaucaire.

» A Avignon , la branche orientale du fleuve s'amoindrit incessamment ; à Beaucaire, c'est la branche occidentale, et le Conseil comprendra que , si l'amélioration générale de la navigation réclame que la branche avignonnaise soit augmentée, il est important aussi , surtout pour le Gard , que celle de Villeneuve n'en soit pas trop affaiblie. Le Conseil-général doit donc faire un appel sérieux aux lumières , à la justice, à la prudence du corps des ponts-et-chaussées, quand il s'agira de la conception , de l'approbation définitive et de l'exécution des projets.

Les intérêts du Gard ne sauraient être subordonnés à ceux du département de Vaucluse.

III.

L'amélioration des embouchures du Rhône, les moyens d'irrigation que ce fleuve peut fournir, ne sont pas des objets d'une moindre importance que la défense de ses rives et la régularité de son cours ; je lus encore ce qui suit au Conseil-général du Gard dans sa seconde séance du 2 décembre 1848.

« Ainsi que le rapport de M. le Préfet vous le rappelle, Messieurs, vos prédécesseurs, dans la session de 1847, avaient vivement appelé l'attention du Gouvernement sur deux entreprises qui avaient pour but l'amélioration de la navigation du Rhône, et l'irrigation de son *delta* et des plaines adjacentes.

» Sur ces deux questions, si intéressantes pour la France entière et particulièrement pour le département du Gard et celui des Bouches-du Rhône, M. l'ingénieur Surell a publié deux très-remarquables mémoires que vous connaissez tous (1).

» La question de l'amélioration des embouchures du Rhône est la plus importante, sans contredit, c'est la plus avancée.

» Les projets de M. Surell, approuvés par un grand nombre de Conseils-généraux de département, sont

(1) *Mémoire sur l'amélioration des embouchures du Rhône ;* Nimes, Ballivet et Fabre in-4° de 141 pages, avec cartes 1847.

Mémoire sur le barrage du Petit-Rhône, pour servir à l'irrigation et au desséchement d'une partie du delta ; Nimes, Ballivet et Fabre in-4° de 65 pages, avec cartes 1847.

sortis victorieux de l'épreuve des enquêtes spéciales ordonnées à Arles , à Lyon , à Marseille , à Nimes.

» Indépendamment des avantages inhérents à ces projets , M. le Préfet a le soin de vous faire remarquer dans son rapport : « que leur exécution prochaine » pourrait même rentrer dans les vues actuelles du » Gouvernement pour venir au secours de la popula- » tion ouvrière dans ces moments de crise , » car le creusement du canal St-Louis ou l'endiguement des embouchures du Grand-Rhône , comme la construction du barrage du Petit-Rhône et de ses dépendances, donneraient lieu à des travaux considérables réclamant un grand nombre de bras.

» A coté de l'emploi des ouvriers libres et volontaires , M. le Préfet a pensé à celui des prisonniers de la maison centrale de Nimes.

» Cette proposition est une conséquence de l'idée heureuse et féconde , on peut le dire, de M. le Préfet CHANAL , consignée dans une brochure intitulée : *Essai sur l'application des condamnés à la détention , aux travaux d'utilité publique* , qui offre des moyens , précieux au point de vue de la moralisation des prisonniers ; de promptitude pour les grandes entreprises et d'économie pour le trésor public.

« D'après lui , cette prison renferme plus de » quinze cents condamnés valides qui , aujourd'hui , » par suite du décret du Gouvernement provisoire , » sont dans la plus fâcheuse oisiveté. Dans ce nombre, » huit cents au moins pourraient , sans danger pour la » société , être employés à un travail de cette nature ;

" un supplément de vingt centimes par jour et par
" homme serait le seul sacrifice qu'aurait à s'imposer
" le Gouvernement. "

" M. le Préfet ne manque pas de dire , du reste ,
qu'au pouvoir législatif seul appartient le droit de
permettre l'emploi de pareils moyens , mais il vous
prie , conformément à vos précédents , d'émettre
un vote nouveau.

" 1° Pour l'adoption et l'exécution , aussitôt que
faire se pourra, du projet du canal St-Louis ;

" 2° Pour la prompte ouverture de l'enquête, dans
le département du Gard , sur le barrage du Petit-
Rhône à Sylvéréal et pour l'approbation de ce second
projet , aussi le plus tôt possible.

" Je crois, Messieurs , pour faciliter votre délibé-
ration, devoir vous donner quelques détails rapides
sur ces deux importantes affaires que j'ai été appelé
à étudier l'année dernière par goût et par devoir.

" 1° Les terrains à débarrasser de l'eau salée et à
fertiliser par l'irrigation d'eau douce, soit dans le delta
de la Camargue , soit sur la rive opposée du Petit-
Rhône, ne présentent pas une surface moindre de
145,000 hectares , sur laquelle 104,000 consistent en
étangs , marais , pâturages ou terrains vagues.

" Plusieurs hommes de mérite se sont occupés des
moyens de fertiliser tout ou partie de cet immense
espace, et M. Surell propose de résoudre le problème,
pour trente-cinq mille hectares , par les moyens suivants :

» Un barrage mobile placé dans le voisinage de Sylvéréal relèverait les eaux du Petit-Rhône jusqu'à un mètre cinquante centimètres au-dessus du niveau de la mer ; la dépense serait de 520,000 francs.

» Le Rhône, ainsi relevé, ne fonctionnerait pas seulement comme un magnifique canal d'irrigation dominant sur ses deux rives une surface de 93,000 hectares et versant à la fois ses eaux fécondes sur la Camargue, sur la plaine dite de Languedoc et sur la Petite Camargue ; mais on peut le faire travailler comme moteur et dessécher, par son aide, une vaste étendue de plaines plus basses que la mer, problème qui, jusqu'à ce jour, n'a été ni résolu, ni abordé sur le delta de ce fleuve.

» Pour arriver à ce but, il faut introduire sans cesse des eaux douces sur les terres salées, et les épuiser sans cesse afin de les renouveler. De là, des établissements hydrauliques dont la force serait empruntée au courant.

» Suivant M. Surell, la plus-value des terrains s'élèverait, quand son système serait réalisé, à soixante et dix millions, dont vingt-huit pour le département du Gard.

« Je n'en dirai pas davantage ; je me suis efforcé ailleurs (1), de propager avec plus de détails les idées de cet habile ingénieur, il me suffit ici de vous en rappeler les délinéaments principaux.

» Ce projet certainement n'est point à l'abri de toute critique ; M. Surell le modifiera sans aucun

(1) Voyez le *Courrier du Gard* des 16, 19 et 23 novembre 1847.

doute. — Peut-être profitera-t-il des idées de quelques-uns de ses devanciers ; il a l'esprit trop élevé pour être exclusif, mais il faut l'applaudir et l'encourager pour ce qu'il a fait et pour ce qu'il peut faire encore.

» Tel qu'il est , Messieurs , le projet de M. Surell mérite toute votre attention, toute celle du gouvernement. L'examen public sollicité sous toutes ses formes, la solennité d'une enquête ne peuvent tendre qu'à l'amélioration d'un système dont le but est évidemment d'un intérêt très-considérable pour le département. Je vous propose donc, au nom de votre Commission des travaux publics , conformément au désir de M. le Préfet et à la demande de M. l'ingénieur Surell, conformément aux délibérations déjà prises par vos prédécesseurs :

» *De demander à l'autorité supérieure la prompte ouverture de l'enquête administrative dans le département sur le barrage du Petit-Rhône , pour servir à l'irrigation et au desséchement d'une partie du delta ou des terrains limitrophes et particulièrement de la plaine dite de Languedoc appartenant au Gard .* Mais à ce vœu général doivent s'ajouter quelques précautions.

» M. Surell le dit lui-même, dans le mémoire joint au dossier ; il n'a pas entendu faire un travail complet, mais seulement des études préliminaires. — Une œuvre pareille est trop ardue et trop vaste pour qu'un particulier l'accomplisse sans encouragement et sans mission...

» Cependant, bien que cette étude ne soit encore qu'ébauchée, tout esprit intelligent doit en pressentir l'importance et la portée.

» L'amélioration complète du delta du Rhône résulterait, suivant M. Surell, de trois opérations :

» *Ouverture du canal de Comps pour la haute Camargue* ;

« *Ouverture du canal de la Cape pour la basse Camargue*, le tout suivant les projets de M. Poulle ;

» *Irrigation de la basse Camargue à l'ouest*, *et desséchement de tout le delta*, par l'action du barrage du Petit-Rhône.

» Les trois projets ensemble amélioreraient *cent vingt-quatre mille hectares*, donneraient une plus value de *cent cinquante-six millions*, et n'en coûteraient que dix-huit, s'il faut en croire leurs auteurs.

» J'ai dû rappeler ici l'énonciation rapide des deux projets de M. Poulle ; car, dans l'enquête que votre Commission vous propose de demander, une question importante devra être essentiellement agitée au point de vue des intérêts spéciaux du département du Gard : — celle de savoir si, pour arroser les terres de la rive droite, d'abord du Grand-Rhône, puis du Petit, terres dites *la plaine de Languedoc*, il ne vaudrait pas mieux avoir des eaux arrivant par leur pente naturelle, par un canal dérivé du Rhône en amont de Beaucaire, que d'obtenir ces eaux, à un niveau très-inférieur, au moyen du barrage mobile de Sylvéréal.

» Un projet dans ce sens, répondant aux besoins spéciaux du département du Gard, devrait être étudié et joint pour l'enquête à celui de M. Surell , afin que les interessés pussent, après comparaison , se décider avec connaissance de cause.

» IIº. — Quant à l'amélioration des embouchures du Rhône, le Conseil-général n'en peut agiter de plus grave.

» Ce n'est que dans ces dernières années qu'on a apprécié dans toute son étendue l'importance de ce fleuve au point de vue de la navigation et du commerce.

» Les départements riverains du Rhône et de la Saône et surtout les villes d'Arles , de Beaucaire , de Lyon , doivent appeler de tous leurs vœux l'amélioration de ses embouchures.

» Le Rhône est une des voies de communication les plus belles de l'univers ; lié à tout le réseau navigable de la France , placé en face de l'Algérie , c'est l'artère par laquelle circulent les éléments d'une grande partie de notre richesse publique, et , par ses relations incessantes avec nos arsenaux maritimes et nos mines de fer et de houille, l'un des principaux agents de notre puissance politique.

» Or, a dit à ce sujet une plume exercée , le Rhône, qui pourrait être navigable en tout temps , est le plus souvent fermé à son issue dans la mer. C'est une grande rue sans entrée ; que faut-il faire ? La réponse est simple : en ouvrir les portes à deux battants.

» Le pays entier y trouverait, pour ses expéditions et ses approvisionnements : un moyen de transport plus régulier, plus rapide et moins coûteux ; l'accrois-

sement de nos importations et de nos exportations ;
l'augmentation de notre transit, dont Trieste et Gênes
cherchent à nous dépouiller ; le développement de notre marine commerciale et militaire ; des débouchés
plus faciles ou nouveaux pour notre agriculture , nos
fabriques et nos houilles.

« Le Rhône n'est pas seulement un admirable instrument de viabilité, l'un des agents les plus utiles de
notre richesse et de notre puissance , le grand chemin
de l'Europe méridionale, de l'Afrique et de l'Asie ; il
est plus que cela : c'est le sauveur providentiel du
pays dans les mauvaises années de nos récoltes en
céréales.

» C'est le Rhône qui , en 1846 et 1847, a littérale-
ment fait vivre plusieurs États de l'Europe, en empê-
chant ainsi , par la puissance , la rapidité et le bas prix
des transports , la disette de se changer en famine. Le
peuple appelait énergiquement ce fleuve *le chemin du
pain*. Mais cette rapidité , cette puissance , ce bas
prix , comparés aux transports par terre, eussent été
bien plus notables, bien plus favorables encore sans le
mauvais état des embouchures (1).

» De tout temps les peuples ont attaché une grande
importance à leurs fleuves , et fait tous leurs efforts
pour en tirer parti sous les rapports agricoles et commerciaux. Une nation dévie de la route de la civilisation si elle néglige d'en améliorer le cours , si elle mé-

(1) Voyez le *Censeur de Lyon* , le *Publicateur d'Arles* et le
Courrier du Gard du 21 septembre 1847.

prise ces grandes routes et cette force motrice fournies gratuitement par la nature.

« Le Rhône, dont l'endiguement a été si long-temps négligé , transporte cependant quatre fois plus de marchandises et trois fois plus de voyageurs que la route de terre collatérale; la différence sera bien plus grande quand les allocations pour travaux sur le fleuve auront atteint celles de la route.— Même pendant ces derniers temps, pour améliorer la navigation, *il ne recevait que moitié de ce que coûtait l'entretien de celle-ci* (1).

«Strabon dit, en parlant de la Gaule : « La direction » des fleuves est tellement avantageuse que l'on peut » transporter facilement des marchandises d'une mer à » l'autre sans parcourir une grande étendue de route » de terre.. Sous ce rapport, il n'en est pas de mieux » placé que le Rhône , qui arrose les plus belles et les » plus fertiles contrées. On peut naviguer sur une » grande partie de son cours avec de grands bateaux. » De ce fleuve on peut passer dans la Saône et dans le » Doubs, et, de là , les marchandises sont transportées » par terre jusqu'à la Seine, qui les conduit sur les » côtes de l'Océan. Ainsi, au moyen du Rhône , le » commerce se ramifie dans toute la Gaule , et l'on ne » peut, ajoute-t-il , méconnaître les intentions de la » Providence dans les rapports de ces fleuves entr'eux » et avec les contrées qu'ils traversent. »(Strabon, IV, 287 et 289.)

(1) Lortet, *de l'importance du Rhône*, — *Revue du Lyonnais* , — *Courrier du Gard* du 8 octobre 1847.

» On ne saurait, suivant M. Lortet, douter de la
» prédestination de notre fleuve, si on le considère
» rattaché par des canaux, soit directement, soit in-
» directement, avec le Rhin. Lorsque celui-ci commu-
» niquera avec le Danube, le Rhône deviendra alors
» une des branches du grand trépied de la vie euro-
» péenne. »

» La question de l'amélioration des embouchures
doit donc exciter partout un vif et légitime intérêt ; par
son importance, elle doit s'élever de beaucoup au-
dessus des préoccupations locales ; elle est d'intérêt
national, ou, pour mieux dire, européen.

» Cependant, c'est aux départements riverains du
Rhône, et spécialement à ceux qui se trouvent les plus
rapprochés de ses embouchures, qu'il appartient, surtout, d'élever la voix pour obtenir une prompte solution de cette question, à laquelle se rattachent pour
eux tant et de si considérables intérêts.

» Pour arriver à la réalisation de ce but, nous devons deux très-remarquables projets aux travaux de
M. l'ingénieur Surell.

» Le premier consiste en deux systèmes de digues,
dont les unes, parfaitement parallèles, submersibles,
et laissant entr'elles une largeur de quatre cents mètres, encaisseraient le Rhône jusqu'à la mer, et auraient, suivant cet ingénieur, pour effet de donner au
courant la force nécessaire pour écarter, pour refouler
les amas de sable et de dépôts limoneux qui obstruent
l'entrée du fleuve et rendent l'abord des passes extrêmement difficile aux vaisseaux d'un certain tonnage,

surtout à l'époque des basses eaux. — Un autre système de digues insubmersibles serait destiné à contenir les eaux lors des crues, et à rendre le fond moins variable, en s'opposant au déplacement des terres et à l'éboulement des rives.

» L'autre projet consisterait à creuser sur la rive gauche du fleuve un canal navigable de quatre mètres de profondeur, partant de la tour St-Louis, et ayant son embouchure à l'anse du Repos. Ce serait une imitation, en petit, du célèbre canal que fit creuser Marius pour éviter aussi les inconvénients des embouchures naturelles du fleuve.

» C'est entre ces deux projets que les esprits sont partagés; c'est entre eux que plusieurs enquêtes furent ouvertes l'an dernier, et les opinions divergentes trouvèrent dans plusieurs villes d'ardents et d'habiles défenseurs (1).

» Les Conseils-généraux qui se prononcèrent, en 1847, sur l'importance d'adopter sans retard un parti quelconque sur cette question furent ceux du Gard, du Rhône, de Saône-et-Loire, de l'Ain, de la Loire, de l'Isère, de la Drôme, de l'Ardèche, de la Haute-Loire, du Doubs, du Haut-Rhin, des Bouches-du-Rhône.

» Les deux projets de M. Surell, disent nos procès-
» verbaux de 1847, paraissent capables de doter le

(1) Voyez *Mémoire sur les embouchures du Rhône*, par M. Alexandre Surell, in-4°, — *Courrier du Gard* du 16 novembre 1847.

» pays du bienfait de la navigation maritime jusqu'à
» Beaucaire, et le département n'y doit pas rester in-
» différent.

»Quel que soit celui que les Commissions nautiques,
» scientifiques ou autres adopteront, la Commission
» du Conseil-général, et, sur son avis, l'assemblée
» toute entière, en demandent la prompte exécution.
» Ce sera un bienfait pour le département et pour le
» pays que de voir le commerce maritime continué
» jusqu'à Arles et Beaucaire.

»En conséquence, le Conseil-général du Gard émet
» le vœu *le plus énergique* pour l'adoption et la mise
» à exécution de celui des deux projets qui sera jugé
» le plus utile et le plus praticable (1). »

» Je ne ferai point ici l'analyse, même rapide, du
beau mémoire de M. Surell ; on peut le lire ou recourir aux journaux du pays de l'année dernière (2). Je
n'en citerai qu'un seul passage.... « Elever Arles à la
» hauteur d'un port de mer véritable serait, non pour
» cette ville seulement, mais pour tout le bassin du
» Rhône, pour tout le commerce de la France, une
» conquête d'un tel prix qu'on ne s'étonne pas de voir,
» depuis plusieurs siècles, les efforts des populations
» et des gouvernements attachés avec opiniâtreté à la
» poursuite de cette entreprise. »

» Enfin, le gouvernement nomma des Commissions
d'enquête pour examiner et comparer les deux projets

(1) *Procès-verbal des opérations du Conseil-général du Gard.*
p. 76 et 77, séance du 3 septembre, session de 1847.

(2) Voyez le *Courrier du Gard* du 14 septembre 1847.

de M. Surell , dans les départements du Rhône , du Gard et des Bouches-du-Rhône ; j'eus l'honneur de faire partie de celle du Gard.

» Après un examen approfondi de l'affaire, la Commission d'enquête du Gard et celle du Conseil municipal d'Arles , se rendirent aux embouchures du Rhône , comprenant bien que la visite des localités et les renseignements fournis sur les lieux mêmes par les hommes d'expérience étaient nécessaires à qui voulait s'éclairer complètement sur les deux projets de M. l'ingénieur Surell (1).

»Après ses études et son exploration, la Commission d'enquête du Gard se réunit le 4 janvier dernier, et résolut tout d'abord, à l'unanimité et sans hésitation, la question fondamentale : « L'amélioration de la navi-
» gation du Bas-Rhône, la facilité de ses communica-
» tions avec la mer sont de la plus grande importance
» pour la France entière ; c'est un besoin de premier
» ordre, un intérêt national sur lequel l'attention du
» gouvernement ne saurait être trop vivement solli-
» citée, et, comme les avantages seront toujours au-
» dessus des sacrifices , les travaux doivent être réel-
» lement à la hauteur du but qu'on veut atteindre ;
» ce but doit être poursuivi sans retard et avec persé-
» vérance. »

» Pour assurer la facilité des communications , entre le Bas-Rhône et la mer , les uns veulent qu'on réunisse toutes les eaux du Rhône en un seul courant,

(1) Voyez le *Courrier des Bouches-du-Rhône* et le *Courrier du Gard* du 26 décembre 1847.

et qu'au moyen d'un endiguement continu , on augmente la masse , la vitesse , et , par suite , la profondeur des eaux , espérant vaincre ainsi les obstacles qu'ont présentés , à toutes les époques , la barre et les hauts-fonds.

» D'autres regardent comme un moyen beaucoup plus sûr le creusement d'un canal latéral, partant du Rhône , aboutissant à la mer , et préservé des envasements du Rhône par une écluse de tête.

» Après avoir mûrement pesé les avantages et les inconvénients respectifs des deux systèmes , la Commission a pensé, à l'unanimité , qu'aucun d'eux pris isolément ne pouvait donner une solution complète du problème, qu'ils ne pouvaient, qu'ensemble, satisfaire à tous les besoins , et qu'on n'obtiendrait une solution irréprochable qu'en réunissant ces deux moyens, ou mieux , en les regardant comme deux parties inséparables d'un même tout ; qu'en un mot, — ni le canal tout seul quel qu'il fût, — ni l'amélioration isolée des embouchures, quel qu'en pût être le succès, ne sauraient permettre, en tout temps, de sortir facilement du fleuve ou d'y entrer avec sécurité ; — et que, pour donner une satisfaction suffisante et légitime aux intérêts des populations riveraines , de la marine et du commerce , il fallait que la construction du canal et l'endiguement du Rhône fussent décidés et exécutés en même temps.

» En effet, à la descente et par un temps favorable , en supposant les embouchures améliorées , on préférera la voie directe , la voie fluviale , comme plus ra-

pide et moins coûteuse que le passage par un canal.
Les considérations de vitesse et d'argent sont de la
plus haute importance, en présence de la concurrence
redoutable que le chemin de fer va susciter à la navigation du Rhône ; et ces considérations sont plus
graves encore en présence de la concurrence acharnée
que les nations se font de nos jours , pour se disputer
les bénéfices du transport , la préférence du transit.

» A la descente, avec de fortes eaux , et par un
vent d'arrière , l'entrée de l'écluse du canal ne serait
pas sans danger ; elle retarderait les convois d'une
manière préjudiciable , et des perceptions onéreuses
ne tarderaient pas à s'ajouter à la difficulté de l'entrée
du canal , à la longueur de son parcours.

» Le bon état de la voie fluviale est donc évidemment une nécessité pour la sortie.

» Cette voie sera suivie, de préférence encore à la
remonte, pendant le beau temps et avec des vents favorables, par les petits navires, qui seront long-temps
les plus nombreux, ou par les gros vaisseaux peu chargés ; et l'on peut presque avancer, avec assurance,
que l'amélioration des embouchures profiterait aux
trois quarts du commerce actuel.

» Mais là se bornent les avantages , et, quelque
grands qu'ils soient , si l'on s'en tenait à cette entreprise, la question serait loin d'être résolue. — Elle le
serait à peu près pour le cabotage , mais très-peu
pour le commerce au long cours. Or , par l'influence
du chemin de fer , le cabotage d'Arles à Marseille
doit inévitablement s'amoindrir ; — il faut donc que

l'Etat crée une voie plus large et facilite une transformation nécessaire , s'il ne veut laisser dépérir la navigation du Rhône et de ses embouchures, son matériel,
et le personnel , plus précieux encore au point de vue
des intérêts généraux.

« C'est là peut-être la face la plus importante de
la question.

« Quoi qu'on fasse , on n'aura jamais d'une manière
fixe, durable , certaine, quatre mètres de hauteur
d'eau sur la passe des embouchures ;

« Quoi qu'on fasse , cette passe sera variable en position et en hauteur, surtout par les gros temps ;

« Quoi qu'on fasse, les plages voisines du Rhône resteront basses, le point précis, par lequel il faut entrer
dans le fleuve , difficile à apprécier pendant les temps
couverts, et cette entrée périlleuse comme elle l'était
du temps de Strabon , par la chance d'échouer sur les
sables délayés , en avant de l'une ou de l'autre rive.

« Si l'on réduit le Rhône à une seule ouverture , il
déposera ses troubles dans une seule direction , et ses
attérissements marcheront plus vite que par le passé.
Les digues ne pourront être prolongées que sur cette
pointe qui s'étendra rapidement dans la mer, ce qui
rendra l'entrée plus difficile encore. Elle sera réellement
infranchissable avec les hautes vagues et les brisants.

« D'où il résulte, qu'en tout temps, l'abord du Rhône
serait interdit aux gros navires , que les besoins du
commerce substitueront pourtant aux petits d'une manière inévitable , un peu plus tôt ou un peu plus tard.

« D'où il résulte que , pendant les mauvais temps ,

il faudra rester en pleine mer ou se réfugier à Bouc, — et que, le plus souvent, les pilotes d'Arles auront seuls la clé d'une porte aussi dangereuse : celle de l'embouchure.

» Ces motifs réclament impérieusement le creusement d'un canal qui s'ouvre à la mer dans un golfe tranquille, — d'un canal dont le tirant d'eau (que rien n'empêcherait plus tard de porter à cinq ou six mètres) , ne serait d'abord que de quatre mètres, non pas en moyenne comme sur la barre , mais constamment.

» Pour la satisfaction complète des intérêts nationaux, l'établissement du canal est donc aussi nécessaire que l'amélioration des embouchures.

» Au cas où le gouvernement ne voudrait pas mener de front les travaux de l'une et de l'autre entreprise , quelques membres de la Commission pensaient qu'une préférence de priorité devait être indiquée ; — mais l'Assemblée crut qu'en votant sur ce point elle affaiblirait la portée de son opinion , de son vote premier ; —que le gouvernement pourrait toujours faire ce choix lui-même , tandis qu'en scindant en deux parties un projet, qui ne sera suffisant, dans son opinion , qu'après l'exécution du tout , la Commission nuirait à ce vœu, à ce désir d'ensemble qui est toute sa pensée. (1)

» La Commission d'enquête du Gard *avait, la première, formulé son opinion*, et celles de Lyon, de Marseille , d'Arles étaient loin d'être unanimes ; les unes

____

(1) Voir le *Courrier du Gard* du 7 janvier 1848.

voulaient le canal St-Louis , les autres préféraient , Arles surtout, l'amélioration des embouchures.

„ Si nos renseignements sont exacts , l'opinion formulée dans notre département aurait fait cesser les dissidences.

„ Tel est , Messieurs , l'historique des deux beaux projets de M. Surell pour l'amélioration du passage du Rhône à la mer et de la mer au Rhône ; il nous semble que, sans cet exposé préliminaire , vous n'auriez pas pu , tous , apprécier exactement l'importance de l'entreprise, l'urgence de sa solution ; mais, maintenant , nous croyons qu'il est facile de répondre avec connaissance de cause aux questions que M. le Préfet nous a adressées dans son rapport sur cette affaire.

„ M. le Préfet dit : Je vous prie , conformément à vos précédents, d'émettre un vote nouveau ;

„ 1°.Pour l'adoption et l'exécution, aussi tôt que faire se pourra, du projet du canal St-Louis ;

„ 2° Pour la prompte ouverture de l'enquête dans le département du Gard, sur le projet de barrage du Petit-Rhône à Sylvéréal et pour l'approbation de ce second projet, aussi le plus tôt possible.

„Sur le premier chef, votre Commission des travaux publics vous propose , tout en renouvelant vos vœux précédents pour l'adoption et la prompte exécution du projet du canal St-Louis , de rappeler à M. le Préfet que vos prédécesseurs n'ont jamais donné à ce projet une préférence exclusive sur l'endiguement des embouchures, et que les vœux antérieurs du Conseil-général, aussi bien que les vôtres aujourd'hui, doivent tendre à obtenir l'amélioration des embouchures du Rhône par le moyen le plus durable, le plus prompt et le plus sûr.

„ Quant au second chef, le Conseil, s'il se ralliait à l'opinion de sa Commission, témoignerait de son désir de voir s'ouvrir promptement l'enquête, dans le département du Gard, sur le projet de barrage du Petit-Rhône à Sylvéréal, aux fins proposées par M. l'ingénieur Surell ; mais il demanderait, en même temps , que cette enquête fût aussi large que possible , étant porté à penser : 1º que l'intérêt de la partie du département voisine du Grand et du Petit-Rhône retirerait de plus importants avantages de tout autre système d'amélioration que de celui qui est proposé ; et 2º qu'un arrosement distinct de celui de la Camargue vaudrait mieux pour notre territoire qu'un projet commun au Gard et aux Bouches-du-Rhône....

„ M. le Préfet adhère aux conclusions du rapport, après avoir exposé les motifs de sa proposition et de la préférence qu'il donnait au creusement du canal St-Louis : l'exécution , selon lui, devant en être bien plus rapide , le résultat plus certain , la dépense moins considérable.

„Plusieurs membres insistent sur les inconvénients que présenterait , pour le département du Gard , le barrage du Petit-Rhône à Sylvéréal, et s'attachent à démontrer les avantages dont serait, pour tout le littoral du Rhône, de Beaucaire à la mer , l'adoption du

projet de M. Poulle , qui consiste à prendre les eaux
à Beaucaire ou en amont de cette ville , à Comps. Ils
voudraient que, d'ores et déjà, le projet de barrage fût
abandonné , et que l'enquête n'eût d'autre objet que
le système opposé.

» Le rapporteur et la Commission , sans contester,
qu'au point de vue particulier des intérêts du Gard, le
projet de M. Surell présente des inconvénients à côté
d'avantages moins grands que ceux qu'on devrait attendre de l'exécution du projet de M. Poulle , persiste
à penser : qu'il n'en convient pas moins de demander que les deux projets soient soumis à l'enquête , à cause de la témérité qu'il y aurait , dans une
question d'hydraulique , à se prononcer à l'avance
d'une manière trop absolue , surtout en contradiction
avec un ingénieur aussi éminent que M. Surell ; mais,
après avoir toutefois établi que le département du Gard
doit, plutôt, désirer que la prise d'eau ait lieu à Comps,
et que , si l'on appelle l'enquête sur les deux projets,
c'est afin que tous les intérêts soient représentés et
garantis.

» Sous le bénéfice de ces considérations... le Conseil
adopte les conclusions de la Commission des travaux publics , telles qu'elles ont été formulées par
M. Teissier.... »

IV.

Cette affaire a été reprise dans la session du Conseil-
général du Gard de 1849, ainsi que celle des embou-

chures du Rhône, et j'ai encore été appelé à faire les
deux rapports suivants à cette assemblée :

« .....Quant à la question de l'amélioration des embouchures du Rhône, question si majeure pour le département, pour l'Etat, et dont vingt départements se
préoccupent avec ardeur, les circonstances politiques
et la pénurie du Trésor ont paralysé l'entreprise.

» Le ministre en exprime ses regrets ; toutefois, nous
ne devons pas désespérer du succès ultérieur de nos
vœux, qu'il faut rappeler incessamment à l'administration supérieure, pour que le gouvernement accorde
toute sa sollicitude et consacre ses efforts généreux à
un objet d'une aussi haute importance...

Le barrage du Petit-Rhône demandait plus de développements, et j'ai dit :

« Messieurs,

» Vous décidâtes, dans votre dernière session, — de
» demander à l'autorité supérieure la prompte ouver-
» ture de l'enquête administrative dans le département,
» sur le barrage du Petit-Rhône, pour servir à l'irri-
» gation et au desséchement d'une partie du *delta* ou
» terrains limitrophes, et particulièrement de la plaine
» dite de *Languedoc*, appartenant au Gard. »
» Mais à ce vœu général, s'ajoutèrent quelques sages
précautions. Vous redoutiez que l'exhaussement des
eaux du Petit-Rhône, au moyen d'un barrage mobile, ne fût une entrave pour la navigation ; que la
sûreté des propriétés ne fût compromise et, surtout,

qu'on ne risquât ainsi d'amener des changements fâcheux dans le régime des eaux , par l'attérissement
successif du lit du Petit-Rhône au profit de la branche
principale du fleuve.

» L'enquête qui a eu lieu dans un département voisin nous prouve que les mêmes craintes ont été émises
à Arles, aux Saintes-Maries , et que ceux-mêmes qui
ont été d'avis de l'exécution du projet , ont appelé
toute l'attention , toute la sollicitude du Conseil supérieur des ponts-et-chaussées sur les graves perturba-
tions qu'il pourrait amener dans le régime des eaux.

» Par son rapport , en date du 27 août dernier ,
M. le Préfet nous annonce : « que notre vœu pour la
» mise aux enquêtes du projet de M. Surell avait enfin
» été entendu après des sollicitations répétées , que les
» formalités s'accomplissaient en ce qui concerne le
» régime des eaux , et qu'il ne sera pas perdu un ins-
» tant pour l'exécution des autres formalités préala-
» bles qui resteront à remplir.

» C'est là , sans doute , une réponse favorable *à
une partie de ce que le Conseil avait demandé* , et nous
devons en remercier l'administration supérieure ; —
*mais l'étude d'une rigole à pente pour l'irrigation ,
d'un canal adducteur sans barrage et sans machines* , en un mot, *d'un projet dans le sens de celui par
lequel M. Poulle proposait de dériver , à Comps, les
eaux du Rhône , ne vous paraissait-elle pas , l'année
dernière , aussi importante et même plus pour le
Gard , que l'enquête sur le projet Surell.*

» Votre Commission pense encore que , dans l'intérêt spécial du département , il y a lieu d'insister pour la réalisation de cette partie de votre demande.

» *L'exécution de ce desir est rendue bien plus facile aujourd'hui par la création du* service hydraulique , *et , dût-il en résulter quelques frais d'études pour le département*, votre Commission croit que vous devez persister , et demander de nouveau :

» Qu'il soit immédiatement procédé à l'étude d'un » projet pour l'irrigation , *sans machines et sans bar-* » *rage*, des propriétés riveraines du Grand et du Petit- » Rhône dans le Gard , afin que ce projet soit soumis » aux enquêtes, concurremment et en même temps » que celui du barrage mobile de Sylvéréal. »

Les conclusions de la Commission des travaux publics ont été adoptées , en 1849, comme elles l'avaient été l'année précédente, sans aucune opposition.

<h2 style="text-align:center">V.</h2>

On voit , par tout ce qui précède, que le gouvernement a parfaitement compris l'importance du Rhône, au point de vue du commerce, de la navigation , et qu'il n'a pas hésité à faire les plus grands sacrifices pour l'amélioration de son régime. Cette œuvre, nous le croyons fermement, ne restera point imparfaite, et la grande entreprise des embouchures de fleuve viendra dignement couronner celles du rétrécissement, du dragage, de la fixation de son lit, et de l'endiguement salutaire de ses rives.

En même temps que l'endiguement supprime la divagation des eaux, les agglomère sur un espace plus restreint, et fournit ainsi une profondeur qui permet en tout temps une navigation facile ; — il protége efficacement aussi les propriétés riveraines contre les désastreux effets des inondations. Jusqu'ici, l'agriculture et le commerce ont donc profité, l'un et l'autre, des travaux accomplis.

Cependant, ne devons-nous pas remarquer avec surprise que, de toutes ces constructions dispendieuses, aucune n'ait été conçue ni exécutée dans le but spécial de créer ou même de favoriser. sur une large échelle, les arrosements si désirés, et qui seraient si éminemment utiles dans toute la vallée du Rhône, dans sa partie méridionale surtout. Il faut y réfléchir pour s'apercevoir que les travaux achevés, en voie d'exécution ou encore en projet, sont réellement favorables, et, pour ainsi dire, préparatoires des entreprises d'arrosement qui s'exécuteront, sans aucun doute, plus tôt ou plus tard ; mais cela s'est fait, à vrai dire fortuitement, et sans qu'on se préoccupât de ce but en aucune manière.

Tant que le fleuve a pu changer de lit à volonté, il aurait été bien difficile d'établir des prises d'eau permanentes, et, sans cela cependant, comment recevoir sans interruption le liquide que réclame l'agriculture ?

Lorsque tantôt, les ouvrages de tête, les vannages des dérivations sont tournés ou emportés, et leur emplacement envahi par la rivière ; — lorsqu'au contraire, d'autrefois, le fleuve s'éloignant laisse ces ouvrages à sec, les couvre de vase ou de gravier, et s'établit à demeure à de grandes distances, les champs peuvent-ils recevoir les eaux bienfaisantes sur lesquelles on comptait ; les récoltes ne sont-elles pas compromises ainsi que tout le système de culture adopté ?

Il est évident qu'il ne peut y avoir de prise d'eau *certaine*, sur un fleuve dont les bords ne sont pas fixés; *l'endiguement doit donc précéder les concessions d'eau et les grandes entreprises d'arrosage.*

Mais il y a plus : les fleuves, même les plus considérables, quand ils ne sont point endigués, s'étendent sur de très-larges espaces, et leurs eaux manquent de profondeur. Alors la navigation est difficile, incertaine et trop souvent interrompue. Lorsque l'eau manque sous les bateaux, l'Etat doit refuser aux riverains des concessions qui tendraient à en affaiblir encore la masse, et, par suite, la profondeur, qui tendraient à rendre les transports et les relations commerciales de plus en plus difficiles.

Le Rhône, qui roule deux mille mètres cubes d'eau, n'offre pourtant quelquefois aux bateaux qu'un tirant d'eau tout-à-fait insuffisant, parce que ses flots s'épanchent en largeur sur des grèves trop étendues et trop planes. Mais là où le fleuve est convenablement resserré, là où des digues solides et bien coordonnées fixent définitivement ses limites et son régime, là aussi mille mètres cubes sont plus avantageux pour la navigation que deux mille mètres cubes ailleurs ; *et cependant, avec les mille mètres par seconde qu'on pourrait placer ainsi sans inconvénients, à la disposition de l'agriculture, on arroserait, on fertiliserait un million d'hectares !... L'endiguement des fleuves doit*

*donc précéder , encore à ce point de vue , les travaux
importants pour l'irrigation.* Ces entreprises sont naturellement liées ensemble , et tout ce qui peut influer
sur le régime des grands cours d'eau importe autant
à l'agriculture qu'au commerce.

C'est une chose très-remarquable que, sans en avoir
fait l'objet de ses préoccupations , le service spécial du
Rhône et celui de nos autres fleuves aient préparé les
voies aux améliorations agricoles les plus désirables.

Mais, nous devons nous en apercevoir aussi : — de
ces rapports qui sont dans la nature des choses , de ces
liens qui existent inévitablement entre les divers services d'ingénieurs chargés de la régularisation des cours
d'eau, et le service hydraulique qui doit en répandre les
bienfaits sur nos campagnes , — ne résulte-t-il pas que
ces deux services spéciaux devraient n'en former
qu'un seul , devraient être incessamment réunis et confondus ?

Là où la nature a placé l'unité , la division ne peut
pas utilement procéder du fait de l'homme.

Un seul chef doit régir les eaux de France et constituer l'unité du service hydraulique.

Sous ses ordres il y aurait autant d'ingénieurs principaux que nous avons de grands fleuves, dont les affluents notables auraient chacun leur ingénieur spécial.

Ainsi , chaque cours d'eau , chaque vallée pourraient
être étudiés , améliorés , fertilisés , enrichis ; ainsi toutes nos ressources naturelles seraient mises à profit ,
et l'eau féconderait désormais partout la terre qu'elle
ravageait autrefois.

Ainsi tout marcherait vers un but commun et national, tout se ferait avec unité, avec ensemble; car, à mesure que les cours d'eau auraient une force, une importance plus grandes, ils ressortiraient d'une direction plus élevée. Pas de conflits, de tiraillements quand l'impulsion partirait d'un point unique; et, dans un corps dont la constitution répondrait au cadre naturel de ses fonctions, sous une hiérarchie bien ordonnée, l'exécution se ferait avec ordre, avec harmonie.

Dans l'état actuel, si l'on voulait utiliser les eaux du Rhône pour la fertilisation d'une partie du département du Gard, ne faudrait-il pas avoir à faire : —
aux ingénieurs du service spécial de ce fleuve, pour la dérivation ;

A l'ingénieur en chef de nos ponts-et-chaussées, pour les canaux de Beaucaire, d'Aiguesmortes et de la *plaine de Languedoc* ;

Au service hydraulique, pour toutes les entreprises nouvelles ?

Dans cette complication d'attributions, pour un seul et même objet, comment éviter les dissidences d'opinion, les susceptibilités d'amour-propre, les mauvais vouloirs, les conflits ?

En bonne administration, le régime des eaux doit ressortir d'une autorité spéciale et hiérarchique.

Le ministre unique de l'agriculture, du commerce et des travaux publics, au sommet, doit avoir sous sa direction :

Un corps spécial chargé de la confection et de l'entretien des routes ;

Un corps chargé de l'extraction de nos richesses souterraines ;

Un troisième, régulateur des cours d'eau dans l'intérêt du commerce et de la propriété, distributeur de leur élément en faveur de l'agriculture.

Sous ce ministère, le corps des ingénieurs serait donc divisé :

En service hydraulique ;

Service des ponts-et-chaussées ;

Et service des mines.

A la marine et à la guerre réunies, appartiendraient les ingénieurs des fortifications, des ports, des constructions navales ;

Les constructions civiles ressortiraient du ministère de l'intérieur.

Ainsi le pouvoir serait moins disséminé, la constitution des ministères moins pénible, les vues d'ensemble plus faciles.—Ainsi l'organisation des services se trouverait en rapport avec la nature des choses, avec ces divisions d'un ordre supérieur que l'homme doit respecter, et auxquelles, quand il agit avec sagesse, il subordonne ses conceptions, ses travaux et ses lois.

Anduze, le 10 octobre 1849.

CHAPITRE CINQUIÈME.

—

La pénurie des eaux rend la construction des
réservoirs nécessaire.

1.

L'irrigation est , sans contredit , une des plus importantes opérations de l'agriculture ; par elle , des sables arides sont couverts de riches prairies; des terres infertiles produisent d'abondantes moissons , du chanvre , du lin, des légumes , les productions du prix le plus élevé. De tous les moyens dont la main de l'homme peut disposer, il n'en est point d'aussi fécond en bons résultats , d'aussi puissamment efficace. Un grand nombre de cours d'eau charrient des parties fécondantes qui influent puissamment sur la végétation, comme on le voit par les *marcites* en Lombardie. Avec des arrosements , nous nous approprions des engrais , et nous donnons à notre sol de nouveaux éléments de vie.

Ils diminuent les dommages occasionnés par les gelées blanches du printemps. L'eau de source , par sa température plus élevée , réchauffe le sol, fait qu'il se couvre plus tôt de verdure , et présente des prairies nourrissantes , lorsque dans les terrains non arrosés on n'aperçoit pas encore un brin d'herbe.

En certains lieux, les arrosages forment la base
de la valeur positive de la propriété ; ils en doublent
au moins le prix, et quelquefois ils le décuplent. A
St-Laurent, dans le département du Rhône, M. Taluyers est parvenu à créer, avec un déboursé de vingt
mille francs seulement, une prairie de trente-trois
hectares, dont le produit actuel est de dix mille francs.
Ce terrain ne rapportait que douze cents francs avant
l'opération.

M. Paris, ancien Sous-Préfet de Tarascon, a vu
dans son arrondissement, depuis l'introduction des
arrosages, la fécondité enrichir un immense plateau de
poudingue qui n'était recouvert que d'une légère
couche de terre sans consistance. La bonification fut
telle alors que, tandis que l'hectare de terrain non
arrosé ne se vendait que vingt-cinq francs, celui de
terre arrosable en coûtait cinq cents.

L'utilité, ou, pour mieux dire, la nécessité des
canaux d'irrigation est telle, suivant M. Lacroix, correspondant du Conseil-général d'agriculture à Prades,
que s'ils étaient détruits dans ce canton, les deux tiers
des habitants abandonneraient le pays qui ne pourrait
plus suffire à leur subsistance.

Le Roussillon a très-anciennement connu la pratique
des irrigations ; mais ce ne fut qu'après les guerres
d'Italie, sous François Ier, que les travaux d'arrosage
se multiplièrent dans les provinces méridionales d'a-
bord, puis dans nos pays de montagne. Après une
excursion qu'il a faite en Auvergne, en 1819, M. Ivart
nous a donné une statistique très-instructive des di-

verses irrigations en France ; mais combien, sur ce point, les modernes sont restés loin des anciens !..(1).

Les Français sont aujourd'hui un des peuples les plus arriérés pour les arrosages, et c'est pendant le demi-siècle qui vient de s'écouler qu'ils se sont laissé si malheureusement distancer par l'Allemagne, la Prusse et l'Angleterre. L'Espagne et l'Italie nous ont toujours primés.

Dans son *Voyage en France*, publié en 1792, le célèbre agronome Arthur Young disait :

« En Limousin, chaque pouce de terre dans les montagnes est arrosé autant qu'il est possible, et cela avec une attention qui montre combien les habitants sont frappés de l'importance de cette pratique. L'eau est conduite très-haut sur les collines, et, dans plusieurs cas, j'étais embarrassé de savoir d'où elle était amenée.... »

Partout, pour les bons ou mauvais usages, la tradition joue un rôle plus important qu'on ne le croit, et l'imitation romaine ne se retrouverait-elle pas dans ces arrosages du Limousin persistant jusqu'à nos jours? Je trouve le passage suivant dans une publication récente :

« Nos anciens couvents ont fait des travaux immenses
» en conduites d'eau, surtout dans les pays où ils étaient
» riches. Qu'on visite, dans le département de la Cor-
» rèze, les restes remarquables des ouvrages qui ont été

____

(1) Morin de Sainte-Colombe, *Maison Rustique du XIXe siècle*, tome I, page 237.

» faits en ce genre par le petit et pauvre couvent des
» Augustins d'Aubazine !... Toutefois, en remontant
» trois lieues plus haut, on voit les traces d'une conduite
» d'eau qui fut bien plus considérable que la leur, et qui
» a échappé à Baluze, dans sa description de l'ancienne
» ville de Tintignac; *mais cette construction était l'œu-*
» *vre des Romains* » (1)...

» A Moulins, dit encore Young , un jardinier lan-
guedocien arrose selon la méthode de sa province. Une
roue de Perse élève l'eau d'une source à la hauteur de
douze pieds ; un cheval tourne la machine , qui donne
par heure quatre mille bouteilles d'eau (vingt ou
trente pouces) (2). »

Ce que l'auteur anglais appelle la roue de Perse n'est
autre chose que la *Noria*, venue de l'Orient avec les
Arabes, apportée par eux en Espagne, et adoptée avec
succès par nos provinces méridionales. Mais il va bientôt citer la *roue de Perse* proprement dite , la roue à
godets, mue par un courant d'eau ; celle qu'on appelle
Muse dans nos pays , probablement parce que c'est
encore aux Arabes que la connaissance en est due,
et à partir de l'époque où leur général Musa gou-
vernait la Septimanie , notre Languedoc aujourd'hui.

» Près de Ganges , au rapport d'Young , on a pratiqué une chaussée solide en bois et maçonnerie , traversant une rivière considérable entre deux montagnes

____

(1) *Journal des connaissances usuelles et pratiques* , octobre
1834, p. 168.

(2) *Voyage d'Young*, p. 367.

rocailleuses , afin de forcer l'eau d'entrer dans un beau canal dont la largeur est à peu près de six pieds , la profondeur de cinq et la longueur d'un demi-mille. Il est bâti plutôt que creusé sur le flanc de la montagne , précisément au-dessous de la route et encaissé par un mur comme un bastion.

" C'est vraiment un grand ouvrage , également bien imaginé et bien exécuté : une roue élève une portion du canal *à trente pieds, par sa périphérie* ; un aqueduc , bâti à cette hauteur sur deux rangées d'arches , reçoit l'eau et la conduit sur d'autres arches placées snr le pont qui traverse la rivière , pour arroser les terrains plus élevés , tandis que le canal en conduit la plus grande partie sur les terres situées plus bas. Cette entreprise doit avoir coûté des sommes considérables.

" A quelques milles de Ganges , est une autre irrigation semblable. L'eau est prise d'une rivière par le même procédé , et élevée par une roue d'une hauteur égale. Dans ces montagnes , les efforts pour l'arrosement sont prodigieux ; il n'y a pas un pouce de terrain susceptible d'être arrosé sur lequel l'eau ne soit conduite par le penchant des montagnes , partout où c'est praticable (1) ".

Ce qui avait frappé l'illustre voyageur existe encore à St-Laurent-le-Minier et à Ganges sur des dérivations de la rivière de Vis. La *Muse* de St-Laurent, plus grande encore que celle de Ganges , l'une ayant quarante-trois pieds , et l'autre quarante-deux de dia-

____

(1) Tatham, — *Traité général de l'Irrigation*, p. 36 et 37.

mètre, est plus légère et plus hardie, car les godets ne sont supportés que par un seul anneau de jantes, et c'est à tort qu'Young appelle ces roues à *périphérie creuse*.

La première sert aux usages domestiques à tous les étages du château de St-Laurent et pour le jardin qui appartenaient à la fameuse marquise de Ganges. Quant à la Muse de Ganges proprement dite, elle élève environ douze pouces d'eau destinés à l'usage des habitants de cette petite ville. La roue, en bois de chêne, n'a coûté que quatre mille deux cents francs. Plus en aval, dans la plaine, et sur le même canal adducteur, plusieurs petites Muses élèvent de l'eau pour l'arrosement des prairies.

L'eau fournie à Ganges par sa roue hydraulique a l'inconvénient d'être très-chaude en été, et la quantité en est bien insuffisante pour les besoins de l'industrie et pour l'irrigation du monticule sur lequel la ville est bâtie. Sous la mairie de notre ami, M. Sabatier, un ingénieur des ponts-et-chaussées, M. Castagnol, avait étudié et régulièrement dressé un projet par lequel on devait prendre, au moyen d'un barrage, les eaux de l'Hérault aux environs du château de St-Julien. Un canal d'amenée, taillé dans les flancs de la montagne, devait en conduire un mètre cube par seconde à Ganges, ce qui serait un immense bienfait pour la salubrité publique, pour la belle industrie de la soie, si développée dans cette localité, et pour la fertilisation de terrains improductifs quand ils sont privés d'eau, mais propres à toutes les cultures dès qu'ils peuvent jouir de son heureuse influence.

La partie montagneuse des départements du Gard et de l'Hérault est , sans contredit , la mieux pourvue en eaux vives , en sources , en moyens d'irrigation ; eh bien ! l'eau est si précieuse dans les climats méridionaux , qu'on ne peut se faire une idée des précautions qu'on prend pour la réunir , pour la mettre à profit , même dans les localités les plus favorisées.

Ecoutons le savant patriarche de notre agriculture locale , l'arrière-neveu de cet abbé de Sauvages dont le nom est, à juste titre, resté populaire dans nos cantons.

Suivant M. Dombre-Firmas , — « Les sources sont fort nombreuses dans les montagnes des Cévennes ; chaque hameau, chaque maison isolée a sa fontaine pour l'usage de ses habitants, et nulle part on n'en sent mieux le prix. Arthur Young proposait l'arrosage des montagnes du Languedoc comme modèle à ses compatriotes (1).

» A une lieu d'Alais , une digue traverse le Gardon, elle relève et dirige les eaux dans un canal de trois à quatre mètres de largeur , et d'un à deux de profondeur , sur lequel sont établis trois moulins à blé , deux moulins à huile , des fabriques de soie et autres usines ; le trop plein arrose des prairies qui bordent ce canal jusqu'à la ville.

» Auprès de Ners , on trouve une autre digue et un

(1) *Voyage en France* , de 1789 à 1790 , tom. 1 p. 126. — tom. 11 , chap. 6.

autre canal qui font également marcher plusieurs moulins et arrosent toute la plaine de Boucoiran , (1) etc.

» Quelques personnes établissent des conduites
d'eau pour l'usage de leurs maisons ou jardins ; cela
se rencontre partout , mais il s'agit surtout ici des
moyens d'arrosement spéciaux à la contrée.

» La plus grande simplicité, la plus stricte économie,
voilà ce qui convient aux pauvres Cévennois !...

» Les voyageurs qui traversent les Cévennes dans
les mois les plus chauds de l'année sont bien agréa-
blement surpris de trouver , au milieu des châtai-
gneraies entre des rochers arides , des vallons bien
cultivés, plantés de mûriers , de pommiers, de cerisiers
chargés de fruits ; des jardins remplis de légumes, des
prairies verdoyantes, sur des pentes si inclinées qu'elles
semblent supendues, et de tous côtés des eaux fraî-
ches et limpides qui serpentent partout. C'est précisément ce qui fait le charme de notre pays , plus beau
malheureusement par le contraste qu'il présente avec
les plaines voisines où les sources tarissent , où les
champs sont brûlés par les feux du soleil.

» J'ai dit que, dans les Cévennes , chacun avait de
l'eau dans son voisinage ; sans doute le premier établissement des villages, des maisons de campagne, fut
fait près des fontaines existantes; mais les paysans con-

(1) Une autre prise d'eau pour l'agriculture a été faite récemment sur la rive droite du Gardon , au-dessous du moulin des
Tavernes.

naissent très-bien à des signes physiques s'ils ont des sources dans leurs propriétés.

" Lorsqu'un filet d'eau suinte sur le penchant d'une montagne, sort par les fentes de rocher, s'il peut être amené sur une terre susceptible de culture, on fait un jardin ou un pré, suivant le plus ou moins de distance des habitations.

" Il arrive quelquefois qu'on va chercher l'eau fort loin ; lorsqu'une bonne source jaillit au milieu des rochers, le Cévenol la conduit par de longs détours pour soutenir la pente ; il creuse la terre, casse les roches qui se trouvent sur son passage, et la maintient, s'il le faut, au-dessus du sol, au moyen d'un mur recouvert de tuiles creuses. Pour abréger le chemin ou pour traverser un torrent, on fait quelquefois couler l'eau dans des gouttières taillées dans des troncs d'arbre.

" Olivier de Serres indique la manière de rechercher les fontaines, de faire des tranchées souterraines (1), qui, divergeant dans tous les sens, amènent les eaux, comme les branches au tronc, dans une tranchée principale : — « Comme les racines des arbres » sont escartées dans terre en plusieurs endroits, et de » toutes ensemble s'en forme le tronc, ainsi arrive-t-il » des fontaines, se composant de plusieurs racines ou » veines espacées de terre par-ci par-là (2).

" Les fontaines des Cévennes, voisines des habitations, sont couvertes de treilles, ombragées d'ar-

(1) Appelées *Valats-ratiers* dans le pays.
(2) *Théâtre d'Agriculture*. Liv. vii.

bres, et enfermées dans une maisonnette ou dans une niche, afin que les animaux n'aillent pas y boire ou s'y tremper. L'eau qui en coule est reçue dans une auge, le plus souvent creusée dans un tronc d'arbre, ou dans un réservoir destiné à l'usage des animaux et pour laver le linge ; on la conduit de là partout où elle est nécessaire, par des rigoles creusées dans le sol.

" Les fontaines, plus particulièrement destinées à l'arrosement, coulent dans un réservoir plus ou moins grand, qui, lorsqu'il est plein, verse par des canaux dans des réservoirs inférieurs placés à une certaine distance les uns des autres.

" Ces réservoirs sont ordinairement adossés à la montagne et sont formés alors, d'un côté, par le rocher même d'où sort la source, et, des autres côtés, par des murs en maçonnerie avec ou sans mortier, ou en terre battue.

" Quelquefois, pour éviter les frais d'un mur trop épais, et obtenir cependant une construction qui puisse résister à la poussée de l'eau, on bat de la terre glaize entre deux murailles minces (1).

" Les réservoirs ainsi construits, ceux où la maçonnerie est sans mortier mais recouverte d'une couche de glaize, ceux dont les revêtements sont uniquement en terre, ont besoin de parois d'une grande épaisseur. Ce sont des digues gazonnées, qui s'harmonisent avec un paysage rustique.

" Lorsque la localité permet que le bassin soit en-

____

(1) C'est encore une tradition romaine.

foncé dans la terre au niveau du sol, les murs deviennent inutiles, il ne s'agit plus que de couvrir le fond et les parois de l'excavation d'une forte couche d'argile bien corroyée et bien battue. Un gros arbre couché, percé sur sa longueur, reçoit la bonde et sert de canal d'évacuation. Si le Cévenol n'a pas de tarière pour percer un arbre d'une longueur suffisante, il y supplée en le fendant, en creusant dans les deux moitiés des gouttières qui se correspondent ; il relie le tout avec des cerceaux, et le place dans sa bâtisse ou dans son pisay.

» Quand, par une circonstance quelconque, et surtout faute d'une eau assez abondante, le petit jardin du Cévenol ne peut être arrosé *en raies*, il y creuse, de distance en distance, de petites fosses qu'il fait communiquer par une rigole avec le réservoir principal, et il répand le liquide sur ses plantes altérées, comme une rosée bienfaisante, à l'aide de l'écope, cuillère de bois à long manche, dont un vieux sabot ou la moitié d'une gourde remplissent souvent l'emploi.

» Pour arroser ses prés, le Cévenol fait sa tranchée principale dans la partie du sol la plus élevée. Il ne lui donne que la pente convenable à la vitesse que doit avoir l'eau que, sans théorie savante, sans instrument de nivellement, il conduit dans tous les points et fait serpenter de cent manières dans des rigoles toujours pleines, sans que le fluide s'accumule outre mesure et coule trop rapidement.

» Ceux qui n'ont pas des sources détournent une

portion d'un ruisseau par un barrage ; ils amènent et distribuent l'eau sur leurs terres au moyen de rigoles et de canaux fermés de vannes. Mais, pour cela, il faut quelquefois le consentement des voisins. On leur paie le passage ou bien on leur accorde une portion de l'eau détournée. Ceux qui sont au-dessous, et qui en profitent à leur tour, concourent au travail ou indemnisent celui qui le fait.

« Plusieurs habitants du même hameau s'associent pour l'entretien des prises de dérivation. Dans quelques communes il y a des règlements entre les propriétaires de divers quartiers, qui fixent les jours où chacun d'eux jouira des eaux pour arroser ses propriétés (1). »

II.

Ce tableau véridique et fait en présence de la nature, des ressources de nos montagnes des Cévennes, *pour l'irrigation*, indique, sans doute, un pays frais, un pays où les sources sont nombreuses.

Comparée à la partie basse du département, tous les ans dévorée par l'ardeur du soleil, la partie montagneuse est assurément bien favorisée sous le rapport de la fraîcheur et de l'humidité. Toutefois, ce serait une erreur de croire que nos montagnes aient de l'eau en abondance et suivant les désirs des habitants, qu'on y en trouve pour tous les besoins : quelques simples

(1) Dombre-Firmas. — *Mémoires d'Agriculture et d'Histoire naturelle*, p. 209 à 219.

observations suffiront pour prouver bien clairement le contraire.

Nos étés méridionaux sont si brûlants et si longs que le soleil et l'évaporation finissent par dessécher la terre même des montagnes qui réclame plus tard, mais enfin comme ailleurs, les bienfaits de l'arrosage. Quand il se passe trois mois et même plus sans qu'il tombe une goutte de pluie, toutes les sources diminuent, un grand nombre tarissent et les cours d'eau sont amoindris d'une manière très-préjudiciable.

Pour qu'il en soit autrement, il faut que le pays soit couverts de forêts, ou que les cours d'eau soient alimentés par des élévations de premier ordre, par celles dont les sommets sont revêtus de glaciers ou de neiges perpétuelles, parce qu'alors les chaleurs de l'été fondant successivement les couches superficielles de la neige ou de la glace, les ruisseaux et les torrents qui s'échappent de ces montagnes conservent, dans les saisons d'ailleurs les plus arides, le volume bienfaisant de leurs eaux.

C'est là ce qui fait, au point de vue de l'irrigation, la richesse du Dauphiné, de la Provence, dont les cours d'eau dérivent en général des cimes neigeuses des Alpes, avec une grande pente et un volume considérable ;

C'est là aussi ce qui constitue un privilége pour certaines parties de la Navarre, du Béarn, de la haute-Gascogne, du comté de Foix, du Roussillon, fertilisés par les rivières et les cours d'eau inépuisables qui s'échappent d'entre les pics élevés des Pyrénées.

Mais, en dehors de cette chaîne et de celle des Alpes, il n'est point, en France, de montagnes qui conservent la neige pendant l'été ; et, comme elles furent toutes dénudées par des déboisements sauvages, par des défrichements intempestifs, l'eau de la pluie glisse trop vite sur la roche dure où d'ailleurs l'évaporation est trop rapide, quand le soleil l'échauffe ; de sorte qu'il en résulte l'aridité de ces contrées et l'appauvrissement des cours d'eau.

Les vallons étroits des Cévennes sont, sans doute, frais et riants : une source, un petit jardin, un lambeau de prairie se trouvent à côté de chaque habitation... Mais, de prime abord, le soin extrême qu'on prend pour la recherche, l'aménagement, la conservation des eaux ne prouve-t-il pas leur peu d'abondance ?

Si, pendant la canicule, l'habitant accablé de la plaine, noirci, brûlé par le soleil, regarde comme un Eden la fraîcheur des montagnes, il n'en est pas moins vrai que, dans le midi de la France, l'eau ne s'y trouve pas en abondance suffisante.

Lorsqu'aux environs de Lyon la pluie ou la bruine manque pendant quelques jours d'été, la végétation souffre sur le Mont-d'Or, sur le Mont-Pilat, sur les élévations du Forez et de l'Auvergne. Il en est de même sur le Cantal, dans le Limousin, sur la Montagne-Noire, le Larzac, la Lozère, sur les croupes de l'Ardèche, partout où la terre n'est pas grasse et profonde.

Ces montagnes produisent-elles assez de bois, de fourrages, de bestiaux, même pour les besoins de la France méridionale; la plus grande partie de leur surface n'est-elle pas aujourd'hui dénudée, déchirée, improductive, aride ?

Les eaux qui s'écoulent des terrains supérieurs, en été, peuvent-elles suffire aux besoins de l'agriculture et de l'industrie? Evidemment non. Si le prix vénal d'un cours ou d'une chute d'eau est excessif dans la plaine, il est encore fort élevé dans nos montagnes. Partout, durant les chaleurs, les courants faiblissent outre mesure, les prés se dessèchent, les moulins chôment, les usines industrielles s'arrêtent, et le pain devient plus cher au moment où l'industrie en suspens ne donne plus de salaire à l'ouvrier.

Pour remédier à de pareils malheurs, que fera-t-on, que proposera-t-on en faveur de l'agriculture et de l'industrie? La servitude d'appui pour les barrages sur les fonds du riverain opposé, la servitude de passage pour certaines eaux d'irrigation, la constitution de quelques syndicats d'endiguement : sont-ce là des moyens assez puissants, assez larges? Les lois récentes seront quelquefois utiles, mais elles auront trop souvent des effets nuisibles; elles n'ont pas été conçues dans un esprit assez élevé, assez libéral. Mais, quand on les supposerait excellentes, qu'importe le droit de barrage sur l'emplacement de cours d'eau desséchés ; que produira le droit de passage, lorsque, pendant la saison d'été, les eaux dont on a la propriété feront défaut ?

Le mal du pays n'est point où on l'a vu, et c'est bien autrement qu'il faut en chercher le remède.

La France est pourvue de grands et de petits cours d'eau en grand nombre, mais pour que le pays en retire les avantages qu'il est en droit d'en attendre, qu'il a même un besoin impérieux d'en retirer, il n'est que deux moyens de succès et de salut :

Système national d'endiguement et de grandes dérivations, appliqué à tous les cours d'eau considérables, à ceux qui ne fléchissent pas pendant la sécheresse ;

Système coordonné d'endiguement et de bassins de retenue ; de réservoirs d'alimentation estivale pour les cours d'eau de moindre importance.

Nous l'avons déjà dit : — sur les voies fluviales, flottables et navigables, on ne peut, sans endiguement préalable, concilier les intérêts du commerce avec ceux de l'agriculture. Le Gouvernement peut et doit seul, dans l'intérêt public, déterminer, ordonner, les grands travaux d'endiguement et de canalisation agricole. Seul, il doit en amener l'exécution par des sacrifices pécuniaires en rapport avec l'importance des entreprises ; et la législation doit lui fournir des moyens prompts pour surmonter tous les obstacles.

Quant aux petits cours d'eau eux-mêmes, si des vues d'ensemble, si des efforts coordonnés au point de vue de l'intérêt public, ne viennent pas en aide à l'agriculture sous la surveillance et la tutelle de l'administration, en changeant l'état actuel des choses, on ne remplacera l'inertie que par l'injustice et le chaos.

L'endiguement protége les propriétés riveraines en mettant un obstacle aux divagations des courants ; mais si, en même temps qu'on les encaisse avec des digues, on relevait leur fond par des barrages que chacun pourrait établir à volonté, l'une de ces entreprises ne détruirait-elle pas l'effet bienfaisant de l'autre ; ne ferait-on pas ainsi deux dépenses dont l'une, au point de vue de l'intérêt public, n'aurait que trop souvent des effets perturbateurs de ceux de l'autre ?

Il en serait de même pour les usines. Celle qui se crée au moyen d'un barrage nouveau ruine souvent celle qui existe, sans pouvoir prospérer elle-même par suite de la concurrence. — Forces et capitaux perdus des deux côtés.

Il est plus essentiel encore d'éviter les mêmes fautes pour l'irrigation. Dans l'état actuel de nos lois, si chaque riverain établissait un barrage pour arroser son fonds, les rivières seraient à sec, en été, sur la plus grande portion de leur cours, et les pays inférieurs, plus tourmentés que jamais par la sécheresse, seraient exposés, par ce nouvel état, à des causes désastreuses d'insalubrité.

Il n'existe guère dans le Gard que quatre cours d'eau perennes : la Cèze, les deux Gardons et le Vidourle. Chacun, à l'étiage, ne roule pas un mètre cube d'eau ; et, quand nous accorderions en tout seize mille pouces, ce n'est que ce qu'il faut à l'arrosement de quatre mille hectares.

Or, que les riverains supérieurs s'entendent pour créer des barrages à leur profit : — un à St-Ambroix, un à Alais, un à Anduze, un à Quissac, par exemple, — les environs de ces quatre villes seront assurément très-heureusement fertilisés ; mais les communes inférieures tomberont dans la détresse, et leurs populations seront décimées par la fièvre alors que, dans le lit de ces rivières, les flaques d'eau des endroits creux cesseront d'être alimentées par des eaux vives.

En bonne police sanitaire, en bonne justice distributive, trois part du fluide devraient être, en général, faites à l'étiage sur la plupart des cours d'eau :

Une à l'usage des propriétaires de la rive droite ;

Une à l'usage de ceux de la rive opposée, *sur toute leur longueur* ;

Et la troisième, qui devrait rester intacte et pour ainsi dire sacrée dans le lit du torrent.

Mais il en est de l'eau comme du sol : le morcellement devient une absurdité et un grand mal quand les portions sont trop minimes.

D'où la nécessité des concessions privilégiées ;

Ou de la vente de la seule portion des eaux qu'on peut détourner de leur lit sans inconvénient ;

Ou, mieux encore, *la nécessité d'augmenter les eaux elles-mêmes au moyen de réservoirs.*

C'est au législateur à réfléchir sur les deux premiers moyens et à établir des lois en rapport avec la nature des choses ;

Quant à nous, c'est du troisième moyen seul que nous voulons nous occuper en ce moment.

Si nous prenions pour exemple les cours d'eau de notre département, nous dirions qu'à notre avis, — *dans leur état actuel, et le Rhône excepté*, il n'est pas convenable, *dans l'intérêt public*, de prendre dans chacun d'eux plus d'eau qu'on n'en détourne. *Du premier juillet jusqu'au premier octobre, tout ce qu'on laisse aujourd'hui dans le lit de nos rivières et de nos ruisseaux devrait*, AU MOINS, *y rester, dans l'intérêt général des riverains et de la contrée.*

Je sais bien que quelques arrosements au printemps, et quelques arrosements en automne, semblables à des pluies long-temps désirées, pourraient être très-utiles aux propriétés voisines des cours d'eau, alors que ceux-ci fournissent encore en quantité suffisante. Jusqu'au premier juillet, et à partir de la fin de septembre, au lieu de débiter ensemble trois ou quatre mètres cubes, la Cèze, les deux Gardons et le Vidourle en donnent de vingt à quarante suivant les années, c'est-à-dire ce qu'il faut, trois mois exceptés, pour suffire aux besoins départementaux, pour arroser en moyenne trente mille hectares de terrain.

Un champ qui aura été largement irrigué jusqu'aux premiers jours de juillet, et sur lequel l'eau reparaîtra vers la fin de septembre n'aura pas à souffrir de la sécheresse pour peu que le ciel lui vienne en aide dans l'intervalle.

Mais je crains bien que de long-temps les propriétaires ne soient pas assez éclairés pour entreprendre de grands travaux qui ne leur amèneraient point d'eau pendant le temps où elle est le plus désirée;

Je crains bien que de long-temps le service hydraulique ne soit pas placé assez haut, — qu'il n'ait pas assez d'influence sur l'administration, et que celle-ci n'ait pas la main assez ferme pour faire ouvrir et clore en temps opportun tous les canaux d'irrigation, s'il s'en créait un grand nombre.

Je désire vivement une bonne organisation légale des cours d'eau, mais, en attendant qu'on s'en occupe, je quitte le terrain législatif pour ne traiter que des constructions à faire, aussi indispensables pour le but à atteindre que de nouvelles lois, et j'en reviens immédiatement aux réservoirs qu'il faudrait construire dans l'intérêt de l'industrie, de l'agriculture en général, mais, plus spécialement, de tous les riverains de nos cours d'eau.

III.

Sur la foi de quelques écrivains, j'avais cité le livre de Carena, relatif aux bassins de retenue ; j'ai cherché à me le procurer. C'est un opuscule fort rare que j'ai enfin rencontré à Turin. Comme il est très-court, je puis ici, par une analyse fidèle et presque une copie, en donner une connaissance suffisante à mes lecteurs (1).

(1) *Réservoirs artificiels, ou manière de retenir l'eau de pluie et de s'en servir pour l'arrosement des terrains qui manquent d'eaux courantes*, par Hyacinthe Carena. — Turin, 1811, imprimerie de l'Académie impériale, in-8° de 60 pages, avec deux planches.

« Depuis assez long-temps, la méthode d'arroser les terrains avec des réservoirs artificiels a été introduite par M. de la Turbie dans ses terres de Ternavasio, du département du Pô. Quelques propriétaires d'un département voisin (de la Sture) n'ont pas tardé à suivre cet exemple ; enfin, la société d'Agriculture de Turin a fait plusieurs fois mention de ce procédé *dans ses Actes*, afin d'en encourager l'introduction partout où le sol en serait susceptible.

» Cependant, cette excellente méthode n'est adoptée encore que dans une étendue de pays très-bornée ; hors de là même, elle n'est presque pas connue ; tant il est vrai, qu'en agriculture surtout, les procédés utiles ne se propagent qu'avec une extrême lenteur.

» Ces considérations m'engagent à publier la description de tout ce qui concerne ces constructions rurales, afin de mettre les propriétaires des terrains arides et à demi-incultes, en état de construire eux-mêmes des réservoirs artificiels dont ils ne tarderont pas à retirer les plus grands avantages.

» Au reste, *qu'on n'assimile pas nos réservoirs à ces étangs malsains qu'on trouve en France, dans la Bresse et ailleurs*. Ceux-ci ont presque toujours une grande étendue et les eaux y séjournent sans interruption pendant plusieurs années ; — les dimensions de nos réservoirs sont moindres, en général, et il n'est ni possible, ni utile d'en construire un nombre assez grand pour porter atteinte à la salubrité publique.

» L'eau n'y séjourne pas constamment ; car, à peine l'a-t-on ramassée au printemps, qu'on la répand en été sur une grande étendue de terrain ; elle est donc perpétuellement renouvelée et non croupissante ; aussi sa surface n'est-elle jamais souillée de cette masse verdâtre qu'on voit sur les eaux dormantes. Les étangs peuvent donc très-bien mériter d'être proscrits, tandis que les réservoirs artificiels réclament l'attention des propriétaires et les éloges des écrivains.

» Il importe de faire connaître un moyen de créer, d'entretenir des prairies fertiles, même dans les endroits où l'on n'a d'autre eau que celle qui vient du ciel. Ayant séjourné dans les lieux où l'on a construit des réservoirs artificiels , en ayant vu faire sous mes yeux , y ayant même coopéré , je puis en parler avec connaissance de cause.

» On le sait , trop souvent une sécheresse prolongée désole des campagnes qui , quelques mois auparavant, étaient imbibées ou recouvertes d'une eau surabondante et nuisible. Dès long-temps , l'industrie humaine a su emprunter des torrents et des rivières l'eau que le ciel refusait, et des canaux mille fois ramifiés peuvent féconder les campagnes arides.

» Cependant, cette méthode d'arrosement , si facile et si naturelle dans les terrains traversés par des eaux courantes , n'est-elle pas trop dispendieuse pour ceux qui en sont éloignés , et, même, absolument impraticable dans les terrains élevés où ne se trouvent ni canal, ni rivière, alors que cependant le besoin de l'eau s'y fait plus vivement sentir. De là vient que , dans de pareilles localités , la plupart des agriculteurs renoncent à tout projet d'arrosement , ou bien se bornent à profiter des eaux pluviales pendant leur écoulement passager, en les dirigeant sur quelques lambeaux de prés établis dans les endroits les plus bas.

» Mais, quand il pleut, les prés suffisamment arrosés n'ont que rarement besoin de l'être davantage, tandis qu'ils manquent absolument d'eau pendant les longues sécheresses ; on ne fauche donc ceux-ci qu'une fois, au lieu que les prés régulièrement abreuvés fournissent trois coupes abondantes.

» Cependant l'eau qui tombe du ciel pendant l'année suffirait aux besoins de la végétation, et la sécheresse n'existerait pas si les pluies venaient régulièrement, c'est-à-dire à des époques convenablement espacées.

Un grand problème d'agriculture pratique est donc celui-ci : — *Mettre l'eau de pluie en réserve quand elle surabonde, afin de la distribuer dans les temps de sécheresse.* Quelque naturelle que soit cette idée, quelque facile qu'en puisse être la solution, l'exécution n'en est point répandue autant qu'elle devrait l'être pour le bien public et privé. *Des provinces entières de France et d'Italie paraissent l'ignorer entièrement, quand elles en auraient le plus grand besoin, faute d'eaux courantes.*

» En Piémont, ce n'est que sur un espace de quelques lieues carrées qu'on trouve le problème complètement résolu au moyen de réservoirs plus ou moins grands, où l'on rassemble les eaux pluviales d'automne et du printemps pour les diriger en été sur les prairies. Les étrangers qui les visitent éprouvent une agréable surprise. De pareilles constructions ne se retrouvent que dans quelques provinces d'Espagne ; mais elles y sont sur une assez grande échelle pour que chacune d'elles fournisse à la consommation de plusieurs paroisses.

» Les réservoirs piémontais sont situés à environ six lieues au sud de Turin. Le plus grand, le plus ancien est celui de M. de la Turbie. Sa surface est d'environ vingt-trois hectares. L'eau s'y amasse ordinairement à la hauteur de cinq mètres ; avec elle on arrose cinquante-sept hectares de prés, et il en reste assez pour entretenir des poissons.

» Une digue immense en maçonnerie, placée à l'embouchure de plusieurs petites vallées d'une pente très-douce arrête les eaux pluviales qui tombent en amont sur une grande étendue de terrain boisé. Il en résulte une pièce d'eau imposante dans un site très-pittoresque. Pendant les jours de fête, sept à huit barques promènent les habitants des villes voisines attirés par la renommée de ce petit lac artificiel.

» Les résultats heureux obtenus par M. de la Turbie ne pouvaient manquer d'exciter l'émulation de ses voisins. Les imitations qui méritent le mieux d'être citées sont les suivantes :

» *Le réservoir du Colombier*, propriétaire M. Villa. — Sa surface est de quatre hectares, et l'eau qui s'y ramasse chaque année, élevée ordinairement de deux mètres et demi sur le fond, arrose dix à onze hectares de pré. Ce réservoir est remarquable par ses longues chaussées droites et bien boisées, et par une petite île au milieu, garnie d'une maisonnette.

» *Le réservoir de Palerme*, propriétaire M. Lionne. — La surface peut être évaluée à cinq hectares et demi ; l'eau s'y élève chaque année à la hauteur de trois mètres, et on arrose avec elle huit hectares de prés.

» *Le réservoir de Gallina*, propriétaire M. Rignon. — Construit en 1810, en forme de parallélogramme, il a environ quatre hectares de surface et peut contenir un mètre et demi d'eau, avec laquelle on arrose huit hectares de prés.

» *Le réservoir dit de l'Olivier*, du nom du propriétaire. — Ce réservoir a environ six hectares de surface, et peut arroser sept hectares de prés.

» *Le réservoir de Praloté*, établi sur quatre hectares de mauvais terrain ; les eaux élevées de plus de deux mètres arrosent huit hectares de prés.

» *En Piémont, quand la location des immeubles est un peu longue, les fermiers eux-mêmes trouvent qu'il est de leur intérêt de construire, même en petit, de ces sortes de réservoirs, ce qui prouve que leur avantage n'est ni lent, ni douteux.*

» Dans tous les lieux où on les établit le sol n'est rien moins que fertile : c'est partout une argile ocreuse, jaunâtre ou rougeâtre, quelquefois brune, toujours maigre et stérile. Là les champs produisaient très-peu, faute d'engrais, et ceux-ci manquaient, faute de fourrage. *Mais aussitôt qu'on eut appris à conserver l'eau de pluie pour la distribuer régulièrement aux terrains pendant l'été, les campagnes ont pris un aspect plus riant ; les prés se sont*

considérablement multipliés et l'herbe y vient très-
bonne et en abondance , les propriétaires peuvent tri-
pler le bétail, et l'augmentation correspondante des
engrais porte la fertilité dans les champs.

„ Tel est l'heureux changement qu'a produit , dans des campagnes sèches et stériles, l'établissement des réservoirs, changement que beaucoup d'étrangers ont admiré , et qui a été annoncé au public par le professeur Vassali-Eandi , dans son *Saggio sulle peschiere* (1). et par M. Giulio, préfet de la Sesia, dans le *Calendario Georgico* de 1797.

„ Ces réservoirs n'existent malheureusement que dans un petit coin du Piémont ; mais, pour réveiller efficacement l'attention des propriétaires sur un objet de cette importance, il fallait montrer que ce qu'on recommandait avait été réellement mis en pratique et que l'utilité en était démontrée par une véritable expérience... „

Ici M. Carena entre dans les détails techniques nécessaires à l'établissement des réservoirs; nous les renvoyons au chapitre suivant où nous grouperons tous les renseignements de ce genre.

IV.

Suivant M. Puvis (2), il est des lieux où les étangs et les réservoirs artificiels sont employés au flottage

(1) Volume 7e des *Actes de la Société d'Agriculture de Turin.*
(2) *Manuel du propriétaire d'étangs*, vol. in-8° 1844. Voyez aussi la *Nouvelle Maison rustique*, t. iv p. 181.

des bois pour l'approvisionnement de Paris. Dans l'Yonne, par exemple, leur nombre a considérablement augmenté dans trente années, et surtout depuis qu'on a imaginé de faire verser leurs eaux dans de petites rivières qui, devenant ainsi flottables, portent jusqu'à des rivières plus fortes des bois auparavant sans débouché. Le plateau qui sépare l'Yonne de l'Allier a quadruplé par ce moyen le produit de ses bois. Il en est presque ainsi dans le département de la Marne, et cet accroissement de valeur des forêts, en augmentant la richesse du pays, a réagi sur le reste du sol, sur sa culture, et le prix des terres s'est accru dans une proportion presque égale.

» Les étangs servent aussi, dans quelques pays, à l'irrigation des prairies ; par leur moyen on recueille les eaux de pluie et de sources, et lorsqu'elles sont accumulées, on les répand sur le sol inférieur qui, sans elles, n'offrirait le plus souvent que des terres d'une qualité médiocre. C'est dans les pays montagneux, et surtout dans les pays granitiques, que se trouvent le plus souvent les réservoirs destinés à l'irrigation. Les sources y sont nombreuses et souvent très-fécondantes par la grande quantité de potasse qu'elles charrient.

» Dans les parties accidentées du Forez et en Suisse, ces étangs sont des réservoirs qu'on vide en entier pour l'irrigation des prés. Dans les montagnes du Charollais, ce sont de véritables étangs qu'on empoissonne et qu'on ne vide entièrement que pour la pêche. Dans la propriété de Rambuteau, des prés très-étendus sont arrosés au moyen de dix-huit étangs qui se remplissent par des sources nombreuses , plus encore que par l'eau de pluie.

» Dans les sols calcaires on emploie plus rarement ce moyen pour l'amélioration des prairies ; cependant, la société d'agriculture de l'Ain a décerné , en 1834, à M. d'Angeville , député de ce département , une médaille pour l'établissement, dans un pays montueux et de formation calcaire, d'étangs qui recueillent les eaux de pluie. Il a établi et il a fécondé avec les eaux de ces étangs une prairie de quarante hectares ; le sol arrosé produit maintenant un revenu quadruple de ce qu'il donnait avant, quoique la quantité d'eau employée en irrigation équivaille à peine à celle de la pluie annuelle (1). Ces étangs , placés dans des gorges étroites, ont des bords abruptes très-pentueux , *sur lesquels il ne se forme pas de marais, et, par conséquent, ils ne causent point d'insalubrité.* Il n'en serait pas de même de ceux à bords plats où s'établissent des marais permanents avec tous leurs inconvénients. »,

D'après le chevalier Bossi , il y a , dans plusieurs quartiers montagneux de la Hongrie , des réservoirs faits de mains d'homme où l'on réunit l'eau pour les usines , les forges, les bocards.

Suivant Tatham (2), dans le comté de Cheschire ,

---

(1) Ces étangs contiennent un volume d'eau capable d'en fournir quatre-vingts centimètres d'eau sur la surface de la prairie, ou de quoi suffire à huit arrosements, chacun d'un décimètre de hauteur.

(2) Tatham, *Traité général de l'irrigation* , p. 31–39–49. 55.

en Angleterre, des propriétaires ont soin de recueillir l'eau de pluie de tous les terrains dont le niveau est au-dessus de ceux qu'ils ont l'intention d'arroser, *et cette méthode, ajoute-t-il, devrait être suivie dans tous les cas*; car, à l'aide de fossés propres à recevoir les eaux, pratiqués le long des terrains plus élevés et aboutissant à des réservoirs creusés dans des endroits convenables, il est très-possible d'arroser les terres avec un liquide, soit simple, soit composé, quoiqu'il n'y ait pas d'autre eau que celle qui tombe du ciel. On a essayé du même moyen dans.le comté de Lancastre, en délayant dans l'eau des réservoirs du fumier ou de la marne. En Pensylvanie, on regarde comme de beaucoup préférable à toutes les autres, l'eau qu'on retire échauffée, à demi-putride, des réservoirs nombreux construits à cet effet; elle y devient douce, limoneuse, bourbeuse, en un mot excellente pour la végétation. Ces eaux grasses communiquent au sol une fertilité permanente qui ne peut jamais être perdue dans la suite que par le défaut de soin. — « Sous » ce point de vue, il est évident que laisser couler » une goutte d'eau à la mer sans l'avoir auparavant » répandue sur le sol pour le fertiliser, c'est *gaspiller* » un aussi précieux engrais : et ceux qui le souffrent » sont aussi coupables que ceux qui jettent leur fu- » mier. »

En Espagne, on donne le nom de *Pantanos* à ces réservoirs ou grands bassins qu'on forme dans les vallées pour conserver les eaux pluviales et les faire servir aux irrigations des champs. Il en est un remarquable, qui sert aux irrigations de la *Huerta* d'Alicante et qui a été construit sous le règne de Philippe II. On a profité de deux collines rocheuses, situées au débouché d'une vallée profonde, sinueuse, qui retient les eaux sur une longueur d'une lieue et demie. Le point de séparation, où se trouve la digue, n'est que de six mètres à la base, mais va s'écartant jusqu'à la partie supérieure de cette construction où sa longueur est de soixante-et-dix-huit mètres. Cette digue est construite en arc de cercle, le bombement du côté d'amont, afin de présenter une plus grande résistance à la pression des eaux. A côté de l'ouverture destinée à l'écoulement de celles qui servent à l'irrigation, il en est une plus grande pour vider le Pantano et le nettoyer de la vase qui s'y accumule, ce qui a lieu environ tous les quinze ans. M. de Lasteyrie, qui a donné le dessin et la description de ce bel ouvrage, dit que les Espagnols sont redevables de ce genre de construction aux Arabes qui l'avaient trouvé établi de toute antiquité en Asie.

En France, au moyen d'un réservoir de cent quatre ares de supercifie seulement, et de six mètres de profondenr, M. Taluyers a réuni les eaux pluviales et celles de plusieurs petites sources qui se perdaient auparavant sans utilité ; nous en avons déjà fait mention.

« Combien de vallons, s'écrie M. de Gasparin,
» subordonnés à une vaste surface de revers, où
» l'eau s'écoule en torrents après les pluies, sans
» fruit pour la culture et quelquefois à son grand

» dommage , qui , s'ils étaient barrés, se changeraient
» en réservoirs précieux !... (1)

A Manchester , les eaux de la rivière de Meldoc , élevées par des machines à vapeur , servaient aux besoins de la ville ; mais on s'est dégoûté de ce moyen et l'on y a substitué des eaux d'une autre nature. A cet effet, on a construit , à une lieue et demie de la ville , un vaste réservoir de vingt-quatre hectares qui recueille toutes les eaux environnantes , soit celle des sources , soit celles qui proviennent de l'égouttement des terres. La quantité qu'on en tire journellement est d'environ deux cent trente pouces , ce qui fournirait à l'arrosage de près de deux cent hectares de terrains , parce que les eaux d'hiver sont alors gardées pour l'époque des sécheresses.

A Greenock, les eaux provenant du groupe de collines au pied desquelles la ville est située , se réunissaient dans une vallée et se jetaient à la mer. L'ingénieur Thom a eu l'idée de les barrer sur leur chemin et de les employer à remplir huit réservoirs pouvant contenir ensemble trois cent dix millions de pieds cubes. Mais l'expérience de deux années a appris à M. Thom que la quantité d'eau totale qu'il pouvait réunir était de plus de sept cent millions de pieds cubes , et comme les réservoirs sont suffisants pour contenir l'approvisionnement complet de plus de six mois, *non-seulement il est possible de mettre en réserve, dans une saison pluvieuse, les quantités né-*

(1) De Sainte-Colombe , — *Nouvelle Maison rustique* , tom. i, p. 249.

*cessaires pour les moments de sécheresse de l'année,
mais aussi le surplus de plusieurs années pluvieuses
pour une suite d'années de sécheresse ;* car pour l'u-
sage domestique des habitants de Greenock, et pour
les entreprises industrielles auxquels son eau est destinée, M. Thom n'a besoin que de six cent millions
de pieds cubes ; il en a donc cent millions de pieds
cubes de reste dans les années moyennes.

Si l'on débitait pendant toute l'année, par un flux
égal et continu les sept cent millions de ¡pieds cubes
d'eau mis en réserve à Greenock, on obtiendrait un
courant de quatre mille pouces ; on en aurait seize
mille, si l'on débitait toute la réserve en trois mois,
et douze mille si la sécheresse durait exceptionnellement quatre mois de l'année. On pourrait ainsi largement arroser sous le climat de la France, dans un
cas trois mille et dans l'autre quatre mille hectares
de terrain, et beaucoup plus sous le climat de l'E-
cosse (1).

(1) Voy. Mallet , — *Distribution générale d'eau dans Paris,
à domicile :* in-4°, p. 59— 41 — 65.

Voy. aussi mon ouvrage *sur les moyens d'approvisionner d'eau
la ville de Nimes.* 5ᵉ partie in-8° 1844 p. 448 à 450.

Un simple expert-géomètre du Gard avait aussi indiqué de
bonne heure tout le parti qu'on pouvait tirer des eaux pluviales.
(*Lettre à un académicien sur les canaux navigables et particulièrement sur celui qui est projeté pour la ville de Nimes* — par
M. Fontanier, avocat féodiste.— Nimes, Castor Belle, 177, brochure in-8° de 55 pages.

J'ai donné l'analyse de cet opuscule dans l'ouvrage que je viens

D'après les faits que nous venons de citer , les Anglais semblent avoir usé sur une grande échelle du système de mettre en réserve l'excédant des eaux des saisons pluvieuses pour les époques de sécheresse. Si l'on excepte les réservoirs pour les canaux de navigation à point de partage, la France ne peut rien offrir de pareil, au point de vue de l'approvisionnement des villes , pour l'industrie ou pour l'irrigation.

Cependant ces bassins d'Angleterre et d'Ecosse , qui nous paraissent si grands , que sont-ils auprès de ceux de l'Egypte ou de l'Asie antiques, auprès de ceux que l'on trouve encore dans presque toutes les provinces de l'Inde , et , comme les Anglais règnent sans rivaux sur ces vastes et riches contrées , ils ont pu , sans de grands efforts de génie, importer chez eux ce qu'ils voyaient de tous côtés chez leurs malheureux tributaires , surtout lorsqu'ils n'ont construit que des pygmées pour imiter des géants.

V.

Le grand réservoir de Méroë en Nubie est le plus ancien que l'on connaisse au monde.

En Egypte, le premier roi, Ménès, avait creusé plusieurs bassins remarquables, long-temps avant l'établissement du lac Mœris , et , même à côté de cette œuvre colossale , l'antiquité citait avec éloges les ré-

de citer (*De Nimes et de ses Eaux*, 1844, 3ᵉ partie, p. 431 à446.) Les idées de notre compatriote , applicables dans certaines limites, ne manquent pas d'originalité.

servoirs d'Hermontis, de Cophtos, de Tanis, ceux de Memphis, ceux du mont Akhal près de Suez, ceux qui avoisinaient les temples.

A Hermontis, aujourd'hui Erment, sur la rive gauche du Nil, les terres rapprochées du fleuve s'arrosent encore ; mais le grand réservoir que les Pharaons avaient fait creuser au pied de la chaîne libyque est comblé depuis long-temps.

On attribuait aux dieux l'origine de la monarchie égyptienne ; le règne des hommes ne commença qu'avec Mènes. Ce premier roi fit élever des digues et creuser des canaux ; il rectifia le cours du Nil et créa des lacs artificiels pour multiplier les ateliers de travail, pour fertiliser de nouveaux terroirs. Ces digues, ces réservoirs, semblables à des mers, sur lesquelles on naviguait à pleines voiles, les Perses les réparaient encore plus de quarante siècles après Mènes. Les rois les plus illustres sont ceux qui firent exécuter les plus grands travaux hydrauliques : sur les ruines de Memphis, on retrouve les anciens lacs, les chaussées, les canaux qui fertilisèrent autrefois cette capitale.

En 1844, Soliman-Pacha, visitant le district de Suez, accompagné d'un colonel du Génie français, attaché au service du vice-roi, trouva, dans les montagnes voisines, des murailles en briques crues ensevelies en partie sous les sables, *et qui barraient autrefois onze lieues de pays montagneux* situé au pied du mont Akhal. Dans toute cette région, il n'y a qu'une issue vers Suez, et c'est celle-là qu'on avait barrée. Soliman, appréciant les avantages de cette découverte pour une ville privée d'eau pendant neuf mois de l'année, fit déblayer les sables amoncelés contre la muraille, ouvrir les rigoles, et puis on attendit la pluie. En 1845, les eaux recueillies dans le réservoir formé par le barrage suffirent aux habitants pendant les neuf mois de disette. En outre, les caravanes vinrent y faire leur provision d'eau avant de se mettre en marche ; et, avec l'excédant, les habitants de la campagne rétablirent de belles cultures dans le voisinage du réservoir.

De nouveaux travaux, entrepris en 1846, ont pour but de rétablir le barrage de Suez dans son état primitif.

Les réservoirs, comme moyen de garantir la permanence de l'eau consacrée à l'irrigation, ont été pratiqués en grand et avec succès par tous les peuples agricoles de l'Orient.

Plusieurs, en Babylonie, approchèrent en étendue du fameux réservoir de Nitocris. Celui de Cachan, en Perse ; celui de Balk, en Bactriane, ont encore une réputation méritée, ainsi que ceux de l'Acès, en Sogdiane ; d'Amretsir, de Mogges-Nat, dans le royaume de Lahore ; ceux de l'Arie et ceux du Panjab, partie méridionale de l'Ariane.

Il y en avait partout dans l'Orient, et plusieurs existent encore, fonctionnant depuis plusieurs milliers d'années pour l'irrigation publique et privée, pour l'alimentation des villes, pour l'usage des temples. Les uns étaient creusés dans la terre, d'autres construits en maçonnerie, d'autres enfin taillés dans le rocher.

Dans le Mysore , l'industrie des Indiens a disputé avec succès le pays au désert ; *elle a suppléé aux rivières et aux cours d'eau naturels par de nombreux réservoirs où viennent s'amasser en hiver les eaux pluviales.* Ces réservoirs ont depuis quelques mètres carrés seulement jusqu'à plusieurs milles carrés de surface (1). Celui d'Orcotsah , près de Narsipour , est d'une excessive étendue. Les réservoirs artificiels sont très-répandus dans le pays de Kobetta.

Si, dans le pays de Kourg , des coteaux couverts d'une riche végétation, des ravines franchies par des ponts-aqueducs , des cascades uniquement alimentées par des canaux , contrastent fréquemment avec des surfaces incultes , c'est que ; dans les lieux abandonnés , la guerre a ruiné les populations et détruit les barrages.

Pondichéry, situé sur une plage sabloneuse et stérile , sans port et sans territoire , ne peut être mentionné que pour son grand étang creusé au sommet d'une colline voisine. Ce réservoir est l'œuvre des anciens peuples, et depuis son origine, il n'a cessé de protéger les irrigations de cette localité.

Les étangs artificiels sont très-multipliés dans le Tanjore : il y en a le long de la côte, dans le voisinage des villes , auprès des temples et des palais , partout où les Hindous ont conçu l'espoir de recueillir des eaux. Ceux qui avoisinent la capitale sont ordinaire-

(1) Le mille carré anglais égale à peu près deux cent cinquante-neuf hectares.

ment bordés d'un mur en pierre de taille. La solidité de ces grands réservoirs ne met pas toujours à l'abri des inondations. La chaussée du grand étang de Madigoubba fut renversée par les eaux au commencement du XVIIIe siècle, mais elle fut rapidement réparée malgré l'énormité des frais. Leschenault-de-Latour admirait, en 1820, la rare intelligence avec laquelle le cours des eaux est partout ménagé au moyen de digues, de barrages, de canaux et de rigoles.

A Maduré, le fleuve Cauvery est épuisé par les canaux d'arrosage, et c'est déjà un magnifique résultat; mais les cultivateurs ont été plus loin : les pluies surabondantes ont été recueillies dans des milliers d'étangs placés sous la protection des pagodes. Le culte de Brahma, en prescrivant les ablutions, a consacré il est vrai un principe d'hygiène, mais il avait un second but, celui d'offrir à l'agriculture des ressources précieuses en temps de sécheresse.

Nulle principauté, dans la presqu'île méridionale, ne présente autant d'étangs artificiels que le Maduré; ils abondent surtout dans le district de Cotate, et sont appelés *Tarpas*. Leurs chaussées de retenue sont, en général, très-fortes. Ils sont placés à l'entrée des plaines, dans les montagnes, dans les gorges, dans les vallons étroits et profonds, *partout enfin où il y a possibilité d'opérer une retenue d'eaux pluviales*. Il est des gens riches qui font au pays qu'ils habitent la libéralité d'un tarpa; des dévots qui laissent aux pagodes, en mourant, la somme nécessaire pour agrandir leur réservoir ; il en est même qui mendient plusieurs années de suite pour faire creuser plus tard un tarpa dans un terroir inculte, ou sur le bord d'une route commerçante. Amener de l'eau dans un lieu qui en est privé, c'est une action méritoire auprès de Brahma. L'eau est partout le premier des besoins ; sans elle, l'agriculture s'épuise en efforts impuissants ; aussi, chaque bourgade, si elle n'a un canal intarissable, veut au moins avoir un tarpa.

Les tarpas des communautés ont, pour la plupart et dans la partie la plus déclive, des levées ou grands barrages de mille à deux mille mètres de longueur ; il en est qui ont plus de quatre kilomètres. Le père Martin en a vu dont les chaussées avaient trois lieues de longueur ; un seul de ces tarpas suffisait à l'arrosage de soixante bourgades. Il n'est pas rare de voir cinquante à soixante villages associés pour l'entretien d'un bassin dont l'origine se perd dans la nuit des temps, et qui fournit cependant l'eau nécessaire à l'irrigation de leurs terres cultivées. Des terrains couverts de rizières et d'autres riches produits demeureraient incultes et déserts s'ils n'étaient vivifiés par ces eaux.

Les Anglais connaissaient depuis long-temps ces constructions bienfaisantes, aussi doit-on peu s'étonner si, de nos jours, leurs ingénieurs ont essayé d'introduire chez eux quelques imitations. Le docteur Anderson, cité par Tatham (1), conseille de profiter des

____

(1) Tatham. — *Loco citato*, p. 41 à 43.

creux qui se trouvent entre les montagnes et dont l'issue peut être fermée par une digue, pour créer des réservoirs d'arrosage, « car c'est ainsi, dit-il, que les Indiens » forment les leurs qu'ils appellent *Tanks*, qu'ils rem- » plissent dans les saisons pluvieuses pour distribuer » plus tard les eaux dans leurs rizières. Quelques-uns » de ces bassins ont plusieurs milles de long ; leur » largeur et leur forme sont adaptées à la nature du » terrain ; et ils ne sont pas improductifs pour l'ali- » mentation de l'homme, car, outre les poissons qu'on » y pêche, les naturels peu aisés cultivent dans le fond » la *nympha aquatica*, dont les grandes racines four- » nissent une partie considérable de leur subsistance. » Nous n'avons pas encore dans nos climats de plantes » aquatiques propres à être employées à cet usage; » mais les terrains convertis en réservoir, convenable- » ment mis à sec quand leur eau a été utilisée, peuvent » fournir des herbages abondants et produire ainsi » beaucoup plus que dans leur état naturel. Je connais » un emplacement qui, la moitié de l'année, sert de » réservoir à un moulin, puis se convertit l'autre moitié » en prairie et donne une rente considérable.

» *Que la Grande-Bretagne ne se glorifie donc pas* » *de ses progrès en agriculture, qu'on ne regarde pas* » *ses campagnes comme aussi productives qu'elles* » *pourraient l'être, tandis qu'on laisse une si immense* » *quantité d'eau couler dans la mer, sans avoir ja-* » *mais été employée à procurer la moindre utilité à* » *ses campagnes.*

A Ceylan, malgré les attérissements de plusieurs

siècles , malgré les pierres et les blocs détachés des pentes environnantes , malgré les ouragans et les pluies souvent excessives , on trouve encore, en arrière des longs barrages des anciens réservoirs , des bassins larges et profonds dont les eaux suffiraient pendant les mois de sécheresse à l'irrigation de plusieurs milliers d'hectares ; on en découvre dans tous les districts , au milieu des forêts , dans les régions les plus agrestes. Un petit nombre perpétue les bonnes pratiques des anciens habitants : c'est à ces réservoirs d'eau que l'île de Ceylan doit ses belles cultures, ses vastes rizières , ses vergers et ses grands bosquets de cocotiers , de bananiers , de canneliers et de tant d'autres riches productions végétales. Ces grands étangs , creusés de main d'homme , bordés de pierres de taille , et soutenus dans la partie la plus basse par de magnifiques levées étaient aussi appelés *Tanks* (1). On en trouve dans toutes les parties de l'île ; leur grandeur est très-variable : *il en est qui ont à peine vingt mètres de diamètre ; il y en a qui ont de cinq à huit lieues de circonférence.* Le tanck géant situé près de Mantotté , arrosait un terroir produisant annuellement près de quarante millions de livres de riz , sans compter les autres productions.

Aux environs de Maïnery , au milieu de la plaine ,

______

(1) On appelle *Tanka*, dans les Cévennes, une forte muraille bâtie en travers d'un ravin , qui retient les eaux, les troubles, les terrains de transport. Il produit un attérissement, et, d'une ravine, il fait peu à peu un terrain cultivable.

est un lac bordé de cultures et dominé par des pentes boisées ; ses eaux s'écoulent lentement dans le lit d'une rivière qui passe sous les murailles de cette ville ; ce lac est un tanck de trente-deux kilomètres de circonférence, et la rivière est un ancien canal d'arrosage. La retenue s'opère par un barrage de quatre cents mètres de longueur et vingt mètres de largeur à son couronnement ; il est composé d'un massif de terres transportées, revêtu du côté de l'eau de pierres de moyenne grandeur, et, du côté opposé, recouvert par des arbustes vivaces et très-fourrés. L'eau s'écoule par une large ouverture formée par de gros blocs taillés et placés par assises horizontales. Malgré les attérissements du tank, le canal a encore à son issue quatre mètres de largeur sur un mètre de profondeur ; l'eau se perd sans utilité pour l'agriculture, tandis que, divisée autrefois par des mains intelligentes, elle fertilisait plusieurs cantons étendus.

Non loin de Maïnery et à l'extrémité de la plaine, se trouve un second tank dont la levée est plus grande que celle du premier.

L'étang de Candellé, à trente-sept kilomètres de celui de Maïnery, est au centre d'une grande plaine inculte. C'est le plus solide que le temps ait respecté à Ceylan. Il a six mille quatre cent trente-sept mètres de circuit : la levée a plus de deux kilomètres de longueur, sept mètres d'élévation et environ soixante mètres de largeur à sa base ; un revêtement de pierres de taille, disposées en degrés, protége le massif du côté de l'eau ; sur le revers opposé, des broussailles impénétrables consolident les terres ; la chaussée est couronnée par une allée de grands arbres. On peut citer encore, comme très-remarquables, les réservoirs de Bentenny et de Bedghiry.

Autour de la ville de Rangpour, située dans la partie supérieure de l'Assam, on cite, entre autres grands réservoirs destinés à l'arrosage du pays, ceux, au nombre de quatre, que quatre rois d'Assam firent construire, d'une grande étendue, et chacun d'eux placé sous la protection de trois temples dédiés à Siva, à Vichnou et à Dourga. N'était-ce pas une sage mesure des peuples indiens que de placer l'agriculture et l'eau d'arrosage sous la protection immédiate des dieux ?

Sur les bords du Brahmapoutre, chaque village a deux chefs, l'un pour la guerre, et l'autre qui est le principal, qui surveille les cultures et les canaux. Le réservoir de Tripoura dans l'Hiroumba, celui de Tchalaïn dans l'Ava, — ceux de Madjapit et de Santoul à Java, sont des constructions aussi utiles que remarquables.

En Chine, dans la province de Hami, les pluies sont rares ; on y supplée en recueillant dans des réservoirs l'eau provenant de la fonte des neiges. Ces bassins sont très-multipliés, car les rivières et les torrents sont presque aussi faibles que les pluies et les rosées. Plusieurs d'entre eux ont des dimensions considérables, quelques-uns sont formés par un seul barrage placé en travers et à l'issue d'une gorge ; d'autres ont été creusés sur les plateaux supérieurs, et même sur les

pentes douces des grands contreforts. Les réservoirs
de Hami ont fini par rendre le terroir d'une province
naturellement aride, supérieur même à celui de Hang-
Tchéou surnommé le paradis de la Chine.

Non-seulement les Chinois construisent des canaux
pour les voyageurs, mais ils en creusent aussi beaucoup d'autres pour recueillir les eaux de pluie qui dé-
coulent des montagnes et avec lesquelles ils arrosent
les campagnes lors de la sécheresse, particulièrement
dans les provinces septentrionales. Durant tout l'été,
on peut voir les habitants de la campagne occupés à
recueillir cette eau dans de nombreux petits fossés ou
canaux qu'ils creusent au travers des terres. Dans d'autres endroits, ils établissent de grands réservoirs dont
le fond est au-dessus du niveau du terrain et qui leur
servent en cas de nécessité (1).

On peut dire qu'il y a partout des réservoirs en Chine:
sur les pentes des montagnes, dans les vallons resserrés, sur les plateaux et à toutes les élévations.
Ceux qui alimentent le canal impérial sont très-multipliés : il en est autour des pagodes. Ils sont, surtout,
nombreux dans la province de Ssé-Tchuen. Le lac
Fong, à Canton, est un réservoir d'une lieue de tour,
bordé de quais. Les réservoirs des parcs impériaux
étaient immenses : l'un de ces bassins a deux lieues
de circuit ; on en trouve même en Mongolie.

Les Chinois avaient inventé avant nous les canaux
à point de partage. En 1289, l'empereur Chi-Tsou

(1) Tatham. *loc. cit.*, p. 20 et 21.

construisit le canal immense qui fait communiquer les deux extrémités de l'empire. On choisit pour point de partage un col entre deux montagnes, situé au pied d'un lac dont les eaux formaient une assez grande rivière qui se rendait à la mer du côté de l'orient. Les Chinois bouchèrent cette sortie, creusèrent une rigole adductrice jusque sur le col même, et, à partir de cet endroit, où ils construisirent un temple, ils ouvrirent deux canaux, l'un vers le septentrion, l'autre vers le midi. Tout cela fut fait avec tant de proportion et un niveau si juste, que l'eau, arrivant au milieu, devant le temple, descend également de part et d'autre; c'est là un point de partage et de distribution semblable au bassin de Naurouse, sur le canal de Languedoc (1); le lac lui-même est *le bassin de St-Ferréol des Chinois*, et l'excédant des eaux du canal navigable sert à l'arrosement des terres voisines.

VI.

La Phénicie fut l'un des plus petits états de l'Asie; le commerce maritime l'enrichit et la rendit célèbre. Pour protéger la culture, dans ce pays aride, on réunit les sources dans des réservoirs ; on barra les torrents et les rivières pour alimenter les canaux, les aqueducs souterrains ; et toutes les eaux, en arrivant dans les plaines du littoral, convertirent des grèves stériles en jardins splendides. Les réservoirs et les aqueducs de Tyr étaient surtout remarquables à cause de la difficulté vaincue.

(1) Lalande, *Histoire des Canaux de navigation*, p. 531.

L'eau fut toujours une chose rare et recherchée dans la Palestine et les contrées environnantes. Plusieurs rois hébreux se sont illustrés par des explorations et en amenant ce liquide par des aqueducs dans l'intérieur des cités ou dans les citernes placées près des chemins. Les réservoirs de Rama, de Jérusalem, de Bethléem et d'Hébron, fertilisèrent quelques parties des plus arides du pays. Jusqu'à la fin de la domination romaine, les rivières et les torrents avaient conservé certaines de leurs antiques digues; des travaux intelligents retenaient les eaux souterraines qu'une main habile avait amenées à la surface du sol; des réservoirs vastes et multipliés recevaient toujours les eaux pluviales et de grands aqueducs, malgré les dégradations opérées par les peuples envahisseurs, portaient au loin les sources recueillies dans les régions montagneuses.

Guillaume de Tyr, historien des guerres saintes, peint la désolation des Croisés autour des remparts de Jérusalem, n'ayant que la petite fontaine de Siloë pour étancher leur soif, tandis que les assiégés avaient la ressource des citernes et de deux vastes réservoirs qui étaient alimentés par les aqueducs souterrains venant de Bethléem et d'Hébron.

Le temps a conservé les dernières traces de l'*Hortus conclusus* de la Bible, du fameux jardin de Salomon, situé dans un vallon étroit à une lieue de Bethléem. Le secret de sa végétation merveilleuse, au milieu des rochers de la Judée, est exclusivement dans les trois réservoirs qui dominent le vallon. Deux de ces réservoirs, qui sont taillés dans le roc, ont ensemble une

surface de cent dix-sept mille mètres carrés : le troisième est encore plus grand ; leur surface totale est d'environ cent quatre-vingt-sept mille mètres carrés. Ces
citernes avaient, dit-on, douze mètres de profondeur :
elles contenaient donc plus de deux millions de mètres
cubes ; c'est beaucoup plus d'eau que n'en pouvait réclamer le jardin le plus grand. Les parois nettes, les
arêtes vives de ces piscines donnent un aspect moderne
à un ouvrage connu depuis trente siècles sous le nom
d'*étang de Salomon*.

Dans les plaines de Moab, dont les dépouilles enrichirent les Israélites, on trouve encore une immense
citerne taillée dans le roc, qui servait à recueillir les
eaux pluviales. Dans toute la région appelée *Belka*,
les cours d'eau étaient rares ; on y suppléait par des
citernes ou par de très-grands réservoirs comme celui
de Médaba. L'étang de Rabbath n'était peut-être qu'un
bassin de réserve creusé par les Ammonites. La citerne
d'Aréopolis, qu'on voit dans les plaines de l'antique
Moab, est alimentée par une dérivation du Ledjoum,
les ruines du canal sont encore apparentes.

Dans le Hauran, province de Damas, on trouve
les traces des réservoirs d'Edra, de Bostra, de Sa-
lamen.

En Arabie, un réservoir d'une grandeur prodigieuse, que Saba 1er, avait fait construire au-dessus
de la ville qui portait son nom, recevait toutes les
eaux qui descendaient des montagnes ; par ce moyen
les rois d'Yaman fournissaient de l'eau au peuple
et tenaient en respect les territoires qu'ils avaient con-

quis, parce qu'en coupant les aquedues, ils pouvaient en faire périr les habitants de soif, avec leurs bestiaux. Divers autres réservoirs, comme ceux de Pétra, n'étaient pas moins remarquables ; enfin, les Arabes, aussi industrieux que les autres peuples de l'Orient, réunissaient les montagnes par des digues en pierres de taille de quarante à cinquante pieds d'élévation, et ils formaient ainsi dans les vallées des réservoirs qui fécondaient au loin les sols les plus arides.

Il est regrettable que l'Attique, avec les sages institutions de Solon, ait dédaigné l'arrosage comme grande pratique. Des canaux alimentés par des réservoirs eussent affranchi les citoyens d'Athènes de la nécessité de recourir pour leur alimentation à l'étranger, tandis que quelques jardins seulement purent être arrosés par les eaux du Céphyse, de l'Eridan ou de l'Ilissus.

Ce fluide trop rare était soumis à la surveillance d'un surintendant. Thémistocle géra cette magistrature avec sévérité, puisque du produit des amendes il fit faire une statue à la mère des dieux. Privés de réservoirs et de canaux, les Athéniens recouraient souvent aux prières publiques pour obtenir la pluie.

Mais toute la Grèce n'agissait pas avec si peu de prévoyance. La ville d'Egine était située à l'entrée d'une plaine dont le mont Oros formait le point culminant. Un aqueduc magnifique amenait les eaux de plusieurs sources dans un grand réservoir creusé au sommet de l'acropole et près du temple de Vénus. Les eaux ainsi réunies rendaient d'immenses services ; elles alimentaient les fontaines du temple et celles de la ville et du port. L'excédant était conduit dans des rigoles et servait à arroser les terres limitrophes.

Dans les temps les plus reculés, on avait entrepris d'énormes travaux en Béotie, pour assainir le pays et régulariser le cours des eaux. Le Céphisus formait au centre de la contrée un lac profond et sans issue. Les poètes disaient que le lac Copaïs était un ouvrage d'Hercule ; il était formé par la réunion de plusieurs torrents venant de l'Hélicon. Lorsque les pluies étaient abondantes, le lac débordait et ravageait le territoire de sept villes voisines ; mais en perçant de plusieurs canaux, dont quelques-uns avaient plus d'une lieue de longueur, le mont Ptoüs placé entre le Copaïs et la mer, on ouvrit à ses eaux des issues souterraines. Pour percer ou nettoyer les galeries, on avait creusé, de distance en distance sur la montagne, des puits d'une énorme profondeur. Quand le curage des aqueducs souterrains était négligé, le lac débordait à la suite des grandes pluies, et, d'après Barthélemy, une partie des désastres du déluge d'Ogygès n'eut pas d'autre cause. Wheler assure, dans son *Voyage de Dalmatie et de Grèce* (1), que ces ouvrages antiques doivent être regardés comme une des plus grandes merveilles du monde, et le témoignage de Strabon ne laisse aucun doute à cet égard (2). Tatham regarde le lac

(1) Wheler, tome II, p. 294.
(2) Lalande, *Histoire des Canaux de navigation*, p. 567.

Copais comme un immense réservoir naturel (1), dont les émissoires, creusés de main d'homme , prévenaient les débordements pendant les grandes pluies , mais distribuaient aussi les eaux accumulées à l'agriculture pendant la sécheresse.

Les réservoirs de Brousse , l'antique Pruse de Bithynie, sont encore utilisés. Les tremblements de terre et les Turcs ont détruit ceux d'Antioche , de la Cilicie et des provinces voisines.

Parmi les grands monuments dont les ruines couvrent le sol de l'antique Lydie et attestent encore la puissance de ses premiers rois, l'un des plus curieux est le lac Coloé qui fut creusé par Gygès ; Homère en a fait mention. Ce lac a deux lieues de circuit ; sa destination était de recueillir les eaux débordées de l'Hermus et du Pactole, pour les rendre à l'agriculture aux moments de pénurie. La terre extraite pour former ce lac servit à élever l'immense tumulus d'Alyattes , fils de Gygès et père de Crésus.

Pline fait mention d'un canal artificiel par lequel on avait conduit le fleuve Hypanis de Chersonèse (Crimée) dans le lac Bugès , tandis que son cours naturel était vers un golfe des Palus-Mœotides. Il ne nous dit pas par qui ce canal avait été originairement construit ; mais Strabon nous apprend que Pharnace, après l'avoir fait nettoyer, fit couler ainsi l'Hypanis au travers du pays des Dandariens , à l'effet d'arroser leurs terres (2).

(1) *Des Irrigations*, p. 7.
(2) Lalande, *loc. cit.*, p. 566.

La Sicile possédait de beaux travaux hydrauliques, des aqueducs, des réservoirs, soit pour les villes, soit pour l'irrigation, surtout à Sélinonte, à Aggrigente, à Syracuse, à Catane, à Tauromenium.

En parcourant la Cyrénaïque, le voyageur Della-Cella s'écrie : — « Tant de soins dans la distribution » des eaux, tant de réservoirs, de bassins, d'aqueducs, » dont on rencontre les ruines..... tout porte à croire » que celles du ciel et de toutes les sources étaient » rassemblées et conservées avec un soin égal. »

En Marmarique aussi, à côté des canaux, étaient des réservoirs pour favoriser l'irrigation aux époques de pénurie. En tête des grandes rigoles on voyait des citernes solidement construites ; aucun moyen n'avait été négligé pour rendre les cultures plus profitables.

Les réservoirs des Balkans, qui fournissent les eaux à Constantinople, sont au nombre des monuments les plus remarquables de l'empire d'Orient avec les aqueducs de Constantin, de Valens, de Théodose et de Justinien, c'est-à-dire, ceux qu'établirent, pour amener des eaux, d'abord le fondateur de la ville, puis les successeurs, et même quelques sultans, jusqu'à ces dernieres époques.

Sept vallées sont barrées dans les Balkans, et quelques-uns de ces barrages sont encore revêtus de marbre sur les murs épais qui retiennent les eaux. Les trois magnifiques citernes voûtées, ornées et soutenues par des milliers de colonnes que la ville renferme, n'étaient rien autre que des réservoirs d'approvisionnement, si vastes qu'on les visite encore en bateau.

Lorsqu'il sera démontré , d'une manière évidente , que partout où l'eau coule il y a convenance et profit d'ouvrir un canal ou une rigole ; — que l'eau qui arrive à la mer est, pour l'agriculture , une perte irréparable ; — que l'eau de pluie , au lieu de laver les terres à l'excès et d'en bouleverser quelquefois la surface , pourrait être recueillie et tenue en réserve pour les époques de sécheresse , — les entreprises des particuliers et de l'Etat se tourneront enfin de ce côté.

Quelques essais heureux, comme celui dont l'exécution est commencée avec les eaux de la Neste, convaincront les plus incrédules que l'irrigation peut opérer de nouveau les prodiges des temps anciens , et répandre généreusement tous ses bienfaits sur le sol de la France. Un seul territoire un peu important , largement irrigué au centre du pays , sur les bords de la Loire par exemple, démontrerait, beaucoup mieux que les livres et les raisonnements , que l'eau d'arrosage crée non-seulement les prairies fertiles , mais aussi qu'elle favorise, qu'elle assure les récoltes estivales , qu'elle permet d'en obtenir de nouvelles non moins précieuses , et que si les plantes sur pied prospèrent immédiatement par son influence vivifiante , d'autre part , le sol lui-même , au bout d'un certain temps, se trouve amendé , engraissé , amélioré d'une manière durable par cette heureuse influence.

« Pour ma part, dit M. Jaubert de Passa en terminant son livre, — je n'ai pas follement dépensé plus de trente ans de ma vie à poursuivre un rêve ; — j'ai vu l'irrigation produire des miracles sur le sol

» natal et à l'étranger , et je me suis demandé s'il ne
» serait pas possible de nous en approprier les bénéfi-
» ces et de les généraliser. Alors j'ai interrogé les an-
» ciens et feuilleté patiemment les voyageurs moder-
» nes, et tous ont confirmé mes espérances. J'ai, plus
» tard, parcouru la France , et, partout, j'ai acquis
» la preuve que ses eaux sont abondantes ; — que leur
» distribution régulière réformerait des pratiques vi-
» cieuses ou insuffisantes ; que l'irrigation pouvait ,
» en tous lieux , créer de nombreux et paisibles ate-
» liers de travail , varier le produit de la terre , et pré-
» venir , par des récoltes plus abondantes et moins
» chanceuses, les périls trop fréquents des disettes et
» les sacrifices en numéraire qu'elles imposent (1). »

Malheureusement, dans le monde moderne , en
Europe, en France surtout, les convictions, les désirs , les travaux publics et les lois sont loin d'être en
harmonie avec les besoins de l'époque , avec les ressources précieuses qu'on pourrait développer encore
partout, comme elles l'étaient chez les peuples antiques.

(1) Sauf quelques emprunts que nous avons faits à la *Nouvelle
Maison rustique*, à l'*Histoire de la Navigation* de Lalande, et au
Traité de l'Irrigation de Tatham, ces deux paragraphes, depuis
la page 256, sont extraits, en grande partie, du magnifique ouvrage
de M. Jaubert de Passa *sur les Irrigations*. Nous avons cru utile
de résumer et de réunir , en quelques pages, ce que les quatre
volumes de cet auteur contiennent *sur les réservoirs d'eau chez
les anciens*.

Mais il faut pour cela de généreux efforts, de la persévérance, de la puissance et du génie. Si les monarques qui creusèrent le lac Mœris, le vaste réservoir de Nitocris, si les peuples qui ouvrirent les kariz de la Perse, les canaux, les réservoirs de la Chine, des deux presqu'îles indiennes, de Ceylan, de l'Arabie, de la Palestine, de l'Asie mineure, de l'Égypte, de la Grèce, et du littoral méditerranéen ; — si toutes ces nations, si les princes qui les dirigeaient, si l'empereur Yang-Ti, par exemple, lui qui, dans un règne de quatorze ans, avait établi ou restauré seize cents lieues de canaux ; si tous ces demi-dieux éteints revenaient à la lumière, ne pourraient-ils pas nous dire en voyant notre pénurie agricole, notre dénûment presque complet de travaux hydrauliques, — ce que les prêtres égyptiens, expliquant la science antique, disaient à Solon : — « *Vous autres, Athéniens, vous n'êtes que des enfants....* »

Pour les réservoirs d'irrigation, en particulier, les tableaux qui suivent vont prouver cette vérité, sans réplique.

DÉSIGNATIONS.	CAPACITÉ.
	Mètres cubes.
iris, en Egypte.............................	5,000,000,000
réservoirs construits par le premier roi d'Egypte, .. — Les réservoirs d'Hermontis, de Cophtos, de dhis, de Tanis, du Mont-Akhal près de Suez......	D'un milliard à plusieurs millions de mètres cubes.
l réservoir de Méroë, en Nubie	Id.
woir de Nitocris, en Babylonie.................	1,000,000,000
s en Babylonie, en Perse, en Médie, en Assyrie, sa Bactriane, l'Ariane, l'Arie, la Sogdiane, comme lle Cachan, de l'Acès, d'Amretsir, de Mogges-Nat.	Plusieurs millions de mètres cubes ; mais il y en a aussi de beaucoup moins considérables pour les irrigations privées.
Pandjab, ceux de l'Inde, comme à Maïnery, à ré, dans le Narsipour, dans le pays de Kourg, à Ichery et dans le Tanjore.....................	Id.
antiques réservoirs nombreux et immenses dans l'île ylan, comme ceux de Bintenny, de Mantotté, de iry. — Il y en a dans l'Assam, à Tripoura, dans uniba, à Tchalaïn ; dans l'Ava, ceux de Madjapit, x de Santoul à Java.....................	Id.
Es et petits réservoirs sont nombreux dans certaines de la Chine.............................	Id.
de même en Arabie...........................	Les trois réservoirs du jardin de Salomon contenaient 2,000,000 de mètres cubes.
—— en Palestine.......................	
—— en Phénicie......................	
Mineure, la Marmarique, la Cyranaïque, la Sicile, ce même présentaient de belles constructions en ce quoique bien inférieures à celles de l'Egypte, de et des antiques empires de l'Orient	Plusieurs millions de mètres cubes quelquefois ; mais, le plus souvent beaucoup moins, quand il s'agissait de l'irrigation privée, de l'usage des villes ou de ceux des particuliers.

BASSINS DE RÉSERVE POUR LES IRRIGATIONS CHEZ LES MODERNES.

DÉSIGNATIONS.	CAPACI…
	Mètres cu…
La Motte-d'Aygues, en Provence	500,(
Caromb (*id.*)	400,(
Réservoir de M. d'Angeville (département de l'Ain)	320,(
— de St-Saturnin-lès-Apt, en Provence	200,(
— de Cabardès (département de l'Aude)	180,(
— de Gondal (département de l'Aude)	90.(
— de M. Taluyers (département du Rhône)	62,9
Réservoir de Ternavasio (Piémont)	1,150,(
— dit de Palerme (*id.*)	150.(
— dit de l'Olivier (*id.*)	120 0
— dit du Colombier (*id.*)	100 0
— dit de Praloté (*id.*)	80.(
— dit de Galina (*id.*)	50 0
Réservoirs dits Pantanos (en Espagne)	plusieurs millioi
Réservoirs industriels de la Hongrie	(*Io*…
Les huit bassins de Greenock (en Ecosse), ensemble	15,0000
Le réservoir de Manchester (en Angleterre)	1,1500

Ce n'est que dans la construction des réservoirs pour
l'alimentation des canaux de navigation à point de partage,
que les modernes se sont un peu plus rapprochés des immenses dimensions des réservoirs anciens. Pour abréger,
nous ne prendrons nos citations qu'en France :

Le bassin de St-Ferréol, que Bélidor appelle le plus grand et le plus magnifique ouvrage qui ait été construit par les modernes, contient	6,9460
Le bassin de Lainpy (canal du Languedoc)	3,6988
Le bassin de Naurouse (même canal)	4430

Andréossy conseillait, en l'an VIII, d'en doubler la capacité.

Les réservoirs de Lannemezan (Hautes-Pyrénées) encore en construction	plusieurs millii
Le réservoir de Couzon, près de Rive-de-Gier	1,5000
Les réservoirs du canal de Briare	12,0000
Les réservoirs de Longpendu et de Montchanin, au canal du centre	2,000(
L'étang de Plessis (même canal)	600(
L'étang de Torcy (même canal)	2,3800
L'étang de Bertaud (même canal)	1,700(
Les bassins de Grosbois, au canal de Bourgogne	8,2229
Ceux de Chasilly (même canal)	6,083(
Ceux de Cercey (même canal)	2,551(
Ceux de Pauthier (même canal)	1,838(
Trois réservoirs au canal des Ardennes (ensemble)	2,100(

Les bassins de réserve des seuls canaux de Briare, de Languedoc, des Pyrénées, de Bourgogne, du Centre, de Givors, des Ardennes, contiennent donc environ soixante-dix millions de mètres cubes d'eau. En supposant qu'on puisse les remplir trois fois dans l'année, on obtiendra deux cent dix millions de mètres cubes, qui, consacrés à l'irrigation, fertiliseraient environ vingt-cinq mille hectares. En donnant à chaque hectare une plus-value de trois mille francs résultant de l'arrosage, on aurait une valeur agricole de soixante-quinze millions. Or, comme tous les réservoirs que nous venons de citer sont bien loin d'avoir coûté cette somme, il est de toute évidence que, s'il y a quelquefois nécessité de créer des bassins de réserve pour la navigation, il est toujours fructueux d'en établir pour l'arrosage ; verité admirablement comprise par les anciens.

CHAPITRE SIXIÈME.

—

Construction des Réservoirs.

I.

M. Taluyers, qui, tout récemment, a si heureusement réussi dans l'établissement d'un réservoir pour l'irrigation, pose, pour ces entreprises, les conditions suivantes :

Pour barrer une vallée, on doit calculer l'épaisseur du mur suivant la hauteur qu'on veut lui donner, savoir : — Deux pieds d'épaisseur pour le premier pied d'élévation ; en y ajoutant six pouces et demi par pied de surhaussement on obtiendra l'épaisseur à la base. On construit l'ouvrage en talus du côté d'amont, et d'aplomb du côté opposé, pour que, si l'eau vient à deverser, elle ne tombe par sur le talus du mur qu'elle dégraderait.

La possibilité de former un vaste réservoir, creusé dans le sol, dépend de la nature des terres dans lesquelles on veut l'établir. Pour s'assurer si elle est favorable, il convient de former, une année à l'avance, une chaussée d'épreuve sur de petites dimensions, et de comparer, pendant ce temps, l'eau qui se rend dans le réservoir provisoire avec celle qui y reste, augmentée de celle perdue par l'évaporation. Cette précaution est importante et ne doit jamais être négligée.

La profondeur du bassin sera la plus grande possible relativement à sa superficie , afin d'amoindrir la perte qu'occasionne l'évaporation.

Une chaussée en terre doit avoir à sa partie supérieure une largeur égale à son élévation : tandis qu'on en donnera deux fois plus, ou trois fois la hauteur , pour épaisseur à la base.

Dans le Midi, on doit compter, pendant la sécheresse, sur dix arrosages complets pour les prairies ou dix mille mètres cubes d'eau par hectare ; tandis que, dans le Lyonnais , l'expérience a prouvé à M. Taluyers que le tiers était une quantité suffisante (1).

Dans l'opuscule que nous avons déjà analysé en partie, M. Carena nous donne, à son tour , les résultats de ses observations.

Il s'occupe d'abord des terrains propres à l'établissement des réservoirs.

Les terres fortes , argileuses , imperméables, sont les meilleures , on le conçoit; cependant , on pourrait au besoin , par un glaisage artificiel , rendre les terrains les plus perméables très-aptes à retenir les eaux.

Quant aux sites : —« En général, les endroits qui se prêtent le mieux à la construction des réservoirs sont intermédiaires entre les plaines et les collines : la légère irrégularité du sol offre souvent des emplacements où l'on peut en faire avec une dépense très-modique.

»La position la plus heureuse est celle qui est formée par le rapprochement de deux petits coteaux, parce

(1) *Nouvelle Maison Rustique*, t. 1 , p. 249.

qu'alors , pour créer les réservoirs , on n'a qu'à construire une seule chaussée transversale joignant les
deux éminences. Dans d'autres circonstances, on sera
dans l'obligation de construire les chaussées de retenue en équerre, en zig-zag , en fer à cheval ou même
sur trois côtés de l'espace destiné à recevoir les eaux,
et cela suivant la disposition du terrain.

„Il serait fort utile de pouvoir barrer un de ces ruisseaux que creusent les eaux pluviales et qui viennent
de loin ; car on aurait ainsi moins à craindre de manquer d'eau; le réservoir serait plus tôt rempli , et , dès
qu'elle atteindrait la hauteur requise , on se débarras-
serait de l'excédant par un déversoir.

„ On pourrait également profiter du voisinage d'un
torrent pour en dériver une partie qui, lors des grandes
pluies ou des orages, fournirait abondamment l'eau
nécessaire. Dans ce cas , on doit établir une vanne ou
porte d'écluse à l'origine de la dérivation , pour fermer l'entrée au produit du torrent dès que le réservoir en aurait admis une quantité suffisante.

„ Lorsqu'on a déterminé à peu près l'emplacement
convenable , ainsi que le nombre et la direction des
chaussées, on doit songer à l'endroit où l'on trouvera
la terre pour les construire. Dans tous les lieux qui
admettent ces sortes d'établissements, il y a toujours
de petites éminences que l'on est bien aise d'abaisser
parce qu'elles sont peu productives ; cet abaissement
a le double avantage d'améliorer les terrains labourables et de fournir la terre pour les chaussées.

„Dans les pays où le sol est plus uni, on peut prendre la terre dans l'intérieur même du réservoir, pourvu que ce ne soit pas au voisinage de la bonde , où le sol naturel est ordinairement à un niveau convenable.

» Quand on a fait choix d'un emplacement , il faut s'assurer si l'on pourra réunir chaque année dans le réservoir une assez grande quantité d'eau pour arroser les prés au moins deux fois pendant l'été ;

» Si quelque voisin supérieur n'aura pas le droit de la détourner ;

» Enfin , si l'on a , en aval , une quantité suffisante de terres arrosables. Leur surface doit être au moins le double de celle du réservoir ; sans cela , l'augmentation du fourrage que donnerait l'arrosement ne compenserait pas les frais de construction indispensables.

» La quantité d'eau relative à l'arrosement d'une étendue donnée de prés est nécessairement variable suivant la nature du terrain , la distance des prairies au réservoir , le climat et les vicissitudes des saisons ; cependant, en général, à surface égale d'eau et de pré , il faut un décimètre d'eau pour chaque arrosement.

» Si la hauteur du liquide dans le réservoir est de deux mètres , tous les prés élevés d'un mètre et demi au-dessus du fond pourront recevoir un demi-mètre d'eau ; enfin , la dernière goutte pourra être dirigée sur les terrains dont le plan est plus bas que celui de ce fond. Naturellement les prés les plus élevés devront être les premiers arrosés pour profiter successivement, avant les autres, de la hauteur décroissante de l'eau.

» Le temps le plus propre à la formation des chaussées est la fin de l'automne ou l'hiver ; les hommes et les bêtes de somme sont alors disponibles et à meilleur marché.

» Les travaux ne doivent pas être poussés trop rapidement, car si l'on introduit les eaux dans un réservoir dont les chaussées n'ont pas encore pris leur assiette, le liquide peut suinter au travers. La fermeté qu'acquièrent les terrassements par le pilonage n'égale jamais celle que leur donne le temps par le tassement naturel. Huit mois paraissent suffire pour qu'une compacité convenable empêche les infiltrations.

»Il faut ménager une sortie aux eaux pluviales pendant les travaux, on ne doit les retenir que quand le réservoir est achevé et les chaussées bien affermies.

» Sur toute la ligne qu'elles occuperont, il faut creuser un fossé d'un demi-mètre au moins, puis le remplir de nouveau avec la même terre et élever les chaussées au-dessus. Sans cette précaution, le sol, hérissé de mauvaises herbes et encombré de leurs racines jusqu'à une certaine profondeur, ne ferait pas assez corps avec la terre nouvellement transportée, et l'eau suinterait de la base même de la chaussée.

»La hauteur de ces terrassements doit surpasser au moins d'un demi-mètre celle de l'eau dans les réservoirs, afin que le liquide, lorsque le vent l'agite, ne puisse pas les dégrader en les surmontant. Mais, au moment de la construction, il faut ajouter environ un demi-mètre de plus de comblement pour chaque deux ou trois mètres de hauteur définitive, à l'effet de compenser le tassement des terres.

»En général, les chaussées doivent être aussi larges à leur partie supérieure qu'elles sont élevées au-dessus du sol, et leur base doit être environ trois fois plus grande. Un déversoir, construit en maçonnerie à une hauteur convenable, doit empêcher toute accumulation excessive des eaux.

» Quand on obtient celles-ci d'une seule prise, une vanne, qui l'ouvre ou qui la ferme à volonté, peut être plus économique qu'un déversoir.

»Sur le bord supérieur, ou sur le penchant extérieur des chaussées, on peut faire des plantations de chênes, d'ormeaux, de peupliers, dont les racines empêchent les éboulements, tandis que le feuillage fournit une ombre tutélaire. Des préjugés existent contre ces plantations que Rozier a condamnées ; cependant, avec les précautions convenables, ces arbres ne nuisent en rien au maintien de la chaussée. Il faut ne laisser venir en plein vent que ceux qui sont plantés en dehors ou au bas du terrassement, parce qu'alors, leurs racines tenant à la terre ferme, ils ne risquent pas d'être renversés. Quant aux arbres plantés plus haut, on devra les élaguer tous les ans pour que le vent n'ait que peu de prise sur eux.

» Ce procédé a été employé avantageusement par M. Villa autour de son réservoir, et ses chaussées, bien boisées, existent depuis plus de vingt ans. Ces arbres, qui sont très-désirables dans les lieux secs pendant la saison brûlante, forment un tableau très-pittoresque et donnent en même temps un produit qui n'est pas à dédaigner ; enfin, ils modèrent l'évaporation.

» Que le réservoir soit fermé par une bonde ou par une vanne, l'eau qui sort du conduit est au moins aussi basse que le fond ; c'est un inconvénient pour l'arrosement des prés dans des pays où, le sol étant plus ou moins irrégulier, on a besoin de profiter de la hauteur respective de chaque tranche de l'eau du réservoir.

»Quand la digue de retenue est en maçonnerie, et qu'on ne craint pas la dépense, on peut employer des robinets en bronze, scellés à différentes hauteurs dans la paroi du réservoir.

» Un moyen plus économique est celui d'une pierre bien unie, percée d'un trou, placée horizontalement au-dessus d'un canal de fuite en maçonnerie qui traverse le bas de la chaussée. Sur l'ouverture de cette pierre, on en pose une autre très-lourde, garnie d'une semelle en bois que recouvre un cuir épais bien graissé. Cette espèce d'obturateur empêche, par son poids, l'eau de sortir du réservoir.

»Quand on le soulève par le haut, au moyen d'un treuil et d'une chaîne, l'eau jaillit et s'élève, emprisonnée dans une petite tour en maçonnerie, d'où elle sort, à la hauteur qu'on désire, par des trous latéraux que ferment de simples tampons de bois.

»On conçoit que la construction de ce puisard et des trois ou quatre ouvertures qui en percent les parois sont moins coûteux que des buses et des vannages établis directement à des hauteurs égales au travers des parois épaisses de la chaussée du réservoir. Au reste, la bonde principale, puis la tour et ses tampons sont une double garantie de la conservation de l'eau, même en cas d'accident.

»Les dépenses de la construction des réservoirs d'arrosage ne sont pas très-considérables; mais, comme elles varient dans chaque lieu suivant la nature du sol et des matériaux, la longueur des transports, le prix de la main-d'œuvre, et surtout les dimensions qu'on veut donner aux ouvrages, on sent qu'on ne peut faire aucune estimation générale, et que chaque entreprise différente exige des plans et des devis spéciaux. "

II.

Après avoir réduit et condensé tout ce que peut avoir d'utile l'ouvrage de Carena, nous nous estimons heureux de pouvoir communiquer à nos lecteurs, sur le même sujet qui est pour nous de la plus haute importance, les opinions d'un écrivain plus récent, d'un ingénieur français d'un grand mérite, écrivant en 1846 (1).

Suivant M. Polonceau :

« Les réservoirs et les étangs ont l'avantage de réunir et de conserver les eaux de sources, de ruisseaux, ou les eaux pluviales amenées par des rigoles de dérivation, qui, sans ces retenues, s'écouleraient en pure

(1] *Des eaux relativement à l'agriculture*, par A. R. Polonceau, officier de la Légion-d'Honneur, inspecteur divisionnaire des ponts-et-chaussées, en retraite.—Paris, Mathias, *octobre* 1846, in-12, p. 195 à 223.

perte, pour les faire servir, au besoin, à nourrir du poisson et à l'arrosage.

» Leurs dimensions dépendent des étendues de terrain dont on peut recueillir et amener le stillicide ; de la plus ou moins grande perméabilité du sol, et du volume de liquide dont on a besoin pour les irrigations.

» Quand il n'en faut que peu pour des prés d'une petite étendue, il suffit d'établir des bassins, en creusant le terrain où doit être établi le réservoir de manière que leur fond soit plus élevé que le sommet de la prairie. Mais quand on veut arroser de grands espaces, il faut former de véritables étangs.

» On estime, en général, qu'au centre de la France, quand le sol est assez compacte, en terre franche, ou en bonne terre ordinaire, il faut, pour l'arrosage d'un hectare pendant vingt-quatre heures, trois cents mètres cubes d'eau, qui donnent une nappe de trois centimètres de hauteur.

» Quand le terrain est sableux et perméable, il faut quatre à cinq cents mètres cubes par hectare.

» Quand le terrain est gras et argileux, deux cents mètres cubes suffisent.

»Pour les champs de céréales et les plantes sarclées, où les irrigations se font uniquement par infiltration et absorption lente, la moitié des quantités indiquées ci-dessus, pour chaque nature de terrain, est suffisante.

» La construction des réservoirs et bassins exige, surtout quand ils doivent avoir une assez grande profondeur, des soins et des précautions sans lesquels on s'exposerait à perdre ses peines et ses dépenses, parce que les eaux retenues tendent toujours à s'échapper à raison de la puissance d'infiltration que leur donne la charge qu'elles éprouvent, et que , quand elles ont commencé à pénétrer les parties basses des digues de retenue , les passages qu'elles se sont faits s'agrandissent promptement et causent bientôt la ruine de ces ouvrages.

»Si le terrain où les eaux sont amenées domine celui qu'on doit irriguer , on peut se borner à creuser un vaste bassin , en faisant servir les terres du déblai à l'exhaussement de ses bords. Dans ce cas , le travail est facile et n'exige guère d'art ; seulement , il faut avoir soin de bien piocher toute la superficie des bords, qui doivent être rechargés avec les déblais pour assurer leur liaison avec le sol naturel , et , ensuite , de bien faire marcher ou piloner les remblais , par couches successives, en les arrosant, si le terrain n'est pas assez humide pour qu'elles puissent se bien lier par la pression.

»La seconde précaution à prendre , c'est de ne pas creuser verticalement les bords du bassin , mais de leur donner intérieurement une pente suffisante , laquelle dépend de la nature du terrain. Elle doit être telle qu'on soit assuré que le pourtour ne s'éboulera pas sous la charge des remblais quand ils seront baignés et amollis par les eaux. Il convient de laisser , entre le pied des remblais et la crète des talus du déblai, une banquette de trente centimètres au moins , et de cinquante centimètres au plus, et de gazonner les parties des talus intérieurs des remblais et de les bien piqueter. *Il ne faut planter sur ce remblai aucun arbre, mais seulement des haies, si on veut les enceindre pour empêcher les gens et le bétail de s'y rendre.*

« Quand le terrain du fond et des côtés du bassin est gras et consistant, il suffit de le bien piloner après l'avoir mouillé. Lorsqu'il est perméable , il faut y remédier.

» Le meilleur moyen n'est pas, comme on l'a cru long-temps, d'y faire des corrois en argile et en glaise : ils sont assez difficiles à établir et assez chers ; puis , ils ont l'inconvénient de se gercer et de se fendre quand ils sont exposés à l'air et quand le terrain contre lequel ils s'appuient est sec. Dès qu'il s'introduit de la vase ou de la poussière dans ces fentes , on a beau les boucher en refoulant les corrois , ils perdent toujours l'eau, et on ne peut y remédier qu'en les remaniant entièrement.

» On remplit le même but beaucoup mieux et à moins de frais, en employant du sable gras qui est imperméable et qui ne se fend jamais à l'air. On trouve souvent de ces mélanges naturels et intimes de glaise et d'argile ; ou bien certaines terres grasses, franches et un peu sableuses qui suffisent pour cet usage , en ayant soin d'en exclure tout corps étranger et de les bien piloner.

» Quand on ne trouve pas ces sables gras naturels, on peut les former en mélangeant cinq à six parties de sable avec une partie d'argile ou de glaise délayée à l'état de mouillie claire ; il est bon de mêler avec l'argile un dixième de son volume de chaux grasse ; on étend ce corroi sableux sur le fond et sur les côtés en talus , et on le tasse avec des battes plates en bois dont les bords sont arrondis. Il est souvent utile de commencer par étendre sur la terre qui doit recevoir le corroi un lit de chaux vive, grasse ou maigre, à l'état de pâte ferme de quatre ou cinq centimètres d'épaisseur, parce que, outre qu'elle contribue à l'imperméabilité du sol dont elle bouche bien tous les interstices, elle a la propriété d'empêcher le percement du corroi par les vers de terre qu'elle arrête. Il faut couvrir cette couche de chaux vive à mesure qu'on la place, pour qu'elle conserve sa causticité.

»Quand on est obligé de faire un revêtement au pourtour du bassin, il faut donner plus de pente à ses côtés ; et, au lieu de faire ses talus en plans unis, on les coupe en petits redans, c'est-à-dire, en forme d'escalier, et on y place beaucoup de petits piquets à tête un peu saillante, pour donner de l'adhérence au revêtement.

»Si, malgré ces précautions, le bassin perdait l'eau, il faudrait, après l'avoir rempli, délayer de l'argile ou de la glaise à l'état de bouillie claire, y mêler de la chaux grasse ou du crotin de cheval, ou de la bouze de vache, ou bien encore du marc de cidre ; on mélange et on délaye bien ces matières ; on les verse dans le bassin et on agite l'eau quelque temps uniformément ; puis on laisse reposer. L'eau, entraînant avec elle ces substances dans les fissures où elle s'infiltre, les bouche bientôt et le bassin devient imperméable.

»Pour pouvoir soutirer à volonté le contenu du bassin, on place au-dessus de son fond une buse formée de quatre planchards, et qui porte à son extrémité une petite vanne.

„ Lorsqu'on n'a pas la facilité d'établir sur ses propriétés des bassins réguliers d'une certaine profondeur, et, surtout, quand on a besoin d'emmagasiner un volume d'eau considérable pour arroser de grandes étendues de prairies, ou bien, quand le courant dont on peut disposer n'a pas un volume suffisant pour l'employer directement, il faut établir, dans son lit, une retenue au moyen de laquelle on puisse former un réservoir ou un petit étang en profitant d'un étranglement de la gorge ou du petit vallon dans lequel coule le ruisseau ; quand on ne peut pas établir le réservoir dans le lit du cours d'eau, on choisit dans les environs un pli de terrain convenable, placé de manière qu'on y puisse conduire le fluide par un canal de dérivation.

„Le barrage de retenue est l'ouvrage le plus important et le plus difficile. Pour lui donner une bonne résistance, on doit toujours le faire en courbe dont la convexité regarde la retenue ou l'étang ; cette courbe doit avoir une flèche égale au moins au dixième de la corde de la courbure pour de bonnes terres compactes, et du huitième de la corde, quand la terre dont le barrage doit être composé est sableuse ou graveleuse. En dressant le terrain sur l'emplacement que doit occuper le barrage, on lui donne une pente de sept à huit centimètres par mètre, du côté de l'étang.

„Sur chacune de ses parties, le couronnement de la digue doit avoir une largeur égale au quart de son élévation au-dessus du sol, si cette hauteur n'a pas plus de cinq mètres ; au tiers pour six mètres ; — et à la moitié quand la hauteur est de sept mètres.

„Dans les barrages en terre, pour avoir la largeur de la base : — à la largeur du couronnement on ajoute celle du talus intérieur, qui est d'une fois la hauteur, — plus celle du talus extérieur, qui est d'une fois et demie la hauteur ; ce qui fait, en somme, deux fois et demie la hauteur de la digue, plus la largeur correspondante du couronnement.

„On fixe par de petits piquets les pieds des deux talus de la digue en dedans et en dehors. On trace ensuite les enracinements des deux extrémités de la digue dans les berges des terrains à droite et à gauche : ces enracinements sont une précaution indispensable pour empêcher que l'eau ne s'introduise entre les extrémités de la digue et le terrain naturel.

„ Après avoir enlevé la terre végétale sur tout l'emplacement de la base de la digue et de ses enracinements, on creuse le sol sous le milieu du barrage, par escaliers, pour diminuer la largeur de la fouille, jusqu'à l'aplomb des deux arrêtes du couronnement, et on creuse cet intervalle jusqu'à ce qu'on rencontre le sol imperméable ou au moins suffisamment compacte. On agit de même pour les enracinements latéraux.

„ Cela fait, sur une ligne courbe continue qui suit l'axe du milieu de la digue et correspond à l'axe du couronnement, on bat des palplanches jointives de six à huit centimètres d'épaisseur ; on les enfonce d'environ un mètre, et on les laisse saillir irrégulièrement d'un à deux mètres au-dessus du fond de la tranchée ; on relie ces palplanches par des pièces de bois horizontales appliquées de chaque côté de la tranchée et fixées par des boulons.

»Les palplanches ont pour but d'arrêter la filtration des eaux qui pourraient s'insinuer entre les lignes du déblai et du remblai qu'elles tendent à suivre. La face rectangulaire de la ventrière d'amont doit arrêter les eaux qui, après avoir pénétré jusqu'aux palplanches et y étant arrivées, tendraient à remonter vers leur surface d'amont par l'effet de la pression du niveau supérieur des eaux de l'étang.

»Cette opération principale et de garantie étant terminée, on arrose le fond des tranchées avec de l'eau de chaux, on les pilonne fortement, puis on les remblaie par couches de quarante centimètres de hauteur; on pilonne successivement chaque couche avec soin, apres l'avoir arrosée et recouverte d'un peu de pierrailles ou de graviers dont la pénétration rend la terre plus résistante. Pour le remblai du milieu du corps de la digue, on emploie de la terre grasse et compacte, comme de l'argile sableuse, des sables gras ou de la terre franche, principalement des deux côtés des palplanches où le remblai doit former noyau imperméable.

»Si l'on n'avait pas des terres propres à ce travail, on formerait un petit mur de trente à quarante centimètres d'épaisseur, en bon béton de chaux hydraulique de chaque côté des palplanches, et on le continuerait ensuite au-dessus d'elles jusqu'au couronnement, en l'élevant successivement à mesure de l'élévation du remblai du corps de la digue et des deux talus exté-

rieur et intérieur. Les remblais peuvent se faire en terre
ordinaire, mais on doit toujours les établir par couches
successives, horizontales, de peu d'épaisseur, arrosées
et pilonnées.

»Ces travaux exécutés, on couvre la face du talus
extérieur avec de la terre végétale réservée en dépôt,
et on la gazonne ou on la sème. Quant au talus intérieur, le mieux pour empêcher le mouvement des
eaux de le dégrader, est de le revêtir d'un perré, en
ayant soin d'en garnir tous les joints de terre grasse
ou d'argile sableuse comme on emploie le mortier ;
quand on ne veut pas faire cette dépense, il faut le
recouvrir de gazon pris dans des marais ou des lieux
aquatiques, et le piqueter.

»Pour avoir le moins de transport possible, il convient de prendre les terres nécessaires pour le remblai
du barrage sur le pourtour du réservoir ou de l'étang
à former, au-dessous du niveau de la retenue ; et cela,
non-seulement au point de vue de l'économie, mais
encore pour augmenter la capacité du réservoir, sans
augmenter sa surface, et, plus on augmente la profondeur d'un étang sur ses bords, plus on diminue les
effets de l'évaporation ainsi que la végétation des herbes ou roseaux et les inconvénients de la mise au jour
des rives émergées quand les eaux s'abaissent.

»Un barrage ainsi établi peut s'exécuter partout et
à peu de frais ; il sera perpétuel, très-stable, n'exigera que très-peu d'entretien et sera plus sûrement
imperméable que les barrages en maçonnerie, qui
coûteraient beaucoup plus cher, parce que ces massifs

en terre bien battue se compriment sur eux-mêmes et se consolident en se tassant par l'action du temps , tandis que les tassements, si difficiles à éviter dans ces sortes d'ouvrages en maçonnerie , surtout quand ils sont élevés , la font fendre et gercer, et qu'il est très-difficile de remédier aux filtrations qui se font dans ces fissures , parce qu'à raison de leur régularité , les eaux qui s'y glissent y prennent une vitesse qui entraîne facilement les matières avec lesquelles on peut essayer de les boucher et qui ne peuvent jamais bien adhérer avec les faces des pierres disjointes , en sorte qu'il n'y a guère d'autre moyen de remédier à ces inconvénients que la démolition des parties du mur qui sont lésardées , pour les reconstruire après que le tassement du reste est terminé.

» Il est très-convenable de faire un fort creusement tout autour de l'étang , et surtout à sa partie postérieure que l'on nomme la *queue*, et cela pour éviter les alternatives de submersion et d'asséchement de cette queue et des rives en pente douce, alternatives qui ont lieu sur d'assez grandes étendues de terrain dans tous les étangs ordinaires et qui occasionnent l'insalubrité qui résulte de la décomposition des plantes aquatiques et des insectes qui les habitent et de la fermentation des vases émergées.

» En creusant assez profondément les bords et surtout la queue des étangs, et en employant ces déblais à former une espèce de digue ou levée au pourtour, les eaux étant circonscrites par ces berges élevées ne s'étendent pas quand elles croissent, et ne découvrent pas le fond quand elles s'abaissent. En outre, en suivant ce procédé, on augmente la capacité du réservoir, tout en restreignant l'étendue occupée par les eaux, et on diminue l'évaporation, parce que l'eau, ayant de la profondeur sur les bords, s'y échauffe moins que quand elle s'étend en nappe mince sur des terrains couverts d'herbes qui favorisent encore cette déperdition, ainsi que la décomposition du liquide et la formation des gaz délétères. »

III.

MM. Taluyers, Carena et Polonceau nous ont fourni les moyens de construire les réservoirs dans les circonstances ordinaires ; mais il est des dangers auxquels ces entreprises sont exposées, surtout lorsqu'on agit sur une vaste échelle ; il est des précautions à prendre, des conditions dont il est prudent de tenir compte, dont ces auteurs n'ont pas parlé, et pour lesquelles nous devons recourir au mémoire spécial de M. l'ingénieur en chef Vallée. (1)

«Lorsque les digues des réservoirs artificiels ne sont pas assez solidement construites, elles peuvent, en se rompant, occasionner les plus grands ravages. C'est ce qui arriva le 14 avril 1789, pendant la construction du canal du Centre : la digue d'un étang supérieur ayant crevé, il en résulta subitement la rupture de celles de trois étangs qui se trouvaient au-dessous.

(1) *Mémoire sur les réservoirs d'alimentation des canaux et notamment sur ceux du canal du Centre*, in-8°. — Extrait des annales des Ponts-et-Chaussées.

»Le 24 pluviose an ix, une filtration, qui existait au travers de la digue de l'étang de *Long-Pendu*, n'ayant pas été réparée, la destruction de la retenue s'en suivit, ainsi que pour celle de l'étang inférieur de *La Motte;* quatre personnes périrent dans cet événement qui interrompit la navigation du canal du Centre et le priva d'un de ses plus grands réservoirs.

»Le perré qui recouvrait la digue de l'étang de *Torcy* s'écroula en l'an x. En 1825, à la suite de pluies violentes, des branchages arrêtés par les claies destinées à empêcher les poissons de sortir, obstruèrent les deux déversoirs de l'étang du *Plessis;* l'étang ayant débordé, la digue creva, ce qui occasionna les plus grands malheurs dans la vallée où six cent mille mètres cubes d'eau se répandirent instantanément; la perte fut évaluée à quatre cent mille francs.

»Les digues de l'étang de *Berthaud* avaient été rehaussées à plusieurs reprises, et retenaient six cent cinquante mille mètres cubes d'eau; le 14 avril 1829, un vent du sud, qui soufflait depuis plusieurs jours, ayant donné une forte amplitude aux vagues, les eaux, jetées sur le couronnement et sur le talus extérieur de la digue qui venait d'être planté d'osiers, le dégradèrent si activement qu'au bout de deux heures, l'étang déversa par une brêche et se vida ensuite en aussi peu de temps. Il en résulta pour près de cent mille francs de dommages (1).

(1) Vers 1825, la digue du Pantano de Lorca, dans le royaume de Murcie, se rompit, et les eaux dévastèrent le terroir et même

»Pour éviter que, sous l'impulsion du vent, les vagues ne franchissent la digue et n'en causent la rupture, il faut que les déversoirs tiennent constamment la surface de l'eau au-dessous de la crête de la retenue, d'une quantité suffisante, c'est-à-dire proportionnée à l'étendue du bassin. La digue de l'étang de Berthaud se rompit parce qu'on avait imprudemment relevé le déversoir.

» Sur cet étang, en 1829, les vagues étaient lancées jusqu'à cinq mètres de hauteur au-dessus du niveau moyen des eaux. On conçoit qu'elles devaient avoir une force de destruction très-grande. A Torcy, en 1827, le vent traversait l'étang dans sa plus grande dimension (de 1,200 à 1,300 mètres), et faisait jaillir l'eau sur toute l'étendue du couronnement qui était de six mètres.

»Pour prévenir les dégradations et les désordres que peuvent occasionner de si fortes vagues, il faut ou que la digue soit entièrement construite avec de la bonne maçonnerie, ou qu'elle en soit revêtue jusqu'à la hauteur où la vague agit avec une force inquiétante.

les habitations de plusieurs villages. — On se rapelle à Bourg, que deux fois, de mémoire d'homme, toute la campagne environnante et la ville elle-même ont été inondées par la rupture de la chaussée d'un seul étang supérieur, à tel point qu'on fut obligé, dans le bas de la ville, de circuler avec des cuviers qui furent improvisés comme bateaux; les églises, les caves, les magasins du rez-de-chaussée en souffrirent beaucoup. — Un autre étang, dont la chaussée se rompit, fit aussi beaucoup de dégâts, eux environs de Montluel.

A l'étang de Torcy, le dessus de la digue est couronné par un parapet d'un mètre vingt centimètres de saillie et dont la partie supérieure est à trois mètres au-dessus du niveau de l'étang. Cette disposition paraît devoir prévenir toute catastrophe.

» Il arrive aussi que les vagues, délayant les terres sur lesquelles les perrés sont assis, lorsque ceux-ci n'ont pas été fondés à une profondeur suffisante, ces perrés s'enfoncent, se dérangent, s'écroulent, par la dislocation de leurs assises. Quelquefois l'eau pénètre entre le perré et la digue en terre sur laquelle il repose et qu'il est chargé de protéger. Alors, quand, par l'effet de son balancement, la vague se retire, l'eau qui s'est infiltrée entre la digue et le revêtement agit suivant le principe de la presse hydraulique, et le perré se bombant vers l'intérieur du bassin, ses matériaux se dérangent et ne peuvent bientôt plus résiter au choc alternatif des vagues, dans un sens, et à la réaction de l'eau infiltrée, dans l'autre. Alors le revêtement s'écroule, les terres se délaient et les chaussées, s'affaissant sur elles-mêmes, ouvrent un passage funeste à un courant d'eau impétueux qui les démolit aussitôt.

» Les pertes que cause la rupture d'un grand réservoir sont encore augmentées par l'interruption plus ou moins lougue de la navigation ou de l'arrosement, suivant le but pour lequel le réservoir a été construit. On doit donc veiller attentivement :

»Sur la suffisance et l'intégrité de débouché des déversoirs ;

» Sur tout suintement , toute filtration des eaux au travers des digues ;

» Sur l'effet des grands vents pour soulever des vagues qui agiraient contre une digue ayant trop peu d'élévation au-dessus du seuil du déversoir ;

»Sur le peu de garantie qu'offrent les simples perrés en pierres sèches.

»Les digues des grands réservoirs doivent être construites avec économie , mais avec une grande solidité qui prévienne tous les désastres.

» Les eaux limpides des réservoirs ne bouchent pas les joints de leurs perrés comme les eaux bourbeuses des rivières ; elles s'infiltrent donc facilement au travers et font couler les terres et les cales vers le bas en produisant des vides dans lesquels le perré s'enfonce et se disloque , surtout sous le choc des vagues ou des glaces. Au lieu de se faire de l'intérieur du bassin vers le massif de la digue , quelquefois , au contraire , l'éboulement peut avoir lieu de la digue vers l'intérieur du bassin lorsqu'on vient à le vider, parce qu'alors les terres de la digue détrempées pèsent seules contre le perré.

»Les revêtements exécutés en moellons les plus irréguliers, en pierres du moindre volume sont les plus vulnérables. Lorsque les matériaux sont irréguliers ou de petite dimension, un perré un peu épais n'est guère qu'un tas de pierres plus ou moins bien paramenté.

»Pour donner aux perrés la solidité convenable, on a proposé plusieurs moyens malheureusement trop peu sûrs ou trop coûteux. Ainsi , on a conseillé de placer une chape de mortier entre les terres et le perré c'est sans doute un moyen de prolonger la durée de l'ouvrage, et l'on doit mettre au même rang la forme régulière des matériaux, l'épaisseur du perré surtout à la base, le smillage des pierres, leur pose en assises non horizontales, les chaînes de gros matériaux placées de distance en distance, les encastrements en charpente : tous ces moyens ont une certaine utilité, mais sont loin d'offrir une complète garantie. Ainsi, quant à la chape, l'effet des glaces peut la briser, l'eau pénétrer derrière, de grandes chambres peuvent se former sous les perrés et déterminer de graves accidents ; il en est de même pour le reste.

»Les perrés à gradins offrent de grands avantages, même pendant leur construction : chaque gradin inférieur sert pour ainsi dire d'échafaudage pour celui qui suit et le maçon travaille et soigne chaque assise à son aise. Si l'on incline un peu ces assises vers l'intérieur du bassin l'eau des pluies et des vagues est en partie rejetée de dessus la digue et celle même qui s'y infiltre par les joints, ressortant bourbeuse et chargée du peu de terre qu'elle a pu délayer, ces joints finissent par s'obstruer ; on est d'ailleurs moins exposé aux souflures quand les assises ne sont pas d'équerre au parement.

»Pour que les réparations deviennent plus faciles, il est bon d'éviter toute solidarité entre les diverses parties de la construction, et pour cela, le mieux est de construire les perrés à zones et à gradins indépendants, en composant le perré de talus partiels séparés par des bermes. Toutefois, pour obtenir un revêtement très-solide, il faut, même dans les formes que

nous indiquons, *changer le perré de pierres sèches ,
contre de la maçonnerie de mortier hydraulique , surtout quand la hauteur d'eau qui presse sur les digues
dépasse cinq mètres.*

»A cause de la chute impétueuse du liquide, les déversoirs doivent être d'une grande solidité. Celui de
Torcy a huit mètres de large , et cependant, après une
pluie d'orage , la lame qui s'épanchait avait 0 m. 50
d'épaisseur. Dans notre climat méridional, à pluies
presque tropicales, un déversoir de huit mètres ne
suffirait probablement pas pour un bassin de la même
étendue. »

Le dernier chapitre de la brochure de M. Vallée est
consacré à la comparaison des avantages et du coût
des divers systèmes de digues des réservoirs ; il est
évidemment de la plus haute importance.

Pour se rendre plus intelligible , l'auteur pose les
données générales suivantes :

1º La digue est destinée à retenir une hauteur d'eau
de douze mètres à l'endroit le plus bas du terrain ;

2º La longueur de cette digue , mesurée à deux
mètres au-dessus de l'eau , est de trois cents mètres ;

3º Le profil du terrain est tel que celui de la digue
doit s'estimer par le produit du plus grand profil transversal , c'est-à-dire du profil pris à l'endroit de la plus
grande hauteur d'eau , multiplié par les deux tiers
de la longueur de trois cents mètres , soit multiplié
par deux cents.

«Afin d'opérer avec simplicité, calculons, dit-il,
pour chaque projet le prix du mètre courant de digue,

exécuté avec les dimensions du profil le plus grand, et nommons ce prix *dépense comparative*. Cette dépense multipliée par le nombre *deux cents* donne le prix de la digue, abstraction faite des bondes, déversoirs, garde-vagues, etc.

Les évaluations sont faites aux prix suivants :

Le mètre carré de dégazonnement et de dévasement...	0 f. 50
Le mètre cube de remblai pour la digue.............	1 04
Le mètre cube de corrois.....................	0 70
Le mètre cube mi-corrois........................	0 35
Le mètre cube de pierre, cassée à la grosseur d'un œuf.	4 50
Le mètre cube de perré en pierre de la localité	6 80
Le mètre cube de maçonnerie en pierre sèche pour parements de perré à gradins	9 30
Le mètre cube de maçonnerie hydraulique en pierre de premier choix................................	22 80
Le mètre cube de maçonnerie en pierre du pays, avec mortier hydraulique............................	15 40

DES DIGUES EN TERRE.

1° *Digue en terre non corroyée.* (Projet n° 1.)

„On construit avec des digues en terre non corroyée plusieurs réservoirs d'une grande capacité sur les canaux neufs qui s'exécutent. On donne à la digue deux mètres de *revanche* (1), deux mètres de largeur en couronne, deux et demi de base pour un de hauteur au talus antérieur, et un et demi au talus postérieur. Dans ces dimensions, la dépense comparative de cette digue est de 495 fr. 92.

(1) Partie de la digue qui surmonte le niveau de l'eau.

2º *Digue en terre avec corrois.* (Projet nº 2.)

» Cette digue a les dimensions de celle qui précède , et pour, qu'elle soit imperméable , on la projette avec corrois de douze mètres de hauteur sur deux mètres de largeur en haut, avec des talus d'un demi de base pour un de hauteur. Un tiers des terres situées sur ces talus seront seulement battues en corrois ; les deux autres tiers seront en mi-corrois ; — la dépense comparative de cette digue sera de 540 fr. 72 c.

DES DIGUES REVÊTUES DE PERRÉS.

1º *Digue revêtue d'un perré ordinaire.* (Projet nº 3.)

» Mêmes dimensions générales que les précédentes, sauf le talus antérieur, dont la pente aura deux de base pour un de hauteur. Le perré aura 0 m. 50 c. d'épaisseur horizontale dans le haut, et 0 m. 80 c. dans le bas. Le perré sera posé sur une couche de pierre cassée de 0 m. 10 c. d'épaisseur et fondé sur un massif de maçonnerie hydraulique de 0ᵐ 80. Toute la maçonnerie sera en pierre brute ou à joints irréguliers, et la partie antérieure de la digue, jusqu'au plan vertical passant au milieu du couronnement , sera battue savoir : 64 mètres cubes en mi-corrois, et 147 en corrois , suivant l'usage. La dépense comparative du projet dont il s'agit sera de 614 fr.

2º *Digue revêtue d'un perré en gradins à zones indépendantes.* (Projet nº 4.)

» La zone inférieure du revêtement sera fondée sur un massif de 0 m. 80 de maçonnerie en mortier hydraulique. Toute la masse de terrasses située en avant du plan vertical passant par le milieu de la couronne sera battue, savoir : 48 mètres en mi-corrois, et 118 en corrois. La *revanche* est toujours supposée de deux mètres. La dépense comparative de ce projet sera de 571 fr.

3o *Digue revêtue de murs inclinés, à gradins et indépendants.* (Projet n° 5.)

» Le talus antérieur se compose de treize murs, ce qui place l'arête supérieure du mur le plus élevé à un mètre au-dessus de l'eau. La largeur de la digue à cette hauteur est de six mètres, et porte un parapet servant de garde-vagues. Entre l'arête intérieure et supérieure du treizième mur et ce parapet, il existe une berme de quatre mètres de largeur dont la pente est de 0 m. 80. Le garde-vagues a 0 m. 58 de largeur, et sa hauteur est de 1 m. 20 c. au-dessus de cette berme ; ainsi il arrête le jet des eaux jusqu'à trois mètres au-dessus du niveau de l'étang. La fondation du parapet a 0 m. 60 c. de largeur sur 0 m. 50 c. de hauteur. En arrière de ce parapet, le couronnement est réglé par deux talus, l'un de 0 m. 60 c. de largeur et de 0 m. 12 c. de pente ; l'autre, qui fait la continuation du talus postérieur de la digue, de 1 1\2 de base ponr 1 de hauteur. Quant aux terres, elles sont battues jusqu'au plan vertical situé à un mètre en avant du milieu du couronnement. 48 mètres sont en mi-corrois le surplus du couronnement est formé de terres battues, 8 mètres en mi-corrois et 4 en corrois.

» D'après ces dimensions, la dépense comparative de la digue dont s'agit est de 639 fr..

DIGUE FORMÉE PAR UN MUR ET DES REMBLAIS.
(Projet n° 6.)

» Deux réservoirs importants, celui de St-Ferréol et celui de Couzon, sont exécutés dans ce système. Au premier, l'eau est soutenue à la hauteur de 31^m 35, et au second, elle l'est d'environ 30^m 50. Deux exemples si remarquables ne doivent cependant pas être imités.

» A Couzon, le mur principal se trouve entre deux remblais : l'un qui s'élève peu, situé vers l'intérieur, présente un talus de moins du sixième, et l'autre, situé vers l'extérieur, s'arrête à un mur de 17^m 87 de hauteur. Le talus de ce dernier remblai est d'un peu moins du tiers. Le couronnement présente une largeur horizontale de 25 à 30 ^{m}. L'ouvrage entier présente 115 ^{m} de base, non compris des pérais latéraux qui rachètent la hauteur de 17 ^{m} 87 et qui ont 40^m de longueur. Un système très-compliqué de voûtes immenses sert à prendre les eaux, au moyen de robinets, comme à St-Ferréol.

» Aujourd'hui, si l'on faisait une digue au moyen d'un mur et de remblais, on devrait évidemment mettre tous les remblais en arrière du mur, qui leur servirait de revêtement.

» Pour que les terres ne soient pas attaquées par les vagues, il faut donner deux mètres de revanche à la digue. Le mur, dans l'exemple que nous poursuivons, aura donc 14 mètres de hauteur, et, comme il devra résister à la poussée des terres, ce qui exigerait une épaisseur de 4ᵐ 66 si les terrasses n'étaient pas en talus à peu de distance en arrière, nous lui donnerons 4 ᵐ seulement d'épaisseur moyenne. Il aura en dessus deux mètres, à la hauteur des fondations six mètres, et ces mêmes fondations auront 6ᵐ 25 de largeur et deux mètres de hauteur. La largeur du couronnement sera de quatre mètres, et le talus postérieur aura un mètre et demi de base pour un mètre de hauteur. Les terres seront battues, savoir : jusqu'à 2ᵐ 25 du mur, en corrois, et au-delà, sur une largeur de trois mètres, en mi-corrois. Le mur sera couronné par un parapet, et le talus de son parement du côté du réservoir sera d'un vingtième.

«D'après cela, le prix comparatif du projet nº 6 sera de 1,315 fr.

DIGUE EN MAÇONNERIE. (Projet nº 7.)

»La hauteur de la charge d'eau étant de douze mètres, plus l'épaisseur de la couche d'eau qui peut passer sur le déversoir, l'épaisseur moyenne de la maçonnerie sera de six mètres ; la revanche sera d'un mètre seulement ; la largeur au couronnement sera de cinq mètres, celle au niveau du fond de l'étang de sept mètres, et le parapet d'un mètre de hauteur sur 0ᵐ 60 de largeur.

» Quant aux fondations d'un aussi gros mur, c'est un objet important et d'une appréciation si difficile et si chanceuse, qu'à moins d'établir la digue sur le rocher et sur un rocher bien plein, il est à craindre que, si une filtration s'établissait en-dessous, les eaux, n'ayant que sept mètres d'endiguement à traverser , n'affouillassent l'ouvrage d'une manière qui obligerait à faire de très-coûteuses réparations. Deux mètres de fondations sont donc une prescription très-modérée.

La dépense comparative de ce projet, en supposant qu'on évite tout emploi de pierre de taille , sera de 1,558 fr.

DE PLUSIEURS AUTRES SYSTÈMES DE DIGUES.

Mur avec des contreforts.—« On a employé ce système pour le réservoir de Lampy qui présente 15^m 60 de hauteur d'eau, et dont la digue en maçonnerie a cinq mètres de largeur en couronne. Cette disposition diminue sensiblement le volume énorme des maçonneries du mur simple ; toutefois , on n'a pas cru devoir l'adopter dans les constructions récentes. Il en est de même des digues en voûte creuse.

DÉVERSOIRS , BONDES , ETC.

» Plus la base de la digue se trouve grande, plus les murs latéraux du déversoir le sont aussi , plus les bondes ont de largeur , et plus, par conséquent, les ouvrages accessoires sont chers.

»Il est aussi bien évident que si le talus antérieur est revêtu de maçonnerie, et que si les terrasses de la digue sont en grande partie corroyées , la dépense de ces mêmes ouvrages sera diminuée.

»Les déversoirs, bondes, etc., sont aussi moins chers, quand il s'agit d'une digue toute en maçonnerie , que lorsqu'il s'agit d'une digue en terre. Enfin le garde-vagues doit être plus élevé sur celles-ci que sur un gros mur.

» Le déversoir, la triple bonde, le garde-vagues, l'é-chelle hydrométrique doivent être estimés dans les diverses hypothèses où nous venons de nous placer , entre les limites de 15,000 à 36,000 fr.

TABLEAU comparatif des prix des divers projets qui viennent d'être décrits.

NUMÉROS ET DÉSIGNATION DES PROJETS.	PRIX du mètre principal.	PRIX de LA DIGUE.	PRIX des OUVRAGES ACCESSOIRES.	DÉPENSE TOTALE.	DÉPENSE rapportée au n° 5 pris pour unité.
1. Remblai ordinaire	496 fr.	99,200	35,800	135,000	0,89
2. Remblai et corroi..........	587	117,400	35,600	153,000	1,01
3. Remblai et perré..........	614	122,800	30,200	153,000	1,01
4. Remblai et perré à gradins et zones horizontales........	571	114,200	26,800	141,000	0,93
5. Remblai avec murs inclinés à gradins et indépendants....	639	127,200	24,800	152,000	1,00
6. Mur et remblai..........	1,315	263,000	18,000	281,000	1,85
7. Gros mur........	1,558	311,600	15,400	327,000	2,15

Des inconvénients et des avantages de ces divers projets.

PROJET N⁰ 1.—« Il ne présente pas de garantie suffisante contre la filtration et contre l'effet des vagues.
Si une filtration se déclare, il pourra être difficile de
connaître d'où elle vient ; il faudra la chercher sur de
grands espaces et finir par corroyer la digue sur toute
son étendue. Il faudra aussi, pour arrêter les dégradations, revêtir le talus. On n'aura qu'une jouissance
interrompue, on finira par dépenser plus que si on
avait, de prime-abord, opéré avec plus de précaution.

PROJET N⁰ 2.— ″Dans ce projet, l'effet des vagues
est encore à craindre, et l'on est sérieusement exposé,
quand le réservoir est vaste, à un entretien coûteux ,
à des accidents graves.

PROJET N⁰ 3. — ″Ce qui a été dit sur les perrés fait
voir à quoi l'on est, tôt ou tard, exposé.

PROJET N⁰ 4.— ″ Ce projet est certainement préférable au précédent , et cependant il est moins cher.
L'un et l'autre réclament l'addition d'un garde-vagues
en charpente ; ils ne donnent , comme les trois premiers , que des garanties bien restreintes.

PROJET N⁰ 5.— ″Il présente les plus grands avantages sous le rapport de l'économie et paraît cependant
avoir toute la solidité désirable.

PROJET N⁰ 6. — ″ Dans certains terrains le mur est
d'une fondation difficile. Si le sol cède, ce qui, à moins
de fondations énormes, peut très-bien arriver , on est
jeté dans des dépenses considérables. Si le mur prend

un peu d'affaissement , en sorte qu'il vienne à se lézarder et à se détacher des terres, puis, que l'eau passe en arrière , l'étang est compromis ; car le mur est calculé pour résister à la pression des terres et non à celle de l'eau. On n'est ainsi à l'abri ni des grandes réparations , ni d'un désastre.

» Ce projet serait encore plus cher si on y introduisait des pierres de taille pour lier le parement à la masse de la bâtisse ; ce qui serait, pourtant , convenable.

Projet N° 7.—»L'estimation de ce projet est aussi trop faible. Il est pourtant préférable au précédent : 1° en ce que ce dernier ne résiste pas à la pression des eaux qui seraient entre les terres et le mur ; 2° en ce que toute filtration qui viendrait à se manifester s'apercevrait immédiatement et pourrait être réparée sans qu'on fût obligé d'enlever d'énormes volumes de terrasses.

Du projet qui doit être préféré.

» Il est évident qu'un réservoir est un ouvrage trop important pour qu'on adopte un système défectueux d'exécution en obtenant, au plus , une économie d'un dixième. En conséquence , les projets 1 , 2 , 3 et 4 , y compris le garde-vagues qu'ils réclament, n'étant pas de dix pour cent moins chers que le projet N° 5, et ce dernier étant incomparablement meilleur : — ils doivent être rejetés.

»Le projet N° 6 ne peut pas soutenir la comparaison avec le N° 7 ; il est à-peu-près aussi cher , le mur est aussi difficile à fonder , et ce mur a des inconvénients que ne présente pas l'autre ; il n'y a donc de comparaison utile à faire qu'entre le projet N° 5 et le projet N° 7.

» Il faut bien considérer ce que c'est qu'un mur immense, fondé en travers d'une vallée presque toujours torrentielle parce qu'elle est nécessairement rapprochée d'un faîte. Le lieu de la fondation est le bassin dans lequel passe accidentellement un cours d'eau. Si ce bassin n'est pas formé de rocher , le lit du ruisseau, à sec pendant chaque été , se sera souvent porté dans une autre place à l'automne suivant. Chaque lit abandonné se sera rempli de sable et de vase , et la formation du sol sera nécessairement , tout à la fois , et la plus variable et la plus défectueuse. C'est ce qu'on a remarqué dans la vallée de Torcy. C'est ce qu'on voit dans la vallée de Berthaud , où l'on a du rocher à l'est, du bon terrain à l'ouest , et du mauvais au milieu. Et, lors-même qu'on aurait partout du rocher , il faudrait examiner s'il n'est pas formé de bancs brisés; car c'est au fond des vallées et au sommet des coteaux que les bancs présentent les brisures. On peut donc poser en principe que la fondation d'un gros mur est un des objets d'art où les augmentations de dépense sont le plus probables , et où les chances d'affaissement , si on ne bâtit pas sur le rocher , sont le plus difficiles à éviter.

» D'après cela , le projet N° 7 coûtera, généralement, trois fois autant que le projet N° 5.

» Pour que le premier pût être préféré , il faudrait

que son entretien présentât une épargne convenable,
ou que ce projet offrît une grande chance de succès.
Et, d'abord, son entretien n'est pas sans dépense,
car il offre deux immenses parements verticaux dont
les réparations et le rejointement sont fort difficiles.
L'un de ces parements est toujours exposé à l'air et à
la gelée. L'eau, par la porosité des mortiers et les
vices d'exécution, devant souvent, sous une forte pression, transuder à travers les maçonneries, les dégradations d'hiver sont considérables, et, dans tous les
cas, le séjour des pluies et des neiges sur les retraites
du parement postérieur occasionnera des dégradations
qui n'auront pas lieu sur les murs inclinés, à gradins
et indépendants, lesquels, pendant l'hiver, seront
toujours en grande partie submergés. De plus, il ne
faut ni échelles, ni échafaudages suspendus pour réparer les petits murs.

»En second lieu, on remarquera que, pour les filtrations en-dessous de la digue, tout l'avantage est au
projet N° 5.

»Et, quant à la sécurité, il faut reconnaître qu'elle
est aussi en faveur de ce projet. Il s'appuie sur le terrain par une large base, il le comprime sur une vaste
étendue, en commençant par un poids qui n'est rien
au pied du talus d'amont, qui s'accroît jusqu'au milieu et qui finit à rien au pied du talus d'aval. Ce projet est donc, en quelque sorte, solidaire avec toute la
vallée. Il n'en est pas de même de l'autre. Le gros
mur exerce une pression immense sur le sol, et il
l'exerce, comme un emporte-pièce, sur une si petite

base , qu'on est fondé à craindre qu'elle cède. Il faut considérer , d'ailleurs, que la digue en question , le réservoir étant plein , est soumise à une pression de 14,400,000 kilogrammes , sous l'influence de laquelle les causes de dégradations peuvent avoir les plus funestes conséquences. Or, le poids de la digue en terre est plus que double de celui de la digue en maçonnerie ; la première a plus de stabilité que la seconde.

» Nous croyons donc que, sous le rapport de la dépense de première exécution, et même sous le rapport de l'entretien, comme sous le rapport des filtrations en dessous de la digue, et sous celui des événements funestes qui peuvent bouleverser un pays en crevant un réservoir, la sécurité est toute en faveur du projet de digue en terre avec revêtement en murs inclinés, à gradins et indépendants. »

C'est là ce que M. l'ingénieur en chef Vallée, aujourd'hui inspecteur général des ponts-et-chaussées, a cru utile d'établir dans l'intérêt de l'art et des capitaux qu'on peut consacrer à ce genre d'entreprises.

Toutefois qu'on ne s'effraie pas des chiffres récapitulatifs qu'il a posés. D'abord ses prix par nature d'ouvrage sont trop élevés pour notre pays, et l'on peut, sur l'ensemble, faire un rabais du tiers.

De plus , dans l'exemple qu'il a choisi, il s'agit d'une très-vaste construction qu'on n'entreprendrait guère que dans l'intérêt de l'Etat ou aux frais d'une association puissante. En général, dans les constructions particulières, la digue des réservoirs d'irrigation n'aura guère que le dixième de la masse prise pour exemple. En faisant subir aux chiffres de M. Vallée les deux réductions que nous indiquons, on obtient, suivant le système de construction qu'on adopte :

Pour les digues

1° En remblai ordinaire.............. 9,000 f.

2° En remblai avec corroi............ 10,000

3° En remblai avec perré............. 10,200

4° En remblai avec perré, à gradins et à zones horizontales................. 9,400

5° En remblai avec murs inclinés, à gra-dins et indépendants............... 10,134

6° Avec mur et remblai.............. 18,734

7° En un gros mur seulement......... 22,467

Au reste, les exemples nombreux que nous avons cités prouvent, de la manière la plus évidente, que tous les systèmes de construction réussissent *sur de petites dimensions*.

IV.

Une chose très-importante en agriculture et qui tient en réalité au grand système des réservoirs artificiels, *c'est le moyen de régulariser les petits cours d'eau et de prévenir le débordement des ruisseaux et des rivières*.

Suivant M. Guillard jeune, inspecteur émérite de l'Université (1), « on attribue généralement à la des-» truction des forêts cette fréquence d'inondations

(1) *Moyen de rendre les inondations moins fréquentes et moins dangereuses*.

» qui s'augmente d'une manière effrayante d'année
» en année, et certes on a raison. Une foule de savants
» de tous les pays ont démontré la réalité de cette
» cause, dans les *Annales européennes* , et en ont dé-
» duit les conséquences, non seulement pour ce qui a
» rapport aux fleuves et aux rivières , mais à l'égard
» de nos montagnes jadis si belles quand elles étaient
» couvertes d'arbres majestueux , et dont la dénuda-
» tion actuelle multiplie les accidents du tonnerre et
» de la grêle , détruit ou diminue les sources d'eau ,
» etc.... »

De toutes parts , le gouvernement est sollicité d'a-
dopter les mesures les plus promptes et les plus efficaces pour le rétablissement des forêts ; mais , pour
suppléer à l'insuffisance des moyens directs dont il dispose, diverses propositions surgissent incessamment
à l'effet de diminuer les maux que causent la masse
des eaux torrentielles et la quantité plus funeste encore de terres et de cailloux qu'elles arrachent des
montagnes et dont elles encombrent leur lit puis les
plaines et les vallées , au grand détriment de la culture et de la navigation. M. Guillard propose le dragage en grand des fleuves et des rivières ; ce moyen
dispendieux nous paraît atteindre l'effet et non la cause
du mal ; le procédé de M. Hauducœur nous semble
bien préférable , et nous allons le faire connaître , tel
qu'il l'a communiqué en 1842 à la société d'agriculture
de Seine-et-Oise.

« Lorsque dans les gorges et les petits vallons où
l'on veut établir des réservoirs et des étangs , il existe

un courant d'eau habituel , abondant après les pluies et faible ou nul dans les temps de sécheresse : — si, au moyen de barrages que l'on établirait pour réunir et conserver les eaux , on faisait cesser pendant un temps plus ou moins long tout écoulement à l'aval de ces retenues , — les riverains inférieurs pourraient se plaindre avec raison de la privation du courant naturel qui existait antérieurement. *Un moyen simple et efficace d'éviter cet inconvénient consiste à établir dans tout barrage de réservoir ou d'étang , à une certaine élévation, par exemple au tiers de la hauteur de la retenue à partir de sa base, un pertuis permanent et constamment ouvert , par lequel les eaux s'écoulent régulièrement et modérément , jusqu'à ce que leur surface descende au niveau du bas de cette ouverture.*

« *Ce moyen régulateur , bien simple , satisfait à toutes les conditions d'un bon aménagement des eaux.*

» En effet, si l'on observe un ruisseau dans son état naturel, *sans retenue* : — au moment des pluies abondantes, les eaux précipitées subitement coulent à pleins bords avec une grande vitesse, corrodent ses rives et inondent les terrains inférieurs qui bordent son cours. L'on ne peut utiliser au passage qu'une très-faible partie de son volume, d'abord parce qu'il est trop considérable et trop impétueux, et ensuite, parce que, lorsqu'il a plu abondamment, on n'a pas besoin d'arroser. Mais, quand vient la sécheresse, le cours de ce même ruisseau se trouve tellement réduit qu'il ne peut être que d'un secours très-faible et, trop souvent, tout-à-fait nul.

»Au moyen d'une retenue, les eaux très-abondantes que l'on aurait été obligé de laisser passer en pure perte, peuvent être emmagasinées et conservées pour en faire usage dans l'intervalle des pluies ; et, en établissant dans le barrage une ouverture permanente, l'écoulement devient durable, régulier, et les riverains peuvent en profiter beaucoup mieux et plus longtemps qu'ils n'auraient pu le faire sans la retenue. Donc, loin de souffrir et de pouvoir s'en plaindre, ils en tireraient des avantages précieux et devraient s'en féliciter.

»Cette disposition ingénieuse remplit encore un but d'utilité que voici :

»Souvent un étang, qui n'a de dégorgement que par un déversoir supérieur, comme cela a lieu presque pour tous, se trouvant plein jusqu'au déversoir lorsque surviennent de fortes pluies, les eaux nouvelles qui arrivent ne pouvant y trouver place s'écoulent avec violence, soit par dessus le déversoir, soit par la vanne de la bonde que l'on ouvre ordinairement dans ces sortes de cas ; alors, non-seulement elles passent en pure perte, mais encore elles produisent des effets nuisibles.

»Quand, au contraire, il y a une ouverture permanente, l'eau de l'étang s'abaissant progressivement dans l'intervalle des pluies, il s'y trouve de la place pour recevoir les eaux nouvelles, et leur écoulement se fait ensuite régulièrement et doucement. Il suit encore de là que, par ce moyen, l'eau de l'étang se renouvelle beaucoup mieux et est, par conséquent, plus salubre.

»Les dimensions à donner à ces ouvertures et la fixation de leur hauteur dans les barrages dépendent des droits et des usages existants sur chaque cours d'eau, de la capacité de l'étang et de la relation entre sa contenance et le volume moyen des eaux pluviales et de sources que reçoit, au-dessus de lui, le vallon dans lequel il est placé. Il en résulte qu'on ne peut pas poser de règle générale, et qu'il faut en établir une spéciale pour chaque localité , d'après l'appréciation des effets que l'on doit attendre des diverses causes très-variables qui peuvent modifier les résultats de chaque retenue.

» En général, le mieux est de se réserver la faculté de modifier l'ouverture d'écoulement habituel , par une vanne mobile ou un clapet à registre, dont on fait varier l'ouverture jusqu'à ce qu'on ait reconnu la plus convenable. En outre, en cas de pluies extraordinaires, on augmenterait à volonté le débouché habituel.

»En employant à la fois ce moyen de régularisation et celui de la retenue des eaux pluviales par des rigoles horizontales d'infiltration établies sur les pentes, *on parviendrait à prévenir efficacement, ou au moins à diminuer de beaucoup les débordements des rivières qui causent tant de dommages et de désastres, et qui sont souvent plus puissants que tous les moyens dispendieux que l'art emploie pour leur résister, sans compter les conséquences si graves des changements que les grandes crues produisent dans le régime des fleuves et des rivières, et les grandes corrosions qu'elles opèrent sur leurs rives.*

» En effet, leurs débordements ne proviennent que de la surabondance d'eau, produit presque subit des pluies qui descend des pentes rapides, et de tous les petits courants qui affluent à la fois : — de plus, de ce qu'au lieu d'aménager ces eaux pour en mieux profiter comme le voudraient la prudence et l'intérêt général, on leur laisse malheureusement suivre toutes les irrégularités de l'état naturel.

»Si, au contraire, appliquant à la conservation, à la régularisation des petits cours d'eau, les sages précautions dont on use pour tant de choses de moindre importance, *on établissait, sur chacun des bassins partiels qui fournissent à l'alimentation d'une grande rivière, des rigoles de retenue sur les pentes, et, sur chaque ruisseau, des réservoirs capables de contenir la surabondance d'eau que les versants reçoivent par les grandes pluies ou les fontes de neige, et si les barrages de retenue de ces réservoirs étaient tous munis d'ouvertures permanentes, il est bien certain que la majeure partie des eaux de pluie y étant arrêtée et ne pouvant plus en sortir que lentement et progressivement, la rivière n'éprouverait plus que des crues modérées et sans danger.* Alors, au lieu de couler à plein lit ou même par dessus ses bords pendant quelques jours après les pluies, et de descendre ensuite assez bas pour que la navigation y devienne difficile et même impossible, la rivière principale n'éprouverait, lors des pluies même les plus abondantes, qu'une augmentation de volume modérée résultant seulement des eaux qui lui arrivent directement des pentes qui la bordent et du trop-plein des réservoirs, ce qui ne serait jamais assez considérable pour lui faire surmonter ses rives.

Après la pluie, et lorsqu'elle s'abaisserait, cette rivière recevrait les contingents constants, réguliers et durables, fournis par les ouvertures permanentes de chacun de ses affluents, et, par là, elle conserverait long-temps la hauteur moyenne la plus favorable pour la navigation, pour les irrigations et pour les usines.

Ainsi, ce moyen si simple étant appliqué et généralisé, garantirait les riverains des petits cours d'eau et ceux de toutes les rivières des dommages si multipliés que leur causent les débordements, ou, du moins, il en diminuerait beaucoup l'étendue ; il leur assurerait une jouissance facile, régulière et bien plus durable qu'elle ne l'est maintenant, des avantages que l'on peut obtenir de l'état moyen de tous les courants, et il les préserverait autant que possible des inconvénients de la sécheresse et des basses eaux. Il assurerait à toutes les usines le bienfait de moteurs plus constants ; il favoriserait éminemment le commerce par la plus grande régularité de la navigation ; il garantirait les particuliers des pertes énormes que causent les inondations, et il éviterait au gouvernement les réductions d'impôt par les non-valeurs, les pertes de recettes qui en résultent, et les grandes dépenses qu'il est sans cesse obligé de faire pour réparer et reconstruire dés digues, des routes et des ponts entamés ou emportés par les débordements,

Enfin, la réalisation, sur les petits cours d'eau, de retenues avec des ouvertures permanentes, serait le meilleur et le plus puissant moyen de faciliter les irrigations et d'en généraliser l'emploi.

La vulgarisation et l'application fréquente de cette idée doit donc être mise au rang des objets d'un intérêt puissant, qui méritent le plus l'attention du public et du gouvernement.

On sait que les barrages en terre sont peu coûteux à construire; d'ailleurs, les bénéfices que produiraient les chutes résultant de ces retenues, et surtout la facilité qu'elles donneraient pour les irrigations, auraient bientôt plus que compensé les frais de leur établissement.

Pour assurer la réalisation des réservoirs préservateurs et régularisateurs sur tous les petits cours d'eau, il faudrait qu'une loi les déclarât d'utilité publique, afin que tout particulier, ou toute association qui voudrait en établir, pût les exécuter sous la simple condition de l'autorisation administrative et de l'observation des règlements nécessaires pour garantir la bonne exécution des ouvrages et pour prévenir les abus. Alors les expropriations des terrains nécessaires à l'emplacement des réservoirs seraient un droit pour les exécutants, à charge par eux de se conformer aux lois qui régissent les ouvrages d'utilité publique.

Et il ne resterait plus à dresser que les règlements locaux indispensables pour la répartition et l'usage des eaux entre les ayant-droit.

Sur le rapport d'une commission spéciale, la Société de Seine-et-Oise a approuvé les idées de M. Hauducœur, et décidé qu'elles seraient communiquées au gouvernement, en l'invitant à faire les règlements nécessaires pour appliquer ce système à tous les étangs.

« Mais, dit M. Polonceau : — pour encourager, favoriser, accélérer l'exécution des réservoirs régulateurs et la rendre aussi générale que possible, il faudrait encore, en considération de l'intérêt public attaché à leur réalisation, et des avantages immenses qui doivent en résulter pour les particuliers, pour les départements et pour l'Etat, que des primes convenables fussent assurées pour tout réservoir régulateur qui serait établi dans de bonnes conditions, et que le montant de ces primes fût acquitté moitié par le gouvernement et moitié par le département, ce qui serait de toute justice, puisqu'ils en recueilleraient eux-mêmes de grands avantages.

Pour le succès de ces entreprises, et pour la généralisation des irrigations qui s'y lie essentiellement, il faut d'abord l'appui prononcé et des secours efficaces du gouvernement central, des administrations départementales et communales, et enfin l'emploi du levier puissant de l'association.

Cet emploi est ici bien naturel, car il y a évidemment intérêt général, commun et direct pour la grande majorité des propriétaires et cultivateurs dont les terrains sont situés dans un même bassin, pour tous ceux qui emploient des usines mues par des cours d'eau, et intérêt indirect, mais néanmoins certain, pour toutes les classes de la société.

Ici, comme pour tous les progrès de la civilisation, après le gouvernement, c'est aux propriétaires riches et éclairés à donner l'exemple, et ils le doivent d'autant plus, qu'en même temps qu'ils se feront honneur, ils en recueilleront les premiers fruits et les plus grands bénéfices (1). »

(1) Polonceau, *loco citato*, p. 223.

CHAPITRE SEPTIÈME.

—

*Considérations spéciales et locales sur les réservoirs ;
— Précautions et dépenses d'établissement pour
ceux de moyenne grandeur.*

Réservoirs dans le Gard.

Le résultat final de l'organisation des cours d'eau ,
le but théorique, le beau idéal , si l'on veut , me paraît être ce qui suit :

Dans tout Etat arrivé à l'apogée de la civilisation ,
l'eau *des rivières et des fleuves* devrait être principalement employée à satisfaire aux besoins de la navigation et du commerce.

L'*eau des sources* aurait à pourvoir au bien-être
des animaux et des hommes , à l'approvisionnement
hygiénique et libéral de toutes les villes et de toutes
les habitations. Dans les pays froids et élevés , l'eau
des réservoirs pourrait concourir utilement à cet emploi , si négligé de nos jours , et pourtant de la plus
haute importance.

Enfin , l'*eau des pluies* , retenue dans des bassins
naturels ou artificiels nombreux et suffisants, prudemment aménagée et distribuée avec intelligence , donnerait des cascades motrices , force économique et

puissante de l'industrie, ou bien des irrigations fertilisantes au profit de l'agriculture.

Ainsi, tous les besoins seraient satisfaits, toutes les ressources utilisées. On n'arrivera jamais, je l'accorde, à la réalisation complète d'un pareil aménagement ; mais, sans prétendre à la perfection, ne doit-on pas s'efforcer de mieux utiliser les ressources nationales, de sortir peu à peu de l'état d'incurie et de désordre où se trouve l'un des plus riches éléments de la prospérité publique. Tous les peuples de l'antiquité ne nous ont-ils pas légué d'admirables exemples ?

L'inondation du Nil était d'abord reçue dans les canaux, les tranchées, les réservoirs de la Haute-Egypte ; le pays inférieur ne s'approvisionnait qu'après, selon les règles prescrites, et l'eau était distribuée ainsi avec tant de soin et d'économie, qu'elle se répandait sur toute la surface du royaume : — *De telle sorte que, de toute l'eau des pluies qui tombait dans les contrées supérieures, il n'en arrivait pas la dixième partie jusqu'à la mer* (1).

Tel doit être partout l'idéal de perfectionnement du Service hydraulique, qu'on ne réalisera jamais, sans doute, complètement, mais dont un corps d'ingénieurs savant et dévoué rapprochera le pays de plus en plus, à mesure qu'on mettra dans ses mains une autorité supérieure et des ressources pécuniaires suffisantes.

Plus je réfléchis sur la création des réservoirs d'eau

(1) Tatham, *Traité de l'irrigation.*

de pluie dans le but de conserver ce qui surabonde en hiver pour les époques de chaleur et de sécheresse , et plus j'y vois l'une des questions vitales de l'agriculture et de la prospérité publique , surtout pour notre climat sec et brûlant du midi, où , tous les ans , le ciel nous refuse la pluie pendant plusieurs mois consécutifs.

Placées aux portes de la métropole de l'industrie française, les montagnes de l'Ardèche et du Forez seraient couvertes de fabriques et d'usines prospères, sans la pénurie des eaux qui oblige à l'emploi trop coûteux de la vapeur.

Il en serait de même dans le Bas-Dauphiné , dans le Languedoc et la Provence pour la fabrication de la soie et des riches tissus qu'elle produit.

Il en serait de même dans les pays fertiles , quoique froids , où l'on récolte du chanvre, du lin ; dans les montagnes de la Lozère, du Limousin, de l'Auvergne, du Poitou, sur nos *Causses*, sur la Montagne-Noire , les Corbières , dans toute la chaîne des Cévennes.

Dans la moitié de la France , dans sa partie méridionale, l'eau manque partout pendant l'été à l'agriculture , à l'industrie , et il n'est qu'un seul moyen de rémédier à cette misère : la construction de nombreux réservoirs à l'origine des cours d'eau , dans les vallées supérieures , à la naissance des torrents.

Quels bienfaits ne recevraient pas les pauvres habitants de nos montagnes où les hivers sont si longs , si rigoureux , où les salaires sont si exigus , — si les usines et les manufactures pouvaient leur fournir du travail pendant toute l'année ?

Quels ne seraient pas les avantages donnés aux habitants de nos vallons , de nos plaines , du littoral de la Guienne , de la Provence et du Languedoc , de la Gascogne , que le soleil dévore pendant six mois entiers, si de bienfaisantes irrigations venaient ranimer la nature desséchée , raffraîchir un sol embrasé ?

Mais ces réservoirs sont-ils donc si difficiles à établir , les emplacements favorables si rares , les dépenses si considérables , qu'on n'y puisse atteindre ? C'est ce qu'il convient d'examiner avec attention.

I.

Quand nous considérons que des réservoirs de toutes les grandeurs , que des bassins servant à l'arrosement de provinces entières , de plusieurs bourgades , ou, seulement, de propriétés particulières , ont été établis , dans l'antiquité , sur toutes les parties du monde connu ;

Quand on sait qu'un grand nombre de ces constructions existent encore, et, quoique à l'état de ruine, soutiennent la fertilité de la Chine et de l'Inde ;

Quand on les retrouve en Espagne et qu'on en construit de nos jours pour le commerce, l'industrie ou l'irrigation , au point culminant de tous les canaux de navigation à point de partage , en Hongrie , en Angleterre , en Piémont , dans le Charollais (1) , en

(1) « Dans les montagnes du Charollais , les étangs sont plu-

Dauphiné, en Languedoc, en Provence ; que doit-on conclure, sinon que les emplacements ne sont pas très-difficiles à trouver , et qu'il faut seulement agir avec prudence et avec une connaissance exacte de toutes les conditions de succès ?

On doit se demander d'abord si l'on veut construire dans un but d'utilité générale ou privée, pour l'industrie ou pour l'agriculture, et, dans ce dernier cas, pour une surface de terrain vaste ou restreinte.

Il est des montagnes très-abruptes dont les ruisseaux se précipitent en cascades ou glissent sur des pentes très-rapides , et dont les vallons ont très-peu de largeur ; là des barrages sont très-faciles à établir, car les versants sont très-rapprochés l'un de l'autre , et l'on trouve le roc partout, au fond comme sur les côtés.

Dans ces localités , nous le disons tout d'abord , il convient de ne penser qu'à l'industrie et aux irrigations privées, parce qu'on dispose de beaucoup de pente et de peu d'eau.

En mécanique , la chute supplée au volume, ce qui n'est pas en agriculture, et, dès-lors, quand les montagnes se dressent brusquement , la moindre source pérenne qui se précipite du haut, jointe à une réserve quelconque d'eau pluviale, donnera le résultat désiré ; car , dans la vallée la plus étroite , avec la plus faible

----

» tôt destinés à servir de réservoirs aux moulins et à l'irrigation
» qu'à être pêchés. — Puvis, *des Etangs*, *de leur construction*,
» *de leur produit*, *etc.*, *in-8o*, 1844, pag. 81.

réserve d'eau, il suffira de remonter le barrage ou de descendre l'usine, pour obtenir l'effet dynamique dont on a besoin.

C'est là qu'il convient de suivre la méthode de M. Hauducœur et de régler les écoulements à la moyenne continue du liquide dont on dispose.

Dans l'intérêt de l'agriculture on agira différemment en général; car, pour elle, la hauteur de chute ne saurait remplacer le volume; mais heureusement que les déchirures profondes, que les terrains pentifs dont nous venons de parler, sont ordinairement si frais et la partie cultivable si peu étendue, qu'il ne faut que peu d'eau ; ainsi donc, des réservoirs de peu d'importance ou la régularisation par des barrages à ouvertures convenablement graduées pourront encore suffire ici pour les besoins de l'irrigation, comme ils le font pour ceux de l'industrie.

En conséquence, il nous semble que pour toutes les vallées étroites et abruptes, pour toutes celles en forme de déchirures qui ne s'élargiraient pas en amont du barrage, où le terrain se relève promptement, — les bassins à construire ne pouvant contenir que peu d'eau, il faut se contenter de faire des barrages à pertuis gradués pour obtenir *une moyenne* d'écoulement plus durable que dans l'état naturel : ou bien de petits réservoirs, dans le seul intérêt de l'industrie ou des arrosages individuels.

Ici les travaux seront peu coûteux, car le sol est ferme et la vallée étroite ; mais, d'autre part, ils seront presque toujours à la charge d'un seul propriétaire, car le réservoir ne contiendra que ce qu'il faut pour lui ou pour mettre en mouvement une seule usine, et cela grâces encore à la hauteur de chute qu'on pourra donner.

Pour l'irrigation, on devra faire le calcul que voici :

Dans tout le Midi l'arrosement triple au moins la valeur du sol ;

Pour arroser un hectare de terrain pendant tout le temps de la sécheresse, il faut au plus dix mille mètres cubes d'eau ;

Pendant les cinq mois d'été, le réservoir, supposé plein à la fin d'avril, se remplira au moins deux fois par l'effet des sources existantes, des pluies ordinaires ou des orages ; donc un réservoir de 3,333 mètres de surface suffirait avec un mètre de profondeur.

Mais, si celle-ci est triple, mille à douze cents mètres de surface pourront suffire. Supposons, ce qui est certainement un maximum, qu'il faille deux mètres de hauteur d'eau pour compenser les pertes qui résulteront de l'évaporation dans l'atmosphère ou de l'imbibition dans le sol, il faudra réunir dans le bassin cinq mètres de profondeur d'eau, ce qui n'a rien d'exorbitant.

En résumé, mille mètres carrés de surface d'eau sur cinq de profondeur suffiront à peu près par hectare ; soit, en surface, un sur dix. Or, une superficie de dix hectares, fauchable trois fois par an, est d'une valeur inestimable dans les montagnes, tandis que l'emplacement, sur mauvais sol, d'un réservoir de mille mètres carrés est assez facile à trouver.

On rencontrera fréquemment , à mon avis , le long des ruisseaux et des torrents des pays montueux, des emplacements convenables pour des réservoirs d'arrosement des terrains que les particuliers voudront transformer en prairies. Deux, trois ou quatre propriétaires pourront même s'entendre partout où les torrents encaissés permettront d'établir des barrages élevés et quand les propriétés associées ne seront pas d'une grande étendue.

Quant aux usines, nous l'avons déjà dit :

Attendu qu'on peut généralement disposer de chutes énormes, proportionnellement aux résistances mécaniques qu'on a à vaincre ;

Ou bien , l'on se contentera du produit pérenne des torrents ;

Ou bien, par le procédé Hauducœur, on modèrera les pertes d'hiver pour augmenter les produits d'été ;

Ou, mieux encore, par des barrages plus ou moins élevés, plus ou moins nombreux, on emmagasinera, pour les époques de pénurie, les quantités d'eau qu'on jugera convenables.

Tout cela est praticable dans les montagnes d'ordre inférieur, dans les petites vallées, où l'on rencontre partout les éléments de construction. Les prises d'eau particulières pour l'industrie, les réservoirs privés pour l'irrigation doivent s'établir partout en grand nombre, ainsi que les barrages à pertuis pour le règlement des petits cours d'eau. Seulement , en construisant , tant les barrages de réserve que ceux de régularisation , il faut avoir soin de laisser au bas une ouverture assez grande, qu'on ouvre et qu'on ferme à volonté par un empellement, à l'effet de donner issue de temps en temps, aux dépôts de terre, de sable ou de pierraille qui se font très-promptement au pied des montagnes défrichées, et qui, sans cette précaution, encombreraient bientôt les réservoirs.

Quand la topographie locale le permettra, il sera peut-être plus convenable encore de creuser, au-dessus et autour du réservoir, un lit artificiel au torrent, où l'on fera passer les eaux violemment débordées, et, après les moments d'orage, on n'admettra dans le réservoir les eaux, par un empellement, que quand elles auront fini de charrier.

Si nous nous supposons dans un pays plus ouvert, où les montagnes soient plus importantes, les vallées moins étroites, ainsi que le lit des torrents : — Là, d'une part, des propriétés plus nombreuses et plus étendues réclament des réservoirs plus considérables et, d'autre part, les emplacements propices deviennent plus rares, les frais d'établissement plus coûteux. Alors un simple particulier ne peut plus guère agir seul; l'ensemble des intérêts privés doit s'élever à la hauteur d'un intérêt public, et il y a lieu à information administrative, à expropriation, à des associations syndicales pour lesquelles la législation devrait armer les administrateurs d'un droit formel de coaction, car l'existence de grands réservoirs heureusement placés et bien construits peut changer complètement l'aspect et l'avenir, faire la fortune et le bonheur de toute une contrée.

L'antiquité construisait des réservoirs pour l'irrigation de provinces entières. Sans porter nos prétentions aussi loin, il nous semble qu'on pourrait encore, avec un grand profit, réunir dans des lieux favorablement disposés des eaux qui féconderaient une section de commune, toute une commune et quelquefois plusieurs.

Je localise ma pensée pour la rendre plus claire : — Il me semble très-facile dans les Cévennes, dans le Vivarais, au Mont-d'Or et sur les diverses montagnes que j'ai parcourues ou étudiées, d'établir des barrages régulateurs et des réservoirs sur une petite échelle, de manière à donner des eaux en abondance convenable aux usines privées, aux irrigations particulières qu'on voudrait établir.

S'il est plus difficile d'y rencontrer des emplacements propres à la construction de réservoirs communaux ou départementaux ; s'il faut, pour les établir, de plus grandes dépenses, ces inconvénients sont largement compensés par d'immenses avantages. D'ailleurs, les positions favorables ont-elles jamais manqué à nos ingénieurs quand ils ont voulu alimenter des canaux à point de partage ? Pourquoi manqueraient-elles à l'irrigation, où le choix est bien moins limité que sur le tracé d'un canal, pour lequel tout, dans la direction, se tient, se commande et s'enchaîne.

Il me semble donc que si, pour la petite irrigation et la petite industrie, il est utile de tirer un meilleur parti qu'on ne l'a fait des torrents des Cévennes, du Forez ou du Vivarais ; il serait plus important encore, pour une irrigation plus étendue , d'agir à la naissance de nos rivières et sur les torrents des hautes montagnes comme la Lozère , le Coiron , le Mezenc , la Margeride , le Puy-de-Dôme , le Cantal ; il me semble surtout que , dans les pays à volcans éteints et à lacs anciens ouverts par des débacles , comme l'Auvergne, le Vivarais , le Velay , ces cratères et ces lacs pourraient devenir des réservoirs précieux , qu'on complèterait en fermant de nouveau les brèches que les eaux ont faites à leur pourtour. C'est un point sur lequel je crois devoir vivement appeler l'attention des géologues , des agronomes et des industriels qui habitent les localités où l'on pourrait profiter ainsi de ces grands accidents de la nature.

II.

Nous avons fait connaître combien l'usage des réservoirs pour l'irrigation fut généralement répandu chez tous les peuples anciens ;

Nous avons fait connaître les essais modernes qui ont réussi dans quelques localités ;

Nous avons donné d'après Carena, d'après MM. Polonceau et Vallée inspecteurs généraux au Corps des ingénieurs français , la description de quelques réservoirs qui existent dans le Piémont et la France, les règles et les pratiques qui ont présidé à leur construction et qu'on doit adopter , en les modifiant toutefois suivant l'importance et la position des ouvrages ;

Avec de pareils secours , notre écrit est presque devenu une monographie complète; cependant , comme de tous les sujets dont nous aurons à traiter *dans nos recherches spéciales sur les eaux*, le plus important nous paraît être celui *des réservoirs pour l'irrigation* :

Nous allons, afin de ne négliger aucun renseignement utile, extraire encore ce qui se rapporte à leur construction, de la publication remarquable d'un homme à qui ses connaissances théoriques et sa pratique persévérante, à qui ses recherches sur toutes les questions d'eau relatives à l'agriculture, et sa longue résidence dans des pays d'étangs construits de main d'homme, donnent l'autorité la plus grande ; — d'un ouvrage spécial de M. Puvis sur ces réservoirs, que personne ne connaît mieux que lui (1).

Il nous dit :

« Une des premières conditions d'établissement pour un réservoir, c'est que, sur l'emplacement choisi, le sol ait une pente très-sensible ; la quantité d'eau qu'il peut recevoir dépend de la différence de niveau entre le point où elle s'introduit et celui où on la contient par une chaussée. C'est la pente dans le sens de la longueur qui favorise la mise à sec du réservoir ; les pentes dans le sens de la largeur doivent converger de droite et de gauche vers la première. Celles-ci doivent encore être très-sensibles pour que les eaux s'écoulent promptement, et pour que, quand on vide le réservoir, il ne reste pas sur le fond des flaques insalubres.

____

(1) *Des Étangs, de leur construction, de leur produit, et de leur desséchement*, par M. Puvis, ancien député, président de la société d'agriculture de l'Ain ; in 8° 1844 p. 24 à 74.

» Cependant, il faut aussi que ces pentes ne soient
pas exagérées, parce qu'alors, pour que l'eau couvrît
une certaine étendue du sol, il faudrait une digue d'une
hauteur démesurée, trop dispendieuse d'établissement
et d'entretien, et donnant, par conséquent, plus de
perte que de profit.

» Une seconde condition nécessaire à l'établissement
des réservoirs, c'est que, dans la contrée, la surface
du sol soit ondulée et se compose de petits bassins
plus étroits que longs. Si le pays avait une surface
uniforme, sans ondulations, sans bassins, on serait
obligé de pratiquer une triple chaussée pour chaque
réservoir : la première perpendiculaire à la ligne de
pente et qui aurait partout la même hauteur, et les
deux autres parallèles à la pente générale, qui s'éten-
draient, en diminuant de hauteur, sur toute la longueur de l'étang. Cette forme occasionnerait des
transports de terre énormes, six à huit fois plus
considérables que ceux nécessaires dans un pays on-
dulé et jetterait dans des frais hors de rapport avec
le produit. Les eaux d'ailleurs ne s'écouleraient que
dans un sens et en nappe, au lieu de converger vers
la bonde ; de plus tous les terrains limitrophes de cette
triple chaussée seraient exposés à des infiltrations nuisibles.

» Au lieu de cela, dans les petits bassins naturels, la
chaussée se place sur la largeur ; elle est courte parce
qu'elle barre le côté le plus étroit ; son niveau est
maintenu à-peu-près horizontal ; elle a, dans son milieu, sa plus grande hauteur, qui diminue ensuite et

se termine à rien aux deux extrémités; les infiltrations sont bien moins à craindre.

» Les meilleurs réservoirs sont ceux dont la chaussée est courte , parce que l'entretien est moins considérable et que, dans des bassins à bords très-inclinés, il ne se forme pas de marécages malsains.

» Une condition tout-à-fait indispensable pour l'établissement des réservoirs , c'est que le sol ou le sous-sol soit très-peu perméable , sans quoi, après une longue sécheresse, la masse d'eau pourrait être extrêmement réduite ou même disparaître complètement. Heureusement que l'imperméabilité du sous-sol n'est pas chose rare ; la formation appelée tantôt *terre à bois* , ailleurs *blanche terre* , *Boulbène* dans le Midi , *Gault* ou *Diluvium* par beaucoup de géologues , se trouve presque partout , et offre cet avantage à un point satisfaisant. Elle est composée de sable fin siliceux et d'argile, mêlés ensemble d'une manière intime; elle offre plus ou moins de ténacité , suivant que le sable est plus ou moins fin ou que l'argile s'y trouve en plus ou moins grande proportion. On peut citer , comme type de l'imperméabilité de cette formation , quelques cantons du Gers où , dans les années de grande abondance, on conserve le vin dans des trous faits dans le sol.

» Il est rare de rencontrer un degré aussi remarquable ; mais la faculté de retenir l'eau s'accroît peu à peu dans les réservoirs , et l'on a remarqué que les nouveaux la tiennent moins bien que les anciens. La charge d'eau sur le fond et les côtés presse sur une masse de sol qui en est pénétrée, qui se ramollit et devient susceptible de se resserrer jusqu'à une certaine profondeur. Cet effet accroît beaucoup l'imperméabilité qui, cependant, n'est jamais absolue.

» L'évaporation annuelle enlève un mètre d'eau sur la surface d'un réservoir ; et, dans les étangs qu'on met à sec et dont on cultive le fond tous les deux ans, la perte par infiltration peut aller, dans l'année, à 1 m. 50 d'abaissement de niveau. Mais cette perte est infiniment moindre dans les réservoirs pour l'irrigation, dont la bêche ou la charrue ne rompent jamais la croute inférieure. Certainement, l'infiltration et l'évaporation réunies n'y font pas disparaître une couche d'eau de deux mètres d'épaisseur.

» Au reste, quelle qu'en soit la quantité , cette eau n'est pas entièrement perdue pour l'agriculture, et les végétaux du voisinage profitent de l'infiltration par leurs racines , tandis que leurs feuilles sont rafraîchies par l'évaporation diurne , qui retombe la nuit sous forme de rosée.

» Le sol calcaire est plus perméable que l'argilosiliceux ; cependant, on peut y creuser des réservoirs avec succès , lorsqu'il contient une certaine quantité d'argile.

» Une condition essentielle encore de la réussite des réservoirs dans un pays, c'est que les pluies y soient abondantes : Si l'on a pu créer d'aussi nombreux étangs sur les plateaux des Dombes et de Bresse , c'est qu'il y tombe en moyenne , par an , *cent vingt* centi-

mètres d'eau, tandis qu'il n'en tombe que *cinquante*
à Paris et dans les environs.

III.

» La première opération à faire avant l'établissement d'un réservoir, c'est d'évaluer la quantité d'eau
moyenne dont on peut annuellement disposer pour le
remplir ; car, si, d'une part, son exiguité oblige à
rejeter des eaux précieuses, d'autre part, des dimensions trop grandes augmentent, en pure perte, l'imbibition et l'évaporation.

» Lorsque le sol qui verse à l'étang est en terres
labourables, dans les années ordinaires et avec un
climat pluvieux, un quart ou un cinquième de l'eau
du ciel peut arriver à l'étang ; le sol boisé en fournit
moins, parce que les grands végétaux en absorbent davantage, et que la culture n'a pas disposé la
terre de manière à faciliter l'écoulement des eaux
surabondantes. Dans les pays où il tombe cent vingt
centimètres d'eau, l'étang en recevra donc, en
moyenne, une couche de vingt-cinq centimètres d'é-
paisseur de toute l'étendue de son bassin affluent. Or,
si l'on suppose cette étendue huit fois plus grande que
la surface de l'assiette de l'étang, il lui arrivera une
quantité d'eau représentée par un prisme qui aurait
deux mètres de hauteur, et, pour base, la surface de
l'étang ; à quoi, en ajoutant un mètre et vingt tom-
bés pendant l'année sur cette surface même, on aura,
en tout, un prisme d'eau de trois mètres et vingt de

hauteur pour alimenter le réservoir et remplir les vides causés par l'évaporation et l'infiltration.

» Mais les circonstances sont bien différentes dans les pays où la pluie n'est que moitié de celle que nous venons d'indiquer ; le sol alors , qui a besoin de se saturer plus profondément avec des pluies plus rares , ne laisse pas aller à l'étang plus du sixième au huitième de l'eau qu'il reçoit, ou moitié à peine de ce qu'il en laisse couler dans les climats pluvieux ; il faut donc , dans les pays où la quantité de pluie est moitié moindre , une surface affluente trois ou quatre fois plus considérable , pour alimenter convenablement le réservoir.

» Lorsque , après avoir étudié la nature du sol , on s'est assuré qu'il est peu perméable , soit en y essayant de petites retenues d'eau , soit par l'analogie qu'on lui trouve avec d'autres sur lesquels des réservoirs ont réussi, il serait encore à propos de sonder ce terrain pour savoir si la couche imperméable a une épaisseur suffisante pour empêcher l'infiltration des eaux. Il faut, en outre , au moyen de nivellements bien faits , déterminer l'étendue que l'eau pourra couvrir ; s'assurer si le terrain a une pente telle que l'étang ait assez de profondeur ; voir s'il forme un petit bassin naturel qui puisse se fermer par une chaussée de médiocre longueur , et , enfin, examiner si la surface qui s'y épanche a suffisamment d'étendue pour pouvoir le remplir.

» Lorsque toutes ces conditions sont vérifiées d'une manière satisfaisante, on peut raisonnablement espé-

rer de réussir ; toutefois encore , avant de se mettre
à l'œuvre, il faut , au moyen du niveau , déterminer
la longueur et la hauteur de la chaussée , et tracer les
contours de l'étang. Sans ces précautions , on peut
être entraîné à de grandes dépenses , n'avoir pas de
réservoirs suffisants , ou submerger les fonds d'autrui.

» Le canal destiné à l'évacuation et qui traverse
la chaussée doit être en contrebas du fond du bassin
pour le vider entièrement.

» On le construit en bois , en pierres ou en briques.
En bois, il est moins durable et plus cher. Ses dimensions doivent permettre de vider le réservoir en peu de
jours et d'abaisser promptement les eaux si elles me-
naçaient de surmonter la chaussée.

» Celle-ci doit s'élever à cinquante centimètres au-
dessus de l'étang plein. Sa base doit être au moins
triple de sa hauteur, et sa surface supérieure doit avoir
pour largeur cette hauteur même. La pente du côté de
l'étang doit être moins rapide qu'en dehors, et avoir
moins de quarante-cinq degrés, surtout si la chaussée
est exposée aux vents du Nord et du Midi ; si la pente
était plus rapide il faudrait la revêtir en gazons.

» Pour construire la chaussée , on creuse d'abord
dans le milieu de l'espace qu'elle doit occuper, jusqu'à ce qu'on trouve le terrain ferme , un fossé de
quatre pieds de largeur. Ce fossé se remplit avec une
terre argileuse qu'on y place en lits peu épais, et, qu'à
l'aide d'un peu d'eau, on pétrit et corroie avec soin ,
en la divisant à la bêche, l'arrosant et la broyant avec

les sabots ou des dames pour qu'elle ne forme qu'une seule pâte ramollie. On fait en sorte, à l'aide de la bêche, qu'elle se lie et fasse corps avec la terre du fond et des bords du fossé. C'est le premier lit surtout qui doit être bien battu, corroyé et lié avec le sol naturel.

»Quand le fossé est plein, on élève la chaussée, en continuant à travailler la terre de la même manière sur toute la largeur de ce fossé ou *clave*, et en plaçant à droite et à gauche les terres qui doivent en former le surplus. Cette largeur, de quatre pieds de terrain travaillé et *pisé*, porte le nom de *corroi*, de *clave* ou *clé*, parce que c'est le soin qu'on lui donne qui ferme hermétiquement l'étang et empêche les filtrations. Le reste des terres de la chaussée se monte à mesure que la clave s'élève ; elles se rangent et se tassent avec soin, mais sans être mouillées ni battues comme celles de la clave. Pour former la chaussée, on peut prendre des terres à l'intérieur du bassin, en rendant le fond aussi uni que possible.

«Il est convenable que la chaussée soit un peu moins élevée à ses extrémités que dans son milieu, afin que, si les eaux déversaient, elle ne fût entamée que dans les parties de moindre élévation.

» Pour préserver la chaussée contre le clapotage des vagues, on peut la garnir de fascines fixées par des piquets à crochets, ou la couvrir de gazons ; on peut y semer, y planter des joncs, ou, mieux encore, la protéger par un mur à pierres sèches ou un péré.

» Il est prudent de ne point souffrir d'arbres sur les haussées ; leurs racines les traversent en tout temps,

en désagrègent la terre et percent la clave ; puis, lorsqu'ils viennent à périr de vétusté ou qu'on les coupe ,
ces racines pourrissent dans le sol et finissent par y laisser des passages qui deviennent la perte des chaussées.

» Pour garder les eaux, on peut couvrir, dans le réservoir, l'origine du canal d'évacuation, avec un plateau de bois ou une dalle en pierre, placés sur la paroi
supérieure de ce canal, et percés d'un trou évasé,
qu'on bouche avec un cône de bois manœuvré par une
tige de fer.

» A cause du talus de la chaussée , l'ouverture du
canal d'évacuation avance assez en amont sous les
eaux supérieures. Pour agir sur le bouchon, on
construit, au-dessus du trou qu'il recouvre, une petite
tour en pierres ou en briques, à laquelle on arrive par
un terrassement, et, de sa plate-forme, on fait monter
ou descendre la tige et l'obturateur à l'aide d'un levier
ou d'une manivelle. Un canal, ouvert du côté de l'étang sur le fond duquel il repose , dépasse tous les terrassements, prend l'eau par une ouverture inclinée
comme eux et la conduit dans la tour. Cette ouverture
en talus est garnie de pierres de taille pour résister à
la gelée. L'eau stagne dans le canal adducteur et dans
la tour , tant que le trou percé dans la dalle ou le plateau de bois qui est à sa base se trouve bouché ; mais,
dès qu'en manœuvrant sur la plate-forme on soulève
le bouchon , l'eau se précipite dans le canal émissaire
qui passe sous la chaussée, et devient disponible au
dehors du réservoir.

« Il y a donc un canal adducteur dans l'étang au-devant de la tour, un trou inférieur au bas de cette tour par lequel l'eau se précipite à volonté, et un canal émissaire qui traverse le bas de la chaussée.

» Le canal adducteur, qui reste toujours ouvert, doit être assez large pour qu'un homme puisse y passer quand le bassin est vide, à l'effet de mastiquer le trou du bouchon dans la tour, seul passage de fuite des eaux. On doit placer une grande dalle sous la bonde, dans le canal émissaire, parce que l'eau frappe ce point avec violence quand on soulève le bouchon. Celui-ci, lorsqu'on ouvre la bonde, doit être porté au-dessus de la voûte du canal adducteur, pour que l'eau affluente ne lui imprime pas des secousses latérales qui fatigueraient sa tige et ses attaches. Un cliquet fixe le bouchon dans cette position élevée.

» Si le diamètre du bouchon était de plus de cinquante à soixante centimètres, sa manœuvre serait pénible ; car, outre le gonflement et le frottement qui le retiennent à la dalle, il supporte, de plus, de six à huit cents kilogrammes d'eau, avec trois mètres de charge seulement. Il faut donc multiplier le nombre des bondes, en les rapetissant, si la charge d'eau dépasse trois mètres, ou bien en établir à diverses hauteurs. Ce dernier parti présente l'avantage qu'on peut arroser ainsi des terrains plus élevés que le fond du bassin.

» Les réservoirs ont, en général, un déversoir placé sur l'un de leurs côtés, constructions délicates et coûteuses. Il est plus économique et plus sûr de bâtir, contre la tour de la bonde, une autre tour fermée de partout , excepté à ses deux extrémités. Par le haut , qui se termine à la surface du bassin plein, les eaux excédantes se précipitent dans son intérieur , et puis se dégorgent , par le bas, dans le canal émissaire. Elles ne peuvent donc pas surmonter la chaussée.

» Lorsque l'eau se perd au travers par des infiltrations, le moyen d'y obvier consiste à refaire la clave vis-à-vis des points pénétrés. On la rétablit avec les mêmes précautions qu'on a mises à la construire et , de plus, on a grand soin de lier les parties nouvelles aux parties anciennes, tant dans le fond que sur les côtés , en battant et *pisant* ensemble leur point de contact. Lorsque les infiltrations sont nombreuses , on la refait sur toute la longueur où elles se montrent. »

IV.

Un point de la plus grande importance aux yeux de tous les propriétaires qui seront tentés d'établir des réservoirs pour l'irrigation, c'est , sans contredit , la dépense qu'ils nécessitent, et nous ne saurions leur donner trop de renseignements à cet égard.

Nous avons déjà fait connaître les estimations de M. l'ingénieur Vallée pour les bassins de grande dimension : nous allons donner celles de M. Puvis pour des constructions plus modestes.

« En supposant au bassin trois mètres de profondeur , la chaussée aura, au plus, quatorze mètres de base.

» Un canal de vidange de cette longueur , large de

cinquante centimètres , haut de quarante sous clef de voûte surbaissée et construite en briques, coûtera 107 fr. , dalle et bonde comprises ainsi que le revêtement en pierre de taille des deux extrémités de ce canal.

» Le puits, de trois mètres de hauteur sur un de diamètre , reviendra à 73 francs ;

» Le bouchon avec sa ferrure, à 34 francs ;

» Le canal adducteur ou les terrassements , à 46 francs ;

» En tout , 260 francs.

» La même construction , toute en bois , coûterait au moins trois cents francs de plus.

» Pour les moyens de dégorger ou vider le bassin, on doit donc compter sur trois cents francs de dépense par chaque trois mètres de hauteur.

» Quant à la construction du bassin lui-même , on sent qu'elle doit extrêmement varier suivant les circonstances. M. Puvis prend comme exemple une localité favorable , et telle qu'en barrant un pli de terrain par une seule chaussée transversale , on puisse couvrir d'eau une surface de dix hectares. En admettant que l'étang à former ait une fois plus de longueur que de largeur , la chaussée aura de trois à quatre cents mètres , soit trois cent cinquante mètres de longueur. Si , depuis l'entrée de l'eau *ou la queue* , le terrain a trois mètres de pente jusqu'au point le plus bas placé vers le milieu de la chaussée , l'étang aura trois mètres de profondeur , et la chaussée trois mètres et demi de auteur. La base inférieure , vers la bonde , sera large de dix mètres , ou , plus convenablement encore , de douze ; la plate-forme supérieure aura trois à quatre mètres, et plus encore si un chemin y passe.

» Or , le cube de cette chaussée est de plus de trois mille sept cents mètres, parce que le thalweg est toujours un peu aplati , ce qui nécessite le maximum d'élévation de la chaussée sur une assez grande étendue.

» En Bresse , on peut faire exécuter le remblai à trente ou trente-cinq centimes le mètre cube , ce qui, certes , est un prix bien minime pour de la terre qu'on doit charrier à quelque distance avec la brouette, bien travailler dans la clave , conduire et régaler sur le reste de la chaussée.

» A ce compte , sa construction ne reviendrait qu'à douze cents francs. En ajoutant quatre cents francs pour les bondes et canaux de décharge , et deux cents francs pour le déversoir, il ne faudrait , en moyenne , que dix-huit cents francs pour la construction d'un étang de dix hectares , en position favorable : soit cent quatre-vingts francs par hectare.

» Mais, plus de la moitié des étangs ne sont pas en aussi bonne position ; un assez grand nombre , surtout ceux où l'on est obligé de faire des chaussées latérales et de placer plusieurs bondes, peuvent coûter plus du double. En Bresse , il y en a , en outre , une grande quantité de petits , dont la dépense , par hectare , devient beaucoup plus forte, en sorte qu'on n'exagèrerait rien en disant : — *Que, pour construire les vingt mille hectares d'étangs qui sont dans le département de l'Ain, il faudrait dépenser au moins trois cents francs par hectare ; ce qui porterait la dépense totale à six millions. »*

Dans notre pays, la main-d'œuvre est plus chère , et nos ouvriers n'ont pas l'habitude de ce travail ; mais, quand il faudrait payer les réservoirs sur le pied de quatre , cinq et même six cents francs l'hectare , non compris la valeur du sol occupé : — Comme un hectare de réservoir, se remplissant trois fois l'année à la hauteur moyenne de deux mètres, peut irriguer, déduction faite de l'évaporation et de l'infiltration, au moins trois hectares de prairie (1), nos propriétaires du midi feraient encore une excellente opération agricole , en consacrant, pour chaque hectare de pré arrosable à créer, un déboursé de deux cents francs , et , de plus , un tiers d'hectare de terrain de valeur minime , ou , quelquefois , complètement nulle.

Nous avons dit ailleurs (page 155), que, dans le Gard , l'étendue des prairies arrosées n'était que de neuf mille hectares; il en faudrait encore au moins autant. Or , à neuf cents francs l'hectare de réservoir, terrain compris , comme chacun arroserait une surface

(1) Moyenne de l'eau dans le réservoir chaque fois qu'il se remplit, *deux mètres.* Cela se renouvellera , par l'effet des pluies, trois fois l'année , soit hauteur totale d'eau , 6 mètres.

A déduire pour l'évaporation et l'imbibition annuelles , 2 m.

Reste pour l'irrigation , 4 mètres , qui multipliés par dix mille mètres, surface du réservoir d'un hectare , donneront quarante mille mètres cubes d'eau, c'est-à-dire ce qu'il faut pour l'irrigation de quatre hectares de prairies. Nous nous réduisons à trois dans la prévision des longues sécheresses.

triple de la sienne , ce serait trois cents francs par hectare de sol irrigué, dont la plus-value irait au moins au décuple , c'est-à-dire à trois mille francs.

Les neuf mille hectares du Gard demanderaient donc pour leur transformation une dépense d'environ deux millions et demi , tandis qu'ils acquerraient une augmentation de valeur de plus de vingt-cinq millions.

M. Michel Chevalier dit qu'il faudrait à la France deux millions d'hectares de prairies au lieu de cent mille qu'elle en a. Pour qu'elles fussent toutes arrosées avec des réservoirs , il faudrait en créer à-peu-près six cent mille d'un hectare de surface , qui, à neuf cents francs chacun, terrain compris, coûteraient cinquante-quatre millions. C'est beaucoup , sans doute ; mais d'après cet écrivain, aussi distingué comme économiste que comme ingénieur : — « *L'irrigation de* » *ces nouvelles prairies augmenterait le revenu de* » *la France de deux cent millions , ou son capital de* » *six milliards.....* »

V.

Pour acquérir des connaissances positives et applicables , il faut toujours , par l'observation directe , contrôler les systèmes préconçus. Dans l'intérêt de la thèse que je défends , et que je crois aussi vraie qu'utile , je me suis posé le problème qui suit à résoudre :

Serait-il facile , serait-il avantageux d'établir des bassins de réserve pour l'industrie ou l'irrigation dans le pays que j'habite ?

On court bien moins de chances d'erreur quand on

s'occupe des choses et des lieux qu'on a eus sous les yeux dès l'enfance ; et la thèse que je défends serait bientôt hors de tout litige, si tous ceux qui ont la même foi que moi voulaient faire le même travail sur les localités où ils résident. La France serait ainsi complètement connue au point de vue d'un des plus puissants moyens de prospérité, et les documents qui surgiraient ainsi de toutes parts ne pourraient que rendre bien plus faciles les études dont le service hydraulique est chargé, et la conception du système général qu'il doit produire, s'il veut se placer à la hauteur de son mandat et des besoins généraux du pays.

La petite ville d'Anduze, bâtie au sud de la chaîne des Cevennes proprement dite, se trouve adossée à l'un de ses rameaux inférieurs, à un relèvement de calcaire *oxfordien* qui court du nord-est au sud-ouest.

Le Gardon traverse ce chaînon dans une coupure étroite appelée *Le Pas*, et baigne au nord et au sud de la ville les vallons dits de *La Baho* et du *Plan des Molles*.

Le premier a environ deux mille mètres de long sur mille de large ; une centaine d'hectares peuvent y réclamer les bienfaits de l'arrosement. Sur cette quantité, il est vrai, la moitié environ reçoit de l'eau, soit de quelques sources, soit par des prises sur les ruisseaux, soit au moyen de norias ; mais ces arrosages sont d'une part trop coûteux quand ils sont faits par des moyens mécaniques ; d'autre part, très-insuffisants en été si l'on se borne à l'eau qu'on peut amener par sa propre pente.

Le vallon du sud ou *Plan des Molles* est à peu près dans la même position ; cependant il est plus petit et les sources y sont plus abondantes. Malgré cela , pendant la sécheresse , il réclame encore un supplément de liquide ; soixante hectares de terrain environ auraient besoin d'être arrosés par des moyens plus économiques et plus larges que ceux qui sont employés.

A plusieurs époques , on a pensé à une dérivation de la rivière de Gardon. Pour environ cent cinquante hectares dans les deux vallées, il faudrait une dérivation de six cents pouces, c'est-à-dire du quart de ce que roule la rivière à son extrême étiage ;

Il faudrait deux canaux distributeurs , l'un pour la rive droite et l'autre pour la rive gauche ;

Il faudrait prendre les eaux très-haut pour arroser toute la surface des deux vallons.

Le passage *du Pas* présente sur les deux bords des difficultés très-grandes , et, par conséquent, très-coûteuses à vaincre ;

Les avantages ne compenseraient pas certainement les frais de l'entreprise ;

Si , pour agir sur une plus large échelle et disposer de plus abondantes ressources , on voulait pousser les canaux d'irrigation jusque dans les plaines de Tornac et de Lascours , alors il faudrait dériver du Gardon une quantité d'eau plus que quadruple , c'est-à-dire, plus que la rivière n'en fournit à certains moments.

Dépense trop grande si l'on réduit le projet à nos deux vallons ;

Insuffisance de l'eau si l'on adopte un projet plus vaste ;

Résistance fondée des usiniers et des riverains inférieurs :

Tels sont les obstacles qui s'opposeront à toute entreprise de ce genre , *jusqu'à ce que le régime de la rivière soit amélioré par la création de vastes réservoirs supérieurs.*

En attendant ce grand bienfait, je me suis occupé de savoir si , au moyen du système de règlementation de nos torrents , ou par l'établissement local de bassins de réserve, on ne pourrait pas suppléer à la dérivation actuellement impraticable de la rivière, et voici le résultat de mes observations sur tous ces affluents, autour des deux vallons d'Anduze.

Sur la rive gauche du Gardon, *en partant du nord*, on trouve d'abord le ruisseau de Générargues ou d'*Amoux*.

Jusques à une lieue, au moins, de la plaine de La Baho, ce cours d'eau est encaissé dans un vallon très-bien cultivé où le sol est très-précieux : il est employé pour des moulins, pour l'arrosage , et absorbé par les besoins locaux. Des réservoirs ne pourraient être tentés qu'au-dessus de St-Sébastien et dans l'intérêt des propriétaires limitrophes ; il faut donc leur laisser l'initiative de constructions qui, vu la configuration du pays, ne peuvent avoir qu'un caractère privé. Quant à notre vallon de La Baho, les propriétés arrosables, qui se trouvent sur la rive gauche du Gardon, n'ont pas une importance suffisante pour supporter, à

une aussi grande distance, les frais de l'amélioration
du ruisseau d'Amoux.

Les mêmes réflexions s'appliquent, et à plus forte
raison, au ruisseau des Gypiéres qui, dans le vallon
de La Baho, n'aurait que trop peu de terrain à irriguer. Si, plus tard, les propriétaires supérieurs amé-
liorent ce cours d'eau dans leur intérêt, profitant du
stillicide des eaux réglées, on pourra établir quelque
usine sur les pentes rapides de ce torrent.

A moins d'une prise d'eau sur le Gardon, dit *de
Mialet*, la rive gauche, c'est-à-dire la partie du vallon
de La Baho placée à l'orient de la rivière, doit long-
temps rester à peu près ce qu'elle est; mais son étendue est peu considérable, et le ruisseau d'Amoux en
arrose déjà une partie.

Il y a bien moins encore à espérer pour la partie
orientale du vallon du Plan-des-Molles : elle est
exiguë, une prise d'eau sur la rivière serait une folle
entreprise au point de vue financier, et nul torrent ne
la domine, pour rendre facile l'alimentation de réservoirs d'arrosement.

Il ne reste donc à nous occuper, avec chance de
réussite, que de la partie occidentale de nos deux
vallons.

Sur la rive droite de la rivière, en partant du nord,
on trouve d'abord le ruisseau de La Baho ou de l'Olivier, qui prend son origine au nœud du soulèvement
principal de nos terrains granitiques, au nord-est du
lieu dit de Panissière, et qui, sur une longueur de
trois mille mètres et une largeur moyenne d'un mil-

lier , reçoit le stillicide du revers sud-est de la chaîne de Paillères et de la partie nord-ouest de la montagne *des Capellans*.

Sur cette surface ou sur ces deux versants de trois millions de mètres carrés , en supposant que la hauteur moyenne et annuelle de la couche d'eau de pluie soit de soixante-et-dix centimètres seulement , il tombe donc 2,100,000 mètres cubes par an ; mettons deux millions en nombre rond (1).

Supposons , ce qui serait considérable vu la nature

(1) La quantité moyenne de pluie qui tombe en France peut s'arbitrer à 0^m 80 c. au moins.

Dans les montagnes et les pays montagneux , il tombe presque une fois plus d'eau que dans les plaines. Ainsi, à St-Rambert (Ain), sur les échelons supérieurs de la Montagne, il tombe 1^m 65 de pluie; à Marciat , qui est plus bas, 1^m 45; à Bourg, plus bas encore, 1^m 25 ; sur le plateau des Dombes, 1^m 20 ; à Mâcon , au bord de la Saône, 0^m 84 ; à Genève, 0^m 80 ; à Lyon et aux environs de 0^m 75 à 0^m 80.

A Ivrée, dans les montagnes du Piémont, la quantité annuelle moyenne de pluie est de 1^m 47, tandis qu'elle n'est que de 0^m 54 à Paris.

A St-Etienne en Forez, il tombe 1^m 103 ;

A Valleraugues , 1^m 900 ;

A St-Etienne-de-Vallée -Française , 1^m 328 ;

A Joyeuse , 1^m 300 ;

A Alais , 0^m 991.

On voit, qu'en l'absence d'observations directes , nous nous sommes placés de beaucoup en dessous de la probabilité ; car il est presque certain que nous recevons la même quantité de pluie qu'Alais, qui touche Anduze, et qui se trouve dans les mêmes conditions physiques.

et la configuration du sol qui ne se compose presque que de roches très-inclinées, que la moitié de l'eau se perdît par l'évaporation ou l'imbibition dans le terrain, il n'en resulterait pas moins qu'on pourrait mettre en réserve, tout le long de cette vallée, un million de mètres cubes d'eau, *c'est-à-dire de quoi arroser très-convenablement cent hectares de terrain, ou tout ce qui est arrosable dans la plaine de La Baho.*

Mais, quand on voudrait utiliser ce million de mètres cubes d'eau, il ne s'ensuivrait pas qu'il fallût construire un réservoir d'une capacité égale ; toute l'eau du ciel ne tombe pas le même jonr, et pendant les mois de mai, juin, juillet, août et septembre, où les prairies réclament l'arrosement, il pleuvra assez souvent sans doute, soit par ondées ordinaires soit par l'effet des orages, pour remplir deux fois un réservoir de trois cent trente-trois mille mètres cubes : l'eau des sources et des ruisseaux venant en aide à l'eau du ciel. D'octobre en avril, on n'aura à remplir le réservoir qu'une fois, afin d'arriver au premier arrosement avec une réserve toute faite ; du 1er mai au 30 septembre au contraire, le bassin devra se remplir deux fois ; mais l'imbibition, l'évaporation ne sont pas plus fortes pendant cinq mois que pendant sept, et puis, les pluies d'hiver font grossir toutes les bonnes sources surtout pendant le printemps. Devant se remplir trois fois par an, le bassin à construire n'aura donc besoin de contenir que trois cent trente-trois mille mètres cubes ; mettons quatre cent mille pour parer à toutes les éventualités.

Si nous supposons à ce réservoir dix mètres de profondeur moyenne, sa surface ne devra être que de quarante mille mètres carrés ; soit un rectangle de quatre cents mètres de longueur sur cent de largeur.

Comme le ruisseau est très-encaissé dans le rocher, comme son lit est très-incliné, il ne serait pas facile de trouver un emplacement de dimensions pareilles, à moins qu'on ne fît des creusements énormes dans la montagne, ce qui serait trop coûteux. Mais on rencontrerait facilement sur son parcours huit places de cent mètres de long et de cinquante mètres de largeur moyenne, où l'on n'aurait d'autres déblais à faire que l'extraction des matériaux nécessaires pour les barrages.

Ce système, praticable dans cette localité, a l'avantage de se résoudre en essais partiels qu'un ou deux propriétaires, par exemple, pourraient fort bien entreprendre. Au moyen de la construction d'un seul de ces réservoirs, on pourrait pourvoir à la mise en mouvement d'un artifice industriel quelconque et à l'arrosage de quinze hectares de terrain.

A Anduze, l'irrigation vaudrait bien quatre mille francs par hectare, et la force motrice vingt mille ; soit quatre-vingt mille francs de produit.

Quant au barrage d'une longueur moyenne de cinquante mètres, d'une hauteur de dix, de cinq mètres d'épaisseur réduite, ce serait beaucoup que de l'évaluer à vingt-cinq mille francs ; en portant la dépense en tout à quarante mille francs, pour tenir compte des frais de distribution de l'eau et autres accessoires , on voit qu'on aurait encore un assez joli bénéfice.

Ainsi , un ou deux particuliers qui feraient le barrage pourraient doubler leur argent. Si , au contraire, toute la plaine se syndiquait pour construire les huit retenues , la dépense combinée n'irait pas à deux cent mille francs et l'accroissement de valeur des fonds ruraux serait au moins de quatre cent mille , non compris les forces motrices créées pour l'industrie.

La supériorité des projets de réservoir sur ceux de dérivation de la rivière tient surtout à l'élévation plus grande à laquelle on peut porter les eaux pour l'irrigation et à la création de puissantes forces motrices, à cause des grandes chutes dont on dispose.

Le ruisseau de l'Olivier débouche de la manière la plus favorable en position et en hauteur dans la plaine de La Baho.

VI.

Il n'en est pas de même du ruisseau de Graviès situé plus au midi; celui-ci , arrivant dans la plaine vers sa partie inférieure , il faudrait construire dans les gorges un canal adducteur élevé , afin qu'il pût contourner le vallon sur sa partie supérieure, inconvénient grave et très-coûteux quand il s'agit d'un parcours de deux ou trois mille mètres.

Le long de cet affluent, on ne peut faire que des entreprises sur une très-petite échelle et dans des intérêts privés , entreprises qui ne seront certainement tentées que quand le système des réservoirs aura réussi dans de meilleures conditions.

Tout ce que j'ai dit de ce ruisseau peut s'appliquer mot à mot à celui de Veyrac ou des Mollières dont les versants sont très-peu considérables, les bords très-cultivés, et où les emplacements convenables aux barrages ne se trouvent pas. D'ailleurs, le quartier de Veyrac ne manque pas d'eau.

A l'extrémité méridionale du vallon du plan des Molles, débouche, dans un ravin profond, un ruisseau qui descend du château de Tornac et du plateau qui domine le coteau de Malhiver. Les versants de cette région élevée sont étendus; ils ont leur origine au sommet de la montagne de Lacan. Ils ont au moins quatre millions de mètres carrés de surface, et, sur le plateau auquel ils aboutissent, on trouve l'emplacement très-favorable d'un magnifique bassin de retenue, dont le fond se trouverait encore à soixante mètres de hauteur verticale au-dessus du vallon.

Le sol partout rocheux que ce bassin occuperait n'a que très-peu de valeur, et le barrage du ruisseau serait très-facile à construire au nord des anciennes remises du château de Tornac.

Avoir trouvé des versants convergents aussi étendus, un bassin des plus vastes presque confectionné par la nature, à cinquante ou soixante mètres au-dessus d'un de nos vallons, ce serait pour Anduze une bonne fortune, si le ruisseau de Tornac débouchait à côté de la ville, à l'amont de la vallée; mais, malheureusement il sort de la montagne à l'extrémité opposée en aval, à l'endroit où le vallon se termine au pied d'un rocher dont le Gardon n'est séparé que par la route.

Le peu de prairies que le plateau de Malhiver domine immédiatement est arrosé par des sources. Pour fertiliser tout le vallon, le canal adducteur le prendrait à contre-pente, serait coûteux et rencontrerait de grandes difficultés, alors que son effet utile ne serait, tout au plus, que l'arrosement d'une cinquantaine d'hectares. Ce résultat serait bien au-dessous des moyens dont on dispose.

Mais le petit vallon des Molles ne serait pas le seul que notre réservoir pût desservir ; des terrains plus arides et plus étendus, des terrains qui ressentiraient mieux les bienfaits de l'irrigation parce qu'ils en ont un plus grand besoin, des sols, qui recevraient au moyen de l'eau une plus-value proportionnellement plus forte que ceux d'une qualité supérieure, sont sous nos yeux, là, au pied du réservoir projeté, dont ils semblent implorer le bienfait.

Au bas des collines de Tornac et de Tavillon s'ouvre une vaste et belle plaine, qui, du nord au midi, s'étend jusqu'à Lezan sur une longueur de quatre mille mètres, et de l'est à l'ouest depuis le Gardon jusqu'au village d'Ortoux sur une largeur de trois mille. Sa forme est irrégulièrement triangulaire, ce qui lui donne une surface d'environ six cents hectares, complètement privée d'eau.

Le plus grand bienfait pour cette plaine, d'un terrain tantôt compacte, tantôt caillouteux, d'un terrain de *diluvium* ou de *débacles anciennes*, serait de lui fournir l'irrigation dont elle manque ; mais il lui faudrait, pour cela, six millions de mètres cubes de liquide : c'est un septième de moins que ce que contient le célèbre bassin de Saint-Ferréol.

Remarquons d'abord que, comme dans nos climats un bassin rempli des eaux surabondantes de l'hiver, peut recevoir son approvisionnement deux fois encore par les eaux de pluie ou d'orage pendant les cinq mois où l'arrosement est utile, nous devons réduire notre bassin, tout d'un coup, de six millions à deux millions de mètres cubes de capacité.

A un mètre de profondeur, nous pourrions donc borner sa surface à deux millions de mètres carrés, c'est-à-dire à deux cents hectares.

Mais, si nous donnons à notre réservoir une profondeur moyenne de dix mètres, ce qui certainement n'est pas exagéré, nous trouvons immédiatement qu'il ne nous faut plus qu'un bassin de vingt hectares, ce qui n'est pas impossible dans la localité que nous avons choisie et qui s'y prête admirablement.

On porterait la profondeur moyenne à douze mètres pour compenser les pertes de l'évaporation dans l'atmosphère et de l'imbibition dans le sol.

Une coupure à faire, sans importance, qui donnerait la pierre pour bâtir et l'argile pour les corrois, permettrait de tourner à peu de frais le déversement des eaux vers la plaine de Tornac, tandis qu'elles se dirigent aujourd'hui vers le Gardon à l'extrémité du plan des Molles, c'est-à-dire au point le plus déclive du vallon méridional d'Anduze.

Six cents hectares arrosés, c'est une plus-value de deux millions et demi dans nos localités, et certes, l'achat du sol pour le bassin et la construction du barrage seraient loin de réclamer une pareille dépense.

Dix chutes d'eau de cinq mètres chacune, sur le versant méridional du coteau que domine le château de Tornac, compenseraient les frais de distribution de l'eau d'arrosage dans toute la plaine.

C'est une entreprise qui doit laisser à la contrée près de deux millions de bénéfice net.

Pour l'emploi que nous projetons, la quantité d'eau qui afflue naturellement sur le plateau que nous avons choisi, serait insuffisante de moitié; mais, de long-temps sans doute, *tous les propriétaires ne réclameraient pas de l'eau pour tous leurs fonds*, et quand l'exemple des avantages de l'irrigation les aurait décidés, il serait facile d'augmenter l'approvisionnement en amenant le produit des ruisseaux du Sire et du Rey, soit dans ce réservoir principal, soit dans un autre supplémentaire, ce qui vaudrait peut-être mieux en cas de filtrations ou de rupture.

Tel est le résultat de mes recherches spéciales aux environs d'Anduze, au point de vue des réservoirs d'irrigation.

Selon moi, les études locales tendront à prouver de plus en plus :

1º L'importance du Service hydraulique et les bienfaits immenses qu'il est appelé à répandre sur le pays ;

2° L'attention avec laquelle il faut observer les courants d'eau existant dans les diverses localités , pour tirer de chacun, suivant sa nature et celle des lieux circonvoisins, le parti le plus avantageux.

Je pourrais citer, dans le département , beaucoup d'autres emplacements favorables à la construction de grands réservoirs :

Le long de la route nationale n° 107 , entre les villages de Montagnac et de Fons, dans les bois de Lens, on pourrait former deux très-vastes approvisionnements d'eau au couchant de la voie publique :

L'un', qui aurait son barrage du côté du nord , pour arroser la grande et aride plaine de Montlézan ;

L'autre , au moyen d'une digue placée à l'aspect du midi , pour fournir aux territoires , déjà fertiles , de Fons et de Gajan.

Enfin , au levant de la même route , il serait facile d'établir d'autres bassins de retenue pour les besoins des plaines de Sauzet , Saint-Geniès , La Rouvière et La Calmette.

Au voisinage de la route départementale n° 3 , entre Durfort et Saint-Hippolyte , au couchant du château de Fressac , se trouve le vallon du *Saltre* et de la fontaine *des Sarrasins* , dans lequel on pourrait facilement retenir l'eau des pluies et celle du ruisseau de *Crespenon*, en fermant la gorge en amont du lieu de *Gourgasset*. Là se trouvent un barrage romain et la naissance de l'aqueduc antique qui conduisait les eaux à la ville gauloise de *Vindomagus* détruite par les

Arabes , et dont les décombres portent encore le nom
de *Vindemus.* Une fois le vallon du Saltre (*saltus*)
transformé en réservoir , les eaux , après avoir suivi
l'aqueduc romain restauré, pendant une bonne lieue ,
se précipitant du haut de la colline dans un vaste lavoir
antique, pourraient , après avoir mis en mouvement
plusieurs appareils industriels , arroser les terrains qui
se trouvent sur la rive gauche du Vidourle ; vis-à-vis
de la petite ville de Sauve.

M. de Gasparin a déjà indiqué un autre emplacement très-favorable sur la rivière du Gard , entre les
ponts de Saint-Nicolas et de Collias (1). C'est là que,
*dans mon projet pour approvisionner d'eau la ville
de Nimes,* j'avais fixé l'établissement de la dérivation
destinée à fournir la force motrice des machines pour
élever huit cents pouces d'eau sur le Pont-du-Gard.

*Un réservoir considérable d'approvisionnement ne
pourrait que rendre la puissance hydraulique plus
régulière et plus considérable ; on n'aurait plus à
craindre l'affaiblissement de la rivière pendant l'été.*

Mais c'est surtout la partie élevée du département,
les lieux d'origine de nos cours d'eau qu'il conviendrait
d'étudier au point de vue des grandes réserves. Là ,
les vallées sont étroites et profondes , les barrages faciles à construire, les terrains sans valeur , les eaux
vives , l'air froid, le pays presque désert , et les réservoirs les plus vastes, les plus multipliés ne peuvent
inspirer aucune crainte au point de vue de la salubrité

(1) Voyez 1re livraison p. 98 et 99.

publique, objet important dont nous nous occuperons, du reste, dans le chapitre suivant.

Quant à la nature du sol sur lequel les réservoirs devront être établis, on aura pour l'imperméabilité le choix le plus large; toutes les formations géologiques se trouvent dans le département : granits, schistes, dolomies, calcaires de tous les âges, couches argileuses et marneuses subordonnées, terrains lacustres, diluvium, alluvions anciennes et modernes. Presque toutes ces formations sont ou deviennent promptement imperméables par leur décomposition, à cause de la grande quantité d'argile qu'elles contiennent ; la dolomie trop fissurée, et les calcaires oxfordien et néocomien trop tourmentés, à l'état de roches stratifiées et inattaquables par les agents atmosphériques, me paraissent seuls suspects.

Certes, je ne puis avoir la présomption de rien enseigner aux hommes éminents qui font aujourd'hui, ou qui feront plus tard partie du Service hydraulique. Qu'il demeure à l'état incomplet et rudimentaire où il se trouve, ou qu'il arrive, et ce sera bientôt je l'espère, au degré convenable de développement et de puissance, je reconnaîtrai sincèrement que c'est moi qui ai tout à apprendre de ce corps savant d'ingénieurs qui président à nos travaux publics et que le monde entier nous envie.

Mais enfin, un personnel encore trop restreint, qui ne peut tout faire et tout voir dans ses attributions nouvelles, dédaignera-t-il le concours désintéressé, le fruit des études locales des bons citoyens ?

Il me semble que si , dans chaque commune , dans chaque canton , un homme laborieux étudiait le terrain qui se trouve à sa portée et faisait part de ses observations à l'ingénieur placé à la tête du service du département, la tâche immense de celui-ci pourrait être utilement allégée.

Des matériaux consciencieusement amassés ont , tôt ou tard, un fructueux emploi ; quels services n'ont pas rendus , pour la connaissance scientifique de la contrée , les persévérantes études géologiques de notre excellent ami , M. Emilien Dumas ; quels services ne rendra-t-il pas encore, et , particulièrement , s'il le veut, sur le sujet qui nous occupe ?

D'ailleurs , quelques exemples pris dans chaque localité , à la portée de chacun , et dont , par suite , les avantages prochains et la facilité d'exécution sont clairement appréciables , me semblent singulièrement propres à faire comprendre , au point de vue des intérêts généraux de la France , l'importance et la grande portée de l'action d'un Service encore très-nouveau et surtout trop peu favorisé.

Chercher à lui faire sa place légitime dans l'opinion , solliciter le gouvernement pour qu'il élève sa position au niveau de l'importance désirable et naturelle de sa tâche patriotique , tel est le but constant de mes efforts.

Je tends à ce but par tous les moyens que je crois utiles ; je ne fais point un livre , mais une simple exposition ; j'écarte tout amour-propre d'auteur. Je prends mes matériaux partout où je crois avantageux de le faire ; je feuillète, je lis , *je compile*; tantôt je consigne mes propres idées , tantôt je copie celles d'autrui.

Le but , je l'espère , couvrira pour moi les défectuosités de la forme ; les intérêts de la contrée où je suis né me tiennent vivement à cœur ; je m'occupe avec ardeur de ceux du département dans le Conseil duquel j'ai l'honneur de siéger ; mais quand je plaide en faveur de nos contrées , il me semble que je parle aussi pour la France entière.

Les besoins étant identiques, les moyens d'y satisfaire le sont aussi ; dans de pareilles questions , les temps et les lieux , le particulier et le général se confondent : qu'on ne s'étonne donc pas si j'invoque , à l'appui de mes opinions, tantôt les magnifiques exemples du passé , tantôt les essais bien plus timides des modernes.

Ne puis-je pas naturellement descendre des superbes irrigations des empires immenses de l'Orient , à celles de l'Italie , de la France , de l'Espagne ?

Ne puis-je pas penser à notre département si varié , à notre modeste canton, alors que, dans mon sujet, la vérité est une , sans restrictions et sans limites , que les preuves de tous les lieux et de tous les âges peuvent être données en exemple à toutes les époques et dans tous les pays , alors qu'à défaut du talent que je voudrais mettre au service de ces vérités bienfaisantes , j'ai du moins une voix pour les répandre , et la foi qui ne s'arrête pas devant les obstacles. Le patriotisme de la nation , les lumières du gouvernement feront le reste.

Et déjà, depuis que ma publication est commencée, des signes favorables annoncent que le temps de l'accomplissement est venu.

Le gouvernement s'occupe d'une nouvelle organisation du corps des Ponts-et-Chaussées ; le Service hydraulique n'y trouvera-t-il pas la place qui lui appartient, quand le ministère des travaux publics est dans les mains d'un homme supérieur et spécial , d'un ingénieur en chef des Mines?

Notre illustre compatriote , M. le Ministre de l'Agriculture et du Commerce , qui , par ses seuls efforts s'est placé dans le monde au point culminant de la science, M. Dumas, d'Alais , héritier de la gloire des Lavoizier, des Berzelius , des Davy, vient d'établir , sous sa présidence , une commission pour l'examen et l'étude des moyens de créer à Paris et dans les grands centres de population, des lavoirs et des bains publics , *avec le concours de l'Etat , des départements , des communes et des particuliers*. N'est-ce pas , pour la ville de Nimes une circonstance très-favorable à l'accomplissement de l'entreprise indispensable d'une large fourniture d'eau ?

Enfin , un Représentant du Midi , M. Charamaule, de Montpellier, usant de son droit d'initiative parlementaire , a proposé que l'Etat ouvrît à l'agriculture un crédit de cinq cents millions pour favoriser les travaux de reboisement , d'irrigation , de desséchement, de régularisation des cours d'eau.

Dans ce moment ; un pareil appel de fonds est , sans doute , impossible ; mais ne désespérons pas de l'avenir ; — sur ces questions vitales pour notre climat , les réclamations devaient naturellement sortir d'une bouche méridionale.

CHAPITRE HUITIÈME.

—

Question de salubrité pour les marais , — pour les étangs naturels, — pour les lacs,—pour les étangs artificiels , — pour les réservoirs d'irrigation.

La question de salubrité ne saurait être omise dans nos études sur l'établissement des réservoirs destinés à l'arrosage. Pour tout bon citoyen , elle est plus importante encore que celle du produit , et si ces *réservoirs devaient porter un préjudice essentiel à la santé publique*, loin d'en faire l'apologie, nous en demanderions la proscription ; ce serait pour nous une obligation impérieuse, car tout médecin doit veiller sur ce qui , de près ou de loin , peut porter quelque atteinte aux conditions hygiéniques du pays.

L'existence des marais est toujours pernicieuse ; celle des étangs naturels l'est bien moins ; ce n'est que par des circonstances exceptionnelles qu'on peut souffrir du voisinage des lacs ; quant aux étangs artificiels destinés à l'élève des poissons, si le revenu qu' ils produisent a motivé leur établissement , il n'en est pas moins vrai qu'on peut leur adresser des reproches très-fondés au point de vue sanitaire.

Mais , de ce qu'on demanderait avec raison la suppression des étangs et des marais, s'ensuivrait-il qu'on dût , sous prétexte d'analogie , envelopper les réservoirs d'arrosement dans la même réprobation ? Ce serait une erreur , un préjugé nuisible qu'il importe de détruire pour qu'il n'y ait plus d'obstacle à des constructions dont les avantages sont certains et dont on pourrait , d'ailleurs , corriger les inconvénients avec facilité , si jamais ils devenaient manifestes.

Pour placer les choses sous leur véritable jour , pour empêcher toute confusion regrettable , nous nous occuperons d'abord des marais, puis des étangs naturels, et nous énoncerons *sous toutes réserves*, les reproches qu'on leur adresse au point de vue de la salubrité;

Nous dirons après le parti qu'on pourrait tirer des lacs qui existent et de ceux qu'il serait si facile de former sur les montagnes ;

En troisième lieu , après avoir énuméré les dangers des étangs artificiels, nous examinerons si les réservoirs destinés à l'irrigation *produisent inévitablement des inconvénients aussi graves*.

Ici notre réponse sera complètement négative; nous prouverons que l'insalubrité n'est nullement leur partage obligatoire. Dès lors , revenant sur les avantages immenses de l'irrigation , sur le besoin impérieux qu'en a la France dans la position politique et sociale où elle se trouve , c'est-à-dire suivant l'état de ses rapports avec les nations étrangères et celui des idées et des besoins à l'intérieur , — il nous sera permis de conclure : que , puisque , sans compromettre la santé

publique , il est heureusement possible d'établir
les réservoirs d'irrigation que l'agriculture réclame,
le gouvernement et les citoyens doivent se mettre à
l'œuvre sans retard , s'ils veulent assurer les subsistances et le repos de la nation, tout en augmentant sa
puissance et sa richesse.

Ce chapitre terminera notre seconde livraison.

I.

Un marais est une terre abreuvée ou recouverte
d'eaux peu profondes et dormantes , que le soleil évapore et corrompt. Des substances organiques , animales et végétales , se décomposent dans une vase
fétide ou dans un liquide dont les vents rident à peine
la surface. On voit , dès l'abord , que les marais sont
essentiellement insalubres.

Les anciens connaissaient parfaitement leur pernicieuse influence : de là vinrent les idées des Egyptiens sur le géant Typhon , et celles des peuples qui
regardaient certains marais comme la bouche des
Enfers. On connaît les déesses Méphitis et Cloacine ;
suivant les poètes, ces eaux mortes sont le séjour d'ê-
tres fantastiques, d'animaux à formes hideuses , de
divinités malfaisantes. La Grèce personnifia les maux
si nombreux que les marais enfantent, sous l'emblême
de monstres à plusieurs têtes ; Hercule ayant desséché
par des canaux d'écoulement les eaux redoutables de
Lerne, ce fut la mort de l'Hydre , le plus grand de ses
travaux.

« Suivant le père de la médecine , les eaux des ma-

» rais et toutes celles qui sont privées d'écoulement ,
» sont nécessairement chaudes, épaisses et fétides en
» été. . . . d'où vient leur couleur jaunâtre , leur cor-
» ruption et leur *nature bilieuse*. En hiver , elles
» sont glacées par les neiges, troublées par les pluies ;
» leur usage *engendre la pituite*, donne un grand vo-
» lume à la rate et des obstructions. Les maladies ne
» laissent aucun relâche aux habitants de ces lieux :

» L'été est fécond en dyssenteries , en flux de ven-
» tre , en fièvres quartes fort longues qui conduisent
» à l'hydropisie, et presque toujours mortelles ;

» Pendant l'hiver , les phlegmasies de poitrine et
» les affections cérébrales sont communes chez les
» jeunes gens ; les fièvres ardentes chez les vieillards;

» Les femmes , d'un tempérament lymphatique ,
» sont sujettes à des tumeurs , conçoivent et accou-
» chent difficilement;

» Les enfants sont chétifs , malsains , maigrissent
» et tombent dans la consomption. . . . ils vivent peu
» d'années ou vieillissent avant l'âge (1). »

Galien n'ignorait pas les rapports intimes qui existent entre toutes ces altérations de la santé et les émanations marécageuses, dont Varron , Palladius , Co-
lumelle, Vitruve et Avicenne se sont particulièrement
occupés.

Les anciens historiens ont fait mention bien des
fois du danger extrême du séjour auprès des eaux

____

(1) Hippocrate. — *De aëre locis et aquis*, Edente Foësio ,
1624 , pag. 283·

stagnantes. L'armée des Carthaginois, qui assiégeait Syracuse, campa sur les bords d'un vaste marais dont les émanations, épaisses et fétides, corrompaient l'atmosphère; au rapport de Diodore de Sicile, cette multitude d'hommes, réunie sur un terrain bas, étroit et humide, fut presque détruite en peu de temps par une fièvre pestilentielle très-meurtrière. On pourrait citer mille exemples pareils; car les effluves maréca-geux sont surtout redoutables aux grandes réunions.

Sennert a écrit l'histoire de la fièvre qui désola la Hongrie en 1566, lorsqu'une armée allemande cam-pée dans le pays des marais eut à supporter, alterna-tivement, la chaleur étouffante des jours, et des nuits froides et humides.

La corruption de l'air est, d'après Frédéric Hoff-mann, la cause principale des affections pestilentiel-les, de la maladie hongroise et des fièvres malignes des camps. Pringle, Lind, Lancisi, Platner, Dazille, Orlandi, Zimmermann, Ozanam, Schnurrer, Œde, Gattani, Hallé, Guterie, Baumes, Alibert ont con-signé dans leurs écrits beaucoup de désastres dus à des causes pareilles.

En 1809, une épidémie funeste sévit sur l'armée française et surtout sur l'armée anglaise, qui se dis-putaient la possession de l'île de Walcheren, au mi-lieu des émanations marécageuses de la Zélande. Gil-bert Blane et Hamilton en ont tracé le sombre ta-bleau.

Mais ce n'est pas seulement à la suite des camps et des armées que ces affections pestilentielles ont sévi.

François Alessandri et Nicolas Massa attribuent la peste qui ravagea Venise, en 1535, aux exhalaisons fétides des eaux stagnantes dans les canaux de cette ville.

Une cause semblable fit naître, en 1672, à Copenhague, une épidémie de fièvre maligne, dont l'histoire nous a été conservée par Thomas Bartholin.

L'été de 1691 fut très-chaud en Hollande ; les eaux qui remplissent les canaux de cette terre humide se corrompirent, devinrent fétides , et une épidémie se déclara vers la fin du mois d'août. Frédéric Deckers l'a décrite.

Flacci est le narrateur d'une affection morbide qui parut en 1707 à Bagnaria, ville de l'ancienne Toscane, sous l'influence des eaux dormantes des canaux.

La peste éclatait tous les ans au moyen-âge en Europe , lorsque toutes les villes , villages et manoirs étaient entourés de hautes murailles et de fossés infects.

Pendant l'automne de 1727 , de grandes pluies avaient couvert la terre , aux environs de Ferrare , d'eaux stagnantes qui engendrèrent des myriades d'insectes. Le vent du Midi souffla sans relâche et le temps fut nébuleux pendant plusieurs mois : il s'ensuivit une épidémie de fièvres tierces de mauvais caractère , dont Lanzoni nous a transmis le tableau. Des faits pareils ont été conservés par Lancisi et par Cocchi.

Volney fut tristement impressionné par les fièvres qui infestent régulièrement chaque année, dans l'île de

Corse , les postes militaires placés au voisinage des marais.

Chavassieu-d'Audebert a traité de celles qui résultent de la même cause aux environs de Naples ; Fodéré , de celles qu'engendre l'action funeste des canaux mal entretenus et des marais dans le Mantouan.

L'épidémie qui sévit à Narbonne en 1801 , et qui fut décrite par M. Py, dépendait de l'émanation des eaux mortes.

Messieurs Lanoix et Raisin attribuent à la même influence l'épidémie de Pithiviers , en 1802 , et celles de la Graverie, dans le Calvados, en 1809 et 1811.

Des faits pareils se sont reproduits dans la Haute-Garonne et la Gironde , au rapport de MM. de Saint-André et Coutanceau.

De fâcheux accidents arrivent lorsque , après leurs débordements , les eaux des fleuves et des rivières ne rentrent pas promptement dans leur lit.

Les plaines du Bengale se changent en vastes marais après la saison des pluies : le Gange les couvre et rend leur séjour fort dangereux. Jonhson a décrit les effets terribles des émanations des eaux sans mouvement dans ces climats brûlants.

Fracastor a peint une épidémie résultant , au xvie siècle, de ce que le Pô avait franchi ses rives. De Hann, Cagnatus et Borsieri , ont relevé des faits pareils sur les bords des fleuves de l'Allemagne et de l'Italie.

En 1708, après une inondation de la Foglia, Traversari a observé une maladie funeste à Pezaro , ville de l'ancienne Ombrie , située sur un sol bas et humide, et exposée aux vents du Sud.

Des masses d'eau et de vase, laissées par le Rhône auprès de Villeneuve-Saint-Georges dans le Comtat-Venaissin , engendrèrent une épidémie meurtrière qui a été décrite par Gastaldy médecin et professeur à Avignon.

Après les inondations extraordinaires de 1840 et 1841, les propriétaires de la commune de Saint-Gilles (Gard) s'écriaient, dans un mémoire adressé aux chambres législatives : « La France secourut Salins incen-» dié ; nos pertes sont bien plus grandes....., *surtout* » *si l'on ajoute la désolante série de maladies et de* » *morts qui nous frappent coup sur coup depuis la* » *première inondation , résultat inévitable des mias-* » *mes produits par cet état alternatif d'assèchement* » *et de submersion d'une immense surface* (1).

François de le Boë (Sylvius) a fait l'histoire d'une épidémie qui, de 1667 à 1679, remplit de deuil la ville de Leyde. Le printemps et le commencement de l'été furent froids ; juillet, août et la première moitié de l'automne furent chauds au contraire et privés de vents. Les eaux de la mer se mêlèrent aux eaux douces et stagnantes dont Leyde est environnée ; pendant la chaleur de l'été , des émanations pernicieuses se dégagèrent abondamment de la masse liquide, et une maladie très-meurtrière fit explosion.

(1) Nimes, Ballivet et Fabre, 1842 , in-4° de 24 pages.

M. Fodéré proclame l'extrême insalubrité des amas d'eau douce accessibles à la marée : il en a surtout étudié les effets aux environs des Martigues. Messieurs Curries, de Humboldt, Valentin et Devèze, ont signalé les dangers que présentent les savanes marécageuses du littoral de l'Amérique méridionale, où se dégorgent tant de fleuves majestueux. Suivant Pouppé-Desportes, Leblond, Dalmas, Rouchoux, les Antilles doivent à leurs immenses palétuviers d'être le séjour habituel des fièvres intermittentes.

Les marais Pontins, sur lesquels Cassiodore nous a conservé une lettre éloquente de Théodoric, roi des Goths, sont le fléau de Rome et de ses environs depuis la chute de l'Empire. Les ingénieurs Rapini, Fossombroni et Prony, en ont donné de savantes descriptions, tandis qu'au point de vue médical, le docteur Bailly a récemment étudié, dans les hôpitaux de Rome, les funestes résultats de leur influence.

Plusieurs voyageurs ont esquissé un portrait affreux et pourtant fidèle de la constitution physique des habitants de ces lagunes. Ils les comparent à des spectres, et ne trouvent pas d'expression assez forte pour rendre l'impression que leur a causée la vue de ces misérables, au système musculaire sans énergie, aux chairs œdémateuses, suivant Prony, à la face verdâtre.

Malheur à l'homme imprudent, dit Fodéré, qui, à l'époque des chaleurs, n'évite pas le serein et la promenade dans ces lieux empestés ; car, aux environs de Rome comme auprès de Mantoue, il est saisi tout-à-coup par le premier accès de ces fièvres italiennes qu'il est ensuite si difficile de dompter.

On a trouvé sur les chemins des paysans qui semblaient endormis : ils avaient cessé de vivre. On demandait à un malheureux habitant de la campagne de Rome comment on pouvait exister dans un climat aussi insalubre ? « *Nous ne vivons pas*, répondit-il, *nous* » *mourons un peu chaque jour !* »

Ossian, voulant donner une grande idée de l'un de ses guerriers, s'écrie :

« *Tu étais fatal, ô Ducomar, comme les exha-* » *laisons du marécageux Lano, lorsqu'elles s'étendent* » *sur les plaines, et qu'elles portent la mort parmi* » *les nations.....* » (1).

II.

Le parti qu'on tire du sol en le convertissant en étangs, ne paraît pas remonter, en Europe, au-delà du moyen-âge ; l'agriculture antique ne connaissait pas l'exploitation large et régulière de ces réservoirs artificiels.

Les étangs de Caton l'Ancien semblent n'avoir été que de grands dépôts de poissons pris dans lés rivières ou dans la mer. On les réparait là ; on les engraissait en attendant leur vente ou leur consommation.

Toutefois, le luxe de la République romaine créa, à frais immenses, des viviers pour les poissons de mer

(1) Voyez Monfalcon. — *Histoire des marais et des maladies causées par les eaux stagnantes.* — Paris, Béchet jeune, 1824. 1 vol. in-8° de 510 pages.

et quelques espèces d'eau douce. Murena les inventa, et, après lui, Lucullus, Hortensius, César, en établirent dont l'histoire a conservé le souvenir. Mais ces constructions demandaient toutes les ressources des hommes les plus puissants d'une nation qui avait accaparé les richesses du monde. Après la mort de Lucullus, on pêcha du poisson pour quatre millions de sesterces (800,000 francs), dans les canaux qu'il avait fait creuser.

Ils avaient peu d'analogie avec nos étangs actuels, qui sont un mode d'exploitation des fonds ruraux. Tandis que chez les Romains ces bassins étaient des réservoirs construits à grands frais et entretenus pleins par communication avec la mer, avec les eaux des sources ou des rivières:—une grande partie de nos étangs, au contraire, placée dans des pays où les eaux sont rares, n'existe que par le produit de la pluie, réuni et retenu, par des barrages en terre, dans des inflexions du sol.

Lucullus coupa une montagne pour amener un bras de mer dans ses réservoirs ; le grand Pompée, au rapport de Pline, l'appelait le Xercès romain.

Les murènes ou lamproies étaient, à ce qu'il semble, le poisson le plus recherché pour sa chair délicate : Caïus Hirtius prêta à Jules César, pour les festins qu'il donna au peuple pendant son triomphe, six mille murènes, sans vouloir ni les vendre ni les échanger contre autre chose. Ce grand nombre de poissons d'une même espèce entre les mains d'un seul homme doit faire penser qu'on était parvenu à les propager dans les viviers. On les nourrissait d'autres poissons et de toute espèce de chair. L'histoire nous a transmis le crime horrible de Védius Pollion qui faisait jeter à ses grandes murènes des esclaves tout vivants.

On apprivoisait ce poisson et on le faisait venir en l'appelant. L'orateur Hortentius pleura la mort de l'une des lamproies qu'il avait dans ses réservoirs, et sa fille Antonia choisit parmi ses murènes une favorite qu'elle ornait d'anneaux d'or et qui devint un grand sujet de curiosité pour le pays.

On construisait aussi des viviers pour les autres espèces de poissons qu'on engraissait ; pour les huitres qu'on amenait de fort loin dans ces réservoirs , où les soins qu'on leur donnait les rendaient plus savoureuses. Mais tous ces travaux étaient chose de luxe plutôt que de produit , et les étangs ni l'élève des poissons n'étaient , pour les anciens , un moyen de faire valoir le sol.

On cite peu d'étangs artificiels pour les poissons de mer dans les temps modernes. L'invention des réservoirs , tels que nous les avons maintenant, semble due au moyen âge. A cette époque , les nombreux couvents, qui souvent ne mangeaient que du maigre et cependant voulaient bien vivre ; les propriétés étendues et l'influence du clergé ; le nombre des jours maigres, de près de moitié de l'année, ordonnés à toutes les classes ; le peu de travail nécessaire à l'exploitation du sol une fois couvert d'eau ; enfin, la population rare d'ordinaire sur l'espèce de terrain qui convient à la réussite des étangs , ont été des causes déterminantes pour les multiplier.

Dans ces temps , il était sans doute avantageux d'inonder les fonds ruraux , puisqu'on l'a fait sur une aussi large échelle : le prix élevé du poisson , son facile débit, le peu de main-d'œuvre nécessaire à la culture d'un sol qu'on ne mettait à sec qu'à longs intervalles , engagèrent à multiplier les étangs ; mais les intérêts généraux et même ceux des particuliers ne tardèrent pas à en souffrir.

L'insalubrité apparut dans le pays ; le travail diminua ; une partie de la population , sans emploi, finit par s'expatrier, et , sur les fonds les plus gras , les étangs remplacèrent les prairies. L'apparition de miasmes dangereux , la diminution de la population et des engrais rendirent la culture difficile de plus en plus ; les constructeurs d'étangs perdirent plus qu'ils n'avaient gagné , et ceux même dont les fonds ne furent pas inondés , c'est-à-dire les propriétaires des cinq sixièmes de la surface , virent s'évanouir une grande portion de leur revenu ; c'est ce qui arriva dans la Dombes , dans la Bresse, le Forez, la Sologne, etc.

La construction des étangs a été postérieure à l'établissement des redevances féodales, car les conquérants qui se rendirent maîtres du sol le concédèrent sous des rétributions en denrées comprenant les produits de chaque localité , et le poisson ne figure pas dans les inféodations. Le maïs, le blé noir , les récoltes sarclées ne s'y trouvent pas non plus , ce qui prouve que leur introduction dans le pays n'est pas ancienne, que l'assolement avec jachère régnait seul lors de l'établissement des étangs, et que le système de culture alterne, sans repos pour la terre, considéré sur une large échelle, est une nouveauté pour l'agriculture française (1).

Mais, quels ont été, au point de vue de l'hygiène publique et privée, les effets de la construction de ces réservoirs d'une nouvelle espèce, de ces étangs presque inconnus aux anciens et destinés, par le produit des poissons comme ressource alimentaire, à remplacer les récoltes végétales du sol ? C'est ce que nous allons examiner.

III.

Dans tous les pays où, sur une certaine étendue, des eaux stagnantes couvrent le sol d'une couche peu épaisse, leur évaporation partielle ou totale par les chaleurs de l'été laisse à découvert un sol imbibé de liquide sur lequel se forment et se dégagent des émanations malfaisantes qui altèrent plus ou moins la santé des habitants. Telle est la cause de l'insalubrité de la partie de la Dombes qui est couverte d'étangs.

Les fièvres intermittentes, endémiques dans cette malheureuse contrée, atteignent chaque année une certaine partie de la population. Dans un grand nombre de communes, les décès l'emportent sur les nais-

______

(1) Ce paragraphe est extrait de l'ouvrage de M. Puvis, intitulé : *Des étangs, de leur construction, de leur produit et de leur desséchement.* Paris, chez Huzard, in-8°, 1844.

sancés , et presque toujours en raison directe de la quantité d'eau qui séjourne à la surface du sol ou de l'étendue des étangs ; mais le mal ne se borne malheureusement pas au voisinage de ces réservoirs, à la commune même où ils se trouvent : souvent leurs émanations insalubres se portent à d'assez grandes distances ; ainsi , par exemple , les marais et les étangs de Châtenay ont une fâcheuse influence jusque sur les communes du littoral de l'Ain , telles que Villette , Boblane , Priay , et même Varambon.

Toutefois, cette insalubrité du pays *résulte particulièrement des marais que les étangs forment tout autour de leur surface et des parties de leurs bords couvertes de fange , de débris animaux et végétaux , qui se découvrent par suite de l'évaporation.* Pendant l'été, les émanations qui s'élèvent d'un sol humide , tantôt inondé , tantôt desséché , sont extrêmement contraires à la race humaine.

Après les inondations d'août ou de juillet , on voit les communes qui bordent les grands cours d'eau , infestées de fièvres , souvent du plus mauvais caractère, par le seul effet des chaleurs sur le sol que l'inondation a recouvert un moment et qui , le plus souvent , ne représente pas un centième du territoire. On peut concevoir par là l'effet fatal, dans les pays d'étang , d'une étendue relative beaucoup plus considérable de sol fangeux qui vient d'être couvert d'une eau croupissante pendant plusieurs mois , et qui se découvre progressivement sous l'influence des chaleurs vives de l'été.

Les lacs , qui sont des étangs naturels grands et profonds, dont le voisinage est en général très-sain quand les bords en sont abruptes , les lacs deviennent, au contraire insalubres , même en pays de montagne , lorsque leurs bords sont plats comme ceux des étangs; ainsi, le lac de Genève à Villeneuve; au Bourget le lac du même nom ; les rives des lacs de Mora et de Neufchâtel, sont malsains partout où le sol se trouve à peu près au niveau des eaux.

Ce que l'on sait sur tous les pays prouve l'insalubrité des étangs. Les fièvres n'y sévissent le plus violemment ni pendant les années sèches , ni pendant les plus humides, mais lorsque des pluies succèdent à des temps de chaleur ou de sécheresse , double circonstance qui arrive quelquefois au printemps, assez souvent pendant l'été , et presque toujours au mois d'août ou de septembre. Cette dernière époque est ordinairement caractérisée par des matinées , des soirées froides et des pluies qui rafraîchissent l'atmosphère. C'est au moment de ces fraîcheurs que les fièvres sont le plus fréquentes et le plus dangereuses. Dans le printemps et l'été, l'action de la peau reprend son énergie par l'élévation de la température; mais le contraire arrive en automne, aussi les invasions sont-elles alors plus fréquentes et les guérisons plus lentes et plus difficiles.

D'ailleurs, on pourrait croire que la pluie modifie ces miasmes eux-mêmes, de manière à les rendre plus dangereux : tout le monde connaît l'odeur qui se dégage après la pluie de la terre sèche, de la poussière et particulièrement de la terre marécageuse desséchée ; ces odeurs ou plutôt ces émanations passent pour être malfaisantes, et, en effet, beaucoup de fièvres surviennent après les pluies chaudes de l'été.

Lors des pluies, les matières en décomposition produisent des effluves plus légers que l'air parce qu'ils contiennent une assez grande proportion de gaz hydrogène. En s'élevant du sol, ils sont entraînés par l'impulsion du vent et rasent la surface où tous les obstacles les arrêtent, comme les habitations qu'ils envahissent, et surtout les éminences du sol où ils séjournent et déposent une grande partie de leurs principes délétères.

L'humidité semble nécessaire au développement des miasmes insalubres. Ainsi, l'eau qui s'évapore pendant le jour de la surface inondée, retombant en rosée lors du refroidissement naturel qui se déclare au déclin et au lever du soleil, dissout, modifie les émanations marécageuses. Ces humidités froides qu'on appelle le serein, la rosée, sont donc nuisibles, non seulement parce qu'elles viennent imprégner le corps et supprimer la transpiration, mais encore, et surtout, parce qu'elles le pénètrent des principes miasmatiques qu'elles tiennent en suspension.

Ces émanations doivent être considérées comme un véritable poison qui modifie l'organisme humain. Elles pénètrent à l'intérieur, soit par les organes absorbants qui aboutissent à la peau, soit avec les aliments qui les transmettent à la muqueuse digestive ; mais encore et surtout, elles s'introduisent avec l'air à chaque inspiration dans la muqueuse pulmonaire ; c'est à l'influence de ces émanations sur nos tissus qu'elles pénètrent, que sont dues les fièvres endémiques des contrées marécageuses.

Si, à cette espèce d'empoisonnement miasmatique, dont l'influence se fait plus particulièrement sentir dans certaines saisons de l'année, on ajoute l'action incessante de l'humidité de l'air, de celle du sol, d'une nourriture insuffisante ou de mauvaise qualité, de l'absence de toute précaution hygiénique, on se fera une idée exacte des différentes causes dont l'ensemble modifie si profondément l'organisation des habitants de la Dombes, de la Bresse, de la Sologne, d'une partie du Forez.

La Commission chargée d'une enquête officielle sur la partie insalubre du département de l'Ain a reconnu :

Qu'avant la multiplication des étangs, la Dombes était beaucoup plus cultivée et plus peuplée ; que depuis lors la moitié de la population et des habitations même a disparu.

« La Bresse, dit M. Montfalcon, était jadis heu-
« reuse et riche ; de vastes forêts couvraient ses plaines ;
» ses villes étaient habitées par une population nom-
» breuse ; elle possédait des troupeaux immenses,
» des routes bien entretenues, des établissements pu-
» blics bien administrés. Un enthousiasme inconce-
» vable précipita l'Europe sur l'Asie ; un fanatisme
» aveugle enfanta, multiplia les croisades ; les campa-
» gnes se dépeuplèrent. Les bras manquaient à l'agri-
» culture, les propriétaires voyaient une partie de

» leurs champs incultes, ils établirent des étangs. Ce
» genre d'exploitation réussit. De grandes villes voi-
» sines, ainsi que d'innombrables couvents, faisaient
» une consommation abondante de poisson ; la cu-
» pidité s'éveilla, les étangs se multiplièrent. Leur
» influence sur la population avait été d'abord peu
» sensible; elle devint très-grande lorsque les eaux
» stagnantes établirent leurs conquêtes sous l'in-
» fluence d'une coutume absurde qui fit des pro-
» priétaires d'étangs une classe privilégiée : la cou-
» tume de Villars décida du sort de la Bresse. »

Aujourd'hui que, dans cette partie du département
de l'Ain, une réaction salutaire se fait jour de plus en
plus contre les étangs, on voit : — que, pendant qu'en
Bresse, de même formation géologique que la Dombes, avec un sol moins bon, moins salubre, on est
cependant arrivé en desséchant les étangs en partie à
un état prospère, à une population de seize cents âmes
par lieue carrée, la Dombes, au contraire, en multipliant les siens, est descendue à une population de
moins de trois cents âmes sur une égale surface ;

Que, partout, l'insalubrité et les fièvres apparaissent avec les étangs, tandis que l'état sanitaire se rétablit dans les lieux où se font les desséchements.

Dans la Dombes, dans la Bresse, les communes
de Civrieux, de Sainte-Croix, de Marlieu, de Saint-
André, de Corcy, de Villars, de Saint-Triviers, de
Ville-Neuve, — les châteaux de la Saulsaie, de
Montribloud, de Montellier, voient croître ou dimi-
nuer leur salubrité suivant que les étangs voisins aug-

mentent ou s'amoindrissent , et suivant que ceux qu'on ne supprime pas sont à sec ou en eau.

Aux environs de Trévoux , à Dampierre sur Chalaronne , dans les lieux où la nature du sol , l'exposition , l'ensemble des circonstances physiques semblent dans de bonnes conditions d'hygiène , les fièvres se montrent nombreuses quand les étangs du voisinage sont pleins , tandis qu'on en observe à peine lorsqu'ils sont en culture.

Dans la Dombes , on rencontre dans les terres , les pâturages et les bois , des vestiges d'exploitation ancienne , des monceaux de décombres , des traces d'habitations nombreuses. Dans la plupart des villages , maintenant presque déserts , on voit des églises hors de proportion avec le nombre actuel des habitants.

L'insalubrité du pays, et par suite sa dépopulation et sa ruine, ne sont pas antérieures à l'établissement des étangs ; elles sont progressivement arrivées à mesure qu'ils croissaient en nombre et en étendue.

L'action incessante de leur insalubrité pendant des siècles a détruit , dans chaque période de quinze ans, un dixième de la population. Maintenant, quoique le mal soit amendé , il en périt encore plus du vingtième. Ceux qui ne succombent pas n'en sont pas moins affaiblis par la maladie , qui eût consommé depuis long-temps la dépopulation entière du pays si le haut prix de la main d'œuvre n'y amenait sans cesse de nouveaux colons.

Dans le Forez , pays d'étangs , la terre de M. de

Bastard a été délivrée de la contagion annuelle par le desséchement de ceux qui s'y trouvaient.

La commune de Saint-Nizier-le-Bouchoux, placée presque à la limite nord du département de l'Ain, et par conséquent très-éloignée du pays inondé, est néanmoins la plus malsaine de la Bresse, parce qu'elle conserve encore six étangs, et, entr'autres celui de Verset, de plus de cent hectares. Or, lorsque cet étang est en eau, le hameau de Saint-Nizier riverain au midi, et celui de Cormoz riverain au nord, essuient des fièvres nombreuses, pendant que dans les années d'assec, heureusement les plus fréquentes, les fièvres ne s'y montrent presque pas.

Les marais, nous l'avons dit, sont des couches peu épaisses d'eau stagnante qui, recouvrant un sol imperméable, n'ont point d'écoulement et disparaissent plus ou moins pendant les chaleurs de l'été, en laissant à découvert le sol encore pénétré d'eau. *Or, chaque étang est entouré d'une espèce de marais qui lui doit son origine, et qui grandit chaque jour, en été, par l'effet de l'évaporation de ce dernier.* Ce marais qui occupe toute la circonférence de l'étang et vient, de chaque côté, aboutir à la chaussée, passe successivement de l'état de sol inondé à celui de sol humide et bientôt de sol desséché ; ces trois états du marécage sont éminemment malsains, et, plus encore, à ce qu'il semble, lorsque le soleil a desséché en partie la surface et qu'il échauffe un terrain encore pénétré d'eau stagnante et couvert de plantes marécageuses, de vase et de débris de substances animales.

Ces parties marécageuses , analogues aux marais naturels , font , nous l'avons dit , ceinture autour des étangs et sont distribuées çà et là sur toute la surface du pays inondé ; c'est-à-dire d'au moins dix mille hectares chaque année dans le département de l'Ain, dont les étangs sont annuellement moitié en eau , moitié en assec. Or, dans le cours de l'été , par l'effet de la sécheresse et des infiltrations , un tiers au moins de cette surface se découvre ou ne retient qu'une couche d'eau très-mince , et forme , par conséquent , de vrais marais qui sont successivement inondés , humides et desséchés.

Le pays d'étangs renferme donc sur la fin de l'été , trois ou quatre mille hectares de marais qui vont s'agrandissant jusques à la saison des pluies, en passant successivement par les conditions les plus malsaines , *et chaque commune est plus ou moins infectée dans tous ses points.*

Les causes de l'insalubrité de la Bresse et de la Dombes étant bien reconnues , comme celles de tous les autres pays d'étangs , la Commission d'enquête n'hésite pas à déclarer : *que le seul remède au mal , c'est le desséchement de ces constructions malfaisantes* (1).

(1) Ce paragraphe est extrait du rapport de la Commission d'enquête officiellement nommée , en 1839 , pour rechercher les causes de l'insalubrité de certaines parties du département de l'Ain.

IV.

Le desséchement serait sans doute le moyen le plus efficace pour se mettre à l'abri de l'action délétère des étangs et des marais ; mais , à cause de leur nombre et de leur étendue , à cause des efforts et des dépenses énormes qu'un projet pareil exigerait , on a dû chercher , dans tous les temps , des moyens moins dispendieux et plus faciles. Il est des desséchements qui seraient bien au-dessus des ressources et de la puissance des populations qu'ils intéressent.

Dans l'opinion du célèbre Hallé , l'influence nuisible des eaux dormantes est corrigée toutes les fois qu'un air très-libre et très-mobile en balaie aisément la surface. Les inconvénients augmentent , au contraire , alors que , dans la direction qui serait le plus favorable , le mouvement de l'air est arrêté par quelque obstacle. D'après cet observateur, les émanations délétères fournies par la rivière de Bièvre n'étaient point nuisibles dans les lieux ouverts.

Les marais qui se trouvent sur les terrains supérieurs et bien aérés offrent peu d'inconvénients ; une endémie s'établit difficilement autour d'eux , à moins que le nombre n'en soit très-considérable.

Dans le département de l'Hérault , l'étang de Thau est moins insalubre que ceux de Pérols et de Maguelonne. Ses eaux très-salées et profondes sont agitées sans cesse par les vents , et forment des vagues qui viennent se briser sur le rivage. Son fond et ses bords sont presque partout couverts de graviers ; on n'y observe guère , suivant M. Pouzin , que des fucus et l'algue marine , tandis que les étangs de Pérols et de Maguelonne diffèrent peu des marais.

En ouvrant accès aux vents purificateurs sur les surfaces marécageuses , il faut étudier attentivement , dans chaque localité , leur direction et leur nature , de manière à écarter habilement les miasmes des lieux habités , et à les rejeter soit sur des landes ou des rochers déserts , soit du côté de la mer , si elle est voisine.

Il est des contrées où des masses végétales opposent une barrière aux émanations marécageuses et protégent les villes et les campagnes contre l'influence redoutable des eaux mortes. On doit religieusement respecter ces abris.

M. Rigaud-de-l'Isle a parfaitement démontré que l'interposition d'une forêt pouvait garantir utilement des effets d'un air chargé d'émanations délétères.

Sur un mont près de Santo-Stephano , un couvent renommé pour la salubrité de l'air qu'on y respirait a perdu cet avantage depuis que les bois dont il était environné ont été abattus.

A Velletri , près des marais , la destruction d'une forêt occasionna sur-le-champ des fièvres très-meurtrières. Le même effet eut lieu, par les mêmes causes, aux environs de Campo-Salino.

D'après Lancisi , il existait auprès de Rome une forêt qui assurait la salubrité de cette capitale du monde. Située au midi, elle s'étendait des hauteurs de Frascati et d'Albino jusqu'au Tibre , et protégeait la partie méridionale de la ville ainsi que ses alentours de l'influence des exhalaisons des marais Pontins. La hache renversa cette précieuse barrière et la campagne de Rome devint inhabitable.

Avant que les eaux stagnantes eussent envahi la Bresse, cette contrée était couverte de forêts ; elle n'avait point à redouter alors les fièvres intermittentes, tandis qu'elle est presque dépeuplée aujourd'hui, et que le petit nombre de malheureux qui l'habitent traînent leur courte existence dans de continuelles langueurs.

Les bois élevés mettent aussi quelquefois d'une manière utile les eaux dormantes à l'abri de l'influence solaire ; on doit alors les conserver. M. Casan a vu aux Antilles des marais entourés d'arbres touffus, qui n'avaient pas d'action appréciable sur la santé des habitants du voisinage. Quand on eut supprimé cet ombrage, rien ne s'opposa plus à l'action immédiate du soleil des tropiques sur la masse liquide et, aussitôt, une endémie pernicieuse causa les plus grands ravages.

La diminution naturelle de la masse des eaux ou les tentatives de desséchement, qu'on ne pousse pas jusqu'à leur extrême limite, sont plutôt des causes d'infection que d'assainissement. Les marais qui succèdent aux étangs sont beaucoup plus dangereux que les étangs eux-mêmes. Ceux de Candillargues, dans l'Hérault, infectent Mauguio et les lieux voisins beaucoup plus que l'étang sur les bords duquel ils sont situés. M. Pouzin applique la même remarque au village de Vic, qui, recevant l'air marécageux par tous les vents, est constamment enveloppé d'une atmosphère empoisonnée. Telle est aussi la position fâcheuse de la ville de Frontignan.

On a remarqué que les moins insalubres de tous les étangs étaient ceux qui, par leur profondeur et l'élévation de leurs bords, offraient le moins de surface. C'est du fond des marais surtout que les émanations se dégagent. Les étangs marécageux, ceux qu'on appelle *grenouillards*, en Bresse, y sont les plus dangereux, et le meilleur moyen de prévenir les fièvres épidémiques, c'est d'inonder les marécages.

Une grande quantité d'eau pluviale qui tombe sur un pays d'étangs ou de marais, l'assainit en modérant le dégagement des émanations. Plus la masse d'eau est considérable, et moindre est le danger de son voisinage.

Les surfaces d'eau ne sont point insalubres par elles-mêmes ; dans les marais Pontins, pour arrêter les effets dangereux des miasmes, on couvre le sol de ce fluide, quand on le peut.

Le curage des grands étangs qui sont près de la mer est une opération impossible ; mais il est au pouvoir de l'homme d'arracher ou de couper, en temps opportun, les végétaux aquatiques qui croissent en si grand nombre au sein des lagunes. Les habitants de leurs bords doivent exporter ou détruire avec soin tous les débris végétaux, herbes, racines, feuilles, branches d'arbres, etc.

Les maladies sévissent non-seulement auprès des marécages formés par la nature ; mais encore au voisinage des canaux et bassins artificiels dont on *néglige l'entretien*. Les bords du canal qui se trouve dans le parc de Parme sont désertés par cette seule raison ; la prise d'eau de Chantilly a donné lieu à plusieurs épidémies fâcheuses et consécutives ; le canal de Versailles cause, en certains endroits, *aux gens qui en sont trop voisins*, des accidents dont, selon Chavassieu-d'Audebert, le reste de la ville est exempt.

Le même fait se produisait à Nimes quand on n'avait pas soin de mettre à sec, en été, les canaux de la *Fontaine*. Pendant la dernière invasion du choléra, les quartiers les plus maltraités ont été les plus voisins de ces canaux, des lavoirs publics, et de l'émissaire appelé l'*Agau*, cloaques infects contre lesquels on ne saurait trop protester au nom de l'hygiène publique.

Heureusement que, dans ces dernières années, l'Agau avait été couverte sur une portion de son parcours ; mais là où l'on n'a rien fait encore, et sur le point où ses eaux reviennent au jour, c'est-à-dire : d'une part, de la Bouquerie à la rue Marguerite, et d'autre part, aux alentours du pont de la Servie, dans le bas de la rue de Roussy ; au nord-ouest et au sud-est de la ville, l'épidémie a frappé le plus grand nombre de victimes.

Le vulgaire s'étonnait que la mort exerçât ses ravages sur des points élevés comme la place Balore, la rue des Fours-à-Chaux, les Terres-du-Fort, etc.; n'est-

ce pas parce que ces éminences, placées au nord des lavoirs et de l'Agau , reçoivent et retiennent, comme la
forêt dont parle Lancisi, tous les miasmes que le vent
du midi leur apporte après s'en être saturé sur ces
cloaques.

Les maladies d'influence marécageuse ont été souvent observées aux environs des lacs de la Suisse ,
et des grands lacs de l'Amérique méridionale qu'on
ne peut certainement pas dessécher , mais dont il
faudrait régulariser le niveau.

Dans les pays marécageux , toutes les règles de
l'hygiène publique et privée devraient être suivies avec
l'exactitude la plus rigoureuse. Bien loin de là , pendant la moisson les habitants se livrent à un travail
forcé , en plein air, à la plus forte ardeur du soleil ;
leur petit nombre les oblige alors à des fatigues excessives. En d'autres temps , quel est le sol qu'ils sont
forcés de cultiver ? Une terre fangeuse d'où la pêche
du poisson vient à peine de chasser les eaux ; c'est là
qu'ils vivent les jambes nues et plongés dans la vase ;
ils labourent un limon chargé de matières organiques en putréfaction , la tête en avant , penchée vers
les exhalaisons pernicieuses qui se dégagent. Pendant
que ces vapeurs fétides s'introduisent à chaque instant
dans leurs poumons , ils sont souvent enveloppés par
des brouillards humides et froids qui les pénètrent profondément, et augmentent leur aptitude à contracter la
fièvre. Ces malheureux ne connaissent aucune des
précautions que réclame impérieusement la nature de
leurs travaux.

Ils s'abreuvent d'eaux insalubres : celle des étangs, généralement usitée en Bresse, est lourde, peu oxygénée, fade, d'un goût souvent nauséabond et d'une odeur de marais. Occupé à ses travaux infects pendant les plus grandes chaleurs de l'été et dévoré par la soif , l'habitant d'un pays marécageux se désaltère dans la première eau qu'il rencontre.

En Sologne, on fait usage d'eau de puits qui ne sont alimentés que par l'infiltration de mares nombreuses ; leur contenu est douceâtre , souvent corrompu , exhalant une odeur marécageuse.

Pour qu'elles pussent résister aux influences funestes de l'eau , de l'air et des lieux , il faudrait aux tristes populations des pays de marécages , des habitations confortables , des vêtements chauds et nombreux, une alimentation abondante et animalisée , un usage suffisant de boissons toniques et fermentées , particulièrement d'un vin généreux ; en un mot, il leur faudrait l'aisance qui fournit tant de moyens de santé et de bien-être , et qui , d'un autre côté , permet d'atteindre au développement intellectuel sans lequel l'homme est incapable de bien employer ses facultés, de régler convenablement sa conduite.

Malheureusement , les contrées où sévissent les miasmes destructeurs sont presque toujours les plus pauvres, et leurs habitants , souffrants , disséminés, restent plongés dans l'ignorance et courbés sous une apathique résignation.

V.

On a cherché dans tous les temps à déterminer la nature des émanations marécageuses. Les sciences physiques et chimiques n'étaient point assez avancées chez les anciens, pour qu'ils pussent espérer à cet égard aucun succès; mais les modernes n'ont pas mieux réussi à saisir, à isoler le vrai principe délétère, et les présomptions ou les hypothèses encombrent seules encore aujourd'hui le champ de la science.

Lange et Kircher supposaient dans ces émanations des myriades d'insectes invisibles qui, introduits par la respiration, engendraient une multitude de redoutables maladies. Au moyen-âge, la conjonction des astres et l'influence des planètes vinrent jouer un rôle plus absurde encore. Les successeurs de Paracelse ne virent dans les effluves marécageux que des vapeurs sulfureuses et salines ; l'autorité de Fernel, de Sennert, d'Hoffmann lui-même, prolongea la durée de cette opinion, renouvelée, mais sans succès, de nos jours, par Webster, Joubert, Chénot, Jackson (1). Ramazzini croyait que ces molécules coagulaient le sang ; Hoffmann, qu'elles rendaient l'air impropre à l'hématose, en augmentant sa densité.

Par d'ingénieuses expériences, Volta découvrit qu'une grande quantité d'hydrogène se dégage du fond des marais; mais Fourcroi reconnut que ce gaz, au

____

(1) — Ferrus. — *Dictionnaire de Médecine* en 18 volumes, Verbo *Epidémie.*

lieu d'être pur , contenait en dissolution beaucoup de substances diverses.

Suivant les observations de MM. Chevreuil et Orfila, lorsqu'on agite la vase des marais et du fond des étangs marécageux , il se dégage au travers des eaux des bulles d'un gaz composé d'acide carbonique, d'azote , d'hydrogène carburé et quelquefois d'oxygène.

Le docteur Balme accusait de l'azote oxygéné, alors que les chimistes ne pouvaient isoler et saisir que de l'hydrogène carburé , quelquefois avec des traces de phosphore. Sur un sujet aussi ardu , les opinions de Textoris sont fort obscures.

En 1788, mon illustre maître, le professeur Baumes, supposait l'atmosphère des lieux marécageux formé de gaz hydrogène, d'azote , d'acide carbonique, et de gaz ammonical produit spécial de la décomposition putride des matières organisées. Il établissait , sur des analyses reconnues fautives aujourd'hui , une doctrine hypothétique des maladies qui règnent au voisinage des eaux stagnantes.

En comparant l'air recueilli sur les marais putrides d'une partie de la Valteline, où l'on ne saurait dormir sans être saisi de la fièvre , avec l'air pris sur la plus haute cime du mont Légnone toujours couvert de neige, élevé de plus de quatorze cents toises au-dessus du niveau de la mer, Gattani ne put , chimiquement, découvrir entre eux aucune différence : et cependant les habitants de la plaine, cultivée en rizières, sont de vrais cadavres que la fièvre dévore , déjà caduques à cinquante ans, tandis que les montagnards voisins , colorés, sains et vigoureux, atteignent la plus grande vieillesse.

Moscati n'a pu distinguer, non plus, au moyen des réactifs, les exhalaisons des rizières ou celles des malades dans les hôpitaux, d'avec l'air recueilli dans les endroits les plus salubres.

Ce n'est pas, qu'à la longue, les exhalaisons marécageuses ne souillent le linge et les tentures, n'altèrent les métaux, comme on l'observe même sur les vases d'or et d'argent lorsqu'on nettoie les canaux de Venise, et comme l'ont prouvé les expériences de Rigand de l'Isle ; mais, appliquées à ces vapeurs pour ainsi dire condensées, les savantes analyses de Vauquelin lui-même ne nous ont rien appris touchant l'essence du principe morbifique qu'elles recèlent.

M. Julia de Fontenelle n'a pas été plus heureux : entre l'eau de pluie et la rosée des marais, il a trouvé beaucoup d'analogie, *si l'on écarte une substance animale que cette dernière recèle* ; mais la présence de cet élément ne saurait suffire pour expliquer les effets. Quant à l'air de l'atmosphère en général, comparé à celui qu'on prend au-dessus des marais où des substances animales et végétales se putréfient, ses analyses n'ont point montré de différence sous le rapport de la composition chimique, et cet auteur est obligé d'admettre *un principe délétère inconnu, insaisissable par les procédés de la science.*

Il est donc vrai que, sur les marais les plus bas, comme sur les collines le mieux aérées, l'air le plus malsain et le plus salubre donnent à l'analyse des résultats qui ne peuvent rendre une raison suffisante de leurs effets, et la science n'a pu dévoiler encore la nature intime des émanations marécageuses, de manière à fournir des secours efficaces à la thérapeutique.

Mais, de ce que les chimistes ne peuvent isoler et saisir le vrai principe miasmatique, est-ce un motif suffisant d'en nier l'existence avec MM. Giannini et Lafont-Gouzy ? Un voyage en Bresse ou dans la Sologne serait une réponse péremptoire à de pareilles opinions.

Voici ce qui était connu sur ce point au temps de Lancisi ; il est bon de le répéter ; car, aujourd'hui, nous n'en savons pas davantage.

« Les marais nous offrent un sol fangeux, une
» masse d'eaux stagnantes, et, dans ce liquide, des
» feuilles, des racines, une grande quantité de débris
» végétaux, d'insectes et d'animaux divers en putré-
» faction.

» A la superficie de l'eau croupissante, on voit
» une pellicule irrisée ; c'est le produit de la dissolu-
» tion des matières animales qui s'élève à la surface
» par l'action du soleil. Au-dessous de cette pellicule
» et de l'eau, on trouve des couches de vase mêlées
» de débris organiques à demi putréfiés, et, dans le
» liquide, beaucoup d'animalcules infusoires.

» Lorsque la chaleur de l'atmosphère a desséché
» une grande partie du marécage, sa surface est cou-
» verte pendant le jour de filets soyeux que le soleil
» fait briller ; on y voit éclater quelquefois, pendant la
» nuit, une lumière phosphorique ; des bulles d'air qui

« s'en échappent sans cesse décèlent le mouvement
» de décomposition qui s'y fait continuellement.

» *Ces caractères sont , en partie , étrangers à l'eau*
» *des étangs ; celle-ci , quoique sans mouvement , est*
» *claire et d'une grande limpidité , du moins pendant*
» *que la masse liquide est considérable ; on ne pour-*
» *rait élever le poisson dans une eau tout-à-fait cor-*
» *rompue.* »

On évalue à quatre ou cinq cents mètres le degré
de hauteur auquel les émanations marécageuses peuvent s'élever , et à deux ou trois cents mètres , leur
propagation dans la direction horizontale. Il paraît
que, sans le secours du vent, elles ne parviennent pas
hors de ces limites , et que, par conséquent, les habitations , placées au-delà de ces distances en plaine ou
sur des montagnes , sont soustraites à leur action délétère , lorsque l'atmosphère est tranquille.

Mais, dans les régions équatoriales , leur sphère
d'activité est beaucoup plus étendue. Des vaisseaux
éloignés de plus de quinze cents toises de rivages
marécageux ont éprouvé , aux Indes occidentales ,
l'action funeste de ces éffluves ; les équipages en
souffrent aussi , à une grande distance , dans le canal
qui conduit à Calcutta.

Associées aux destinées de l'air qui les tient en suspension , les émanations marécageuses sont portées
au loin par les vents et enfantent des épidémies dans
des lieux fort distants des marais. Les provinces de
Mantoue et de Ferrare , celles de Novarre et de Ver-

ceil ; enfin , les marais de la Camargue , de Fos et
de Marignane ont présenté à M. Fodéré beaucoup
d'exemples de ce fait. La même remarque se trouve
dans les ouvrages de Lancisi ; et, d'après M. Monfalcon , des preuves de l'inconvénient des voyages loin-
tains de ces particules empoisonnées sont communes
dans la Sologne et dans la Bresse. (1)

Nous le répétons , parce que la distinction est très-
importante. Les marais diffèrent des étangs par leur
faible profondeur et les herbes qui y croissent , et leurs
eaux sont presque toujours saumâtres , impropres à
l'agriculture et à la pêche. On s'occupe de les dessécher quelquefois , on devrait s'en occuper sans rela-
che ; mais leur surface totale n'est encore que trop
étendue en France.

Il en est d'intéressants pour la géographie physique,
mais qui n'en sont que plus dangereux pour la santé :
ce sont les marais intermittents. Nourris par les infiltrations du sol , ils peuvent se dessécher pendant plusieurs années, lorsque ces infiltrations viennent à manquer : tels sont, entre autres , les marais de Vaux
près de Lyon et l'étang de la *Noire-Mare* dans le
Calvados.

C'est dans la Brenne (Indre) , dans la plaine du
Forez (Loire) , et dans la Sologne (Cher) , que les marais sont le plus répandus. Le plus grand de tous est

(1) L'analyse de l'ouvrage déjà cité de Monfalcon nous a
fourni encore, en général, la matière de ce qui précède au
présent paragraphe. *Loc. cit.* passim.

probablement celui de *Montoire*, situé sur la rive droite de la Loire près de son embouchure ; il renferme beaucoup de tourbe. On le nomme aussi la *Grande-Bruyère*.

On donne ordinairement le nom d'*étang*, soit à des bassins construits de main d'homme, soit à des lacs de peu d'étendue ou de peu de profondeur, dépourvus d'écoulement. Cependant cette dernière règle n'est pas sans exception ; ainsi l'étang de *Lindre* (Meurthe) donne naissance à la Seille ; l'étang de l'*Aude* à la rivière du même nom. Dans le langage ordinaire, on confond souvent les étangs, les marais, et les lagunes.

Les uns et les autres sont nombreux en France. Les départements où il s'en trouve le plus sont : l'Ain, le Cher, l'Indre, la Meurthe, et Saône-et-Loire.

Les départements maritimes du sud-ouest et du sud renferment des étangs salés considérables. Dans la Gironde, celui de *Carcan* a deux lieues de long sur une lieue et demie de large ; il communique avec celui de *Canau* qui est un peu moins grand. Dans les Landes, celui de *Biscarasse* a les mêmes dimensions que le premier ; ainsi que d'autres moins étendus, il est séparé de la mer par des dunes. Sur les bords de la Méditerranée, l'étang de Leucate, long d'environ trois lieues, se trouve, par moitié, dans les départements des Pyrénées-Orientales, et de l'Aude qui renferme encore l'étang de Sijan de quatre lieues de longueur. L'étang de Thau dans l'Hérault, est de même dimension ; communiquant avec ceux de Ma-

guelonne, de Pérols et de Mauguio , ils occupent ainsi,
jusqu'au Petit-Rhône, une étendue de plus de soixante
mille mètres. Dans le département des Bouches-du-
Rhône , l'étang du Valcarès et celui de Berre ont environ , l'un douze lieues et l'autre quinze de circuit.

L'étang de Villiers , dans le Cher , occupe une surface d'environ six cents hectares ; celui de Lindre ,
dont nous avons déjà parlé , en a six cent vingt-quatre ; ce sont les plus grands de l'intérieur de la France,
si l'on excepte le lac ou étang de *Grand-Lieu* , dans
l'arrondissement de Nantes , qui est formé par les
eaux de la Boulogne , de l'Ognon et d'autres petites
rivières. Il se décharge dans la Loire près de l'Ache-
neau et a deux lieues et demie de longueur sur environ deux de large.

Il y a des étangs ou marais dans tous les départements ; mais quelques-uns comme la Seine , les Hautes et Basses-Alpes , l'Ardèche , l'Aveyron , le Lot ,
le Lot-et-Garonne , la Lozère , le Tarn , le Tarn-et-
Garonne , ont le bonheur de n'en posséder que très-
peu.

La France contient , dit-on , plus de deux cent
mille hectares en étangs , et cent cinquante mille hectares en marécages : soit, en *eaux mortes* , trois cent
cinquante mille hectares. Les *eaux vives*: lacs, fleuves,
rivières et ruisseaux , occupent près de quatre cent
soixante mille hectares (1).

(1) D'après M. Moll : — « Une influence funeste est exercée
» sur la santé publique d'une notable partie de la France par

Les départements où se trouvent les plus grandes surfaces d'eaux mortes sont :

Les Landes, qui en ont environ..	18,900 hect.
La Gironde....................	37,000.
La Charente-Inférieure.........	44,700
La Vendée....................	49,600
La Loire-Inférieure............	29,500
Les Pyrénées-Orientales........	7,000
L'Aude......................	12,500
L'Hérault	23,000
Le Gard.....................	18,100
Les Bouches-du-Rhône.........	59,700
En tout, pour dix départements	300,000 hect.

Les soixante-seize départements restants n'en auraient ensemble que cinquante mille hectares, si cette supputation était juste ; mais elle nous semble faible.

Il est des étangs salés dans l'intérieur des terres, comme celui de Courtezon dans le département de Vaucluse ; d'autres ont leur niveau au-dessous de celui

» 200,000 hectares d'étangs, et *surtout* 500,000 *hectares de* » *marais* qui couvrent encore les sols les plus riches et qu'il est » urgent de dessécher.»—*Compte-rendu du Congrès central d'a-* *griculture de* 1844 *p.* 279.

Dans le même recueil, M. de la Chauvinière parle de — « *Un* » *million cinq cent mille hectares* de marais insalubres en » France... » (*Ibid p.* 314.) Ce chiffre est certainement exagéré. » Je lis ailleurs : « Il y a en France quatre cents lieues carrées » de marais (640,000 hectares) » *Dict. des connaissances hu-* *maines.* Verbo *Marais.*

de la mer, comme les étangs de Citis, de Valduc, de Pourra et d'Engrenier dans les Bouches-du-Rhône.

Astruc, Chaptal, Rigaud de l'Isle, Lafosse, Laudun, Fulcrand-Pouzin, ont écrit sur l'insalubrité de nos étangs et marais méditerranéens ;

Coutanceau sur ceux des Landes et de la Gironde ;

Thion de la Chaume, Gaudineau sur ceux de la Vendée ;

Boncerf sur ceux de la Normandie; Coste, de la Lorraine ;

Bigot de Morogues, Froberville, sur ceux de la Sologne ;

Boissat de l'Isère;

Riboud, De la Rue, Rillieux, sur ceux de la Bresse ;

Pacou, sur ceux de la Dombes ;

Le nombre des lacs et leurs dimensions sont peu considérables en France. Il n'en est guère que quarante dont on puisse faire état, et leur surface totale n'est que d'environ onze mille deux cents hectares. Le plus considérable, celui de *Grand-Lieu*, dans la Loire-Inférieure, qui a sept mille hectares de superficie, c'est-à-dire plus de la moitié du total, n'est que peu élevé au-dessus du niveau de la mer et peu profond; aussi, le place-t-on souvent au nombre des étangs et même des marais.

Les autres sont disséminés, à diverses altitudes, dans le Jura, dans les Vosges, dans les Alpes, dans les Pyrénées ou sur les montagnes de la France centrale.

Quelques-uns sont sans écoulement apparent, mais l'évaporation ou les infiltrations souterraines maintiennent le régime de leurs eaux.

Plusieurs de ces lacs ont trouvé leur place dans des cratères d'anciens volcans ; — des éboulements ont donné naissance à quelques autres, en barrant la gorge de certaines vallées. Les lacs ainsi formés peuvent avoir dans la suite des sorts tout différents : ceux de Bourg-d'Oisans et du pic de Héas ont fini par rompre leurs digues, le premier en septembre 1229, le second en 1788 ; ils ont entraîné leurs barrages et de terribles inondations ont été le résultat de ces débâcles.

Il en est, au contraire, qui ont été comblés par les débris des terrains supérieurs.

Le lac du ballon de Guebwiller, endigué par la main de l'homme, a rompu deux fois ses chaussées : en 1740 et en 1778.

On suppose que beaucoup d'anciens lacs naturels ont été détruits par des ruptures spontanées, comme au confluent des deux Buech dans les Hautes-Alpes, au point dit *Pas-de-la-Ruelle* ; comme au *Saut-du-Loup*, sur le Drac, près d'*Aspres-les-Corps*.

Outre les lacs de la surface, il y a encore les lacs souterrains ou réservoirs intérieurs des eaux. Quelques-uns paraissent devoir être considérables : tels sont ceux de *Certines* et de *Drom* dans l'Ain ; du *Creux-de-Souci* dans le Puy-de-Dôme ; celui de *Cinq-*

Œliols près de Narbonne, et celui qui fournit les eaux du *Frais-Puits* dans la Haute-Saône.

Au point de vue de la santé publique , on doit peu se défier de l'influence des lacs et des étangs souterrains ; mais on pourrait en tirer de très-grands avantages sous d'autres rapports.

Comme, en général, ces amas d'eau se trouvent à une assez grande élévation dans les montagnes , on pourrait, d'une part , *en perçant une de leur parois par le bas , — d'autre part , en augmentant l'élévation de leurs barrages pour agrandir leur capacité , les transformer en réservoirs précieux pour la régularisation du cours des rivières , pour l'alimentation des canaux navigables, enfin; pour l'irrigation des terrains inférieurs.*

En supposant que la France ne possédât que six mille hectares de bassins naturels à l'état soit de lacs, soit de réservoirs souterrains ;

En supposant que la profondeur *réduite* de ces bassins fût , *en moyenne* , de vingt mètres seulement ,

On aurait en réserve de quoi irriguer cent vingt-mille hectares.

Mais si , au lieu de ne remplir et vider les réservoirs qu'une fois pendant les cinq mois d'été , il arrivait , qu'au moyen de l'eau des pluies et des courants affluents, on pût , au contraire , les remplir et les vider trois fois de plus ,

Alors, ce serait cinq cent mille hectares qu'on pourrait féconder par l'arrosement.

A deux mille francs seulement de plus-value par

hectare, les quelques frais exposés pour les galeries de percement et les canaux de distribution créeraient une valeur foncière d'un milliard.

Mais l'art devrait-il se borner à tirer parti des réservoirs que la nature a mis tout prêts à notre disposition; ne devrions-nous pas, tout en profitant de ses bienfaits, la prendre pour guide et pour modèle; exploiter les réservoirs existants, mais en construire de nouveaux dans les positions favorables ?....

On nomme *cirques* de vastes et profonds entonnoirs, souvent de plusieurs kilomètres de tour, et dont les eaux s'échappent en général au dehors par un étroit défilé. Ces cirques sont communs dans les Pyrénées ; tels sont celui de Gavarni, celui de Héas, qui a huit kilomètres de tour ; celui d'Estaubé et plusieurs autres. On peut citer dans les Alpes ceux de Bourg-d'Oisans et de la Bérarde ; on en trouve aussi sur le versant occidental des Vosges, mais de dimensions plus petites. Quelques-uns paraissent être d'origine volcanique, comme ceux du Mont-Dore, du Cantal, du lac Paven. La France contient un grand nombre d'éminences coniques et d'anciens cratères, représentant autant de volcans éteints. Le sommet de la plupart de ces cônes est largement tronqué et offre souvent la forme d'un entonnoir ; c'était le lieu des éruptions. Il ne serait pas impossible de fermer la gorge de certains de nos cirques, de réparer les déchirures de nos cratères ; il ne serait pas impossible d'amener dans quelques-uns, pour les remplir, les eaux surabondantes, en hiver, dans les terrains supérieurs.

Il serait facile de ménager au bas des digues, ou de percer dans les parois naturelles de la montagne, des galeries pour l'émission facultative des eaux. De pareils bassins offriraient d'immenses ressources.

Le cratère de Jaujeac (Ardèche) a de profondeur .... 250 mètres.
Celui de la coupe d'Ayzac (*id.*)...... 200
Celui de La Vache (Puy-de-Dôme).. 153
— De la Balme de Mont-Brul (Ardèche) 150
— De Louchadière (Puy-de-Dôme) 148
— De Freycinet (Ardèche)....... 120
— De Montchié (Puy-de-Dôme).. 104
— De Pariou (*id.*)............... 93
— Du Petit-Puy-de-Dôme (*id.*)... 89
— De la Nugère (*id.*)........... 82
— Du Puy-de-Côme (*id.*)........ 76
— De Bar (Hauté-Loire)......... 40

L'industrie humaine peut presque partout créer des lacs artificiels sur les hautes montagnes. Il ne faudrait que décupler le nombre, ou, plus simplement encore, la capacité de ceux que nous possédons, pour créer une richesse de dix milliards, c'est-à-dire égale au cinquième de la valeur actuelle de la propriété agricole, qui est, elle-même, le plus positif et le plus certain de la fortune de la France !....(1)

(1) Voyez la *Statistique de la France*, publiée par le Ministère du Commerce.

Maltebrun. — *Précis de Géographie universelle*, t. VIII, p. 191.
A. Bravais. — *Patria*, t. I, p. 122 à 127 et 101 à 103.

Les marais Pontins s'étendent, d'Astura à Terracine, sur un espace d'environ huit lieues de long et deux de large situé dans la campagne de Rome le long de la mer, tellement inondé et marécageux qu'on ne peut aujourd'hui le cultiver ni l'habiter.

Le fleuve Amaseno, les torrents Teppia, Fossa-di-Cisterna, les rivières Cavatella et Aqua-Pazza, y versent leurs eaux souvent bourbeuses. Ces marais produisent en été des exhalaisons si dangereuses que leur mauvais air se fait redouter jusqu'à Rome, éloignée de quatorze ou quinze lieues.

L'espace qu'ils occupent fut d'abord très-fertile, cultivé et habité par un peuple sain et très-nombreux, les anciens Volsques. On y voyait, à cette époque reculée, la ville de *Pometia*, considérable et peuplée même avant la fondation de Rome.

Dans les guerres cruelles que les Volsques eurent à soutenir contre les Romains, ils furent contraints de négliger les travaux de l'agriculture et ceux par lesquels ils se rendaient maîtres des eaux stagnantes, qui ne tardèrent pas à reparaître avec les nombreuses maladies qu'elles produisent inévitablement. Lancisi attribue à cette circonstance les fréquentes épidémies mentionnées par Tite-Live.

Les choses se rétablirent sous l'autorité du peuple romain ; cependant, la nature marécageuse des lieux tendait toujours à prévaloir. Appius Claudius, 310 ans avant notre ère, dirigea des travaux dans les marais Pontins, lorsque, construisant la voie qui prit son nom et qui les traverse, il y fit creuser des canaux , jeter des ponts et des chaussées, dont il reste encore des vestiges considérables.

Des réparations importantes devinrent nécessaires 150 ans après, et le sénat donna au consul Cornélius Céthégus , qui les entreprit , une partie du territoire desséché , en récompense de ses soins.

La mort empêcha l'exécution des vastes projets de Jules César sur les marais Pontins ; Auguste les reprit, et fit creuser , d'après Strabon , un grand canal navigable où se rendait l'eau des canaux d'asséchement et des rivières ; sans cette entreprise , la salubrité de la capitale eût été compromise , d'après Martial et Pline. Nerva et Trajan reprirent ces travaux de desséchement et firent pratiquer , sous la voie Appienne , plusieurs ponts pour l'écoulement des eaux.

Tant que durèrent les prospérités de la République et de l'Empire, cette contrée était couverte de villes et de villages , et regardée comme une des plus fertiles de l'Italie. Elle était alors si peuplée que , d'après le témoignage de Pline , on y comptait jusqu'à vingt-trois villes , du nombre desquelles était Salmona , patrie d'Ovide ; on y voyait aussi un nombre de splendides villas , si considérable que le nom de quelques-unes est venu jusqu'à nous. Parmi les plus célèbres , on remarque celles d'Atticus, de Mécènes, d'Auguste , de Séjan, des Vitellius, des familles Julia , Antonia et autres races illustres. C'était un pays délicieux par sa situation , par la fertilité de ses campagnes en blés, huiles, fruits ; par la bonté de ses vins. Les Lacédémoniens , qui, dès les temps les plus reculés , avaient

formé un établissement sur cette côte , y avaient bât
un temple à *Feronia* , déesse de la fertilité , auprès
d'une source, au milieu d'une forêt célèbre, qu'Horace
et Virgile ont chantées et qu'on admirait encore de
leur temps.

Tel était l'état de ces lieux lorsqu'ils étaient riches
et salubres , c'est-à-dire tant que les Lacédémoniens,
les Volsques et les Romains prirent soin d'y procurer
l'écoulement des eaux et d'empêcher leur stagnation
funeste. Les débordements ayant recommencé après
la chute de l'Empire, Théodoric abandonna les marais
Pontins, pour les dessécher , au patrice Décius, vers
la fin du VIe siècle, et l'entreprise paraît avoir eu tout
le succès désirable.

Boniface VIII fut le premier des papes qui s'occupa
de nouveau de cet objet vers l'an 1300 ; au XVe siècle , Martin V, de l'illustre maison des Colonna , fit
commencer des ouvrages dignes des temps antiques ;
mais la mort les interrompit , et ses successeurs immédiats ne les reprirent pas.

Léon X , en 1514 , donna ces marais à Julien de
Médicis en toute propriété, à la condition de les dessécher. Sixte V , en 1585, reprit le même projet ; mais
les digues se rompirent après sa mort, et il ne débou-
cha que peu d'eau dans le grand canal qu'il avait fait
creuser.

Plusieurs papes , jusqu'à Clément XIII , formèrent
des projets et n'exécutèrent rien. Celui-ci appela de
Paris l'académicien de la Lande, qui, en lui prouvant,
en 1766, la possibilité et les avantages de ce dessèche-

ment , lui dit : — « Ce sera la gloire de votre règne. »
Mais le pape répondit avec émotion : — « Ce n'est pas
» la gloire qui nous touche , c'est le bien de nos peu-
» ples que nous cherchons..... » La mort mit fin malheureusement à son ardeur.

Ainsi , les travaux exécutés postérieurement au
règne du grand Théodoric , et par ordre des papes,
s'étant bornés à un médiocre entretien , ou à des imitations inachevées des antiques travaux , l'insalubrité
et la misère ont détruit une partie de la population ,
pendant que l'autre abandonnait ce sol empoisonné.

Les plus grands efforts de desséchement que les
papes aient entrepris le furent par Pie VI , à qui l'on
doit d'importantes améliorations. De 1777 à 1781 , il
rétablit la voie Appienne abandonnée depuis 1580, et
creusa plusieurs canaux , entr'autres celui qui porte
son nom. Malheureusement , d'après M. de Prony,
l'exécution ne fut pas dirigée comme elle aurait dû
l'être.

Napoléon avait conçu des projets de desséchement
sur une vaste échelle ; mais ils furent renversés par les
désastres de 1814 (1).

Situées sur la même côte, mais plus au nord , les

(1) Voyez *Encyclopédie*, Verbo *Marais-Pontins ;*

Rochoux. — *Dictionnaire de Médecine en 18 volumes*, Verbo
Marais.

Bouillet.—*Dictionnaire universel d'Histoire et de Géographie*,
Verbo *Marais-Pontins*.

Maremmes de la Toscane ne sont pas moins redoutables au point de vue de l'insalubrité. Elles s'étendent aux environs de Sienne, de Pise et de Livourne. sur une longueur de quarante-trois lieues. Leur population est à peine de quarante habitants par Mille ; et cependant, avant la domination romaine, c'était déjà la partie la plus peuplée de l'Italie. C'est là que florissaient les villes étrusques de *Rosella*, de *Saturnia*, de *Populonia*, de *Cossa* et d'*Ancedonia*, dont il reste encore des murailles, des bains, des amphithéâtres et d'autres antiques vestiges.

Les Etrusques avaient vaincu les obstacles qu'offrait l'insalubrité du sol ; les Grecs établirent des colonies sur ce rivage ; les Romains soutinrent sa fertilité. L'empereur Claude y avait des maisons de plaisance et des jardins délicieux ; la vigne et les arbres fruitiers s'y propageaient sous l'influence d'un soleil fécondant. Maintenant, et depuis les envahissements successifs des barbares, les eaux qu'une population industrieuse retenait dans des canaux ont reformé des marécages dont les exhalaisons ont dépeuplé la contrée ; ses richesses agricoles ont disparu, et l'on n'y aperçoit plus que de misérables cabanes de pâtres. Les ducs de Toscane ont fait de vains efforts pour repeupler ces terrains marécageux ; les maladies ont détruit les colons appelés de la Grèce et de la Lorraine. Il faut plus que des bras pour rendre ces terres à la culture ; il faut améliorer d'abord leur état sanitaire par la coopération du gouvernement à des travaux de desséchement entrepris et dirigés par des hommes de savoir et d'expérience. Le grand duc régnant vient de faire creuser un canal qui porte une partie des eaux de l'Ombrone dans le lac , ou , pour mieux dire, dans la lagune de Castiglione. Ce beau travail hydraulique a pour but d'assainir la *Maremma senese* et de rendre à la culture de vastes terrains , qui , jusqu'à présent , ont été le tombeau de presque tous ceux qui ont osé y séjourner pendant l'été. (1)

Autrefois les Romains avaient coutume de bannir leurs criminels en Sardaigne , pays fertile en grains et en productions variées. Maintenant les marais s'y forment et s'y agrandissent sans cesse , et l'île est dévastée par une maladie épidémique qui règne tous les ans depuis le mois de juin jusqu'au mois de septembre et qui menace le triste reste de ses habitants.

Si nous comparons l'état actuel de notre littoral méditerranéen , sous le rapport de la prospérité des lieux habités qui s'y trouvent, avec ce qu'il était dans les temps anciens , nous serons affligés de la nature des changements.

Dès que les Phocéens eurent bâti la ville de Marseille , et, qu'étendant leur domination sur le rivage gaulois , ils eurent appris aux peuplades indigènes à féconder la terre , à planter les oliviers , à cultiver la vigne , des stations maritimes se fondèrent à côté des quelques points que les Phéniciens avaient

(1) Maltebrun. — *Géographie universelle* , tom. VIII. p. 640. — Balbi. — *Abrégé de Géographie* , p. 299.

déjà colonisés, et le littoral eut pendant longtemps une grande supériorité sur les terres de l'intérieur.

Quand les Romains soumirent à leur puissance ce qu'ils appelèrent leur *Province et la Gaule Narbonnaise*, la partie maritime en était encore la plus florissante et la mieux peuplée. Mais, dans les temps modernes les choses ont entièrement changé, et c'est en dehors des étangs et de la sphère nuisible de leurs émanations que nos villes de quelque importance se trouvent aujourd'hui ; elles semblent s'être accrues dans les mêmes proportions que s'épuisaient ou disparaissaient les villes ou les bourgs antiques situés au bord des étangs.

Maguelonne était un ancien comptoir de Tyr. C'est en vain qu'au milieu du onzième siècle, Arnaud, son évêque, secondé par le pape Jean XIX, soutenu par le secours des fidèles, voulut rebâtir cette ville détruite par Charles Martel en 737 ; tous ses efforts furent inutiles. Montpellier qui, à la fin du dixième siècle n'était encore qu'un village, se trouvait déjà une ville florissante au douzième ; et, en 1530, les murs, les tours de la Maguelonne d'Arnaud furent forcément abandonnés et l'on transféra à Montpellier le siége de l'évêché lui-même. Cependant l'origine de Maguelonne se perdait dans la nuit des temps, et sa prospérité avait duré plus de quinze siècles.

C'est dans les premiers temps de notre ère que son port acquit sa plus haute importance commerciale. Cette ville envahie par les Sarrazins fut prise et brûlée par l'aïeul de Charles-le-Grand, qui voulut enlever aux ennemis de la chrétienté un dernier refuge d'où ils portaient la dévastation dans les contrées voisines (1).

Après la destruction de Maguelonne, son grau continua à être ouvert au commerce; mais cette plage infestée par les pirates et privée de la population qui en faisait la sûreté, fut abandonnée par les navigateurs. Lorsque après trois cents ans, l'évêque Arnaud travailla à faire sortir cette ville de ses ruines, il crut encore prudent de fermer l'ancien grau par où les forbans pénétraient dans les étangs, et il en ouvrit un nouveau peu éloigné de Maguelonne et plus facile à défendre (2).

Frontignan contenait autrefois six mille habitants et n'en a pas le quart aujourd'hui ; la mortalité y a été quelquefois si considérable, qu'au rapport de Chaptal, on s'est vu obligé, dans une année, de laisser les morts pendant quelques jours sans les inhumer, faute de bras, et, qu'au mois d'août, on ne comptait que deux personnes qui n'eussent pas été malades.

(1) — Hic locus insignis fuit, urbs habitata malignis
    Gentibus, undé ruit, quod scelerata fuit.
  Carolus hanc fregit, postquam sibi Marte subegit,
    Ob Saracenos, quod tueretur eos;
  Cum nemausenas exuriri jussit arenas
    Aptas præsidio perfidiæ populo.
(2) Ipse gradum clausit, quo prædo piraticus hausit
    Sœpè latrociniis littora nostra suis.
  Navibus introïtus per eum gradus alter apertus
    Non procul à terris est Magalona tuis.
(Arnaud de Verdale.—*Catalogus episcoporum Magalonensium.*)

L'ancien Mauguio, ou Melgueil, avec titre de comté d'où relevait le fief de Montpellier et qui frappait la monnaie *Melgorienne* qui, dans le dixième siècle, avait le plus de cours dans la province et les pays voisins, ne compte aujourd'hui que quinze ou seize cents âmes, et encore son étang est-il des moins insalubres à cause de sa communication avec la mer et *d'un fond d'eau assez considérable.*

Pérols avait vu le nombre de ses habitants successivement réduit à un tiers, et aurait même indubitablement perdu sa population entière, sans les travaux ordonnés par l'administration puissante de Napoléon pour ouvrir la communication interrompue de ses étangs avec la mer.

Autrefois séjour des rois de Mayorque, Mirevals (*Mira-Vallis*) n'est aujourd'hui qu'un triste village livré de plus en plus à l'abandon et à la misère.

Altimurium n'existe plus ; quelques masures presque désertes tiennent la place de l'ancien bourg et du château de Lattes ; Vic n'est occupé que par quelques habitants, languissants et d'un aspect livide et moribond. La population de Villeneuve est décimée par les fièvres ; celle d'Aiguesmortes reste stationnaire malgré les milliers d'hommes que les salines, la pêche et le commerce amènent tous les ans. Les mariages y donnent pourtant en moyenne un produit de six enfants, et les femmes, qui résistent mieux que les hommes à l'influence marécageuse, se remarient communément jusqu'à trois fois avec les étrangers qui se fixent dans le pays.

Les fermes, les maisons de campagne qui approchent des étangs, sont aussi marquées au cachet de l'insalubrité, de la ruine et presque de l'abandon ; et cependant, Saint-Gilles, Maguelonne, n'ont-ils pas été des villes considérables, Arles n'a-t-il pas eu cent mille habitants ?

Tout, sur notre littoral français, comme sur les côtes de l'Italie, rappelle le funeste sort de tant de cités anéanties par l'action destructive de ces vastes cloaques, d'où la civilisation moderne laisse s'exhaler au loin la putridité et l'infection. Autrefois si florissantes sous l'empire du peuple romain, Aquilée, Acerra, Brindes et tant d'autres villes n'ont-elles pas disparu victimes d'un fléau dévastateur (1) ?

On connaît l'insalubrité actuelle de la Camargue dont nous avons déjà parlé dans un autre chapitre. Au temps de Jules César elle était à l'état de forêt, et le conquérant romain y fit couper des bois pour la construction de neuf galères qui furent mises à l'eau en dix-neuf jours. Arles fut élevé au rang de colonie romaine sous le nom de *Julia Paterna* et c'est alors que durent commencer les défrichements importants de l'île, où l'on construisit un temple consacré à Diane. Bientôt le sol se couvrit de moissons et de troupeaux, des villages bâtis sur plusieurs points abritèrent une nombreuse population d'agriculteurs ; la Camargue reçut le nom de grenier d'abondance et magasin de

______

(1) Fulcrand Pouzin, *de l'insalubrité des étangs et des moyen d'y remédier.* — Montpellier, in-8°, 1843.

vivres de toute la milice romaine : *Horrea ac cellaria totius militiæ romanæ.*

Des urnes, des amphores, des marbres, des porphyres, des débris de toute espèce, témoignent du nombre et de la richesse de ses antiques habitants. Le moyen-âge y bâtit des châteaux-forts, des monastères, des églises ; au treizième siècle on y voyait encore des villes et des villages en assez grand nombre ; *on n'y trouve plus aujourd'hui que le misérable bourg des Saintes-Maries !....* (1)

Pour remédier à de si grandes calamités, pour ramener les conditions antiques de salubrité, pour sauver les populations du littoral si cruellement décimées, le gouvernement ne doit-il pas se résoudre à de grands sacrifices, en appelant la science à son aide, et les pratiques du temps passé ?

L'assainissement des contrées marécageuses est une des parties les plus importantes du Service hydraulique, c'est un de nos grands besoins nationaux, et, pour y satisfaire, il faut concurremment employer toutes les ressources du desséchement direct comme en Hollande, de la submersion comme dans la campagne de Rome, de l'approfondissement des passes, de la réouverture des graus, des canaux de dégorgement. Il serait de plus nécessaire que l'endiguement et la régularisation des cours d'eau, et surtout leur tenue plus constante à un état de débit moyen par la

____

(1) De Rivière. — *Mémoire sur la Camargue*, p. 38. — Clair. *Les monuments d'Arles, antique et moderne*, p. 174.

construction de nombreux et vastes réservoirs artificiels, remédiassent enfin à la pénurie des étiages
actuels, résultat déplorable du défrichement des montagnes, de la destruction des forêts et cause indirecte,
mais principale, de l'insalubrité de nos lagunes.

La plus grande profondeur actuelle des étangs de
Pérols et de Maguelonne est de quatre à cinq pieds
et il n'y a que quelques pouces d'eau sur les bords ;
*leur profondeur moyenne est de dix pouces, et cette
moyenne diminue incessamment, vu que les attérissements exhaussent le sol d'une manière continue* (1).

Maintenant, ce sont bien plutôt des marais que
des étangs.

Autrefois la plage était coupée en beaucoup d'endroits par des graus étendus et profonds qui établis-
saient une communication aisée entre la mer et les
étangs. Plusieurs de ces canaux étaient assez larges
et assez creusés pour recevoir des navires et leur servir d'asile. Ainsi, le grau de Maguelonne, connu
dans l'histoire sous le nom de *Port Sarrasin*, servait
de retraite même aux escadres de cette nation, dans
le temps où la côte n'avait point de marine pour

---

(1) Voyez. Pitot. — *Mémoires sur les causes des maladies
mortelles qui règnent sur les côtes de la mer du Bas-Languedoc,*
dans les Mémoires de l'académie des sciences.

Chaptal. — *Collection de mémoires sur la chimie.*

Dax. — Di Piétro. — *Topographies d'Aiguesmortes.*

Pouget. — *Mémoire sur les attérissements des côtes du Languedoc*, dans la collection de la société des sciences de Montpellier,
année 1778.

veiller à sa défense. A cette époque , on travaillait à barrer ces graus pour en défendre l'entrée , et l'on n'y parvenait que par des travaux et des dépenses aussi considérables que ceux qu'il faudrait faire aujourd'hui pour les ouvrir.

Mais , dans leur état naturel , les étangs étaient plus profonds ; en toute saison l'eau était rafraîchie et renouvelée ; les rivières et les torrents que les étangs reçoivent se dégorgeaient plus facilement dans la mer, tandis que celle-ci envahissait les lagunes en grande masse quand les vents du Sud l'élevaient au-dessus de son niveau ordinaire. Pendant les tempêtes, l'eau passait plus facilement sur les plages, alcrs moins élevées qu'aujourd'hui ; elle entraînait les sables qui y sont amoncelés ; puis, les dispersant dans toute l'étendue des étangs , elle recouvrait par ce moyen les attérissements vaseux que les rivières avaient charriés , c'est-à-dire les débris animaux et végétaux , enfin toutes les matières putrescibles.

Cela fait concevoir comment les peuples de ces contrées étaient nombreux et prospères , n'ayant point à lutter contre les maladies qui les déciment aujourd'hui.

Il est impossible de mettre en doute le rehaussement du sol de nos étangs. Celui de Thau , qui est *resté le moins insalubre*, a seul conservé une certaine profondeur , parce qu'il ne s'y jette aucun courant d'eau de quelque importance ; les autres ne sont plus navigables et, cependant, les vaisseaux de mer les ont parcourus pendant bien des siècles.

Béranger, comte de Provence, fut tué sur une galère gênoise dans le port de Melgueil ; les navires qui se rendaient au port de Lattes, traversaient les étangs de Pérols et de Maguelonne, qui ont aujourd'hui très-peu de profondeur.

Jusqu'après 1262, les navires entrent dans les étangs par le grau de Maguelonne.

En 1095, le pape Urbain II, et en 1118, le pape Gélase II, abordèrent dans cette ville ; en 1130, le pape Innocent III y fut conduit par une flotte ; en 1254, des Sarrasins baptisés y arrivent sur un navire ; en 1262, les Marseillais, attaqués au grau de Maguelonne, par Charles d'Anjou comte de Provence, sont recueillis au port des Lattes avec leurs galères. Des péages étaient établis pour le passage des navires au travers des graus.

Celui de Coquilhouse ou de Porquières fut fréquenté pendant une partie du XIVe siècle par les navires, ainsi que celui de Carnon et celui de Vic. En 1551, on percevait encore des droits sur les marchandises au grau de Maguelonne.

Au commencement du XVIIe siècle, les navires entraient dans les étangs par un grau situé vis-à-vis de Frontignan ; les sables l'envahirent, mais les eaux se frayèrent un passage assez rapproché du précédent, que l'on nomma le grau de Palavas, et qui devint impraticable en 1665, après avoir servi pendant environ quarante années. Son ensablement fut attribué à l'ouverture ou au recreusement d'un grau placé sur la plage de Mauguio et appelé Balestras.

Ce dernier grau fut plus tard fréquenté par les navires et prit le nom , qu'il conserve encore , de celui
qu'il avait remplacé ; il alimenta un petit commerce
maritime , jusqu'au moment où M. de Baville en dé-
fendit l'accès dans le but de favoriser le port de Cette,
comme , trois ou quatre siècles auparavant , les rois
de France interdisaient le passage par tous les graus
autres que celui d'Aiguesmortes pour favoriser ce port.

L'étang de Mauguio pouvait porter , en 1760 encore , les barques qui parcouraient le canal des deux
mers , tandis qu'en 1820 , lorsque le canal latéral a
été entrepris , la navigation y était devenue presque
impossible.

Le tirant d'eau du Petit-Rhône a diminué comme
celui des étangs et des graux. Au moyen-âge , les
vaisseaux et bâtiments de mer se rendaient , sans
obstacle , à St-Gilles , et trouvaient une retraite assurée dans le lit du fleuve. Ils stationnaient sur la rive
gauche, vis-à-vis de la ville, à l'endroit qui conserve
encore le nom de port et qui fut extrêmement fréquenté dans le onzième et douzième siècles. Déjà au
dixième, St-Gilles comptait trois mille feux (1).

Au mois de septembre 1165 , huit galères Pisanes,
apostées sur les côtes de Provence , capturaient les
navires de la République de Gênes , avec laquelle les
Pisans étaient en guerre. Pour venger cette offense ,
les Gênois armèrent une flotte et se mirent à la poursuite de leurs ennemis , qui , alarmés à leur approche,

(1) Ménard , *Hist. de Nimes* , t. VII , pag. 619.

pénétrèrent dans le Petit-Rhône pour y chercher un refuge. Aussitôt la flotte gênoise remonte le grand Rhône , double la pointe Nord de l'île de Camargue (à Fourques) , et se dirige sur St-Gilles , où s'étaient réfugiés les Pisans qui , malgré l'infériorité du nombre, surent conserver l'avantage. Aujourd'hui , le Petit-Rhône n'aurait pas assez de fonds pour des navires , qui, comme les grosses galères de Gênes , auraient 2 ^{m} 60 à 2 ^{m} 80 de tirant d'eau (1).

Ces grosses galères, les *grandes nefs*, fréquentèrent nos graux et nos étangs pendant tout le moyen-âge.

(1) Muratori , *Annales d'Italie.* — Rivoire , *Statistique du Gard.* — Clair , *Sur l'ancien état des embouchures du Rhône.* — « Avant St-Louis, le port naissant d'Aiguesmortes rencontrait une » rivalité redoutable dans celui de St-Gilles qui florissait non loin » de là , et où l'on remontait par le bras du Petit-Rhône , alors » navigable pour les galères , et même pour les bâtiments d'assez » haut bord. » (Astruc , — *Histoire naturelle du Languedoc*). — C'est là que débarqua Louis-le-Jeune en 1148 , à son retour de la Terre-Sainte. « Ce lieu , dit le célèbre voyageur juif , Benja- » min de Tudèle, qui y passa en 1160 , est fréquenté par plu- » sieurs nations et par plusieurs insulaires venant des terres les » plus éloignées. »

Un combat des plus sanglants y fut livré , avons-nous dit , presque sous les murs de la ville , en 1165 , entre les Pisans et les Génois , qui, les uns et les autres, avaient remonté le Rhône sur leurs vaisseaux.

M. Emile Vincens, dans son *Histoire de la République de Gênes,* ne parle point de ce combat; il dit au contraire « que les Gé- » nois, dont la flotte s'était échouée dans le petit bras du Rhône , » ne purent arriver jusqu'à St-Gilles , où s'étaient renfermés

On lit dans l'abrégé de l'histoire de Pise, qu'en 1166, les Pisans brûlèrent dans les graux de Melgueil cinq grandes nefs vides, et en prirent une bien chargée. Or, ces navires étaient de fortes dimensions, car la *nef* que montait saint Louis à son retour de la Terre-Sainte renfermait plus de huit cents personnes ; les statuts de Marseille en désignent qui portaient plus de mille passagers.

A la fin du XVII⁰ siècle encore, d'après un mémoire du chevalier de Clairville, ingénieur chargé sous Louis XIV de l'entretien des ports du royaume, les barques qui alimentaient le commerce maritime de Frontignan et arrivaient dans cette ville par le grau de Palavas, avaient de 2^m à 2^m 60 de tirant d'eau (1).

Dans une période de plus de six cents ans, pendant laquelle la ville de Montpellier s'est livrée au commerce maritime, les navires passaient par les graux, de la mer dans les étangs alors assez profonds pour les porter, et, de là, entraient dans le canal appelé la roubine, qui les conduisait jusques à Lattes.

Le rehaussement du fonds des étangs ne pouvait être sans influence sur l'état des graux ; car, lorsque le vent pousse au large, le courant qui les ouvre et

» les Pisans que les habitants protégeaient. » (Di Piétro. —*Hist.*
» *d'Aiguesmortes.* P. 50 et 51.)

Il est probable que le patriotisme des historiens génois aura mieux aimé attribuer le désastre de la flotte à un accident de mer qu'à une défaite.

(1) *Discours sur les Graux par lesquels les étangs et quelques rivières du Languedoc se déchargent dans la Méditerranée.*

les creuse en se précipitant au travers de la plage
de l'étang dans la mer, ce courant n'est plus aussi considérable et n'attaque presque maintenant la plage
qu'à sa superficie. Le peu d'effet répond à la faible
masse des eaux, et de grandes chasses, au moyen de
celle des rivières convenablement dirigée , pourraient
seules rémédier à ces inconvénients.

Ces attérissements ont eu pour principale cause les
alluvions charriées par les affluents, qui finissent leur
cours dans les étangs.

Nos plages étaient autrefois couvertes de pins et de
forêts, et cet état, heureux pour la salubrité , avait
même traversé le moyen-âge.

Nous avons parlé des forêts de la Camargue , exploitées par les constructeurs des galères de César ;
on connaît les noms significatifs de la *Sylve-Réal* et de
la *Sylve-Godesque* ; de ces forêts ombreuses où les
rois Visigoths se livraient au plaisir de la chasse, et
que Wamba , l'un d'eux , donna à saint Egidius pa-
tron, si ce n'est fondateur de St-Gilles. Dans toute la
vallée *Flavienne*, on ne trouve que quelques arbres
disséminés , et , cependant , six siècles après le règne de Wamba , Speiran était encore une forêt immense, au centre de laquelle s'élevait un château ,
rendez-vous de chasse appartenant aux comtes de
Toulouse.

Dans une charte de l'an 837 , Louis-le-Débonnaire
donna à l'abbaye d'Aniane les plages de la mer , de-

puis Agde jusqu'au-delà du Cap de Sète , au lieu appelé Carajac, *avec les bois qui les couvraient* (1).

En 1253 , l'évêque de Maguelonne cède aux consuls de mer de Montpellier un emplacement pour ouvrir un grau *dans le bois qui est situé entre la mer et l'étang* (2).

En 1286 , le même évêque établit, avec les consuls d'Aiguesmortes, le bornage de la plage et *forêt* de Boucanet (3).

En 1314, Bernard de Catelle et Raymond de Mauguio cèdent aux Templiers de St-Gilles , toute la *forêt de Loycieux , bornée par la mer , l'étang et les forêts des seigneurs du Port et de St-Pierre-de-Maguelonne, se réservant la tête des sangliers qu'on y tuerait.*

Enfin , en 1544, Barberousse , qui commandait la flotte turque mouillée dans la rade du port d'Aiguesmortes , entra en fureur en apprenant la conclusion de la paix entre François 1er et Charles-Quint, et incendia une forêt de pins qui bordait le rivage sur la plage de Boucanet.

Commencé sur de larges proportions sous le règne de Louis XIII , le déboisement de nos montagnes continua sous ses successeurs. A la révolution, d'immenses défrichements furent opérés sur les pentes les plus roides ; les eaux entraînèrent le sol, et les riviè-

(1) *Hist. du Languedoc* , t. I , preuves pag. 72.
(2) Archives de la préfecture de l'Hérault.
(3) Cartulaire de Maguelonne.

res se chargèrent d'une énorme quantité de limon ,
qu'elles ont déposé dans nos étangs. Jeté depuis
moins de vingt-cinq ans dans l'étang de Repausset ,
le Vidourle en a déjà comblé une partie.

Les bois protégeaient nos plages contre les vents ,
et les habitations voisines contre les miasmes ; aujourd'hui les sables, devenus mobiles , contribuent à
combler plus vite les graux et les étangs, à les transformer incessamment en marécages.

D'après les conseils de l'ingénieur Groignard, pour
la conservation des passes on a dû fixer de nouveau
les sables et les dunes par des plantations aux alentours du grau d'Agde , et du grau du Roi qui sert de
port à Aiguesmortes (1).

On ne peut certainement penser à rendre à nos
étangs leur profondeur première , et , d'autre part ,
nos ressources sont bien insuffisantes pour en tenter
le desséchement général ; mais , au moyen de travaux intelligents et praticables , est-il complètement
impossible de se rapprocher peu à peu de l'état heureux des temps anciens ?

Nous ne saurions le penser.

Nous croyons très-utile de séparer , par d'épais
rideaux de bois , les parties du littoral définitivement desséchées , de celles qui sont encore marécageuses.

(1) Voyez particulièrement sur ce paragraphe ; Fulcrand Pou-
zin. — *De l'insalubrité des étangs et des moyens d'y rémédier.* —
Montpellier 1813 , in-8º.— Jules Pagezy. — *Canal maritime du
Lez.* — Montpellier , 1846 , in-8º , Passim.

Il faudrait amoindrir et circonscrire celles-ci , que ne recouvre qu'une trop faible quantité d'eau , au moyen d'un système raisonné de digues , de fossés et de vannes mobiles.

Pour dessécher les portions isolées et peu profondes , on pourrait essayer des procédés , si perfectionnés en Hollande, et mettre la force du vent à contribution.

Quand les étangs seraient si vastes et si profonds qu'on devrait renoncer à l'espoir de les détruire , il conviendrait de favoriser l'agitation et le renouvellement de leurs eaux du côté de la mer par l'élargissement et l'approfondissement des graux , tandis que , du côté de la terre, on procèderait au colmatage à l'aide des eaux troubles des fleuves et des torrents pendant la saison pluvieuse.

Après avoir convenablement élargi et approfondi les graux , on pourrait y placer , dans la situation la plus convenable , des portes ou écluses qu'on ouvrirait et fermerait à volonté , afin de permettre la communication de la mer pendant le flux et d'empêcher le retour de ces eaux pendant le reflux ou lorsque les vents de terre soufflent pendant long-temps et mettent à découvert la vase infecte des étangs. Mercadier s'est occupé du problème de la construction des écluses sur les graux.

Pendant. les époques de chaleur et de sécheresse , il faudrait , au contraire, étouffer les miasmes sous une plus forte couche d'eau , en lâchant le contenu des réservoirs d'arrosage qui auraient d'autant plus d'in-

fluence sur le régime des cours d'eau que ceux-ci auraient été préalablement soumis à l'endiguement, à la
régularisation nécessaires. Des pluies abondantes tom-
bées pendant les mois les plus chauds des années
1806, 1807, 1808 et 1809 inondèrent tellement nos
étangs et les marais qui les bordent, qu'on n'observa
que très-peu de fièvres alors, et encore furent-elles
d'une nature bénigne. Le docteur Villermé a constaté
qu'en 1816, année très-pluvieuse et froide, la mortalité n'a pas été plus grande dans les cantons marécageux de la France, pendant les mois d'août, septembre et octobre, que pendant les autres mois, et,
cependant, elle est ordinairement pendant ce trimes-
tre, entre les lieux sains et les contrées marécageuses,
à-peu-près comme cinq est à six. (:: 498 : 589.)

Ne l'oublions pas : tant que la hache, sacrilége
plus tard, respecta les forêts de nos montagnes, rien
ne fut dérangé dans les harmonies primitives de la
nature, et les anciens se trouvèrent dans des conditions
climatériques bien préférables à celles d'aujourd'hui.
Le déboisement a successivement jeté le trouble dans
l'ordre des météores ; tout est maintenant combat et
confusion sur le sol et dans l'atmosphère : les pluies,
les orages, les vents, les cours d'eau sont dans
un état de perturbation fatale, plus menaçante encore pour l'avenir, et contre laquelle il est urgent de
lutter avec les ressources, les forces et les inspirations réunies des gouvernements, des peuples et de
la science.

VII.

Zimmermann a judicieusement observé que les exhalaisons marécageuses sont d'autant plus funestes que le pays est plus chaud ; ainsi, elles produisent des fièvres tierces en Allemagne ; elles développent des fièvres pétéchiales en Hongrie ; des hémitritées en Italie et la peste en Ethiopie ou en Egypte. L'écume des eaux dormantes est, aux Barbades, un poison violent pour les animaux (1).

Comment, sous le rapport de la santé publique, pourrait-on établir quelque analogie entre l'action délétère des marécages et la complète innocuité des réservoirs d'irrigation : alors qu'on sait qu'après avoir usé de ceux-ci sur les plus larges bases, tous les peuples de l'antiquité en ont célébré les avantages, et que nul n'en a signalé les inconvénients hygiéniques.

Quand le lac Mœris, quand les réservoirs que Ménès et ses successeurs avaient fait creuser à grands frais, couvraient la surface entière de l'antique Egypte, c'était, malgré son climat brûlant, un pays très-peuplé, très-fertile et très-sain ; ce fut le grenier des juifs affamés, comme, deux mille ans plus tard, celui de Rome.

Et maintenant que tous ces ouvrages admirables sont détruits, depuis l'invasion des Arabes et des Turcs, la peste naît presque tous les ans sur l'Egypte pauvre et dépeuplée !... C'est qu'il fut de tous temps

(1) *Do l'Expérience en Médecine.*

très-essentiel de distinguer le réservoir d'irrigation de l'étang *et surtout du marais ;* c'est que, dans un bassin d'arrosement bien construit et bien administré, l'eau ne devient ni fétide ni corrompue, et que, par conséquent, la contrée voisine n'a nullement à en souffrir.

La Chine fut de tous temps couverte de canaux et de réservoirs pour l'agriculture ; les palais impériaux en sont entourés, des populations entières occupent des habitations flottantes, vivent des produits d'un sol artificiel créé sur l'eau, dans des îles qu'elles forment sur leurs grandes rivières et qu'elles mettent en culture : et cependant la population est innombrable dans le céleste empire.

Cette multitude d'habitants réclame d'immenses moyens de subsistance et rend le sol précieux ; de tous côtés on en consacre de petites parcelles à l'élève, à l'engrais des poissons, et, comme cet usage est général, il doit être productif. — « Cependant, dit » M. Puvis, *attendu qu'ils n'ont pas de grands étangs,* » *le pays n'est pas affligé de l'insalubrité que ceux-ci* » *traînent à leur suite.* En créant à leur exemple une » industrie rurale et lucrative, nous pourrions, en » France, remplacer nos grands étangs, essentielle- » ment insalubres, par des réservoirs *dont la petite* » *étendue et les bords abruptes et non marécageux ne* » *produisent aucun résultat fâcheux sur la masse* » *d'air environnante* (1).

Si les étangs ont beaucoup moins d'inconvénients

(1) Puvis. — *Des Etangs.* — P. 127 et 128.

que les marais, évidemment les réservoirs d'irrigation en ont bien moins encore ; il dépend, d'ailleurs,
de la prudence humaine de les faire totalement disparaître. En effet, la condition essentielle c'est que les
bords des réservoirs soient abruptes, de manière à ce
que des marécages infects ne puissent pas s'établir
sur leur pourtour. Cette vérité est rendue évidente par
la lecture attentive du rapport de la Commission d'enquête de l'Ain ; et M. Puvis, très-partisan, d'ailleurs,
du desséchement des étangs, vient la confirmer à son
tour.

L'étang peut être, suivant les circonstances, insalubre ou sans inconvénient ; mais un réservoir d'irrigation est un étang factice dont l'art et la prudence
humaine peuvent et doivent supprimer toute influence
délétère.

Carena fait très-bien remarquer:—« Que les réser-
» voirs pour l'irrigation ne doivent pas être confondus
» avec ces étangs malheureusement si nombreux dans le
» département de l'Ain et ailleurs. — *Ces amas d'eau*
» *ont presque toujours une grande étendue, et ce li-*
» *quide y séjourne sans interruption pendant plusieurs*
» *années* ; tandis, qu'au contraire, les dimensions des
» réservoirs sont subordonnées à des circonstances de
» possession, de localité, de fortune, qui ne se trou-
» vent pas assez souvent réunies pour qu'on ait à
» craindre que le nombre et les dimensions de ces
» réservoirs puissent porter atteinte à la salubrité de
» l'air. De plus, l'eau n'y séjourne pas constamment;
» car, à peine l'a-t-on ramassée au printemps qu'on

» la répand en été sur une grande étendue de terrain,
» d'où elle s'écoule ensuite et s'en va. Ce liquide est
» donc perpétuellement renouvelé et n'est point crou-
» pissant ; aussi sa surface n'est-elle jamais souillée
» de cette mousse verdâtre que l'on voit sur les
» eaux dormantes. *Les étangs peuvent donc très-bien*
» *mériter d'être proscrits , tandis que les réservoirs*
» *artificiels appellent l'attention des propriétaires et*
» *les éloges des écrivains* (1). »

Partisan avoué du desséchement des étangs , M.
Puvis dit pourtant avec franchise , en parlant des
réservoirs que M. d'Angeville a fait construire pour
l'irrigation dans le département de l'Ain : — « Ces
» bassins , placés dans des gorges étroites , ont des
» bords abruptes très-pentueux , *sur lesquels il ne se*
» *forme pas de marais, et , par conséquent , ils ne*
» *causent point d'insalubrité* (2). »

Nous savons déjà que M. de Bastard a supprimé,
avec avantage pour toute la contrée , les étangs et les
marécages dans ses domaines du Forez ; mais qu'il a
conservé , sans inconvénient sanitaire, ses réservoirs
d'arrosement.

Un agronome habile, Rozier , avait déjà remarqué
de son temps : — « qu'un étang ne viciait pas l'air lors-
» que l'eau qu'il contenait avait , *même sur les bords,*
» *au moins trois pieds de profondeur* (3). »

(1) Carena , — *loc. cit.* avant-propos, p. 4.

(2) *Manuel du propriétaire d'étangs.* — In-8°, 1844.

(3) *Dictionnaire d'Agriculture* , tom. III , p. 642. — Verbo
Défrichement.

C'est en desséchant les flaques et donnant cours aux eaux dormantes, que Lancisi fit cesser les maladies épidémiques qui régnaient dans les environs de Pesaro, de Ferentino et autres villes d'Italie, autour desquelles de grands étangs restaient pourtant encore.

Entièrement dévouée à l'idée du desséchement des étangs, la Commission d'enquête de l'Ain ne peut cependant s'empêcher de dire : — « On accuse les » mares d'être insalubres pour les hommes, malsaines » pour les bestiaux ; mais il y en a dans les trois-quarts » des exploitations de France, et, *quand elles sont* » *profondes, que leurs bords ne sont pas plats comme* » *ceux des étangs, on ne peut s'en plaindre avec* » *raison nulle part* (1).

Médecin, et publiant un ouvrage spécial sur *l'histoire des marais et les maladies causées par les émanations des eaux stagnantes*, M. Monfalcon avoue toutefois : — « que les étangs formés de grandes masses » d'eau sont médiocrement insalubres ; qu'ils ne nuisent beaucoup à la santé de l'homme que lorsque » leur desséchement partiel et provisoire les rapproche » de l'état de marais, et quand l'évaporation ou la » retraite de leurs eaux met une surface fangeuse d'une » étendue immense en contact presque immédiat avec » l'atmosphère (2). » — En d'autres termes, *lorsque l'étang se transforme en marais.*

(1) *Commission d'enquête de l'Ain*, p. 195.
(2) Monfalcon, *loc. cit.* p. 28.

Ainsi, c'est une chose bien constatée par l'expérience de tous les temps, et les adversaires même les plus prononcés de l'existence des étangs en conviennent : *il est possible d'établir des réservoirs d'eau qui ne soient point insalubres, et l'une des principales conditions, c'est qu'ils n'aient pas des bords marécageux.*

« On trouve dans l'Ain, dit Monfalcon, beaucoup » de marais dans l'acception véritable de ce mot ; *ils* » *infectent au moins cinq mille cinq cents hectares.* » Ceux des Echets occupent mille hectares : c'était » autrefois un lac que le duc Philippe de Savoie entre- » prit de dessécher, en 1481 ; mais le canal de dégor- » gement vers la Saône devait traverser Rochetaillée, » et les comtes de Lyon s'y opposèrent, au préjudice » de l'intérêt public. Plusieurs rivières, comme la » Veyle et la Reyssousse, forment des marécages dans » leur cours..... » Peut-on s'étonner après cela que la Bresse soit dévorée par des maladies épidémiques?

Suivant M. Puvis, les étangs formés par l'eau des pluies sont beaucoup plus insalubres que ceux qui s'alimentent par des cours d'eau. « La raison, dit-il, en » est facile à concevoir : — l'insalubrité des étangs est » due spécialement à l'abaissement des eaux pendant » l'été ; dès le mois de juin, l'infiltration et l'évapora- » tion dépassent de beaucoup la quantité d'eau plu- » viale ; ce liquide s'abaisse graduellement, et à la fin » d'août, il y a bien, en moyenne, le tiers ou le quart » au moins du sol que l'eau couvrait au printemps qui » s'est successivement découvert. *Toutes ces laisses*

» *d'étangs , qui représentent dans le département*
» *de l'Ain plusieurs milliers d'hectares , deviennent*
» *alors des marais éminemment malsains.* Leur sol,
» couvert de débris animaux et végétaux , produit des
» émanations funestes sous l'influence du soleil d'été, et
» les effets de la chaleur sur le terrain que l'eau laisse
» à découvert se reproduisent ailleurs que dans le
» voisinage des étangs. Des fièvres endémiques de
» mauvais caractère suivent souvent les inondations
» estivales sur le littoral des cours d'eau.

» Dans l'Ain , quand on pêche les étangs au mois
» d'août, on voit les fièvres se multiplier presque ins-
» tantanément.

» *Il est loin d'en être de même des étangs alimentés*
» *par des sources ou des cours d'eau.* Ces bassins
» restant toujours au même niveau, le liquide s'y renou-
» velle sans cesse ; les bords qui en restent couverts
» présentent peu d'effluves dangereux : *les surfaces*
» *d'eau ne sont point insalubres par elles-mêmes.*

» Les étangs destinés à inonder , en cas de siége ,
» les environs des villes de Metz et de Marsal , étant
» alimentés par des affluents , ne causent point de
» fièvres à leurs riverains. »

Ainsi, c'est donc, uniquement et toujours, les marécages seuls qui se forment autour des réservoirs d'eau
quelconques qui en constituent l'insalubrité.

Certainement, dans beaucoup de localités , il serait
facile d'amener du voisinage dans les réservoirs d'irrigation de petits cours d'eau, à l'effet d'en renouveler , d'en vivifier , pour ainsi dire, le contenu : la

place naturelle des grands bassins d'arrosage est au thalweg des vallées supérieures, dans des lieux où des eaux pérennes se rencontrent presque toujours. Dans une circonscription déterminée, l'agriculture réclame des réservoirs beaucoup moins nombreux que les étangs qu'on établit pour l'élève des poissons dans les contrées où l'on s'adonne à cette industrie ; et de là résulte évidemment que, pour les premiers, on a beaucoup mieux la liberté de choisir l'emplacement le plus favorable, tant sous le rapport de l'hygiène publique qu'à tout autre point de vue.

Mais il y a plus selon nous :

Qu'on ait à sa disposition un filet d'eau courante ou qu'on ne l'ait pas ;

Que les réservoirs soient alimentés par des sources ou seulement par la pluie,

Il n'en est pas moins constant que les étangs sont insalubres à un point dont les bassins d'arrosement n'approcheront jamais.

En effet, le plus long-temps que l'eau séjourne dans ceux-ci, c'est à peine trois mois ; car le cultivateur met certainement tous ses bassins à sec lorsque, pendant une saison, la terre n'a pas reçu de pluie.

Pour les étangs au contraire, et sauf de très-rares exceptions, la même eau demeure, croupit, se décompose, se corrompt *pendant deux ans et même trois*..... Cette circonstance et le peu d'inclinaison des bords sont les causes véritables de l'insalubrité de ces réservoirs, l'origine de ces miasmes empoisonnés qui se répandent dans l'atmosphère.

Ce n'est pas tout encore :

Dans les pays d'étangs, ces réservoirs étant très-nombreux, la plupart ne peuvent être alimentés que par l'eau de la pluie ; on en construit depuis le sommet des coteaux jusqu'au bas de la plaine, et, pour profiter le liquide qui manque à tant de prétendants, les étangs deviennent les uns par rapport aux autres ce qu'on appelle *dépendants*, c'est-à-dire que, sur l'échelle inclinée du terrain, le second reçoit l'eau du plus élevé quand on le vide ; le troisième celle du second, et ainsi de suite jusqu'au point le plus bas.

De sorte que, s'il y avait douze étangs étagés et que chacun restât trois ans en eau, avant que d'être rendu au thalweg de la vallée, le produit de la pluie, recueilli d'abord dans le bassin supérieur, aurait croupi trente-six ans jusqu'au dernier, et ne serait qu'au bout de ce temps rendu à sa libre circulation, au cours du ruisseau inférieur. Pense-t-on qu'un pareil fluide ne doive pas avoir l'influence la plus délétère autour des étangs qu'il alimente successivement, et qu'il puisse ne pas s'en exhaler ces pestilentielles vapeurs qui déciment la population de la contrée.

Continuons nos observations :

Quoique d'abord claire et limpide l'eau se corrompt inévitablement sans doute, lorsque pendant long-temps elle demeure immobile, exposée aux rayons du soleil, et c'est un ferment très-actif pour toute autre avec laquelle elle vient se mêler. On sent donc que dans les étangs peu profonds et sur leurs bords marécageux un pareil fluide ne peut qu'augmenter les dangers de la décomposition incessante des végétaux aquatiques, des déjections des poissons qu'on élève par milliers , de la putréfaction de ceux qui meurent. Ces substances animales et végétales en décomposition engraissent le terrain sans contredit, puisque dans les années d'assec on le trouve fertile tandis qu'avant la mise en eau il était maigre et épuisé ; mais c'est précisément ce qui améliore la terre qui empoisonne l'air : c'est cette décomposition concentrée de substances qui ont eu vie , dans un liquide déjà corrompu , qui fait le véritable danger , l'infection trop réelle des étangs.

Toutes les conditions sont bien différentes pour les réservoirs d'irrigation , et rien n'est plus facile que d'en renouveler souvent le liquide ;

De rendre le bassin profond et les bords très-inclinés ;

De bannir avec soin les végétaux , les reptiles et les poissons.

Rien de plus facile , par conséquent, que de les constituer à l'état d'innocuité parfaite au point de vue de la salubrité.

Dans certain cas , il pourrait être utile , et les anciens nous en ont donné l'exemple , de couper les parois, à l'intérieur des réservoirs , en gradins dont la hauteur correspondrait à l'abaissement de l'eau par chaque arrosement. En arrêtant l'eau, chaque fois , à la moitié de la hauteur verticale de ces gradins , et en donnant une inclinaison convenable aux bermes qui les sépareraient , quelle que fût d'ailleurs leur étendue , on n'aurait jamais d'eau croupissante. On pourrait aussi ne pas vider complètement le *podium* de cette espèce de cirque. Les gradins s'égouttant d'une manière complète et presque intantanément après chaque arrosage , si on laissait un mètre d'eau environ sur le fond du bassin ou de *l'arène* parfaitement aplanie quand on aurait mis le dernier à découvert , on n'aurait ni lagune , ni flaque d'eau , ni marécage ; — *On aurait radicalement supprimé toute cause d'insalubrité.*

Suivant M. Puvis , les formations et les composés calcaires neutralisent en général les émanations malfaisantes , et les étangs placés sur un sol de cette nature sont moins nuisibles que les autres. Nous ne pensons pas que , pour les bassins d'irrigation , il soit nécessaire d'en venir à ce choix de terrain ; mais enfin , si l'on poussait la prudence jusque là , ce serait plus facile encore pour les réservoirs que pour les étangs , à cause de leur moindre agglomération, et parce qu'il n'en sera jamais construit qu'un petit nombre par commune.

Cette question du nombre , qui n'est pas sans importance dans nos recherches , se résout complètement à l'avantage des réservoirs.

D'après la Commission de l'Ain , — « Aucun étang » contenant plus d'un hectare ne devrait être établi » *à moins de cinq cents mètres des habitations* , et » tout village devrait pouvoir exiger le desséchement » de ceux qui ne sont pas à cette distance. (1) »

(1) *Loc. citat.* p. 202.

Rien de si facile que de soumettre les réservoirs d'arrosage à cette condition certainement plus que préservatrice à leur égard, tandis que, pour les émanations marécageuses, elle n'offrirait pas une garantie suffisante.

Pour éviter les suites fâcheuses de l'insalubrité des côtes près de l'embouchure des grands fleuves dans les pays chauds, les Anglais, au rapport de Lind, ont quelquefois senti la nécessité d'établir des *vaisseaux-comptoirs* en mer, à quelque distance du rivage, sur lesquels se traitaient les affaires commerciales sans que la santé fût compromise.

Il y a plus de quatorze mille étangs en France, qui couvrent deux cent neuf mille hectares ou le deux cent cinquantième de la surface du pays, sur laquelle ils sont très-inégalement distribués.

Dans les contrées où ils se trouvent en plus grand nombre, comme la Bresse, la Sologne, le Forez, ils occupent environ le vingtième de la superficie; mais leur influence réagit sur un treizième de la France, c'est-à-dire sur quatre millions d'hectares, dont l'état agricole et sanitaire est modifié d'une manière très-fâcheuse. Un hectare d'étang vicie donc l'atmosphère de vingt hectares de terrain non inondé, ou propage, en moyenne, sa funeste influence sur un rayon de deux ou trois cents mètres autour de lui; mais la direction des vents et la disposition des lieux peuvent faire varier infiniment la forme et le périmètre de la surface infectée.

Suivant les relevés cadastraux, on trouve en Bresse

et dans la Dombes vingt mille hectares d'étangs, sans compter plus de quatre mille hectares en lacs, ruisseaux ou rivières. Les étangs couvrent là le cinquième ou le sixième du sol, d'où l'on voit que l'infection doit être portée à sa plus haute puissance, puisque les effluves peuvent se mêler, se confondre, s'ajouter les uns aux autres.

Dans la Sologne même, si insalubre, les étangs n'occupent pas plus du vingtième de la surface totale.

On a calculé qu'il faudrait à la France deux millions d'hectares de prairies irriguées, soit la vingt-septième partie du sol. Les sources, les ruisseaux, les rivières convenablement aménagés, fourniraient certainement sans peine ce qu'il faudrait à la moitié de cette surface.

Nous n'avons donc à demander aux bassins de retenue, pour toute l'étendue du pays, que la quantité d'eau nécessaire à l'irrigation d'un million d'hectares de terrain, c'est-à-dire la cinquante-quatrième partie du territoire.

Mais, comme chaque réservoir peut se remplir utilement trois fois par an ; comme, en moyenne, chacun peut contenir et conserver, déduction faite des pertes d'imbibition et d'évaporation, au moins six mètres de hauteur d'eau, leur surface peut donc se réduire au dix-huitième de ce million d'hectares, c'est-à-dire qu'elle ne serait plus que de cinquante-quatre mille hectares environ, ou de la millième partie de la surface du pays. Chaque hectare en eau serait donc véritablement perdu au milieu de mille autres à sec, ce qui certainement doit éloigner toute crainte.

Malgré l'infection toute spéciale qui s'attache aux étangs destinés à l'élève des poissons, pense-t-on que le séjour de la Dombes ou de la Sologne fût réellement redoutable, si la proportion de leurs étangs n'était plus que le millième, au lieu d'être le vingtième dans l'une de ces contrées et le cinquième dans l'autre, de leur surface totale? Mais, indépendamment de cette considération d'étendue, combien les conditions hygiéniques de nos réservoirs et de ces étangs ne sont-elles pas dissemblables?

Sur toute la superficie de notre département, qui est de près de six cent mille hectares, on n'en arrose pas dix mille; c'est à peine le soixantième : quand on en irriguerait dix fois plus, la moitié de ces cent mille hectares pourrait l'être au moyen des sources ou des ruisseaux, des fleuves ou des rivières, et l'on n'aurait à construire des réservoirs que pour l'usage des cinquante mille hectares restants. Toutes ces supputations hypothétiques sont exagérées : eh bien ! malgré cela, les bassins pouvant se remplir trois fois utilement par la pluie comme nous l'avons déjà dit, et pouvant retenir, en moyenne, six mètres de hauteur d'eau, un hectare en réservoir fournirait à l'arrosage de dix-huit hectares de près. Il ne faudrait donc mettre en eau que moins de trois mille hectares, pour nous donner les engrais et les fourrages complémentaires de ce que nous avons laissé à la charge de nos cours d'eau améliorés. Ce ne serait que le deux centième de la surface ; garantie nouvelle, mais réellement surabondante, puisque, d'après tout ce qui précède, on ne peut raisonnablement redouter aucune espèce d'infection des établissements qui nous occupent.

Si nous examinons la question d'emplacement en particulier, nous verrons qu'il est facile de la résoudre aussi avantageusement que toutes les autres.

La France possède, d'après une supputation récente :

En bois de l'Etat.............	1,048,907 hect.
Ancien domaine de la couronne,	52,972
Bois des communes et des particuliers....................	7,333,966
Sol forestier	368,705
Total........	8,804,550 (1)

Une supputation un peu plus ancienne donnait :

Forêts de l'Etat..............	1,160,286
— de la couronne.........	65,969
— des communes et des établissements publics...	1,896,745
— des particuliers........	3,237,517
Total........	6,360,517 (2)

Dans la supposition la plus défavorable, c'est toujours au-delà du neuvième du territoire, qu'on sait être de cinquante-quatre millions d'hectares. Dans

____

(1) Jung. — *Agriculture de la France*, dans *Patria*, tom. 1. p. 647.

(2) Courtin. — *Encyclopédie moderne*, tom. 13 p. 173, verbo *Forêts*.

cette supputation même ne sont pas compris les terrains entièrement improductifs. (1)

Or, nous avons dit qu'un hectare par mille, transformé en réservoir, c'était tout ce que réclamaient, au maximum, les besoins du pays ; cinquante-quatre mille hectares au plus devraient donc être consacrés à cet usage ; ce qui serait d'ailleurs la perfection théorique, l'emploi le plus large auquel, nous le savons, on n'arrivera pas de long-temps. *Mais , au point de vue hygiénique , quelle analogie pourrait-on trouver, quel rapport pourrait-on établir entre un millième du sol transformé en bassins d'eau fréquemment renouvelée , et un vingtième , ou même un cinquième comme dans la Dombes, transformé en étangs pleins de végétaux, de reptiles et de poissons , où l'eau croupit se corrompt pendant plusieurs années sous les influences les plus délétères , et dont les bords sont toujours des marécages infects.* Evidemment, au point de vue de la santé publique , les deux choses n'ont aucune ressemblance.

Mais, puisque la France possède tant de bois, tant de forêts, tant d'espaces incultes et déserts, puisqu'on ne pourra jamais avoir besoin que du millième du sol, pour l'établissement des réservoirs d'irrigation, qui empêche de les reléguer loin des villes et des villages, loin des habitations, dans des lieux tout à fait solitaires ?

(1) Nous avons environ dix millions d'hectares de pâturages, pâtis, landes, bruyères ou joncs marins. Jung , *loco citato.*

L'air est plus froid et plus vif dans les lieux élevés ; l'origine des torrents et des rivières est en général le point le plus convenable pour construire les bassins régulateurs des cours d'eau , ces grandes retenues , qui doivent en assurer le débit presque uniforme si désirable pour l'agriculture et l'industrie ; les pays les plus accidentés sont les plus favorables à l'établissement de ces barrages.

« Ce n'est pas dans les lieux bas , mais sur les » hauteurs , dit M. Blondet, qu'il faut que l'eau s'ac- » cumule ; à une attitude de quelques centaines de mè- » tres , l'air plus vif, la chaleur moins intense empê- » chent le développement des miasmes fébriles. (1) »

Nous avons parlé ailleurs de la puissante influence des bois contre la propagation des miasmes délétères. Elle agit avec avantage , même sous les climats les plus brûlants. D'après Lind , de grandes étendues de pays de la Guinée et de la Louisiane où il y a des marais , des eaux stagnantes et des terres incultes , mais qui offrent partout des bois épais et impénétrables aux rayons du soleil , sont néanmoins sains , et les habitants ne souffrent aucune incommodité.

Or, puisqu'en France , l'Etat, le domaine public , les communes ou les particuliers possèdent de seize à vingt millions d'hectares de landes , de bois ou de forêts , c'est-à-dire de terrains inhabités , répandus sur toute la surface du territoire ; quand on viendrait

(1). *Journal d'agriculture pratique* , mars 1847 , pag. 267.

à y disséminer soixante mille hectares de réservoirs, quel dommage en pourrait-il résulter pour la santé publique ? Absolument aucun.

Et cependant, ce nombre de bassins d'irrigation, plus grand qu'on n'en fera jamais en France, n'occuperait encore que la trois centième partie de la surface de ces lieux déserts.

Là, le voisinage de l'eau favoriserait le reboisement si désirable à tant d'égards, et, de plus, des massifs d'arbres touffus qui entoureraient bientôt les réservoirs, embelliraient le paysage, arrêteraient tous les miasmes, assainiraient l'atmosphère. Une fertilité, depuis long-temps disparue, reviendrait sous ces ombrages protecteurs.

Tels étaient les secrets des peuples anciens, *que les dieux leur avaient appris* ; aussi leur élevaient-ils des temples avec reconnaissance sur les bords de ces lacs que leurs mains avaient creusés, et dont les ondes réfléchissaient des rideaux épais d'arbres séculaires.

N'hésitons donc nullement, et ne nous laissons pas préoccuper par des craintes chimériques. *Il n'y a nul rapport, nulle analogie entre les marais, les étangs même et les bassins d'irrigation.*

Si les premiers doivent être proscrits et desséchés, les seconds amoindris et améliorés : — les réservoirs d'arrosement, au contraire, doivent être recommandés, multipliés, établis dans tous les lieux convenables.

Si les uns sont le fléau destructeur des populations, ceux-ci les soutiennent et les rendent florissantes et paisibles par l'augmentation des subsistances , et , comme nulle cause d'insalubrité ne leur est essentiellment inhérente , ils contribueront puissamment à **la** prospérité générale du pays.

Au point de vue de l'hygiène publique, les réservoirs d'irrigation n'ont produit aucun inconvénient chez les peuples anciens ni chez les modernes , l'histoire est là pour en témoigner :

L'eau n'est dangereuse qu'à l'état marécageux , par suite de sa propre décomposition et de celle des substances animales et végétales qui se trouvent dans les étangs et dans les marais, et dont on peut purger les réservoirs d'arrosement ;

Il est plus facile d'établir dans ceux-ci des courants d'eau vivifiante que dans les autres ;

Il est plus facile de les éloigner des habitations ;

De les placer sur des sols , à des élévations , à des expositions convenables ;

De ne barrer que des vallées profondes , à bords très-pentueux ;

Enfin , on pourra toujours créer les réservoirs artificiels dans les lieux inhabités, sur les montagnes , au milieu des bois , de manière à faire disparaître , non point un danger réel , qui n'existe nullement , mais jusqu'à la moindre apparence , au moindre prétexte d'un danger imaginaire.

Livrons-nous donc sans crainte, comme les peuples de l'antiquité, à l'établissement des grands et des petits réservoirs ; qu'il en soit fait de tous côtés dans l'intérêt du public et des particuliers , si nous avons

foi dans les bienfaits d'une large et fécondante irrigation qui leur est intimément liée.

VIII.

Dans les siècles passés comme de nos jours , la condition pénible des classes ouvrières a toujours dépendu
de l'insuffisance de la production agricole.

Une nation consomme en raison de ce qu'elle produit : telle est la loi du travail ; il faut donc , avant
tout , augmenter la force productive et la quantité de
matières premières.

Si le sort de l'ouvrier dans les manufactures est
pénible , celui du maître ne l'est pas moins , et quand
la faim menace l'un , l'autre est en danger de banque-
route.

Les fruits de la terre ne sont jamais trop abondants;
s'ils dépassaient les besoins sur toute la surface du
globe , on pourrait croire au retour de l'âge d'or. La
vie à bon marché , c'est le développement de toutes
les industries par l'accroissement de la consommation
et des produits , c'est la source de la prospérité des
peuples (1).

L'agriculture , en France , occupe à elle seule les
trois quarts de la population totale , c'est-à-dire plus
de vingt-cinq millions d'habitants.

Elle s'étend sur une superficie de quatre cent trente-
quatre mille kilomètres carrés, représentant cinquante-

(1) Bréard-Boisanger. — *Des travaux publics , agricoles ,*
in-8° , Paris , Bréauté 1848.

trois millions d'hectares , dont la valeur toujours croissante ne peut être estimée aujourd'hui à moins de cinquante milliards , sans compter plus de douze milliards de capital d'exploitation qui pourrait très-utilement s'élever au double.

L'agriculture paie à l'Etat sur la contribution foncière cinq cent millions de francs ; elle supporte en outre une très-forte part dans les autres impôts.

Elle fournit à l'armée le plus grand nombre et les plus vigoureux de ses soldats ;

Elle offre à nos manufactures et à notre commerce le débouché le plus régulier et le plus sûr.

L'agriculture est donc la plus féconde de toutes les industries , et tout ce qui tend à développer et à accroître sa richesse importe à la prospérité et à la puissance de l'Etat. (1)

« La population des campagnes , disait en 1844 le
» marquis de Tamisier au Congrès central d'agricul-
» ture , est à celle des villes comme huit est à un.

» L'agriculture représente un capital de quatre-
» vingt à cent milliards ;

» Elle en produit annuellement six à sept ;

» Elle paie les deux tiers de l'impôt ;

» Elle occupe vingt-cinq millions de travailleurs.

» Une augmentation de quelques centimes sur le
» salaire des ouvriers des champs , qui serait le pre-

---

(1) *Lettre de la Commission provisoire d'organisation du Congrès central d'agriculture adressée aux sociétés et comices agricoles de France. Compte-rendu du Congrès central de 1844. p. 1.*

» mier résultat d'un progrès réel , mettrait un produit
» d'un milliard aux mains d'hommes empressés de
» consommer les produits de notre industrie, *qui quête*
» *laborieusement des débouchés de quelques millions*
» *jusqu'au bout des mers.*

    » Toute amélioration agricole se produisant sur une
» échelle hors de proportion avec les autres , amène
» des résultats prodigieux, devant lesquels il n'y a pas
» d'intérêt ni commercial, ni industriel qui puisse sou-
» tenir la comparaison (1).

Notre pays est essentiellement destiné à l'agriculture ; ce qui importe le plus au bien-être de tous, c'est
que la terre produise. On bénit la Providence lorsque
la récolte est abondante , et l'aisance se répand dans
tous les rangs de la société : toutes les industries s'a-
niment ; l'activité augmente dans les manufactures
et les ateliers; les échanges se multiplient, la confiance
et le crédit facilitent les affaires.

Tout s'arrête ou languit s'il survient une mauvaise
récolte. On l'a dit avec raison : tout fleurit dans un
pays où fleurit l'agriculture ; *pâturage* et *labourage*
sont encore , comme du temps de Sully , *les deux*
mamelles de l'Etat ; et le plus grand service à rendre
à la France , c'est de porter sa fécondité à sa plus
haute limite.

Nous sommes bien loin de ce but , car la subsistance de la nation n'est point assurée. La base essentielle de toute bonne culture , l'élève du bétail , est

(1) *Compte-rendu du Congrès central de 1844 , p* 507.

chez nous en décadence. L'usage insuffisant de la viande exerce une influence funeste sur la constitution physique du peuple. Notre infériorité à l'égard de l'Angleterre est évidente , et cependant notre sol est meilleur , notre climat plus propice , et l'agriculture n'est pas le premier des arts pour les enfants d'Albion, que font vivre le commerce et l'industrie manufacturière.

Les travaux publics , en France , ont absorbé des sommes énormes depuis trente ans , et rien , pour ainsi dire , n'a été fait dans l'intérêt spécial de l'agriculture.

L'amélioration de la viabilité peut-elle être une panacée universelle ? Ne faut-il pas produire avant de transporter ? Tout en supportant les plus grandes charges , l'agriculture n'a eu que la moindre part aux avantages. Les routes, les chemins de fer, les canaux, sont plus particulièrement ouverts dans l'intérêt du commerce et ne profitent qu'indirectement au cultivateur. Les chemins vicinaux exécutés dans ces derniers temps sont la création la plus utile qui ait été faite depuis un demi-siècle; *mais les canaux agricoles, les canaux d'irrigation sont presque tous à créer ; il n'en existe qu'un petit nombre et ils ont été ouverts par des particuliers.*

Si l'on excepte le canal d'irrigation de la Neste, voté par les chambres en 1846 , l'intervention de l'Etat s'est bornée à quelques secours accordés à des associations syndicales d'endiguement, et ces secours mal entendus, distribués isolément , sans vue d'en-

semble , à la suite de quelques désastres , sont insuffisants pour les réparer et en prévenir le retour.

Quel étrange spectacle présentait l'Europe en 1846 !
On votait partout des chemins de fer, avec un imprudent enthousiasme, comme si les produits regorgeaient
sur les marchés , dans les granges , dans les manufactures : cependant , un manque de récolte en céréales ,
une maladie des pommes de terre surviennent , et
l'on trouve à peine assez de capitaux pour éviter la
disette , pour calmer , par des achats de grains à l'é-
tranger , les populations alarmées.

Dans le Midi , quelle source de richesses jaillirait
de l'aménagement des eaux pour l'irrigation ; de l'é-
tablissement de grands canaux de sédimentation et
d'arrosage , de l'organisation , secourue par des subventions, *mais forcée* , des riverains des petits cours
d'eau, en syndicats , pour en utiliser le produit !

Les habitants du nord et du centre de la France
ne comprennent peut-être pas qu'il soit besoin de l'E-
tat pour irriguer , car leurs cours d'eau coulent généralement à pleins bords , et chaque riverain peut , le
plus souvent à peu de frais , établir sur sa propriété
les travaux nécessaires pour les utiliser.

Mais , dans le Midi , les eaux sont encaissées dans
des lits irréguliers et profonds , leur cours est généralement torrentiel ; pour les employer à l'arrosage , il
faut de grands travaux difficiles et coûteux. Il faut les
élever par des barrages et les dériver de loin , dans
des canaux ouverts au milieu d'un sol tourmenté par
les ravins profonds que creusent les plus minces ruis-

seaux. *Il faut encore construire de grands réservoirs pour aménager les eaux de pluie, dont la distribution naturelle est trop variable ; et cela pour en régulariser les effets.*

Dans ces conditions, tout système d'irrigation doit être conçu en grand. L'aménagement des eaux doit être fait pour toute une vallée ; leur distribution embrasser de grandes étendues, car l'opération est d'autant plus avantageuse qu'elle s'applique à de grandes surfaces du territoire.

L'ignorance, l'apathie, la défiance et le manque de capitaux sont des obstacles tels, que les agriculteurs sont impuissants, abandonnés à eux-mêmes. Lorsqu'on voit de plus près les difficultés que l'administration éprouve à organiser les moindres syndicats et surtout à les faire fonctionner, on est convaincu de l'impossibilité de l'exécution de pareils travaux par des associations de ce genre.

Dans les départements Pyrénéens et Alpins , dans les vallées traversées par des fleuves ou par des cours d'eau torrentiels, quels bienfaits ne peut-on pas répandre par le reboisement des sommets , par un bon règlement de culture sur les terrains en pente, par tous les travaux propres à préserver les terres cultivées des ravages des débordements.

Toutes ces améliorations ne peuvent être obtenues qu'en classant les travaux qu'elles réclament au nombre de ceux qui doivent être exécutés par l'Etat. Les particuliers n'ont pas la puissance de volonté et de ressources nécessaire pour les accomplir.

Ces dépenses, dira-t-on, prises sur les ressources générales, seront une faveur pour des localités circonscrites;—mais n'en est-il pas ainsi de tous les établissements de l'Etat, ports, routes, canaux, chemins de fer; pourquoi n'exclure que les travaux agricoles?

L'augmentation des produits d'une portion du territoire n'augmente-t-elle pas la richesse du pays tout entier ?

Les principes de raison, de sagesse et d'équité veulent, pour les dépenses à la charge de l'Etat :

1° Un emploi utile du fonds commun ;

2° Une bonne justice distributive ;

3° L'intervention du Trésor public, là où l'impuissance des particuliers est bien démontrée, et quand l'intérêt général est d'ailleurs engagé.

Les travaux agricoles de desséchement, de reboisement, de régularisation des cours d'eau, d'irrigation, ne peuvent être convenablement exécutés que sous l'empire de ces conditions essentielles......

Ce paragraphe est extrait presque en entier d'une brochure de M. Bréart-Boisanger, ingénieur des ponts-et-chaussées, maintenant chargé du service hydraulique dans le département de l'Aude. Il y a trop de rapports entre ses opinions et les miennes pour que je ne sois pas heureux de m'en faire un appui en terminant cette livraison. Si tous les hommes éclairés dont se compose le Service hydraulique en concevaient au même point de vue l'importance, la portée et les moyens d'action , son avenir serait certainement assuré , et , avec lui , la prospérité de la France.

En effet : — « De nos jours *le grand œuvre est* » *trouvé :* c'est l'oeuvre agricole.

» Ne cherchons pas ailleurs la force et la puissance » des Etats ; c'est là , peut-être aussi , qu'il faudra » chercher leur salut. La prospérité matérielle et l'ac- » croissement de richesse qu'on proclame ne doivent » pas rendre indifférents aux dangers de l'avenir.

» Les esprits sérieux aperçoivent la misère des » individus sous la pompe des choses. N'entendons- » nous pas les économistes signaler , sans pouvoir le » prévenir , le danger de l'accroissement de la popu - » lation en présence de la diminution éventuelle du » travail ?

» Nous voyons avec eux la pauvreté , l'indigence » assises au foyer du travailleur industriel , au mo- » ment où le capital circulant se trouvera diminué :

» Nous le voyons , et , dans la prévision des crises » qui menacent l'avenir , nous travaillons à augmen- » ter le *capital foncier* , qui , développé de jour en » jour , doit être la ressource des générations futures ; » nous le voyons et nous préparons en silence ce ré- » sultat , dont l'espérance seule doit faire vibrer un » cœur généreux :

» *Le plus de bien-être possible, pour le plus grand* » *nombre possible.....* (1). »

(1) *Compte-rendu des séances du Congrès d'agriculture de* 1844 , pag. 329.

Ces préoccupations intelligentes de l'avenir, ces paroles sympathiques de M. de la Chauvinière, au Congrès central d'agriculture, en 1844, ne purent amener les effets désirables sous le régime déchu : — *puisons de salutaires avertissements dans la révolution politique qui vint, sitôt après, justifier ses craintes.*

Anduze, le 24 février 1850.

FIN DE LA DEUXIÈME PARTIE.

DU

SERVICE HYDRAULIQUE

EN FRANCE.

TROISIÈME LIVRAISON.

DU

SERVICE HYDRAULIQUE

EN FRANCE,

DE SON IMPORTANCE ET DE SON AVENIR,

Par M. le Docteur

Jules TEISSIER-ROLLAND,

Membre du Conseil-Général du Gard et de plusieurs Sociétés savantes.

———

Troisième Livraison.

NIMES.

TYPOGRAPHIE BALLIVET ET FABRE,

RUE DE L'HÔTEL-DE-VILLE, 11.

———

1850.

DU

SERVICE HYDRAULIQUE,

DE SON IMPORTANCE ET DE SON AVENIR.

CHAPITRE NEUVIÈME.

Du canal de Bourgogne ;
Du service hydraulique de la Côte-d'Or.

1.

L'idée de réunir la Saône et la Seine par un canal est une des plus anciennes que nous offre l'histoire de la navigation intérieure de la France. Elle remonte , dit-on , jusqu'à Charlemagne , qui voulait faire communiquer l'Océan au Pont-Euxin en unissant le Rhin au Danube, et qui projetait encore de joindre le Rhin à la Saône, et plus tard celle-ci au fleuve des Parisiens.

Mais ce ne fut que sous François Ier, en 1515 , que, cherchant particulièrement à ouvrir au commerce un point de jonction entre la Méditerranée et l'Océan , les idées des hommes de l'art commencèrent à se fixer sur la possibilité d'y parvenir , en rattachant par un canal la Saône à la Seine.

Pour cela , on voulut d'abord canaliser la rivière

d'Ouche, puis construire un canal latéral, pour lequel Bradelet fit, en 1606, des offres d'exécution qui ne furent point acceptées.

En 1607, on explora la rivière d'Armançon affluent de l'Yonne ; mais la hauteur du point de partage entre les cours d'eau tributaires de la Saône et ceux de l'Armançon découragea les explorateurs. On étudia pendant plusieurs années, sur les deux versants de la Saône et de la Seine, les moyens de joindre la Vigeane avec l'Aube, ou la Tille avec l'Ource, ou enfin le Lignon avec la Seine elle-même. Mais il parut, même à Riquet qui fut consulté, que les montagnes qui séparent les sources de ces deux rivières offraient des obstacles insurmontables (1).

En 1696, après la fin des guerres civiles, M. Thomassin, chargé par Vauban de parcourir la Bourgogne, avait indiqué cinq projets de canaux réalisables; mais, par des motifs personnels, il avait donné la préférence à celui du Charolais.

M. de Roussy obtint, en 1699, des lettres-patentes pour former la jonction des deux mers par les rivières de Suzon et de la Loze. En 1718, M. de La Jonchère proposa au Régent un plan nouveau pour la réunion de l'Ouche avec la Brenne, en plaçant le point de partage à Sombernon. Il parut difficile à l'ingénieur Lacour d'amasser en ce lieu un volume d'eau suffisant, ce qui lui fit tourner ses études du côté de Pouilly.

(1) Lalande. — *Histoire des Canaux de navigation*, pag. 223

M. de Chastellenôt se joignit à M. de Lacour dans sa préférence du point de partage à Pouilly sur celui de Sombernon, tandis que M. de La Jonchère persistait dans l'avis opposé.

Enfin, en 1724, M. Abeille, entrepreneur des ouvrages et du nettoiement du port de Cette, et M. Gabriel, premier ingénieur des ponts-et-chaussées de France, ayant été invités à examiner les deux passages, donnèrent la préférence à celui de Pouilly, et les Etats de Bourgogne adoptèrent leur avis.

En 1729, M. d'Espinassy obtint des lettres-patentes pour l'ouverture de ce canal ; mais, en 1751, il n'avait pu réunir encore les fonds nécessaires. M. de Régemorte et M. de Chézy furent chargés de nouvelles vérifications ; on fit des puits d'essai, et l'on reconnut qu'on pouvait réunir au point de partage de Pouilly six mille six cent quatorze pouces d'eau pendant les six mois pluvieux de l'année, et quatorze cent quarante-neuf pouces pendant les six mois de sècheresse.

M. de Chézy ajoutait : qu'indépendamment des eaux de source, il serait facile d'établir plusieurs réservoirs pour conserver les eaux de pluie, ainsi que M. Gabriel l'avait annoncé ; — que même cette ressource, que celui-ci avait évaluée seulement à un volume de 245,574 toises cubes, pourrait encore être accrue, soit en élevant les chaussées des réservoirs projetés, soit par la formation de nouveaux, dans d'autres gorges que le pays présentait ; et, qu'en conséquence, on ne pouvait mieux faire que d'adopter le projet général de M. Abeille.

L'académie de Dijon mit les études du canal de Bourgogne au concours , et M. de Chézy , douze ans après ses premières vérifications , vint encore , accompagné de M. Perronnet , premier ingénieur des ponts-et-chaussées , recueillir et examiner sur les lieux tout ce qui avait été proposé à ce sujet.

Sur le rapport de ces deux hommes de l'art , les travaux furent enfin commencés en 1775 : les projets étaient débattus depuis 1515 , sous François Ier , c'est-à-dire depuis deux cent soixante ans ; ils ne sont pas encore terminés aujourd'hui , soixante-quinze ans après la première prise d'œuvre.

En effet , un canal n'est réellement terminé que quand sa navigabilité est assurée pendant toute l'année ; or , il n'en est point encore ainsi pour le canal de Bourgogne ; il reste pour plusieurs millions de travaux à faire. N'est-il pas déplorable de voir les gouvernements se succéder sans paraître comprendre l'utilité d'un système de navigation perfectionné et sans y consacrer les fonds nécessaires ; ou plutôt la succession même des gouvernements n'est-elle pas la cause de ce déplorable état ; toute révolution n'est-elle pas un échec à la prospérité publique ?

Tout en adoptant le plan général de M. Abeille , MM. de Chézy et Perronnet lui firent subir plusieurs modifications de détail. Ils relevaient le point de partage à Pouilly pour avoir des tranchées moins profondes , et comme ils diminuaient ainsi la longueur du bief supérieur , et , par suite , la masse d'eau qui

devait y être contenue , ils prescrivirent l'établissement de plusieurs réservoirs d'alimentation.

D'après ces modifications , le canal devait avoir
cinquante-deux lieues de longueur depuis Saint-Jean-
de-Losne sur la Saône , jusqu'au village de la Roche
sur l'Yonne.

Les travaux, commencés de ce dernier côté en 1775,
furent poussés jusqu'en 1777 avec assez d'activité ;
plus tard les embarras du trésor les retardèrent , et
ils furent entièrement suspendus en 1793. Après avoir
éprouvé beaucoup de dégradations, ils ne furent repris
qu'en 1808 , et presque suspendus en 1811.

Sur le versant de la Saône, les opérations, entreprises avec ardeur par les Etats de Bourgogne vers
1780 , furent aussi suspendues de 1793 à 1808 , et une
longueur de près de cinquante mille mètres put seule
être livrée à la navigation depuis la Saône jusqu'au
pont de Pany , au-delà de Dijon.

Depuis le commencement des travaux jusqu'au
1er janvier 1820 , on avait dépensé sur les deux versants un total d'environ quinze millions.

Le choix, pour le point de partage entre le col de
Pouilly et celui de Sombernon , semblait définitivement fixé en faveur du premier , après les recherches
et les longues discussions de MM. de La Jonchère,
de Lacour , de Chastellenôt , Gabriel , Abeille , d'Espinassy, de Régemorte, de Chézy, de Perronnet. Cependant, plus de cinquante ans après un rejet qui ,
pour le passage de Sombernon , paraissait sans appel ,
sur l'invitation du directeur-général des ponts-et-chaus-

sées, M. l'ingénieur en chef Forey étudia de nouveau les deux passages, et fit, en faveur de celui de
Sombernon, un rapport approuvé par M. Liard, inspecteur-général.

A l'avantage d'une économie de près de deux millions, se joignait, d'après lui, celui d'un raccourcisse-
ment notable de la longueur du canal. Mais, on craignait d'attaquer par un très-long souterrain une roche
granitique ; on craignait de plus de ne pouvoir réunir
au point culminant une quantité d'eau suffisante, tandis qu'à Pouilly on pouvait amener le volume nécessaire pour le passage journalier de quarante-six bateaux en hiver et de seize pendant les mois de juin et
juillet, et disposer en outre de huit millions et demi de
mètres cubes d'eau dans les réservoirs supérieurs de
Gros-Bois, de Chazilly et de Ronet pour les autres
mois. Ces considérations ramenèrent MM. Liard et
Forey au passage de Pouilly.

Cependant, un nouvel examen, une nouvelle comparaison furent encore faits, une nouvelle commission
nommée, dont le rapport, présenté par l'inspecteur-
général Tarbé de Vauxclairs, détermina enfin la dernière décision du conseil général des ponts-et-chaussées, en faveur du passage de Pouilly, parce que, si,
d'une part, le parcours du canal de Bourgogne se
trouve augmenté par un détour, — d'autre part, le
souterrain à percer est moins long, la roche plus trai-
table, et la quantité d'eau, qu'il est facile de réunir,
beaucoup plus considérable à Pouilly qu'à Sombernon.

Nous devons faire remarquer toutefois que bien peu,

de choses sont absolues dans les questions de travaux
publics. Les meilleures décisions sont soumises à l'influence du temps, des circonstances, du progrès de
l'art et de l'industrie. Suivant M. l'ingénieur, directeur actuel du canal de Bourgogne : « La question
» du choix du passage du canal par Pouilly ou par
» Sombernon a été vidée en fait par l'exécution de ce
» canal dans la première direction.

» S'il fallait le refaire aujourd'hui, la première so-
» lution pourrait ne pas être adoptée, car les condi-
» tions sociales, industrielles ou économiques se sont
» modifiées depuis trente ans. Ce que l'on regardait
» comme bon à cette époque pourrait être médiocre
» ou mauvais maintenant.

» En fait, le canal par Sombernon serait beaucoup
» plus court, et les difficultés d'exécution qu'on re-
» doutait alors n'effraient personne maintenant »

On estimait, en 1820, à vingt-cinq millions et demi
les dépenses qui restaient à faire pour terminer le canal
de Bourgogne, ce qui, joint à celles déjà effectuées,
portait le coût de l'entreprise à quarante millions environ, pour un parcours de deux cent quarante-trois
kilomètres.

Les produits étaient estimés par M. l'ingénieur
Fère à dix-huit cent mille francs à peu près ; par M.
Forey à seize cent mille ; par M. l'ingénieur Sutil à
trois ou quatre millions. Une Commission, nommée
spécialement pour s'occuper de cet objet, crut devoir
porter le revenu net à deux millions, et M. Dutens

pensa pouvoir l'élever à deux millions quatre cent mille francs.

Monsieur Raudot disait, l'année dernière, au Congrès central d'agriculture que, quand on aurait achevé le canal de Bourgogne, on aurait dépensé soixante millions en capital ou deux cent millions avec les intérêts cumulés, pour un produit annuel de treize cent mille francs (1).

En effet, dans l'origine, on a estimé les produits du canal beaucoup trop haut. — Le produit maximum *brut* en 1847, l'année la plus prospère avant la révolution de Février, a été de seize cent mille francs, et il est douteux qu'à l'avenir il atteigne ce chiffre, en raison de la concurrence prochaine du chemin de fer. Le revenu donné par M. Raudot pourrait donc encore être exagéré désormais. — Il est vrai que l'on ne pensait pas il y a trente ans que les chemins de fer renverseraient toutes les notions en matière de circulation et de transports (2).

Quoi qu'il en soit, en 1818, vu la pénurie du trésor, on proposait de réduire la largeur et la profondeur du canal de Bourgogne ; mais, enfin, l'esprit d'association s'éveilla en France, et, au moyen d'un emprunt approuvé par la loi du 14 août 1822, le gouvernement put se procurer la somme de vingt-cinq millions qu'on estimait nécessaire pour terminer cette construction suivant les dimensions d'après

(1) Procès-verbaux de 1849, p. 186.
(2) Note de M. l'ingénieur Colin.

lesquelles elle avait été commencée. Aussitôt les travaux ont été repris avec l'activité qu'on croyait convenable pour qu'ils fussent achevés dans l'espace de
dix ans. En voici la description rapide :

La première branche, qui commence à la Saône et
qui, depuis sa naissance à Saint-Jean-de-Losne, traverse d'abord les plaines de Brazey, Aizerey, Longecourt et Longvic, se développe ensuite sur le revers
à droite de la rivière d'Ouche, en passant par Dijon,
Plombières, Pont-de-Pany et Sainte-Marie. Depuis
ce point, cette branche longe le vallon sur le même
revers par Gissey, Saint-Victor, La Bussière, Veuvey et Pont-d'Ouche, où elle le quitte pour entrer dans
celui de Créancey.

La longueur de cette branche est de 81,312 m. 80;
Sa pente de 198 m. 936, rachetée par 76 écluses.

Le bief de partage situé à Pouilly et dont la hauteur a été définitivement fixée en 1823, est à 10 m.
40 c. au-dessus du niveau proposé en 1812 par M. Forey. Par la déviation que sa direction a éprouvée, et
d'après la rectification des anciens nivellements, il
se trouve placé à 50 m. 22 plus bas que le point correspondant à son axe de la ligne de faîte qui sépare
les deux versants de l'Océan et de la Méditerranée,
et s'élève à 198 m. 936 au-dessus des basses eaux de
la Saône, et à 299 m. 283 au-dessus de celles de
l'Yonne, ces mesures prises aux embouchures du
canal dans ces deux rivières.

Ce bief de partage s'étend depuis Créancey jusqu'au-delà du Bourg de Pouilly, sur une longueur de

6,088 mètres, dont 3,333 en galerie souterraine, et le surplus en deux coupures dont la plus grande profondeur n'excède pas quatorze mètres.

La galerie, creusée et voûtée pour le passage d'un seul bateau, a 3 m. 75 de hauteur au-dessus de la ligne d'eau, 5 m. 70 de largeur au plafond, et 6 m. 10 à l'angle de rencontre de la naissance de la voûte et des pieds-droits s'élevant en talus de 2 m. 30.

Ce bief de partage est alimenté :

1° Par les eaux vives des sources de Soussey, de Martroy et de Bellenot, tirées du revers à droite de l'Armançon, et conduites par une rigole à l'extrémité du bief du côté de Pouilly ;

2° Par les eaux des sources de Torcy, Blancy, Chailly, etc., tirées du revers à gauche de l'Armançon, et conduites également à la même extrémité du bief, du côté de Pouilly, par une autre rigole ;

3° Sur le versant opposé, par les sources de Beaume, qui entrent presque immédiatement dans le bief de partage, du côté de Créancey.

Cependant, le produit de toutes ces sources fut bientôt reconnu insuffisant, en temps de sècheresse, pour les besoins de la navigation. Il devint indispensable de remédier à cette pénurie par des emmagasinements d'eau pour lesquels on établit deux réservoirs supérieurs au bief de partage.

Le premier de ces réservoirs, placé dans le vallon de la Brenne au-dessus de Gros-Bois, reçoit les eaux d'une étendue de pays de deux mille cinq cents hectares, et contient huit millions et demi de mètres

cubes d'eau , soutenus par une digue en maçonnerie
avec contreforts , qui a cinq cent cinquante mètres de
longueur , trente de hauteur totale depuis sa fondation
jusqu'au couronnement , seize mètres d'épaisseur
maximum , vingt-un mètres et trente centimètres de
retenue au-dessus du fond de la vallée. L'eau est conduite au bief de partage au moyen d'une rigole qui
traverse la montagne séparant la vallée de la Brenne
de celle de l'Armançon. Cette rigole, dite de Soussey,
a 5,818 mètres de développement, dont 3,700 mètres
en souterrain , et remplace celle à ciel-ouvert projetée par le seuil de Vitteaux , qui aurait été beaucoup
plus longue et peu susceptible de tenir l'eau , parce
qu'elle aurait été continuellement dirigée sur un coteau
abrupte et pierreux.

Le deuxième réservoir , construit dans le vallon de
Chasilly , est alimenté par un versant naturel de
819 hectares et par les versants de deux rigoles ayant
ensemble 2,123 hectares , ce qui fait en tout deux
mille neuf cent quarante-deux hectares de surface. Il
contient cinq millions de mètres cubes d'eau , soutenue à une hauteur de vingt-trois mètres par une
chaussée un peu plus élevée que celle de Gros-Bois ,
mais un peu moins longue. Les deux rigoles adductrices
sont à ciel-ouvert.

Sept rigoles ont été construites pour alimenter les
réservoirs de Chasilly et de Gros-Bois , leur développement total est de 67,618 mètres , y compris la
partie souterraine dont nous avons déjà parlé.

Outre les eaux qu'on tire de ces deux bassins supérieurs pour alimenter le bief de partage , le canal en reçoit encore d'autres qui sont fournies par trois constructions inférieures.

La première , dite le bassin de Cercey, du lieu près duquel elle est construite , peut verser dans le bief de partage les cinq sixièmes de ses eaux et le restant dans la branche du canal du côté de l'Yonne. Sa digue est en terre ; son versant naturel et celui de la rigole de remplissage sont d'environ trois mille hectares ; sa capacité est de trois millions huit cent mille mètres cubes ; la retenue a douze mètres d'élévation.

La seconde construction, dite réservoir de Pauthier, est moins élevée encore. Elle ne peut pourvoir qu'à l'entretien de la branche du canal qui descend du côté de la Saône. La surface du versant de ce réservoir est de quatorze cents hectares ; sa digue est en terre, sa capacité de dix-neuf cent mille mètres cubes ; sa retenue de sept mètres soixante centimètres. Les eaux sont conduites, de ce réservoir au canal, par deux rigoles ayant ensemble deux mille huit cents mètres de développement.

Le troisième bassin , dit du Tillot , sur le côté droit du ruisseau de Beaumier, a une capacité de cinq cent cinquante mille mètres, son versant n'est que de quatre cent quatre-vingts hectares ; la digue est en maçonnerie , la retenue de neuf mètres.

Indépendamment de ces eaux de pluie arrêtées et emmagasinées ainsi dans ces cinq réservoirs artificiels , indépendamment des eaux de source recueillies et amenées des points élevés par des rigoles,

les cours d'eau voisins du canal ont été mis à contribution sur les deux versants pour les besoins de la navigation. Huit prises d'eau ont été faites du côté de la Saône et dix-sept du côté de l'Océan.

Sur le versant de la Saône, en partant du bief de partage, on trouve :

La prise d'eau de Pauthier, — celle de Tillot, — celle de Crugey ;

Une première dérivation de l'Ouche, à Pont-d'Ouche, — une seconde, à St-Victor, — une troisième, à Ste-Marie, — une quatrième, à Dijon ;

Enfin, une prise d'eau de la Bièvre.

Sur le versant de l'Yonne, l'Armançon fournit à sept dérivations : la première faite à Moron.

D'autres affluents sont pris à Grand-Champ, — à Chavigny ;

Puis viennent deux prises sur la Brenne : — à Venarrey, — et à Nogent ;

Puis les autres prises de l'Armançon : — à Rougemont, — à la Rovière, — à Ancy-le-Franc, — à Argenteuil, à Tonnerre, — à Germigny ;

Entre lesquelles se trouvent intercalées les dérivations de la fontaine d'Arlot, — de la Papéterie, — d'Argentenay, — de Tanlay, — du Boutoir, — et d'Esnon.

Toutes ces prises d'eau, les sources et les réservoirs ne suffisent pas pour assurer une navigation sans chômage : on projette des réservoirs nouveaux et des travaux d'étanchement pour diminuer les filtrations.

Nous avons fait connaître le parcours de la première branche du canal de Bourgogne, de celle qui du bief de partage se dirige vers la Saône. La seconde, celle qui de Pouilly descend au contraire vers l'Yonne, suit d'abord la côte droite de la vallée de l'Armançon jusqu'à Saint-Thibaud, franchit ensuite le seuil entre la vallée de l'Armançon et de la Brenne, en passant par Creuzot, Braux, Marigny, Chassey et Pouillenay; elle arrive au-dessous de ce village dans la vallée de la Brenne, qu'elle descend sur la gauche jusqu'au dessous de Montbard; à ce point elle traverse la rivière de la Brenne avant son embouchure dans l'Armançon, pour reprendre la rive droite de cette dernière rivière qu'elle suit jusqu'à son embouchure dans l'Yonne, à la Roche, en passant par Buffon, Aisy, Ancy-le-Franc, Tonnerre, St-Florentin et Brinon.

La longueur de cette branche est de 154,616 m. 60, et sa pente de 299 m. 283, rachetée par cent quinze écluses, dont deux à double sas.

La longueur totale du canal depuis St-Jean-de-Losne sur la Saône, jusqu'à la Roche sur l'Yonne, est de 242,017 m. 40, dont 151,072 m. 40 dans le département de la Côte-d'Or, et 90,945 m. dans celui de l'Yonne.

Le nombre total des écluses est de cent quatre-vingt-onze.

Les travaux d'art consistent, dans le département de la Côte-d'Or :

En cent quarante-huit écluses, — quatre-vingt-cinq ponts sur écluses et isolés, — quarante-huit aqueducs sous le canal, — deux ponts-canaux, à Pont-d'Ouche, sur la rivière de ce nom, et à Muettard, sur la Brenne; — un souterrain à Pouilly, un à Soussey; — les cinq barrages des réservoirs.

Dans le département de l'Yonne : Quarante-quatre écluses, — quarante-huit ponts, — vingt-six aqueducs, — deux ponts-canaux, à St-Florentin, sur l'Armance, à Briennon sur le Créanton.

Il y a sur toute la longueur du canal soixante déchargeoirs de fonds et trente déversoirs de superficie, vingt-cinq bassins d'amarrage.

La largeur des biefs à la ligne d'eau est de quinze mètres;

Au niveau des chemins de hallage de 19 m. 49;

Au plafond de 9 m. 75.

La profondeur est de 2 m. 75.

Le mouillage sur le busc régulateur des écluses de 1 m. 60.

La largeur de chaque chemin de hallage est de 5 m. 85 et celle des francs-bords de chaque côté de 9 m. 51.

La largeur totale du terrain occupé de 50 m. 20.

Les écluses ont trente mètres de longueur, 5 m. 20 de largeur,

Et 2 m. 60 de chute moyenne.

En résumé :

Le canal de Bourgogne a une longueur totale de............................ 242,017 m. 40,

savoir : la branche de la Saône..... 81,312   80;

      Le bief de partage........ 6,088   00;

      La branche de l'Yonne..... 154,616   60;

Le niveau des différents points au-dessus du niveau de la mer est :

A son embouchure dans la Saône, busc aval de l'écluse de St-Jean-de-Losne...........178 m. 40 ;

A son embouchure dans l'Yonne, busc aval de l'écluse de Laroche.............. 77   793 ;

Socle ou radier du souterrain du point de partage à Pouilly................... 377   336 ;

Niveau du plan de ce bief............ 379   586 ;

Le radier du bief de partage est, au-dessus du busc de l'écluse d'embouchure dans la Saône, de..................... 198   936.

Le radier du bief de partage est, au-dessus du busc de l'écluse d'embouchure dans l'Yonne, de..................... 299   283.

II.

On sait que, d'après nous, le Service hydraulique ne saurait rester dans les limites beaucoup trop restreintes que lui assigne son organisation administrative actuelle, et que, franchissant le cadre de la circulaire d'institution, *nous ne le bornons pas aux questions d'irrigation, de dessèchement et d'usines.*

Toutes les eaux forment son domaine, qu'on ne peut restreindre et morceler sans les inconvénients les plus grands pour la prospérité publique ; ses attributions dérivent de la nature elle-même, qui veut que ce service ne soit nullement organisé par département, mais par bassins naturels et cours d'eau. Tout ce qui

concerne cet élément lui appartient , comme la surveillance de l'exploitation de nos richesses minérales
est dévolue au corps des ingénieurs des mines. Loin
d'être un service incomplet , subordonné , émanant
de celui des ponts-et-chaussées, en recevant son personnel, le Service hydraulique doit , au contraire ,
avoir son existence propre , indépendante , sa hiérarchie particulière qui remonte *jusqu'aux ministères
réunis de l'agriculture, du commerce et des travaux
publics*. Il doit , dans l'intérêt du pays , librement agir
dans un cadre aussi vaste , qu'il est naturel et clairement indiqué.

Les fleuves , les rivières , les canaux , tous les courants que la nature ou la main de l'homme ont formés
appartiennent au Servive hydraulique ainsi conçu ,
et dès-lors , voulant entretenir nos lecteurs de ce qui
le concerne dans le département de la Côte-d'Or ,
nous avons dû commencer par la description du canal
de Bourgogne qui le traverse et le vivifie.

L'histoire des canaux de navigation par Lalande ,
l'histoire de la navigation intérieure de la France par
Dutens, nous ont fourni les éléments de cet article.
Mais le premier de ces ouvrages est déjà ancien , et
le second remonte à plus de vingt années. Le canal
de Bourgogne n'était pas achevé alors , on peut même
dire qu'il ne l'est pas aujourd'hui. Ne connaissant aucune publication postérieure à celle de Dutens, ma
notice aurait été incomplète et fautive, au moins pour
ce qui concerne les derniers travaux et les modifications dans les projets, à partir de 1830.

Pour parer à cet inconvénient, je me suis adressé à la source la plus sûre, à M. l'ingénieur chargé en chef du service hydraulique de la Côte-d'Or et de la direction de la navigation du canal de Bourgogne.

Depuis plus de dix années que je m'occupe de travaux publics, j'ai eu recours bien souvent aux lumières, à l'obligeance, aux conseils de MM. les ingénieurs des ponts-et-chaussées, des mines, et plus particulièrement à ceux du service hydraulique, depuis deux ans. Leur bienveillance, leur bonne volonté leur loyal concours ne m'ont jamais fait défaut, et moi, qui n'avais auprès de ce corps éminent d'autre recommandation que mon zèle, je le proclame avec reconnaissance, j'ai trouvé, à tous les degrés de la hiérarchie, autant d'obligeance que de lumières.

Monsieur l'ingénieur Collin n'a pas démenti d'aussi généreux précédents. Grâces aux corrections qu'il a bien voulu m'indiquer lui-même, j'ai pu fournir sur le canal de Bourgogne une notice succincte, mais complète. Il m'a soutenu, encouragé dans ma pénible entreprise; qu'il en reçoive ici mes remercîments.

« J'approuve, me dit-il, tout ce que vous avez écrit » au sujet des encouragements à donner à l'agricul- » ture, car c'est là qu'est le germe d'une amélioration » immense pour le bien-être et la moralisation du peu- » ple. Rendons l'agriculture attrayante, elle sera » prospère et fructueuse ; mais, avant tout, il faut de » l'eau.

» C'est principalement dans le Midi que cette né- » cessité se fait sentir. Nous éprouvons en Bourgogne

» une chaleur bien moins intense , et cependant elle
» l'est encore assez pour qu'on regrette de ne pouvoir
» abreuver à volonté les campagnes que le soleil des-
» sèche.

» J'ai fait au Conseil-général de la Côte-d'Or diver-
» ses propositions pour l'arrosage , et j'étudie en ce
» moment deux projets de réservoir , dont l'un serait
» très-vaste et *contiendrait quinze millions de mètres*
» *cubes d'eau.* Je compte pouvoir en présenter l'a-
» vant-projet à la prochaine réunion du Conseil-géné-
» ral. Ces deux réservoirs seraient partiellement
» utilisés pour compléter l'alimentation du canal de
» Bourgogne.

» Cette voie navigable exige encore une dépense de
» six millions pour être achevée , c'est-à-dire pour
» être rendue navigable toute l'année , et au nombre
» des travaux nécessaires se trouvent les deux réser-
» voirs que je viens de mentionner.

» J'espère que le double intérêt de l'agriculture et
» de la navigation décidera le gouvernement et le
» département de la Côte-d'Or à poursuivre l'exécu-
» tion de ces projets.

» Ce serait un bon exemple , et en même temps un
» encouragement pour les entreprises de cette nature.
» Il ne dépendra pas de moi que ces projets ne réus-
» sissent ; j'y travaille avec toute l'ardeur d'un homme
» convaincu de l'importance immense qui s'attache à
» ces travaux. »

On le voit par cette citation , comme nous le disions
tout à l'heure , — le Service hydraulique doit soutenir

à la fois l'agriculture, en multipliant les moyens d'irrigation; le commerce, en créant, en améliorant les voies navigables. Si le canal de Bourgogne et le Service hydraulique de la Côte-d'Or ne se trouvaient pas heureusement réunis dans la même main, aurait-on aussi utilement conçu le vaste système de réservoirs que M. Collin veut faire construire pour l'avantage commun de l'agriculture et du commerce, et qu'on n'exécuterait peut-être jamais, si ces deux intérêts réunis n'en sollicitaient l'établissement.

Au reste, directement ou indirectement, tout grand réservoir pour l'irrigation améliore les voies navigables, sert à la régularisation des cours d'eau, car il diminue la violence des inondations et augmente le débit à l'étiage.

Il en est de même de la construction des canaux navigables, de la régularisation des cours d'eau qui profitent à l'arrosage par suite de l'aménagement, de la retenue des eaux supérieures dans les temps d'abondance, lesquelles, lorsqu'on les lâche dans l'intérêt du commerce, servent en définitive à féconder les parties basses du sol.

Pour remplir convenablement sa mission, un ingénieur hydraulique doit donc suivre, étudier, améliorer un cours d'eau depuis son origine jusqu'à sa disparition dans un cours d'eau plus considérable ou dans la mer. Ici, les circonscriptions administratives sont en désaccord complet avec les circonscriptions naturelles.

L'action de M. l'ingénieur Collin répondrait-elle à

tous les besoins si, s'astreignant au principe des divisions administratives par département, on n'avait soumis à sa direction que la portion du canal de Bourgogne qui se trouve dans la Côte-d'Or, réservant à un autre ingénieur le versant qui se trouve dans l'Yonne ?

C'est à bon droit qu'on a considéré le canal de Bourgogne comme un fleuve à deux penchants et son administration comme indivisible. Si le Service hydraulique de la Côte-d'Or éprouve un incontestable avantage à se trouver dans les mêmes mains que l'administration du canal qui le traverse, — n'en serait-il pas de même pour le département de l'Yonne et tous ces intérêts ne devraient-ils pas être soumis à une hiérarchie spéciale et commune.

Au reste, cette nécessité est bien plus évidente encore pour les fleuves et les rivières qui suivent la même dépression du sol et n'ont qu'une direction, que pour les canaux à point de partage qui sillonnent des versants opposés.

Plus le Service sera développé, connu, et mieux on se pénétrera de ces vérités incontestables :

Que, dans un bon système d'organisation, loin de faire violence aux conditions essentielles des choses, on doit, au contraire, se conformer, se soumettre à leur nature;

Que le Service hydraulique ne doit point être constitué par département, mais uniquement par bassins naturels, par vallées et par versants.

En attendant qu'une main ferme et habile place

cette organisation dans ses conditions normales et fécondes, terminons ce chapitre par une exposition rapide de l'état, des projets et de l'action du Service hydraulique dans le département de la Côte-d'Or.

III.

Les Bourguignons étaient, dans l'origine, une des tribus du peuple Vandale qui passèrent le Rhin vers la fin du troisième siècle et s'établirent dans les Gaules. Genève fut quelque temps leur capitale ; mais, après que, d'auxiliaires ou tributaires de l'empire romain, ils se furent rendus indépendants, ils transférèrent à Lyon le siége de leur gouvernement. Leur vaste monarchie ne dura guère que cent vingt ans ; elle fut détruite par les Francs et les Ostrogoths réunis, vers l'an 534. Un nouveau royaume de Bourgogne, gouverné par des rois Francs, se forma, et ne fut détruit qu'à l'époque où la seconde dynastie occupa le trône de France.

Il y eut alors des ducs de Bourgogne qui, plus tard, se rendirent indépendants et traitèrent d'égal à égal avec le roi de France leur suzerain, témoins Charles-le-Téméraire avec Louis XI.

La mort de ce prince guerrier, tué en 1477 sous les murs de Nancy, replaça le duché de Bourgogne sous la main royale. Il formait, en 1789, un des gouvernements de la France et était pays d'Etats. En 1791, il fut fractionné en trois départements : la

Côte-d'Or , Saône-et-Loire , l'Yonne, plus une partie du département de l'Ain (1).

Le département de la Côte-d'Or renferme 224,671 hectares de forêts , environ le quart de sa superficie ; c'est le plus boisé après celui des Vosges.

La Seine est la principale des rivières qui y prennent leur source. Deux le bordent , deux le traversent ; mais un grand nombre y ont tout leur cours.

On n'en trouve cependant dans la Côte-d'Or qu'une seule navigable : la Saône.

Placé au second rang pour l'étendue de ses forêts , ce département est le quatrième pour le nombre des communes , le cinquième sous le rapport de l'étendue superficielle ; le quinzième sous celui des produits en céréales ; le vingt-cinquième pour la population et les revenus du fisc. Il doit son nom aux riches cultures en vignobles des collines qui le traversent du Sud au Nord , tandis qu'une chaîne de montagnes plus considérables , qui court du nord-est au sud-ouest et qui réunit les monts Faucilles à ceux du Morvan , coupe tout le département et sépare par une arête élevée le bassin de la Seine de celui de la Saône. Les cols les plus déprimés sont ceux de Pouilly , de Sombernon et de Chanceaux.

En 1848, le Conseil-général de la Côte-d'Or fut consulté , comme les autres , par la circulaire ministérielle du 17 novembre, sur la constitution du Service

(1) Dufour et Duvotenay , — *La France* , Atlas des 86 départements , avec une notice historique.

hydraulique ; mais, comme celui du Gard , il ne put pendant la session étudier les grandes questions que cette création soulevait , de manière à se prononcer en connaissance de cause. Il se borna donc à une approbation générale au point de vue de l'agriculture , tout en émettant le vœu que les demandes sur lesquelles , à l'avenir, les ministres l'appelleraient à délibérer fussent adressées à tous ses membres avant l'époque de la session, afin que chacun pût examiner sérieusement et avec maturité.

Un service spécial fut créé pour le département de la Côte-d'Or :

Il se composait d'un ingénieur en chef, chargé , en outre , du service du canal de Bourgogne ;

D'un ingénieur ordinaire spécial ;

Et de trois conducteurs.

Appréciant toute l'importance des fonctions dont il venait d'être investi, M. l'ingénieur Collin , placé à la tête de ce service, en fit l'objet de ses études persistantes , et avant la session de 1849 , il put appeler l'attention du Conseil-général et du Comité d'agriculture sur des questions dont on appréciera sans peine toute l'importance pour les intérêts de son département.

« 1° Les terres riveraines de la Saône sont-elles susceptibles d'être fécondées par l'irrigation , et, dans le cas d'affirmative, ne conviendrait-il pas d'étudier un projet de dérivation des eaux de cette rivière sur ses deux bords , entre Gray et Verdun ? Le relèvement des eaux serait fait à l'aide de puissantes machines hydrauliques dont la force motrice serait empruntée aux chutes des barrages établis sur cette rivière.

» 2° Ne serait-il pas possible d'utiliser les eaux du Doubs, dérivées, soit par le canal du Rhône ou Rhin, soit par les contre-fossés, pour créer un canal de jonction sur la rive gauche de la Saône, entre St-Symphorien et St-Jean-de-Losne, de manière à faire disparaître la lacune qui existe entre ces deux canaux, de manière encore à établir une communication permanente qui ne soit plus interceptée périodiquement par les inondations de la Saône? Ce canal de jonction ne pourrait-il se prolonger en aval de St-Jean-de-Losne, sous forme de rigole d'arrosage, pour vivifier les plaines de la rive gauche?

» 3° Ne devrait-on pas espérer de grands avantages de l'établissement d'un canal à petite section (2 m. 50 de largeur d'écluse), qui serait ouvert entre le bassin du canal de Bourgogne à Dijon, et la rivière de la Tille. Si ce canal pouvait être alimenté par les eaux de l'Ignon et par des réservoirs artificiels, ne pourrait-on le faire servir simultanément à relier les localités industrielles de cette vallée avec Dijon et Til-Châtel, ainsi que les rives de l'Ignon, et à assurer l'alimentation du canal de Bourgogne, entre Dijon et St-Jean-de-Losne, de manière à faire disparaître les chômages annuels qui sont la plaie de cette grande voie navigable?

» 4° Doit-on renoncer à utiliser les eaux abondantes que fournit en hiver le torrent du Suzon? Ces

eaux , si elles étaient recueillies dans des réservoirs ,
ne pourraient-elles servir à l'irrigation , à l'alimentation du canal de Bourgogne , en aval de Dijon , et à
la création d'usines hydrauliques dans l'enceinte même
et aux abords de cette ville ?

» 5° La vallée de Gros-Bois , creusée dans les argiles du Lyas , fournit aux pluies torrentielles d'énormes quantités d'un limon fertilisant qui s'accumule
dans le réservoir de ce nom et qui l'encombrera tôt ou
tard. Ne serait-il pas d'une bonne administration de
chercher à ramener sur le versant calcaire et sur les
coteaux arides du vallon de l'Ouche , les vases abondantes du vallon de la Brenne , par une rigole de colmatage , qui , traversant le faîte sous Sombernon ,
par exemple , assurerait la navigation du canal de
Bourgogne , entre Pont-de-Pany et Dijon , à l'aide
des eaux du réservoir de Gros-Bois , et pourrait favoriser l'arrosage des terrains calcaires et desséchés
qui s'étendent de Remilly à Agey et à Pont-de-Pany,
au moyen des eaux surabondantes de la vallée de
Gros-Bois ;

» 6° La rivière d'Armanson est encaissée dans une
vallée granitique aux environs de la ville de Sémur.
Cette rivière roule pendant l'hiver d'énormes masses
d'eau limoneuse que lui fournissent ses affluents supérieurs. Si ces eaux étaient recueillies dans un réservoir établi en amont de Sémur , elles seraient mises à
profit par les usines ; elles serviraient à l'irrigation et
au colmatage des terrains des deux rives de l'Armançon , entre Genay , Athie et Buffon , et assureraient

l'alimentation régulière et permanente du canal de Bourgogne , dans le département de l'Yonne. Bien qu'il s'agisse , en apparence, des intérêts d'un autre département , tout le monde sait que , sous ce rapport , l'Yonne et la Côte-d'Or sont solidaires ; car le chômage du canal , sur un versant, est essentiellement préjudiciable à l'industrie et au commerce de l'autre ;

» 7° La vallée de l'Ozerain , qui est creusée comme celle de la Brenne , dans les argiles du Lyas , est disposée favorablement pour l'établissement de vastes réservoirs que l'on peut utiliser pour l'arrosage de la plaine qui s'étend de Ste-Reine à Montbard ;

» 8° La vallée de Serein ne présente-t-elle pas des conditions aussi avantageuses et n'éprouve-t-on pas l'embarras du choix sur la question de préférer tel emplacement à tel autre pour l'établissement de réservoirs propres à assurer l'arrosage des terrains granitiques de cette belle contrée ?

» 9° Les vallées de la Seine , de l'Ource , de l'Aube n'attendent-elles pas le bienfait de leurs propres eaux pour féconder leurs terrains calcaires dont l'arrosage doublerait le produit ? L'établissement de réservoirs dans celle de la Seine ne procurerait-il pas à la ville de Châtillon , par exemple , des bienfaits incalculables pour sa propre sécurité , pour son agriculture si perfectionnée et son industrie si active ? Et ces mêmes bienfaits , répétés dans la vallée de l'Ource , n'accroîtraient-ils pas le volume des eaux dont le canal de la Haute-Seine aura besoin pour l'écoulement des produits agricoles et métallurgiques du Châtillonais , vers Paris ?

» 10° La zône sud du département de la Côte-d'Or est sillonnée par des cours d'eau nombreux. Le plus important est l'Arroux qui prend sa source dans les environs de Culètre, au nord-est d'Arnay-le-Duc, et se jette dans la Loire à Digoin. Il est depuis longtemps question d'établir une communication navigable entre la Loire sur ce point , et le canal de Bourgogne aux environs de Pouilly. Un projet de navigation de l'Arroux , entre Autun et Digoin, fut étudié en 1776 par un sous-ingénieur des Etats de Bourgogne ; mais il ne s'agissait alors que d'ouvrir un débouché aux richesses naturelles et industrielles de cette vallée qui produit en abondance du bois , des charbons , des minérais.

» Un canal à petite section qui , partant de Pouilly se dirigerait par Thoisy-le-Désert sur le vallon de l'Arroux, ne servirait-il pas à la fois au débouché de tous les produits naturels de cette riche province , et à l'irrigation des terrains granitiques dont elle doublerait la fécondité ? Les vallées affluentes de l'Arroux ne permettraient-elles pas d'y établir de vastes réservoirs d'où les eaux accumulées seraient dirigées dans le canal pour alimenter la navigation et procurer aux terres de cette contrée les bienfaits de l'arrosage ?

» Ces réservoirs n'auraient-ils pas le double avantage de pourvoir à une navigation active et à la prospérité agricole ? Ne contribueraient-ils pas aussi à diminuer le nombre et l'intensité des désastres causés par les inondations de la Loire dont l'Arroux est un des affluents ? *Sous ce point de vue, les études des ré-servoirs artificiels dans les vallées de la Côte-d'Or n'intéressent pas les seules populations de ce départ-tement, mais encore une grande partie de la France, puisque ses cours d'eaux sont en général des affluents torrentueux des trois fleuves, la Seine, la Loire et le Rhône, dont les débordements périodiques, ceux des deux derniers surtout, affligent tant de provinces et causent tant de malheurs publics.* C'est un sujet d'é-tude de la plus haute portée que le gouvernement re-commande à la sollicitude des Conseils-généraux et de tous les comités spéciaux qui s'occupent directe-ment ou indirectement de la production des richesses nationales et de la recherche des moyens de les con-server et de les accroître.

« Messieurs les membres du Conseil-général et du » Comité d'agriculture, auxquels nous soumettons ces » questions préliminaires, dit M. Collin en terminant, » pourront réunir des renseignements particuliers, sur » ce qui intéresse les cantons qu'ils représentent et » concourir, chacun dans la sphère de sa spécialité et » de son dévoûment, à des délibérations importantes » que des études régulières faites sur le terrain fécon-» deront plus tard.

» Si, comme nous aimons à nous le persuader, le » Conseil-général entre dans cette voie nouvelle, nous » lui soumettrons la situation de ces études chaque » année. Les discussions qui s'établiront alors sur les » résultats obtenus éclaireront les ingénieurs et les di-» rigeront dans la recherche des solutions les plus

» propres à assurer le succès pratique des travaux
» projetés (1). »

IV.

Monsieur l'ingénieur Collin a compris , si je ne me
trompe , l'essence et le but du Service hydraulique
dans toute son étendue et ses plus larges applications,
comme on devrait l'entendre partout pour qu'il devînt
éminemment utile. Les études faites sur le département de la Côte-d'Or devraient être répétées avec la
même ampleur de conception dans la France tout
entière qui recueillerait d'incalculables bienfaits , aussitôt que , de l'étude des projets , on passerait coura-
geusement à leur réalisation sur une grande échelle.

Une question de la plus haute importance pour l'a-
venir du Service hydraulique, c'est le rapport de ses
divisions hiérarchiques avec la constitution naturelle
du sol.

Aujourd'hui, la division territoriale qui prédomine
au point de vue administratif est celle par départements, arrondissements, cantons et communes. Nous
n'avons pas à examiner ici si cette division s'applique
sans inconvénients à la majeure partie des intérêts
civils ;

(1) Rapport de M. Collin , ingénieur des Ponts-et-Chaussées ,
chargé en chef du Service hydraulique de la Côte-d'Or, fait au
Conseil-général de ce département (session de 1849) , et au Comité central d'agriculture *sur les études de projets intéressant
l'industrie agricole, l'irrigation et les dessèchements.*

Mais, en y soumettant l'administration des eaux, on ne peut produire que des effets déplorables.

« Ainsi que le dit très-bien M. d'Esterno : lorsqu'une rivière fait la limite de deux départements, sa rive droite est administrée par un ingénieur et par un préfet, sa rive gauche par un autre préfet, un autre ingénieur. Alors, si l'on veut établir un barrage, il faut s'adresser à deux juridictions, subir doubles formalités et payer doubles frais ; car une rétribution est exigée des irrigateurs et des usiniers, pour le temps que les ingénieurs consacrent à la vérification de leurs projets de constructions sur les cours d'eaux.

» Il faut observer que, vu l'obscurité et les lacunes de nos lois sur ces matières, il est rare que deux cas exactement semblables ne donnent pas lieu à deux décisions contradictoires. C'est regrettable sans doute quand il s'agit de cas distincts ; mais qu'est-ce donc quand il s'agit du même, sur les deux bords d'une rivière, et quand la hauteur ou la forme prescrite pour un barrage par l'administration de la rive droite, diffère essentiellement de ce que veut celle de la rive gauche.

» Un autre exemple à peu près aussi bizarre, c'est que l'époque de l'ouverture de certaines pêches varie d'un département à l'autre, de sorte qu'il arrive quelquefois qu'on peut jeter le filet le long d'une rive, tandis qu'on doit s'en abstenir du côté opposé.

» Quand les circonscriptions administratives coupent une rivière dans le sens de sa longueur, il en résulte des inconvénients tout aussi graves que quand ils la coupent dans sa largeur....

» Ce morcellement dans les circonscriptions amène des formalités à remplir et des longueurs telles que les plus persévérants doivent souvent perdre courage. On voit dans le remarquable ouvrage de M. Nadault de Buffon sur les canaux d'irrigation du midi de la France, que leurs créateurs ont été en instance administrative six, dix et même quinze ans. Ceux qui ont obtenu les autorisations nécessaires après quatre ans de démarches doivent être considérés comme favorisés. Or, si les canaux qui se sont enfin établis, ont dû rester si longtemps en souffrance, combien y sont demeurés ceux qui n'ont pas réussi !...

» A de pareilles conditions, il ne faut pas s'étonner si les entreprises d'irrigation ont été si rares jusqu'ici (1). »

Nous l'avons dit bien des fois, et, dans notre ouvrage tout tend à cette conclusion : l'administration des cours d'eaux doit être réglée suivant la configuration du sol, les données de la géographie physique. Les lignes de faîte qui séparent les vallées et déterminent les bassins de chaque fleuve, rivière ou ruisseau, doivent délimiter les circonscriptions spéciales, qu'on placera, suivant leur importance, sous la direction d'ingénieurs divisionnaires, d'ingénieurs en chef, d'ingénieurs ordinaires ou de simples conducteurs.

C'est tout un nouveau système, c'est une révolution, dira-t-on, dans cette branche de l'organisation

____

(1) Rapport sur l'irrigation, fait au Congrès central d'agriculture de 1847, p. 218 et 219.

des travaux publics ; mais ce changement n'est-il pas nécessaire ?

Evidemment, nos circonscriptions administratives ne correspondent pas à des divisions naturelles du sol ; et cependant, en dehors de celles-ci, le service hydraulique ne peut point fonctionner d'une manière féconde.

Les traditions administratives, les habitudes prises, résisteront longtemps, et beaucoup trop dans tous les cas pour les intérêts de la France, mais enfin, ceux-ci prévaudront, on n'en saurait douter.

Dans notre système, chaque cours d'eau important étant dans les attributions d'un ingénieur d'un grade élevé, celui-ci, quand il s'agirait d'une entreprise qui pourrait en modifier le régime, demanderait des études locales et fragmentaires aux ingénieurs spéciaux de grade inférieur, placés sous ses ordres dans chacun des arrondissements et des départements que le cours d'eau traverserait.

Muni de ces renseignements particuliers, l'ingénieur en chef spécial dresserait le projet, qu'il adresserait après directement au ministre.

Celui-ci consulterait le préfet de chacun des départements intéressés ; puis, toutes enquêtes faites, toutes oppositions entendues, il déciderait souverainement, après avoir pris l'avis du Conseil supérieur du Service hydraulique.

Ainsi de bons projets d'ensemble pourraient être conçus, dressés, exécutés ; ainsi tous les intérêts légitimes seraient entendus, sauvegardés, sans qu'on méconnût ou qu'on sacrifiât, toutefois, l'étendue et l'unité d'appréciations et de résultats. En un mot , l'organisation du service étant mise en harmonie avec la nature des choses, le pays ne tarderait pas à se ressentir de cette heureuse constitution administrative.

Monsieur l'ingénieur Collin ne manque pas de confirmer dans son excellent travail la vérité de cette pensée. « En travaillant à certaines améliorations du » système hydraulique de la Côte-d'Or , on produit , » selon lui, des résultats avantageux pour le département » ment de l'Yonne ; en fertilisant la première de ces » circonscriptions , les grands bassins de retenue » amoindriraient les désastres sur les rives de la Loire, » de la Seine et du Rhône. » L'homme ne doit pas scinder ce qui est un dans la nature ; il doit étudier au contraire les conditions physiques des choses pour y adapter sans violence les combinaisons d'organisation administrative, s'il aspire , avec la moindre dépense de travail et d'argent, à obtenir la plus grande masse de produits, de sécurité, de bien-être.

La prospérité agricole du département du Gard pourrait être notablement augmentée par l'ouverture de canaux d'irrigation et de colmatage , qui prendraient naissance au Rhône , par exemple.... Mais il faudrait préalablement s'accorder avec cinq ou six administrations différentes.

Pour dériver de pareils canaux de l'Ardèche ; il faudrait l'entente des deux administrations départementales....

On ne peut utiliser largement la Cèze , les deux Gardons , presque à sec à l'étiage , qu'en construisant de grands réservoirs dans les vallées supérieures, près de leurs sources , où les terrains sont presque sans valeur , et leur configuration favorable.

En formant ainsi, pour l'été , des réserves indispensables à l'agriculture et à l'industrie , on amoindrirait , ce qui serait un bienfait inestimable , la violence et les ravages des inondations pendant la saison des pluies.

Mais la Cèze et les Gardons naissent dans le département de la Lozère , et c'est probablement dans les gorges étroites de cette montagne dénudée que se trouveraient , pour les intérêts du Gard , les emplacements les plus favorables de ces vastes réservoirs , qui ne donneraient aucun profit, au contraire , aux habitants du département sur le territoire duquel la construction devrait être effectuée.

C'est dans le Gard que prend sa source le petit fleuve d'Hérault , qui devrait vivifier le département de ce nom. La Dourbie , le Tarn , le Lot , naissent dans celui de la Lozère , et , presque toujours , les grands travaux hydrauliques devront être faits dans des départements autres que ceux qui auront à en profiter. Les faits qui passeront successivement sous nos yeux démontreront de plus en plus cette vérité, et , partout , nous verrons l'organisation administrative actuelle créer des entraves aux projets d'amélioration , au lieu des facilités qu'on en devrait attendre.

Lenteurs et conflits de Préfet à Préfet , d'un département à l'autre; — lenteurs et conflits entre le Service hydraulique et les autres services spéciaux des canaux, des fleuves ou des rivières; — lenteurs et conflits, guerre intestine d'attributions entre le service ordinaire des ponts-et-chaussées et le Service hydraulique, que MM. les ingénieurs en chef de chaque département voudraient, cela se conçoit, se subordonner, chacun dans sa circonscription. Ce serait mieux en harmonie avec les précédents, sans doute, avec la constitution actuelle de ce corps savant; mais ce serait nuisible aux intérêts de la France, parce qu'il y aurait opposition avec la nature des choses.

C'est là la difficulté véritable de l'organisation nouvelle; c'est là que le gouvernement et l'administration supérieure doivent apporter leurs méditations et leur action éclairée.

Il faut au Service hydraulique une existence propre, indépendante, comme en jouissent pleinement les Ponts-et-Chaussées et les mines. Ses titres sont au moins égaux à ceux de ses aînés; la France en doit attendre des services immenses; mais il ne peut utilement fonctionner dans les limites des divisions départementales.

Chaque fleuve et ses affluents composent un grand système qui réclame une hiérarchie correspondante d'ingénieurs et d'agents de service de tous les degrés.

Placé au sommet de ces pouvoirs échelonnés, le Ministre des travaux publics peut seul convenablement statuer sur des intérêts, que la nature a coordonnés en dehors des limites administratives actuelles, en discordance avec elles. Les Préfets ne doivent donner que des avis, chacun en ce qui concerne son département ; car, ordinairement, les cours d'eau influent sur des intérêts d'une bien plus grande étendue.

En général, les communes, les maires et les conducteurs devront être consultés pour le régime des ruisseaux ;

Les ingénieurs ordinaires, les conseils d'arrondissement, les sous-préfets, pour ce qui concerne les rivières peu importantes ;

On demandera l'avis des conseils-généraux, des préfets, des ingénieurs en chef pour les rivières qui intéressent une portion notable du département, ou pour les fleuves.

Voilà pour l'instruction préparatoire des affaires, et des enquêtes seront ouvertes pour que tous les intérêts soient entendus.

Quant à la décision, — dès qu'une question intéressera directement ou indirectement plusieurs départements, elle sera réservée au ministre, le conseil supérieur hydraulique entendu.

Celui-ci prononcera tout seul sur les cas de moindre importance.

C'est ainsi qu'agissaient les peuples de l'antiquité, qui avaient en vénération la prospérité de l'agriculture ;

C'est ainsi que les intérêts généraux de la France peuvent être régis et sauvegardés. Cette harmonie introduite dans le régime de nos cours d'eau ; cette unité de direction imprimée à nos grands travaux hy_ drauliques deviendraient pour nous, comme elles le furent pour les nations puissantes de l'Orient, les sources les plus fécondes de la prospérité publique.

Mais, pour arriver à ce but si désirable, il faut que la législation soit mise en parfait accord avec les besoins. C'est dans des règles de droit nouvelles que le Service hydraulique doit trouver écrits sa force, son indépendance, ses moyens d'action, ses devoirs; et, comme le disait l'illustre chancelier Bacon : *Instauratio facienda est ab imis fundamentis*.

C'est ce que le Congrès central d'agriculture avait bien compris, lorsque, dans sa séance du 28 mars 1847, il émettait le vœu : — «que les circonscriptions » fussent modifiées en ce qui concerne le régime et la » police des eaux, de sorte qu'elles eussent pour base » les bassins ou versants naturels, et non plus les » divisions administratives par départements et arron- » dissements (1). »

En 1849, M. Barral faisait observer à la même assemblée — « que, comme presque tous les grands » travaux publics intéressent l'agriculture, le minis- » tère qui les dirige devrait rationnellement être réuni, » non comme principal, mais comme accessoire, à » celui de l'agriculture et du commerce (2). »

Nous avons nous-même émis plusieurs fois cette idée qu'il y aurait intérêt pour la France à ce que les

(1) Procès-verbaux de 1849, p. 159.
(2) Procès-verbaux de 1847, p. 264.

ministères de l'agriculture, du commerce et des travaux publics, fussent réunis dans la même main.

V.

Malgré la façon libérale dont le gouvernement avait, de prime abord, constitué le personnel du Service hydraulique dans le département de la Côte-d'Or, M. Collin s'empressa d'exposer au Conseil-général, dans la session de 1849, les besoins qui restaient encore à satisfaire.

Selon lui : — « Pour pousser activement les études et mettre sans retard l'arriéré au courant, il lui faudrait un conducteur de plus, dont le traitement et les frais d'exploration seraient supportés par le département.

» Le règlement des affaires d'usines est considérable et doit absorber une partie notable du temps des ingénieurs, au préjudice des études d'irrigation et de distribution des eaux.

» Plusieurs rivières du département réclament des explorations spéciales pour le curage de leur lit et la régularisation de leur cours. Les études d'irrigation se lient d'une manière intime à celles qui intéressent la régularisation des cours d'eau et la navigation. *Aussi l'ingénieur en chef du canal de Bourgogne a-t-il été spécialement chargé du Service hydraulique.*

» Le régime des cours d'eau exerce une influence

plus ou moins directe sur la navigation de ce canal; il en est de même des usines.

» Il faut plusieurs millions encore pour le perfectionnement de cette grande voie navigable qui traverse le département sur un parcours de cent cinquante kilomètres, et qui a donné passage, en 1847, à des marchandises d'un poids supérieur à 195,000 tonnes, ramené au parcours total de 242,000 kilomètres, qui forment son entier développement.

» Les travaux d'alimentation qui restent à entreprendre apporteront nécessairement des modifications nouvelles dans le régime des rivières affluentes.

» Si l'on se décide, enfin, à rattacher à cette ligne navigable des petits canaux accessoires, pour la vivifier et accroître son trafic, l'influence exercée par le canal de Bourgogne sur le système hydraulique s'étendra sur une grande partie des cours d'eau du département.

» Ajoutons *que les réservoirs, rigoles et canaux secondaires, qu'il sera nécessaire d'ouvrir pour compléter l'œuvre principale de la navigation du territoire départemental, devront, au point de vue de l'économie générale, servir à la navigation, à l'irrigation, et que les rigoles et les canaux alimentaires peuvent être tracés pour favoriser le colmatage ou limonage de certaines zones infertiles, que l'arrosage fécondera.*

» L'étude de ces questions ne saurait être dans aucun cas étrangère aux ingénieurs du canal de Bourgogne. L'annexion du Service spécial hydraulique à celui de ce canal *est commandée par la nature et la force des choses, et leur séparation ne pourrait être opérée sans de graves inconvénients.*

» Les rivières qui sillonnent le département ne roulent pas en général des volumes d'eau suffisants pour assurer l'arrosage efficace d'une grande superficie après la première coupe des herbes ;

» Si l'on excepte la Saône, les autres cours d'eau subissent pendant l'été de très-fortes diminutions ;

» En général, les dérivations que l'on pratiquerait sur eux porteraient alors un très-grand préjudice aux usines et susciteraient des contestations nombreuses ;

» *C'est principalement à l'aide de réservoirs artificiels que l'on pourrait procurer aux terrains de ce département les bienfaits de l'irrigation.*

» Les dispositions topographiques du sol en permettraient l'exécution :

» Les grandes vallées de la Seine, de l'Armançon, du Serein, de l'Arroux, de la Brenne, de l'Ozerain, de l'Ignon, sans parler des vallées secondaires, offrent un vaste champ aux conceptions de cette nature.

» Le climat du département de la Côte-d'Or n'exige pas, en général, l'application de la méthode des arrosements abondants et continus, ainsi qu'on le pratique dans le midi de la France et dans l'Italie septentrionale, parce que les pluies du printemps et de l'été rendent au sol, si non la totalité, du moins la plus grande proportion de l'humidité nécessaire au développement des prairies. Les quantités d'eau que réclamerait l'arrosage de ce climat sont donc beaucoup moindres que celles qui, toutes choses égales, sont reconnues indispensables dans les contrées méridionales, où elles produisent de si merveilleux effets.

» Nous avons dit que, sauf la rivière de Saône, la presque totalité des cours d'eau du département subissait des variations de régime qui ne permettraient pas, en été, d'utiliser leurs produits pour l'agriculture sans porter de très-grands préjudices aux usines hydrauliques.

» Les cours d'eau peuvent, sans doute, être employés directement à l'irrigation ; mais nous ne croyons pas que le problème général de l'arrosage puisse être résolu de cette manière dans ce département.

» Que, pour chaque ruisseau, les propriétaires riverains demandent et obtiennent un partage d'eau entre les usines et l'agriculture d'après des conditions législatives mieux appropriées à l'intérêt général que les dispositions du code civil, c'est chose désirable, et l'on doit favoriser cette tendance par tous les moyens ; mais ce n'est envisager qu'un des côtés de la question, et la circulaire ministérielle du 17 novembre embrasse un horizon beaucoup plus vaste.

» Tout le monde sait, par exemple, que, pendant l'hiver, les cours d'eau qui sillonnent le département roulent d'énormes masses de fluide limoneux qui va se perdre dans les trois bassins de la Saône, de la Loire et de la Seine ;

» Si, par des moyens artificiels, on pouvait retenir une partie de ces eaux perdues et les utiliser , au moment des chaleurs, pour l'irrigation des terres, que de richesses n'en retirerait-on pas ?

» Les pluies torrentielles dépouillent les terrains en pente de la terre végétale qui est entraînée et totalement perdue ;

» S'il n'existe aucun autre moyen d'empêcher leur dénudation que le reboisement des sommets ou des versants des montagnes, au moins doit-on tenter d'utiliser les terres qui sont réduites à l'état de limon charrié par les eaux , dans tous les lieux où le reboisement ne peut être ni efficacement , ni actuellement exécuté. Les eaux pluviales transportent aux deux mers des richesses immenses qui vont s'y engloutir chaque année , chaque jour.

» L'établissement de réservoirs artificiels , semblables à ceux qui existent déjà dans le département pour l'alimentation du canal de Bourgogne , résoudrait le triple problème :

» De conserver des eaux pour l'arrosage du printemps et de l'été, à l'aide de rigoles exécutées dans ce but ;

»D'utiliser les terres que les pluies torrentielles détachent du sol arable , et qui pourraient être dirigées par ces mêmes rigoles ou canaux de colmatage sur des terrains maigres et arides, dont ils assureraient la fecondité ;

» De retenir , dans les régions supérieures des vallées secondaires ou tertiaires , les eaux des pluies torrentielles et de diminuer ainsi l'étendue et les désas-

tres des inondations , qui se renouvellent périodiquement.

» En organisant le Service hydraulique , l'administration a voulu imprimer, par une initiative puissante
et par un concours bienveillant, une vive impulsion
aux travaux publics qui intéressent les progrès de
l'agriculture. En substituant sa propre initiative à
celle des particuliers ou des associations agricoles ,
elle a résolument abordé les difficultés dont on avait
inutilement jusqu'ici cherché la solution.

» Mais, eu égard à sa spécialité départementale,
le système hydraulique se trouve placé dans la sphère
d'action du Conseil-général dont la circulaire ministérielle provoque nettement l'intervention. Nul ne
peut, mieux que les membres de cette assemblée ,
fournir sur la topographie, l'hydrologie, la géologie
et l'agriculture de chaque canton, des notions plus
claires , plus précises, plus complètes pour toutes les
améliorations qu'il est possible de concevoir et les
études qu'il est utile d'entreprendre dans le double
intérêt de l'agriculture et de l'aménagement des eaux.

» Livrés à eux-mêmes, les ingénieurs du Service
hydraulique ne resteraient peut-être pas au-dessous de
leur tâche... Mais il est facile d'éviter un grand nombre de recherches et d'explorations inutiles ; beaucoup
d'incertitudes et d'hésitations peuvent être levées ;
des retards, des lenteurs, des ajournements prévenus,
par l'intervention directe et officielle des membres du
Conseil-général.

» Il est une autre assemblée dont il faut invoquer

la compétence et les lumières : c'est le Comité spécial d'agriculture. Il connaît les besoins et les souffrances des cultivateurs : il peut indiquer les remèdes les plus efficaces. Composé d'agronomes et de savants , ce Conseil dira ce que les irrigations produiront d'utile dans tel ou tel canton et sur telle nature de sol. Les ingénieurs hydrauliques ne peuvent rendre d'importants services au département qu'en s'éclairant à la fois des lumières du Conseil-général et de celles du Comité central.

» Mais, ainsi que l'annonce le ministre dans sa circulaire organique , le Conseil-général ne peut demeurer spectateur passif des efforts que fait le gouvernement pour hâter la solution des problèmes dont l'opinion se préoccupe vivement aujourd'hui et qui doit contribuer à la prospérité du pays , au bien-être du peuple.

» Abandonné à ses propres forces , le budget de l'Etat serait bientôt écrasé , si les départements , les communes , les associations et les particuliers ne lui venaient en aide. Le personnel des conducteurs dont se compose le Service hydraulique est insuffisant pour permettre de mener de front les études qui concernent :

» L'établissement des canaux d'irrigation, de limonage ou de colmatage ;

» La régularisation et le bon aménagement des cours d'eau ;

» La création de réservoirs artificiels ;

» L'emploi des eaux , soit comme moteur hydraulique , soit comme agent fertilisant ;

» Le dessèchement des marais et la destruction des étangs insalubres ;

» La règlementation des usines ;

» L'organisation et la surveillance des associations.

» Sans doute il ne s'agit pas d'entreprendre et de terminer tous ces projets à la fois : — non , car la vie de plusieurs générations ne suffira pas pour les conduire à leur terme. A chaque siècle sa tâche ; mais il faut du moins , par une réunion d'efforts simultanés, donner une vigoureuse impulsion à ce service, et l'organiser de manière à régler promptement toutes les affaires arriérées et à regagner le temps perdu.

» Les études hydrauliques sont de celles qui exigent de longues recherches et des observations multipliées sur les eaux : — Il faut dresser la statistique de chaque rivière , de chaque ruisseau , et y inscrire les variations de leur régime ; — il faut coordonner les observations d'où se déduisent les relations naturelles entre les volumes d'eau des rivières et les quantités de pluies qui tombent sur leurs versants.

» Des projets d'aménagement, de distribution et de règlementation des eaux courantes ne peuvent être entrepris et rédigés du jour au lendemain : ce sont des études de longue haleine. Le temps apporte son contingent de lumières dans la solution de ces problèmes qui font de l'hydraulique la partie la plus ardue et la plus délicate de la science de l'ingénieur ! »

VI.

Ce rapport si remarquable nous montre sur quelles larges proportions le Service hydraulique est compris et accepté dans le département de la Côte-d'Or, particulièrement par celui à qui la direction en a été confiée, et quelles sont les applications qu'on veut en faire, aussi bienfaisantes que variées.

Au premier rang se place le curage des rivières et des cours d'eau et la régularisation de leur lit, choses presque inconnues dans nos contrées.

Les vues d'impulsion supérieure et d'unité dominent dans ce rapport, dont l'auteur proclame la liaison intime qui existe entre l'aménagement des eaux pour l'agriculture et l'aménagement de celles que réclame la navigation. On comprend que l'ingénieur en chef du canal de Bourgogne devait avoir la haute main sur tous les cours d'eau de la Côte-d'Or; l'annexion des deux services est commandée par la force des choses.

Recueillir, mettre en réserve, diriger l'eau, la distribuer pour les besoins du commerce et des transports, pour ceux de l'agriculture et des usines; ce sont autant de choses importantes qui, de droit, font partie du domaine du Service hydraulique et qui ne peuvent être dirigées que par des hommes placés sous les mêmes inspirations, appartenant à la même hiérarchie. Elles se touchent, s'influencent réciproquement; leur dépendance est souvent étroite, car les mêmes cours d'eau, les mêmes réservoirs, les mêmes canaux adducteurs doivent satisfaire, à la fois, aux besoins des champs infertiles ou altérés, à ceux de l'industrie et du commerce.

Le rapport proclame hautement que la construction de grands réservoirs est devenue nécessaire par suite de l'affaiblissement de tous les cours d'eau de la Côte-d'Or, à l'étiage. Ce n'est que par leur secours qu'on pourra grossir les courants d'été, les rapprocher de l'état de débit moyen qui est le plus désirable ; et, en amoindrissant leur volume aux époques pluvieuses, diminuer la violence des inondations et les désastres qu'elles produisent.

S'il en est ainsi dans les départements du Nord, où les pluies plus fréquentes que dans le Midi sont bien moins violentes, où la sècheresse est bien moins longue et l'ardeur du soleil moins dévorante ; s'il en est ainsi pour un département que sillonnent plusieurs canaux, que tant de cours d'eau fertilisent, où les sources sont abondantes et nombreuses ; si la construction de grands bassins de réserve est réellement d'une haute importance dans le département de France, qui, après celui des Vosges, a conservé le plus de bois et de forêts.... qu'en est-il donc pour nos départements méridionaux, déserts arides et brûlants pendant six mois de l'année, où la hache sacrilége n'a laissé sur pied que quelques chétifs arbrisseaux, ou, tout au plus, quelques arbres réservés pour l'Etat, disséminés à longs intervalles, respectables témoins de l'ancienne existence, mais aussi de la destruction déplorable de nos forêts ?....

Le colmatage n'a point été oublié dans ce système complet de rénovation, par l'aménagement des eaux, au triple point de vue de l'agriculture , de l'industrie et du commerce.

Les questions sont nettement posées au Conseil-général et au Comité d'agriculture relativemen taux études à entreprendre, aux espérances qu'on doit fonder sur le Service hydraulique. Une exposition aussi largement conçue est un excellent exemple à imiter.

Mais, pour soutenir son zèle et ses forces , pour faciliter l'exécution des entreprises les plus utiles , M. l'ingénieur en chef réclame pour lui, pour tous les agents de son service, le concours puissant , les directions éclairées du Conseil-général du département et du Comité d'agriculture; *il réclame de plus une subvention pécuniaire du premier.*

Sur le rapport de M. Perrenet, membre de cette assemblée , elle s'est empressée de voter le traitement et les frais de tournée d'un conducteur nouveau , et la transcription du rapport de M. l'ingénieur Collin sur ses registres.

Le Service hydraulique se compose donc actuellement dans la Côte-d'Or :

D'un ingénieur en chef ,

D'un ingénieur ordinaire spécial ,

Et de quatre conducteurs, dont un à la charge du département.

A la prochaine session , l'intention de M. Collin est de demander que le département ajoute un second ingénieur ordinaire à son service ; — « car , m'écri-

» vait-il tout dernièrement , l'organisation actuelle
» qui comprend un ingénieur en chef, un ingénieur
» ordinaire et quatre agents , est insuffisante. — Les
» affaires d'usines sont trop nombreuses pour laisser
» à un seul ingénieur ordinaire le temps indispensable
» aux études d'irrigation.... »

Le zèle excite le zèle , et le sacrifice est un des plus
grands éléments de succès.

Les fonctionnaires de la Côte-d'Or ayant réellement
compris ce qu'on doit attendre du Service hydraulique , leurs actes ont été généralement applaudis ,
et , dans l'un des chefs-lieux d'arrondissement , à Sémur , M. Malinowski , Polonais réfugié, ancien professeur de génie rural à l'institut agronomique de
Mariemont, près de Varsovie , a ouvert , cette année
même , un cours public sur l'irrigation des prairies.

Il traite :

De son utilité , — des pays dans lesquels cet art a
été le plus largement pratiqué ; — des connaissances
préliminaires que doit avoir celui qui veut s'en occuper utilement.

La détermination des terrains , — les notions de
minéralogie indispensables , — l'étude de l'eau , des
propriétés et des caractères de celle qui est de bonne
qualité ; — son action sur les végétaux , la quantité
qu'il en faut pour irriguer une surface donnée, en tenant compte de la nature du sol ; — la supériorité
d'action de l'eau animalisée ; — la différence des
effets de l'irrigation sur des sols de diverses nature ;
— la nécessité de l'assainissement de certains , et les

moyens d'y parvenir, sont traités dans ce cours avec détails.

Il en est de même pour les principes du nivellement et la description des instruments dont on se sert, — pour celle des outils employés à l'établissement, à la culture, à l'amélioration des prairies.

Le professeur traite des fossés d'irrigation et d'écoulement, — des divers systèmes d'arrosage ; — des barrages et de leur construction, — des bassins et des réservoirs ; — de la confection des projets d'établissement des prairies, de l'estimation des dépenses nécessaires ; — de l'entretien des prés, de l'exploration du sol, — du drainage.

Il s'occupe enfin de la législation qui régit les irrigations en France, et de la nécessité de l'améliorer.

Ce cours est accompagné d'essais de nivellement sur le terrain, — et de travaux pour l'établissement pratique des surfaces irriguables.

Outre ces exercices auxquels les élèves se sont livrés sous les yeux du professeur, plusieurs ont suivi dans leurs explorations les employés de M. Collin, qui étudie actuellement le projet du barrage de l'Armançon en amont de Sémur, et les tracés de deux rigoles d'irrigation en aval de cette ville.

Cette diffusion généreuse des idées utiles, la sympathie qui les accueille, cette juste appréciation des moyens nouveaux de prospérité mis à la portée des populations seraient pour nous une cause de satisfaction très-vive, si elle n'était immédiatement troublée par une douloureuse observation :

C'est que le pays où l'on fait le moins est précisément celui où il y a le plus de besoins à satisfaire ;

C'est que la zône où le Service hydraulique est le plus faiblement protégé se trouve celle que le soleil dévore le plus : — LE MIDI.

Si, dans quelques départements, nos études nous font découvrir de riantes perspectives, de frais ombrages où nous pouvons nous reposer au murmure des eaux,

Nous ne voyons malheureusement autour de nous que trop de roches dénudées, de terrains brûlants, de montagnes ravagées, de plaines infertiles.

CHAPITRE DIXIÈME.

*Du Service hydraulique dans le département de la
Sarthe. — Rigoles de retenue et puisards absorbants.*

I.

Le département de la Sarthe a été formé du Bas-
Maine et du Haut-Anjou. Il est placé entre les départements de l'Orne, d'Eure-et-Loir , de Loir-et-Cher,
d'Indre-et-Loire, de Maine-et-Loire et de la Mayenne.
Il a 639,276 hectares de superficie et 466,888 habitants ; son sol, très-varié, argileux au levant , est
meilleur à l'ouest et surtout au nord-est. Quoique
parcouru par un grand nombre de rivières , dont
deux, la Sarthe et le Loir, sont navigables, ce département a peu de prairies, parce que le préjugé veut
encore qu'on laisse reposer la terre pendant trois ,
quatre ou cinq ans. (1) Il n'a point de canaux de navigation , mais on pourrait prolonger celle de la Sarthe et du Loir , canaliser l'Huine , et ouvrir , de la
Mayenne à la Sarthe, un canal de soixante-et-quinze
mille mètres de longueur, dont on évalue la dépense à
sept ou huit millions.

(1) *Dictionnaire universel , géographique , statistique , historique et politique de la France , in-4º , tome v , p. 29.*

Le dix septembre dernier, le **Préfet** (1) adressa la circulaire suivante à tous les Maires du département :

« Messieurs ,

» Le bon aménagement des eaux importe essentiellement à la prospérité de l'agriculture.

» Point de travail des champs profitable sans fu» mier ; point de fumier sans bétail ; pas de bétail » sans herbages ;

» Pour avoir du blé, faites du pré. »

» Ces maximes, déjà anciennes, sont devenues populaires aujourd'hui ; et, cependant, on ne s'occupe pas encore assez de créer des prairies, de fertiliser par l'irrigation les terrains arides et d'assainir les sols marécageux.

» L'administration départementale de la Sarthe, désireuse de contribuer autant qu'il dépend d'elle au développement de la richesse agricole , et *puissamment secondée par le Conseil-général* , porte, depuis quelques années , une attention particulière sur les moyens d'empêcher les eaux de nuire, et sur ceux de les employer utilement pour l'agriculture. *Dans ce double but , elle a créé un service des cours d'eau non navigables , et une décision du Conseil-général m'a permis d'adjoindre un agent spécial initié à la pratique des irrigations.* J'ai, en outre, institué *une commission hydraulique départementale qui est appelée à éclairer l'administration et les particuliers*

(1) M. Pance.

*sur tout ce qui se rapporte au bon aménagement des
eaux.*

» Grâce à cette institution , les personnes qui veulent entreprendre des travaux hydrauliques d'utilité
agricole , sont désormais assurées de trouver de
grandes facilités auprès de l'administration. Sur une
simple demande, *et sans qu'il y ait aucune dépense
à faire* , des agents spéciaux sont chargés de visiter
les terrains des pétitionnaires , d'étudier la possibilité d'y faire des arrosages ou des dessèchements , de
préparer des projets , d'apprécier les frais qu'ils en-
traîneront et les avantages qu'ils promettent.

» Lorsque le succès de ces projets paraît douteux
ou qu'ils présentent quelques difficultés , ils sont soumis à la commission hydraulique départementale ;
puis, si les *propriétaires intéressés le demandent, des
agents de l'administration sont encore mis gratuitement à leur disposition* , pour assurer la bonne exécution des travaux et pour conduire les premiers arrosages.

» Il y a peu de propriétés où l'on ne puisse pas obtenir de bons résultats ; ici , en consacrant la chute
motrice d'une usine à élever des eaux pour créer une
irrigation beaucoup plus productive que la plupart de
nos petits moulins ; là , en opérant une prise d'eau et
une dérivation sur un cours naturel ; ailleurs , en
procurant un écoulement au fluide stagnant ; *presque partout , en recueillant et en dirigeant convenablement les eaux pluviales qui coulent à la surface
du sol.*

" Les opérations destinées à les utiliser sont dignes du plus grand intérêt , parce qu'elles sont à la portée du plus grand nombre , et qu'en se multipliant elles exercent une influence avantageuse sur le régime de nos cours d'eau. *Il est de notoriété publique que , depuis quinze à vingt ans , les inondations sont beaucoup plus fortes et plus fréquentes dans la Sarthe qu'elles ne l'étaient auparavant.* Cela tient , surtout, aux travaux faits pour empêcher la stagnation des eaux sur les chemins et les propriétés privées.

" Que l'on s'applique , maintenant , *à retenir, par des rigoles horizontales , les eaux pluviales qui descendent sur le flanc des collines* , à diriger utilement celles qui coulent le long des chemins , et à recueillir, dans des réservoirs artificiels, le fluide qui passe dans les petites vallées secondaires de nos cours d'eau , et il arrivera qu'au moment des grandes pluies, les eaux du ciel n'afflueront ni aussi promptement , ni en aussi grande abondance dans nos vallées principales. L'on aura donc travaillé à diminuer les inondations , tout en créant de précieuses ressources pour l'agriculture. *Enfin , les eaux pluviales étant , sur beaucoup de points , ralenties dans leur cours , s'infiltreront en plus forte proportion* , et , comme cette infiltration alimente les sources , l'on tendra à la fois à diminuer le produit des ruisseaux pendant les crues et à l'augmenter pendant les sècheresses ; en sorte que l'industrie retirera aussi sa part d'avantages de cet ensemble d'améliorations.

" C'est donc avec beaucoup de raison que l'admi-

nistration cherche tous les moyens de favoriser les irrigations et d'en propager la pratique. Les mesures
qui ont été prises à ce sujet , dans le département de
la Sarthe , ont obtenu l'approbation du ministre des
travaux publics ; l'agence départementale des cours
d'eau a été érigée en service officiel ; le personnel
en a été augmenté aux frais de l'Etat , et la haute
direction de l'administration centrale lui a été promise.

» De son côté , le ministre de l'agriculture et du
commerce a témoigné ses sympathies pour les efforts
faits dans le département , *en y créant des primes et
des encouragements pour les travaux hydrauliques
d'utilité agricole..... »*

La simple lecture de cette circulaire montre avec
évidence que M. le Préfet de la Sarthe a su apprécier
dans toute son étendue l'importance présente et future
du Service hydraulique, et, qu'en administrateur habile et consciencieux , il a réglé sa conduite en conséquence. Mais il a trouvé un généreux concours auprès de lui ; et , le sept septembre dernier , une commission spéciale du Conseil-général concluait ainsi devant cette assemblée :

« *Pleins de confiance* , Messieurs , *dans l'avenir du*
» *Service hydraulique que vous avez institué , bien*
» *convaincus qu'il contribuera puissamment au déve-*
» *loppement de la richesse agricole du pays ,* nous
» vous proposons :

» 1° *D'inscrire à votre budget de 1850 un crédit*
» *de huit mille cinq cents francs ;*

» *2° D'appuyer fortement auprès du ministre des*
» *travaux publics*, dont les bienveillantes intentions
» ressortent de sa dépêche du 23 août dernier , *la de-*
» *mande d'un crédit égal ;*

» *3°* Enfin , *d'appuyer auprès de ce ministre les*
» *propositions de nos ingénieurs , relatives à l'or-*
» *ganisation du service et à la position de ses agents*
» *départementaux.* »

Le Conseil-général s'empressa d'adopter toutes
ces propositions , et se félicita ; de plus , du maintien
de M. l'ingénieur de Hennezel à la tête du service
des cours d'eau dans le département. Le procès-verbal
porte :

« Le Conseil attache le plus grand prix à voir
» conserver , à cet ingénieur si dévoué , la direction
» du service *qu'il a organisé et développé avec*
» *tant d'esprit de suite , depuis six années* (1) , *et*
» *dont l'idée et les résultats honorent et enrichissent*
» *le département...* »

II.

De son côté, M. de Hennezel avait présenté un
rapport au Conseil - général , pour mettre sous ses
yeux l'état des travaux qu'il a organisés avec l'appui
de M. le Préfet et de l'administration départementale.

______

(1) C'est-à-dire cinq ans avant l'institution du Service hydraulique dans toute la France , par M. le ministre Vivien.

En voici l'analyse sommaire :

« Un syndicat est créé pour le bassin de l'Orne saônaise ; — un agent spécial et des *garde-rivières* sont attachés au service de ce cours d'eau. *Huit centimes par franc du revenu cadastral des parcelles sujettes à être inondées font face aux dépenses du syndicat, des agents spéciaux et de quelques travaux d'amélioration, tel que des élargissements , redressements et creusements du lit des cours d'eau.*

» Leur curage ou *biennaye* est une opération dont on s'occupe dans la Sarthe avec l'attention qu'elle mérite, en vertu de la loi du 14 floréal an xi.

» La vérification des travaux de 1848 a prouvé , qu'en général, les riverains ont mis beaucoup de soin et d'empressement à exécuter les curages qui sont à leur charge. Ils comprenaient vingt-deux cours d'eau et s'étendaient sur trente-six communes.

» Les travaux non achevés par les propriétaires sont mis en adjudication pour être terminés d'office à leurs frais. *La quotité de ces tâches en retard ne s'est pas élevée à douze cents francs.*

» Les travaux neufs, étudiés par l'agence départementale pour être pratiqués en 1849 , se rapportent à cinquante-un cours d'eau différents , dont la longueur totale soumise au biennage est de près de deux cents kilomètres ; ces travaux s'étendent sur trente-sept communes. »

Avec le concours de plusieurs membres de la commission hydraulique , M. de Hennezel s'occupe de la statistique des irrigations qui existent dans le département. Il en est d'importantes , de remarquables , et cette pratique salutaire y est réellement en progrès.

Dans l'arrondissement du Mans, en 1835 et 1836 , M. Thoré a élevé de l'Huisne , au moyen de deux chutes motrices et de roues de côté à godets (1) , l'eau nécessaire à l'arrosement de treize hectares.

Bientôt, recueillant des eaux de sources avec intelligence, substituant à l'une de ses roues à godets une roue lattérale à palettes droites (*Flash-Whell* des Anglais) , du même genre que celle de la gare de Saint-Ouen, qui fournit seule de soixante à soixante-dix litres par seconde (près de trois cents pouces) , il a converti soixante hectares de prés naturels et de champs peu productifs en bonnes prairies. L'augmentation du produit en foin a été , par hectare , de deux mille kilogrammes ou de soixante-et-treize pour cent, et cela, indépendamment des regains qui étaient nuls avant l'irrigation, et qui, pour une partie de ce terrain, donnent presque autant que la première coupe. En n'évaluant l'ensemble qu'à trois mille kilogrammes, et au prix modéré de six francs les cent kilogrammes, c'est, par hectare , une augmentation de revenu de cent quatre-vingts francs , ou de dix-mille huit cents francs pour les soixante hectares.

En aménageant convenablement les eaux de pluie, un propriétaire du même arrondissement, M. Rocher, a créé une belle prairie irriguée, de seize hectares, qui,

---

(1) Nommées quelquefois *Roues de Perse* , et *Muses* dans le département du Gard.

en première coupe, a produit par hectare près de cinq mille kilogrammes de foin. La dépense première, pour l'établissement du réservoir, des rigoles et des levées, et pour la préparation et l'ensemencement a été de douze mille francs environ ; mais le produit net de l'ensemble du terrain qui n'était que de huit cents à mille francs, s'élève maintenant de deux mille quatre cents à trois mille.

Par une dérivation du ruisseau dit le Rhône, au moyen d'une rigole à pente, des arrosages appliqués à quarante hectares de terrain ont porté le produit en foin de trois mille kilogrammes à sept mille, de sorte qu'il a plus que doublé, du moins dans la partie de terrain où les effets de l'arrosement ont été le plus sensibles.

En voulant creuser un puits domestique, M. Château a inopinément obtenu des eaux jaillissantes, qui lui ont permis d'irriguer une prairie qui ne l'avait jamais été. Dans son état antérieur, elle produisait à peine trois mille kilogrammes de foin sur une étendue de deux hectares et demi ; elle en donne, moyennement aujourd'hui, plus de huit mille kilogrammes, en première coupe.

Dans l'arrondissement de Mamers, l'arrosage d'un pré de dix-sept hectares, au moyen d'une roue à godets mue par la Sarthe, a augmenté le produit de quatre-vingt-dix francs par hectare.

M. d'Angely arrose trente-quatre hectares au moyen d'une roue à jante creuse établie sur le même arbre qu'une roue de côté et mue par une dérivation

de la Sarthe. Il élève ainsi quarante litres par seconde
(de cent soixante-et-dix à cent quatre-vingts pouces) ;
il évalue à plus de cent francs par hectare l'augmentation de produit due à l'irrigation.

M. de Hennezel cite plusieurs autres exemples remarquables et faits pareils qui existent sur toute la
surface du département. La *commission hydraulique*
est loin d'avoir pu recueillir des renseignements complets à cet égard, mais elle ne se rebute pas, non
plus que l'*agence des cours d'eau*, qui, ayant contribué à l'étude et à la mise en œuvre d'une partie de
ce qui existe, prépare encore de nouveaux projets.

Son concours prendra de plus en plus d'extension,
à mesure que cette institution nouvelle sera plus connue dans le département.

L'ingénieur en chef, M. Fuix, rivalise de zèle
avec M. le préfet et M. de Hennezel en faveur du
Service hydraulique. Il approuve et recommande au
ministre des travaux publics toutes les propositions
de M. l'ingénieur spécial, qui trouve dans le sein du
Conseil-général les mêmes encouragements et la
même sympathie.

Aussi, cet heureux concours de toutes les autorités du département, des habitants éclairés et notables, de la population tout entière, ont-ils été remar-
qués par le Congrès central d'agriculture et par le
ministre des travaux publics, ainsi que leurs bienfaisants résultats.

Le rapporteur de la *Commission des eaux* disait,
dans l'avant-dernière session du Congrès de 1849 :

« Nous ne terminerons pas, sans appeler votre at-
» tention sur les dispositions si sages prises par le
» préfet de la Sarthe en faveur de l'irrigation. Il a
» institué un irrigateur départemental, assisté d'une
» commission spéciale composée de membres de la
» société d'agriculture, de conseillers généraux, d'in-
» génieurs et de propriétaires de terrains irrigués.

» Cette commission doit donner son avis sur tout
» ce qui peut intéresser l'arrosage et en favoriser le
» développement public ou privé. Elle élucidera les
» questions obscures, dirigera les cultivateurs qui
» auraient plus de bonne volonté que d'expérience,
» et signalera les faits qui, jusqu'ici, sont restés
» couverts d'un voile. De semblables institutions ne
» sauraient être trop multipliées. »

Les dispositions adoptées dans la Sarthe ont également obtenu une approbation particulière de la
part de l'administration supérieure.

Une dépêche du ministre des travaux publics, du
23 août 1849, communiquée par le préfet au Conseil-
général, contient :

« La création du Service hydraulique doit cons-
» tituer pour toute la France une organisation dont
» *la Sarthe jouit déjà*, grâce au zèle éclairé de ses
» administrateurs et de son Conseil-général. Dans
» votre département donc, M. le préfet, il n'y a rien
» de nouveau à créer, il s'agit de *confirmer et d'é-*
» *tendre le service qui y est établi*. Malgré les réduc-
» tions de crédit qu'a eu à subir le budget des travaux
» publics, sur les propositions qui m'ont été faites

tales les eaux qui descendent des flancs des collines.
Cette méthode de tracer , de distance en distance, des
fossés horizontaux sur les versants non rocheux des
montagnes , de retenir les eaux pluviales presque au
point même où elles tombent sur le sol , de façon à les
empêcher de se réunir et de prendre sur l'inclinaison
des surfaces une vitesse accélérée qui occasionne des
ravinements proportionnés à cette rapidité et à la
masse du fluide ; cette méthode , disons-nous , a encore pour but d'empêcher l'afflux simultané des eaux
de pluie dans les ruisseaux et de ceux-ci dans les
rivières et les fleuves , cause évidente des inondations
subites, qui sont les plus violentes et les plus désastreuses.

Ce procédé est depuis longtemps employé en Toscane avec avantage.

Un médecin du siècle dernier , qui a laissé dans nos
Cévennes une réputation honorable de capacité, mais
aussi de singularité extrême , M. Pestre, avait entrepris , près de St-Jean-du-Gard , des travaux de ce
genre , dont Chaptal a fait mention. Il n'a trouvé que
très-peu d'imitateurs ; cependant, dans nos pays secs,
l'eau retenue ainsi sur les montagnes entretiendrait la
fraîcheur et faciliterait le reboisement, tandis qu'à
une certaine altitude , au milieu d'un air vif et pur ,
elle ne saurait avoir d'influence malsaine.

Etablis par zônes rapprochées, les fossés retien-
draient les débris de végétaux , les engrais naturels,
l'humus qui en provient, que les eaux sauvages entraînent et précipitent actuellement en pure perte dans

les rivières et les torrents. Au lieu de s'écouler brusquement à la surface, le liquide arrêté, s'infiltrant peu à peu dans les flancs des collines et des montagnes, entretiendrait les sources des étages inférieurs, et, dans certaines circonstances naturelles du sol, ces opérations exécutées sur une échelle assez large pourraient produire de grands bienfaits.

Il est bien rare qu'une très-forte averse donne une couche d'eau d'un décimètre d'épaisseur sur un espace considérable ; pour mettre le sol à l'abri de tout ravinement, il suffirait donc de creuser, de dix en dix mètres, un fossé d'un mètre de large et d'autant de profondeur, c'est-à-dire, de remuer par hectare mille mètres cubes de terrain, ce qui, à cinq centimes le mètre cube, ferait une dépense de cinquante francs par hectare.

Mais la berge d'aval pouvant être relevée par les déblais du fossé d'une quantité égale à sa profondeur, il suffirait de creuser d'un demi-mètre pour obtenir le double en réservoir. La dépense diminuerait donc de moitié, c'est-à-dire, se réduirait à vingt-cinq francs par hectare, et les bords de ces fossés, toujours fertilisés par la meilleure terre au moyen du recurement, seraient bientôt couverts d'une végétation vigoureuse, d'herbe, de buissons, d'arbres même, si l'on soignait, si l'on préservait les drageons spontanés.

En 1849, M. l'abbé Fleurimont appelait à juste titre l'attention du Congrès central d'agriculture sur les idées développées à ce sujet, dans une brochure, de M. Polonceau : — « Les moyens que cet ingénieur

» propose , disait-il , sont à la portée de tout le monde,
» n'exigent pas de grandes dépenses , et , avec un peu
» de travail , il est certainement possible , non seule-
» ment d'arrêter les masses d'eaux pluviales qui lavent
» le sol des terrains en pente et l'appauvrissent tous
» les jours , mais encore de donner à ces terrains
» une valeur supérieure à celle qu'ils ont jamais eue.
» C'est donc tout à la fois porter remède à un mal
» existant et créer , pour ainsi dire , un bien que nous
» laissons perdre.

» Il suffit pour cela de creuser des rigoles transver-
» sales à faible pente , se déversant les unes dans les
» autres , et d'utiliser, pour l'arrosage des plans incli-
» nés qui séparent ces rigoles , les eaux retenues dans
» les réservoirs supérieurs. Mais on ne doit pas se bor-
» ner à la théorie, il faut prêcher d'exemple . il faut
» que chacun essaie avec ses propres forces de se créer
» à lui-même une ressource nouvelle , et que le désir
» de l'imitation, la vue des succès engage les voisins à
» travailler d'un commun accord à ces utiles entrepri-
» ses , aussi profitables au budget de l'Etat qu'à celui
» du travailleur lui-même (1). En 1842 , M. Darblay ,
» député, disait devant le Comice agricole de Seine-et-
» Oise : — « Les retenues d'eaux pluviales dans les
» sols supérieurs, et leur écoulement lent et ménagé
» avec art sur les flancs de nos coteaux et de nos
» montagnes , pourraient amener d'incalculables ré-
» sultats , non seulement pour l'accroissement des

(1) Procès-verbaux de 1849 , p. 258.

» produits, mais aussi, en évitant les écoulements tor-
» rentiels qui gonflent périodiquement nos rivières
» et nos fleuves, et font, d'un élément de fertilisa-
» tion et de richesse, une cause de dévastation et
» d'effroi. »

Un observateur enthousiaste trouve et proclame un autre moyen d'utiliser les eaux que la pluie verse en si grande abondance sur les lieux élevés, et de mettre les étages inférieurs et les plaines à l'abri de leurs ravages.

M. Ognate, desservant de la paroisse de Lasserre, dans la Haute-Garonne, dit dans un petit volume publié en 1847 :

« La prédiction de l'anglais Malthus, qui annonce malheur au genre humain faute de subsistances, m'a frappé. J'ai vu la population augmenter d'un tiers au milieu des guerres d'un demi-siècle ; que sera-ce pendant une paix générale comme au temps d'Auguste : *toto orbe in pace composito*?

» Tout l'appareil de notre civilisation, les canaux, les routes, les chemins de fer tendent à multiplier les hommes, tandis que l'agriculture, après avoir reçu par les événements politiques une grande impulsion, reste maintenant comme stationnaire.

» Les arrosements inconnus, les engrais dans un état qui ne mérite pas ce nom, le système d'assolements ignoré du peuple, me rendaient l'avenir funeste, lorsque, à l'aspect géologique du globe, une idée me vint à l'esprit et me soulagea. *Elle consiste à mettre en dépôt dans les entrailles de la terre , par le moyen des* PUISARDS , *les eaux pluviales de l'hiver , qui causent tant de dégâts , pour qu'elles en sortent en fontaines abondantes pendant l'été.* (1).... "

L'auteur communiqua en 1842 son système à la Société d'agriculture de Toulouse ; il le développa en 1843 ; enfin , en 1844 , il passa de la théorie à la pratique et communiqua à M. le Préfet de la Haute-Garonne le résultat de ses expériences.

« Si l'on pouvait, dit-il dans son livre, diminuer les cours d'eau dans les temps pluvieux , et les augmenter pendant la sècheresse , ce serait un grand bienfait pour l'humanité. Les inondations qui couvrent les vallons et les plaines entraînent les récoltes , les usines et les animaux. Ces fléaux cesseraient au profit de l'industrie ; la navigation prendrait un plus grand développement et les terres fécondées par l'irrigation doubleraient au moins de produit ; comme dans le royaume de Valence , elles donneraient trois récoltes par an.

» Ce moyen si désirable , la nature ou plutôt la Providence nous l'indique. Par les dernières révolutions du globe , elle a rendu les couches supérieures perméables et jeté , au-dessous, des dépôts immenses de sables qui , reposant sur des couches compactes , tiennent en réserve les eaux qui s'en séparent peu à

____

(1) *Trois moyens de salut pour les sociétés modernes : — Arrosement par les puisards ; — bon fumier ; — assolement ou résolles alternes. —* In-12 de 116 pages, Toulouse , 1847.

peu. De là les fontaines , les rivières , et les fleuves.

» L'homme ne pourrait-il pas imiter la Providence , et, si l'on perçait la terre jusqu'aux dépôts de sable , dont les premiers ne sont pas ordinairement très-bas . ne pourrait-on pas verser dans ces puisards les divers courants superficiels qui s'établissent pendant les temps pluvieux , ceux qui proviennent de la fonte des neiges , les petits cours d'eau permanents , et le trop-plein des rivières qui coulent dans les lieux élevés ?

» La quantité d'eau que les puisards absorberaient serait ainsi ôtée à celles-ci pendant les grandes crues, *pour leur revenir lentement par infiltration*, c'est-à-dire pendant les basses eaux. Il ne s'agit que de bien choisir les emplacements et de creuser un nombre suffisant de fosses.

» Dans un terrain constitué géologiquement comme le sont les environs de Toulouse , on pourrait faire absorber, par des puisards creusés sur les coteaux , toutes les eaux qu'y répandent les pluies , et des sources magnifiques les rendraient à la terre altérée après le temps nécessaire à leur infiltration, c'est-à-dire, le plus souvent, pendant la sècheresse et les chaleurs.

» Mais est-il sûr , dira-t-on , que les eaux, conduites dans les puisards des lieux élevés, ressortiront en fontaines à la surface de la terre ? — C'est évident, à moins que , dans certains terrains imperméables , les puisards une fois pleins ne se vident pas. Les eaux des fontaines ne proviennent-elles pas des lieux plus élevés? — Or, celles des puisards se mêleront aux filets qui les alimentent déjà, et, comme les couches dont les plateaux, les collines et beaucoup de montagnes sont composées, ont été coupées en plan incliné par la formation postérieure des vallons, les eaux qui y sont contenues s'échappent par ces coupures. Les fontaines, les ruisseaux et les rivières seraient impossibles s'il n'y avait pas de vallons : aussi, dans les plaines étendues, ne voit-on que peu de fontaines, mais beaucoup de puits. Là, les fosses absorbantes ne pourraient avoir d'autre but que d'alimenter ceux-ci, ce qui serait fort utile dans beaucoup de contrées ; — ou de faire sortir les eaux plus loin et plus bas, ce qui aurait de plus grands avantages encore.

» Les puisards feront donc arriver les eaux, qui courent à la surface après les pluies, dans les couches de sable, dépôt providentiel de l'alimentation des fontaines. Les sources deviendront ainsi plus abondantes et plus nombreuses, car il n'y a qu'une minime partie des eaux du ciel qui entrent dans la terre d'elles-mêmes, comme chacun peut l'observer dans les temps pluvieux : d'où l'on peut conjecturer l'accroissement des fontaines partout où les puisards seront en nombre suffisant.

» Autant ceux-ci détourneront d'eau en hiver des rivières et de leurs affluents, autant il en sera ôté aux inondations, qui seraient supprimées si le nombre des puisards était suffisant ; mais, dans tous les cas, l'affaiblissement des cours d'eau après les pluies étant proportionnel à l'établissement de ceux-ci , on peut gagner beaucoup contre un fléau destructeur de l'agriculture , du commerce et de l'industrie... »

Ces principes sont vrais au fond , sans doute , mais il faut se garder d'en exagérer la portée , avec notre auteur. La constitution du sol est bien loin d'être partout identique ; les couches de sable , à proximité de la surface , suivies immédiatement de terrains imperméables , inclinés vers les plaines et les vallons , ne sont qu'un état de stratification accidentel dans les montagnes et les collines ; et , dans la plupart des circonstances , les *bois-tout* du bon curé seraient loin de réussir. Il y a donc erreur évidente à dire comme lui :

« Irrigation des terres , commerce par les rivières » et les canaux , usines pour l'industrie , plus d'i-» nondations , voilà les effets des puisards. »

C'était déjà beaucoup trop que d'avoir écrit : —
« Si toutes les eaux qui tombent dans les landes de » Pinas et du plateau de Lannemezan , au lieu d'aller » se perdre dans les vallons de la Gascogne et de les » ravager , étaient bues par des puisards , et qu'une » rigole tirée de la Neste vînt s'y perdre , le pro-» blème de la canalisation des rivières de cette pro-» vince et celui de son irrigation *seraient peut-être* » *résolus par l'effet des conduits souterrains naturels* » *qui ne coûtent rien.*

» *Je ne connais pas directement la composition* » *géologique de ce précieux plateau* ; mais , à la vue

» de tant de rivières qui en sortent en tous sens , on
» comprend que ses premières couches sont les plus
» propres pour absorber les eaux , et les autres pour
» les arrêter et les repousser au dehors : *je le com-*
» *pare à une éponge pressée sur un marbre couvert*
» *de sable.* Il ne tient qu'aux hommes, que ce plateau
» soit un trésor pour quatre départements , dont
» celui du Gers sera le mieux partagé. Qu'on y jette
» des centimes , il rapportera des louis d'or. »

On ne peut pas plus nier ici la justesse de certains
aperçus , que l'exagération des conséquences. Pour
moi , j'avoue que , quelque importance qu'on puisse
d'ailleurs accorder à l'action des puisards ouverts
dans un terrain favorable , — je préfère de beaucoup
la magnifique conception de M. l'ingénieur Montet ,
le projet de construction du réservoir de Lannemezan
qui reproduira la grandeur des constructions antiques
de la reine Nitocris et du Pharaon Mœris. — J'en-
tretiendrai mes lecteurs de cette entreprise vraiment
nationale, dans le prochain chapitre.

M. Ognate ne s'est point borné à la théorie ; il a
mieux fait que cela, il a joint plusieurs fois l'exemple au précepte. Voici ce qu'il dit lui-même de la manière dont il a procédé à l'établissement de ses puisards :

« Si j'avais eu à opérer dans un lieu marécageux
pour l'assainir, l'opération aurait été facile ; — dans
l'endroit le plus bas du marécage , j'aurais percé la
couche imperméable qui arrête les eaux, et je les
aurais fait disparaître. Mais je devais agir sur un

plateau cultivé où le produit des pluies circule en tous sens, autour des propriétés privées. Mon but était que les eaux des puisards filtrassent vers le couchant, dans le vallon de la Save , où est la principale partie de ma paroisse , et , cependant , la surface du coteau s'incline vers l'est du côté de la plaine de Toulouse.

» Mais je pensais que les différentes couches intérieures avaient une inclinaison différente de celle de la surface , *sans quoi, tant de fontaines qui sortent de nos coteaux vers le couchant seraient impossibles; elles iraient sortir au contraire sur le versant oriental du plateau, où pourtant il n'en existe aucune.* Le mesurage des puits de la localité , qui m'indiqua que la nappe d'eau se trouvait à une profondeur plus grande au couchant que du côté opposé , vint à l'appui de ce raisonnement.

» L'emplacement où le premier puisard devait être ouvert fut indiqué par l'abondance du liquide qui descendait d'un coteau et causait des inondations dont j'ai mis les habitants à l'abri. La crainte que les eaux troubles n'engorgeassent le puisard fut dissipée au moyen d'un simple filtrage au travers de quelques fascines et d'un tas de cailloux.

» En creusant le premier puisard , on rencontra , après la terre végétale , un poudingue ferrugineux , suivi d'une couche de marne, mêlée de cailloux blancs calcaires, ce qui était une richesse pour l'agriculture locale. Après les marnes d'une épaisseur de onze mètres venait un autre poudingue. On creusa de quatre mètres dans le sable qui était au-dessous , et l'on se trouva à deux mètres de la nappe d'eau et de la seconde couche de marne. Mon but était atteint par la rencontre du sable, et l'inspection des diverses couches du terrain me confirma dans mon idée primitive de leur inclinaison de l'orient à l'occident. On put chanter victoire à onze mètres de profondeur seulement.

» Pour faciliter l'absorption des eaux , je fis faire des trous ou galeries dans le sable au-dessous du second poudingue qui leur tient lieu de voûte. Ce moyen ajouté à la largeur du puisard, qui n'est pourtant que d'un mètre et demi, a produit le plus grand effet.

» Dans onze puisards qui ont été finis , et sept autres commencés, on a trouvé les couches du terrain semblables, si ce n'est identiques. Tous ces puisards ont été comblés avec de gros cailloux, ce qui soutient les parois, éloigne tout danger , et n'empêche nullement qu'ils fonctionnent.

» Le fossé principal de la forêt de Bouconne , en s'approfondissant, coule très-près de la couche de sable du plateau ; j'y fis creuser de petits gouffres, jusqu'à la seconde couche de marne , afin que les eaux entrassent d'elles-mêmes dans le lit de sable. Ailleurs un fossé, en descendant une côte, coupe en diagonale la couche sablonneuse ; j'y fis excaver deux espèces de grottes où les eaux s'engouffrent.

» Si un fossé profond longeait une couche de sable, et si l'on construisait des arrêts dans ce fossé , en creusant des trous ou galeries dans la masse arénacée, ce serait une bonne fortune qui épargnerait bien des puisards. Si l'on avait à faire à un ruisseau permanent, on obtiendrait de bien plus grands avantages ; si c'était une rivière qui, en descendant des lieux élevés coupât différentes couches de sable dans son cours, ce serait une fortune immense qui épargnerait des centaines de puisards.

» Les onze que j'ai fait construire sont revenus , en moyenne, à soixante-et-dix francs chacun. On peut , on le voit, retenir ainsi, à peu de frais dans la terre , une quantité d'eau qui, par son retranchement du contingent des inondations , paie l'avance faite au centuple , favorise l'industrie , la navigation , le commerce, l'agriculture. *C'est là un premier moyen de salut dans le progrès de la population du monde.*

» Depuis la construction de nos puisards , la couche d'eau a augmenté de deux ou trois mètres dans les puits du plateau de Bouconne, et l'on a dû renoncer au curage de l'un d'entr'eux que l'on mettait facilement à sec auparavant.

» Les propriétaires des fontaines anciennes avouent qu'elles ont doublé ou triplé ; et celles qui s'arrêtaient à quelques pas de la source arrivent maintenant jusqu'aux ruisseaux qui, par ce moyen, coulent jusqu'à la Sâve avec abondance , tandis que , dans les années antérieures, ils étaient à sec pendant plusieurs mois.

» A Lasserre, à Pradère, plusieurs points nommés *Ourbagos* qui n'étaient qu'humides et boueux , sont devenus de véritables fontaines pérennes. Deux sources qui ne tarissent pas, ont même surgi dans des endroits complètement secs auparavant , et le propriétaire de l'une d'elles en arrose un beau champ de maïs.

» Nos puisards absorbent des courants d'eau dont la coupe quadrilatère a trente-quatre centimètres de côtés (1) ; on devrait donc profiter de leurs effets, dans le Nord comme dans le Midi, pour faire cesser les inondations, fléau de l'agriculture , de l'industrie et du commerce.

» Dans le midi de la France, surtout , on en profiterait pour l'irrigation , avec laquelle la Provence ne serait plus si aride , le Languedoc si sec, et l'ancienne Aquitaine , méritant son nom primitif de *pays des eaux* , serait le jardin de la France.

» Réservons donc pour l'été les eaux excédantes de l'hiver. On emmagasine tout , tandis qu'on laisse perdre le fluide sans lequel on n'aurait rien dans les climats méridionaux ; sans lui , les assolements qui doublent les produits y sont impossibles : *disce à formicá, piger*.

» La France a déjà son diadême de canaux depuis la Garonne jusqu'au Rhône et de là jusqu'à la Loire : en mettant celle-ci, au moyen des puisards, en communication avec le fleuve pyrénéen , *ce diadême deviendrait une couronne*.......

» Les dix puisards creusés sur le plateau de Bouconne engouffrent quatre mètres cubes d'eau par seconde ; supposons qu'on en construisît cinq cent mille en France, ils absorberaient deux cent mille mètres

(1) M. Ognate ne fait pas connaître la vitesse.

cubes, soustraction notable pour le trop-plein de nos rivières. — Ils ne coûteraient pourtant, tous ensemble, que trente-cinq millions ; — c'est la dépense d'un médiocre chemin de fer.

IV.

Nous le répétons, dans son enthousiasme d'inventeur , M. Ognate se laisse aller à une exagération évidente ; il ne tient compte ni de la différence des lieux, de la configuration du sol , ni de celle de la constitution géologique; mais, en rectifiant ce qui doit l'être, il n'en reste pas moins certain qu'on pourrait fréquemment au profit des étages inférieurs des montagnes, au profit des plaines et des vallées , et pour prévenir les excoriations et les ravinements désastreux , tirer un avantage très-notable de l'ouverture des rigoles horizontales et des puisards , sur les plateaux élevés , sur les versants des montagnes et des collines.

Le plus souvent on fournirait ainsi , aux étages inférieurs , des eaux salutaires et désirées.

Qu'est-ce donc qu'une bonne source, sinon l'eau du ciel qui s'est infiltrée dans les terrains supérieurs et qui y chemine avec assez de lenteur pour que , s'enfouissant à l'époque des pluies , elle ne soit toute revenue à la lumière, dans un lieu inférieur , que lorsque le temps de la sécheresse est passé et que celui des pluies est de retour ?

Si telles sont les conditions du problème, tout

homme qui possède une étendue considérable de terrain incliné , et qui est en état de faire la dépense
convenable, peut aussi, pour ainsi dire, créer des
sources à volonté.

Cette vérité n'avait point échappé à l'observation
du génie ; Bernard de Palissy est le premier qui
l'ait catégoriquement énoncée. — « Quand j'ai eu
» bien longtemps et de près considéré, dit-il, la
» cause des sources des fontaines naturelles et le lieu
» de là où elles pouvaient sortir , enfin j'ai connu di-
» rectement qu'elles ne procédaient et n'étaient en-
» gendrées sinon par les pluies. Voilà ce qui m'a mu
» d'entreprendre de faire des recueils des pluies, à
» l'imitation et le plus près approchant de la nature
» qu'il me sera possible ; et, en suivant le formulaire
» du souverain fontainier, je me tiens pour assuré
» que je pourrai faire des fontaines, desquelles l'eau
» sera autant bonne , pure et nette que de celles qui
» sont naturelles. (1)»

La science est fille de l'observation qui est à la
portée de toutes les conditions sociales, le potier de
Palissy l'a bien prouvé ; mais il faut souvent beaucoup de sagacité pour tirer parti de ce qu'elle indique ; un simple laboureur de notre département va
nous fournir un exemple nouveau.

Près du village d'Auzon , dans le Gard , il y a six

----

(1) *OEuvres de Bernard de Palissy* , édition de Dubochet et
C^e , 1844, in-12 , pag 157. — Notre auteur donne après les
moyens de créer des sources artificielles.

ou sept ans qu'une fontaine ascendante fut découverte d'une façon singulière.

« Un paysan, propriétaire, étant mort, aucun de ses enfants ne voulait, pour sa portion héréditaire, d'un pré sec et peu productif.

» Un jour que le plus jeune s'y reposait, couché à l'ombre d'un mûrier, il crut entendre le murmure d'un ruisseau. Il pensa d'abord que c'était le torrent d'Auzonnet qui coule à une petite distance ; mais désabusé sur ce point et soupçonnant un cours d'eau souterrain, il se coucha l'oreille contre terre et ne put plus se méprendre ; il s'appliqua même à suivre la direction du courant et comprit qu'il n'était pas profondément situé.

» Il accepta immédiatement le pré dans son lot, creusa la terre, et, à deux mètres de profondeur, il trouva le courant qu'il avait entendu, encaissé dans la roche calcaire comme dans un conduit fait à dessein. Il arrêta ce courant, plus considérable qu'il ne l'avait d'abord supposé, au moyen d'une bâtisse circulaire bien fondée sur la roche la plus basse et s'élevant à un mètre environ au-dessus du sol. Quelle ne fut pas sa joie lorsqu'il vit l'eau emprisonnée s'exhausser peu à peu pour déverser de tous côtés. De nombreuses rigoles la font circuler maintenant dans le pré qui est devenu une propriété excellente, qu'il a fallu agrandir par des achats pour utiliser l'abondance de la source.

» Lorsque le propriétaire n'a plus besoin d'arroser, il ouvre une rigole ménagée au fond du puits et l'eau s'écoule jusqu'à la rivière par son ancienne route (1). »

Le hasard fit apercevoir un phénomène dont le paysan sut apprécier les conséquences : au reste , l'auscultation immédiate était un moyen de découvrir les courants d'eau souterrains, que les anciens employaient fréquemment et qui est trop négligé par les modernes. On peut en dire autant de l'observation des vapeurs légères qui se manifestent au lever du soleil sur les portions du sol où se trouve de l'eau, soit à la surface , soit au-dessous. La vigueur relative de la végétation et la nature des plantes qui croissent en certains lieux ne sont pas non plus des signes à dédaigner aujourd'hui que l'attention publique se porte activement , dans le Midi surtout , à la recherche , à l'aménagement des eaux , à l'emploi utile qu'on en peut faire.

Plusieurs forages de puits artésiens ont été entrepris avec succès dans le département des Pyrénées-Orientales ; — dans celui de l'Hérault, un sondage récent a heureusement réussi , au travers des *Marnes sub-appennines* , dans la commune de Vias , près d'Agde.

J'ai décrit dans mes premières livraisons toutes les constructions de réservoirs pour l'arrosage, exécutées dans le Midi , et dont j'ai pu avoir connaissance. Il

(1) *Voy.* d'Hombres-Firmas , — *Etudes hydrologiques sur les sources ascendantes du département du Gard.* In-8º , pages 296 et 297.

en existe un tout près de Montpellier ; je l'ignorais alors. Je dois au zèle obligeant de mon infatigable ami , M. Emilien Dumas, si connu par sa belle carte géologique du département du Gard , la communication suivante sur ce bassin , construit par M. Rigal riche propriétaire et négociant de cette ville ; sa description terminera ce chapitre.

A cinq kilomètres au nord-ouest de Montpellier , non loin des bains de *Fontcaude* et dans son domaine de *La Paillade*, M. Rigal a fait construire un barrage au thalweg d'un petit vallon latéral , éloigné de cinq à six cents mètres de la vallée plus ouverte où coule la rivière de la *Mosson*.

Au fond de ce petit vallon qui court de l'est à l'ouest dans le calcaire oxfordien , il existe un *évent* désigné dans le pays sous le nom de *Boulidou*. A l'époque des fortes pluies , cette ouverture vomit une très-grande quantité d'eau, qui coulait autrefois librement dans le vallon , et allait, sans aucun fruit , se perdre dans la rivière inférieure.

Ce sont ces eaux , qu'en 1837 , M. Rigal eut l'idée de retenir , au moyen d'un barrage , pour les utiliser à l'arrosement de son domaine.

A cet effet , il fit d'abord déblayer l'ouverture du *Boulidou*, qui consiste en une fissure verticale de 0 m. 25 c., environ, de largeur, mais beaucoup plus longue ; il la fit ensuite entourer d'un mur formant une enceinte circulaire de cinq mètres de diamètre intérieur. Dans le bas , et à sa rencontre avec le rocher , cette espèce de margelle est percée d'un trou

carré de vingt centimètres de côté, qui se ferme avec
une palette lorsque les eaux qui sortent de l'évent
sont assez abondantes pour déverser au-dessus de
l'enceinte maçonnée, ou bien, encore, lorsque le niveau de l'eau du bassin commence à surmonter cette
ouverture. On peut ainsi, lorsque l'évent cesse de
donner, conserver une plus grande masse d'eau dans
le réservoir. C'est à deux cents mètres de distance et
à l'ouest du *Boulidou* que le barrage a été construit.
Il offre, comme toutes les bâtisses de ce genre, un
léger renflement du côté de l'amont.

Sa longueur totale est de soixante-et-dix mètres,
son épaisseur de six et vingt centimètres, à la crête,
sans y comprendre les contreforts qui sont au nombre
de cinq et qui font une saillie de deux mètres. Le mur
d'aval a un talus de trois mètres. Un petit bassin inférieur reçoit les eaux quand elles échappent de la
bonde ; il retient les pertes aussi. Sa profondeur est
d'un mètre ; il sert encore à consolider la partie la
plus basse et, par conséquent, la plus chargée du
barrage.

La chaussée consiste en deux murs parallèles, construits avec de la bonne chaux hydraulique venue de
Nimes, qui laissent entr'eux un intervalle de deux
mètres et soixante. Le premier de ces murs, c'est-à-
dire celui qui forme la paroi intérieure du bassin,
a un mètre et soixante d'épaisseur ; l'autre, c'est-à-
dire l'inférieur, a deux mètres. Ils sont reliés transversalement, de dix en dix mètres, par les contreforts
qui ont deux mètres d'épaisseur, deux mètres de saillie

extérieure, et qui, confondus avec le mur d'aval dans leur rencontre, traversant l'espace de deux mètres et soixante qui le sépare du mur d'amont, vont arc-bouter celui-ci et rendent toute la construction solidaire. Toutes les bâtisses ont été montées ensemble, assise par assise. Les vides en parallélipipèdes, réservés entre le mur d'amont, celui d'aval et les contreforts de droite et de gauche, ont été remplis, en partie, avec de l'argile qu'on a été forcé d'apporter d'assez loin, et, en partie, avec de la terre végétale prise sur les lieux ; — le tout a été tassé avec soin à mesure que la construction s'élevait.

Le fond du bassin est assez régulièrement incliné depuis l'évent éjaculateur jusqu'au pied de la chaussée; mais, de cet évent ou *boulidou* jusqu'à la retenue, le bassin s'élargit en éventail, et comme sa longueur est de deux cents mètres, sa plus grande largeur de quatre-vingts, sa plus grande profondeur de dix, le tout partant de zéro à peu près, il en résulte que la largeur moyenne est de quarante mètres, la profondeur moyenne de cinq, et qu'il contient environ quarante mille mètres cubes d'eau.

Ce réservoir étant établi sur le calcaire jurassique (étage oxfordien supérieur), on s'aperçut, lorsque le barrage fut achevé, que la structure très-perméable du rocher qui forme le fond et les parois laissait échapper l'eau de tous les côtés; car il y avait dans cette formation, comme c'est l'ordinaire, un grand nombre de fissures verticales. Il devint nécessaire d'avoir recours à l'argile pour glaizer le fond du réservoir, ce qui fut un surcroît inattendu de dépense, car il fallait la transporter d'assez loin.

Cette construction et ses accessoires n'ont pas coûté moins de vingt-cinq mille francs ; aussi, vu les fuites d'eau et ce chiffre élevé , elle n'a pas répondu à l'attente du propriétaire qui espérait en tirer un grand parti pour l'irrigation de son domaine.

Pendant la sècheresse, l'eau du réservoir ne peut servir que comme supplément pour arroser les regains d'une prairie de quinze hectares , pour laquelle il faut aussi avoir recours à une prise d'eau faite sur la Mosson; mais il alimente une distillerie qui consomme à peu près vingt-un hectolitres d'eau par jour.

Le liquide est conduit au manoir de la *Paillade* au moyen d'une petite rigole de 0 m. 25 c. de largeur sur 0 m. 30 c. de profondeur , tracée dans le roc vif. Cette conduite est à découvert et perd beaucoup dans le trajet , tant par l'évaporation que dans les fissures du rocher : elle a douze à quinze cents mètres de parcours.

Historien impartial , je dois consigner dans mon ouvrage les cas de non réussite aussi bien que ceux de succès :

L'essai fait à la *Paillade* a été malheureux par suite de la mauvaise nature du sol , cause évidente de deux inconvénients très-graves : — *donner peu d'eau, coûter fort cher.* Cependant , M. Rigal est loin d'avoir complètement perdu ses soins et sa dépense : — La première coupe de ses foins est arrosée , — les regains sont rafraîchis , le tout sur une étendue de

quinze hectares ; — sa distillerie est approvisionnée ;
— il jouit de l'immense avantage , sous notre ciel
méridional , de voir couler l'eau dans sa maison
même ; — il n'est donc pas privé de notables dédom-
magements.

Des emplacements plus favorables existent aux
environs , dans la vallée de la Mosson même ; des
réservoirs pourraient s'y établir avec plus de succès.

Quoi qu'il en soit , M. Rigal aura toujours le mérite
d'avoir été , dans le pays , le promoteur d'une chose
infiniment utile. On le sait , dans toute entreprise,
le premier qui se hasarde a le plus de chances fâcheuses contre lui ; — ses tentatives éclairent ceux
qui viennent après ; — pour eux, les dangers d'erreur
sont beaucoup moindres ; — mais ne doivent-ils pas
quelque reconnaissance à celui dont le dévoûment
leur a frayé le chemin , leur a rendu le succès plus
facile ?

CHAPITRE ONZIÈME.

*Des canaux d'arrosement et de navigation en géné-
ral, et particulièrement de ceux de la région
pyrénéenne, jusqu'à l'établissement du Service
hydraulique.*

Il est impossible de s'occuper des usages agricoles
ou industriels de l'eau, en France, sans recourir aux
ouvrages publiés par M. l'ingénieur en chef Nadault
de Buffon (1), sans puiser largement à des sources
aussi pures qu'abondantes,

Cet auteur est incontestablement l'un des fondateurs principaux du Service hydraulique. Avant ses
voyages dans le nord de l'Italie, avant les descriptions qu'il a données des grands travaux qui ont fait
la richesse et la gloire de ce pays, on se doutait à
peine chez nous des innombrables avantages qu'on
peut obtenir par cette voie.

J'ai promis à mes lecteurs de leur donner l'analyse
de ses publications spéciales (2) ; je ne le ferai point

(1) Chef de la division des *cours d'eau*, *usines*, *dessèchements*,
irrigations et services divers, au ministère des travaux publics.

(2) *Des canaux d'arrosage de l'Italie septentrionale, dans
leurs rapports avec ceux du Midi de la France, traité théorique
et pratique des irrigations envisagées sous les divers points de*

d'une manière suivie ; mais , à mesure que les objets dont j'aurai à m'occuper se rapprocheront de ceux dont il a traité lui-même , je puiserai largement dans ses écrits ; je ne saurais avoir un meilleur guide.

Je vais mettre à contribution le discours préliminaire et le premier chapitre de son ouvrage *sur les irrigations.*

Mon intention est de traiter aujourd'hui des cours d'eau , des canaux de navigation et d'arrosage de nos départements pyrénéens , et particulièrement du grand projet de distribution des eaux de la Neste , préalablement réunies dans le réservoir de Lanemezan. J'en ai dit quelque chose dans ma première livraison , où je me suis occupé avec assez d'étendue des entreprises hydrauliques des anciens.

Muni de documents nouveaux , je ne crains pas de revenir sur ces deux sujets à cause de leur importance. J'écrirai avec le secours des publications de MM. Nadault de Buffon , Lalande , Dutens , Dumège et Mon tet , ingénieur en chef de la Haute-Garonne , auteur du projet de la Neste.

I.

L'irrigation est l'art d'obtenir de la terre , par un

vue de la production agricole , de la science hydraulique et de la législation. 3 vol. in-8° et Atlas in-fol. , Paris 1843.

Des usines sur les cours d'eau , développement sur les lois et règlements qui régissent cette matière. 2 vol. in-8o 1840.

Considérations sur les trois systèmes de communications intérieures au moyen des routes , des chemins de fer et des canaux.

bon emploi des eaux , des produits plus abondants , plus variés et plus réguliers surtout que ceux auxquels on peut prétendre par la culture ordinaire. Son but est d'augmenter les facultés productives du sol par l'emploi d'un agent naturel. Elle est donc la plus réelle, la plus permanente des améliorations agricoles.

Il existe sur le globe une zône à laquelle l'irrigation est particulièrement favorable : celle dont la température est assez élevée et qui ne reçoit pourtant pas de grandes pluies estivales. Dans notre hémisphère, cette zône est située entre le vingt-cinquième et le quarante-septième degrés de latitude ; elle occupe , par conséquent , une largeur de cinq cent cinquante lieues qui comprend , au nord , le centre de la France et le midi de l'Allemagne ; au sud , la Basse-Egypte , le nord de l'Arabie , le midi de la Chine , etc.

Mais si les avantages de l'irrigation sont en rapport avec certaines circonstances climatériques , leur possibilité sur une grande échelle réclame plus impérieusement encore des conditions hydrauliques toutes particulières. Sous ce point de vue, la région éminemment propre aux irrigations , en Europe , se trouve entre le quarante-deuxième et le quarante-sixième degrés de latitude. Elle comprend les deux versants des Pyrénées et tout le territoire situé au pied du versant méridional des Alpes , — ce qui offre une coïncidence remarquable avec les conquêtes des Arabes au moyen-âge.

Quand les hautes montagnes pénètrent dans les régions froides de l'atmosphère , elles conservent sur leurs sommets des masses énormes de neiges et de glaces, dont la fonte périodique, par le fait de la chaleur solaire , est un phénomène de la plus haute importance pour l'irrigation. En effet , la neige et la glace se liquifiant de plus en plus à mesure que la température s'élève , c'est au milieu même des chaleurs solsticiales qu'on voit couler à pleins bords , au grand avantage de l'agriculture , les cours d'eau qui se forment dans les hautes régions pourvues de neiges perpétuelles.

Il est des rivières qui participent plus ou moins au produit de la fonte des neiges opérée dans leurs régions supérieures ; mais , pour le plus grand nombre, ce n'est qu'un moyen d'alimentation secondaire , et leurs crues sont principalement occasionnées par les pluies d'hiver.

Dans le voisinage des Alpes et des autres grandes chaînes de montagnes , la fonte des neiges et des glaces , plus régulière que la chute des eaux pluviales , est le régulateur principal du régime des rivières. Leur produit pendant l'été , celui des pluies dans les autres saisons , leur assurent un volume permanent qui est le plus grand avantage qu'on doive rechercher en matière d'irrigation.

Telle est la situation privilégiée du Milanais , à laquelle participent, mais à un degré moins avantageux , les autres provinces de la Lombardie situées entre l'Adda et l'Adige ; le Piémont et le midi de la France , soit au pied des Alpes , soit à celui des Pyrénées ; en Suisse , notamment les plaines de

Berne, de Lucerne, de Fribourg ; enfin, depuis les bords du lac de Constance jusqu'au Danube, une très-grande partie des territoires bavarois et autrichiens, situés au pied du versant septentrional des Alpes.

Dans le Milanais, on voit la même eau, successivement employée aux usines, à la navigation, à plusieurs arrosages, n'arriver à la mer qu'après avoir rempli quatre ou cinq fois de suite l'emploi de force productive. Aussi, l'agriculture de cette contrée, basée sur de rares avantages locaux, secondée par des lois sages et libérales, parvient à un degré surprenant de prospérité, et la classe des cultivateurs atteint un degré d'aisance partout ailleurs inconnu.

L'irrigation paraît avoir une ancienneté égale à celle de la société humaine ; on peut en suivre les traces jusque dans les traditions des peuples primitifs du nord de l'Afrique, du midi de l'Asie et de l'Europe.

Les Hébreux soumettaient les champs et les jardins à un arrosage régulier ; il est question de cette pratique dans les livres de Moïse, et la Genèse dit de l'Egypte, en énumérant les avantages de cette terre fertile :

« *Ubi aquæ ducuntur irriguæ.....* »

Ainsi donc, deux mille ans avant notre ère, l'art de corriger les inconvénients d'un climat sec et chaud, à l'aide des irrigations, était déjà connu et exercé avec succès.

Les Egyptiens occupent incontestablement le pre-

mier rang parmi les nations antiques qui ont opéré la
submersion des terres comme moyen de fertilisation.
Chez eux , cette pratique, placée dans des conditions
éminemment favorables et effectuée sur une très-
grande échelle , a donné des produits étonnants.

L'abondance extraordinaire , le retour périodique
des crues du Nil , la facilité de répandre et de diriger
à volonté ses eaux sur une vaste plaine, au moyen de
digues d'une hauteur'médiocre , furent , dès la plus
haute antiquité, les causes déterminantes de la fertilité
du pays, passée en proverbe dans le monde entier.

L'art des Egyptiens consistait à retenir et à distribuer les eaux débordées de manière à les répartir peu
à peu sur la totalité de la plaine , non-seulement
pour la saturer d'humidité , mais encore pour obtenir
le dépôt du limon précieux du fleuve.

Des digues transversales à son cours et prolongées
jusqu'aux parties les plus éloignées du territoire
étaient construites pour arrêter temporairement les
eaux et leur laisser déposer ce limon fertilisant.

Quand la submersion avait atteint une hauteur convenable et qu'il s'était écoulé un temps suffisant pour
le dépôt qu'on désirait , alors on coupait les digues
de retenue , et les eaux, continuant de couler dans
les canaux , allaient inonder les terrains inférieurs ,
mais toujours situés en amont d'un nouveau barrage.
On procédait ainsi , de proche en proche , jusqu'à la
partie la plus basse de la plaine , et c'était plutôt un
vaste système de colmatage qu'une irrigation proprement dite.

7

Suivant le témoignage de Pline , la meilleure hauteur du Nil débordé était de seize coudées ou d'environ huit mètres. Alors les crieurs publics, se répandant dans les rues de Memphis , de Péluse , d'Hermopolis, d'Alexandrie , faisaient retentir ces mots de bon augure :

Dieu a tenu sa parole ! . . .

Au-delà de seize coudées, l'inondation devenait dangereuse pour la conservation des digues et même des nombreux villages qui se trouvaient entourés par les eaux. Il y avait famine en Egypte quand celles-ci n'atteignaient qu'à dix ou douze coudées sur le principal Nilomètre de l'île de Rhoda.

Nous avons parlé , ailleurs , du lac Mœris , dont la superficie n'aurait été que d'environ six cents hectares suivant Pomponius Mela , et qui , d'après les autres historiens, tels que Pline , Strabon, Hérodote , Diodore, n'a pas été au-dessous de douze mille hectares.

Mais ce n'était pas seulement à des ouvrages gigantesques que les anciens Egyptiens consacraient leur industrie ; les travaux les plus modestes, s'ils les conduisaient à leur but , n'étaient point répudiés par eux. La meilleure partie des terres de la Haute-Egypte, ainsi qu'un grand nombre de points des provinces qui se rapprochaient de la mer , ne pouvaient être irrigués qu'à l'aide de machines à élever les eaux.

Les historiens s'accordent à dire que la *Vis-d'Archimède* fut inventée par ce célèbre mathématicien dans un des voyages qu'il fit en Egypte et qu'elle avait spécialement l'irrigation pour but. Pour moi , je crois plus volontiers qu'Archimède , qui voyageait en Egypte l'an 250 avant notre ère , ayant vu fonctionner des vis-hydrauliques , s'empressa d'importer une machine aussi utile en Grèce, où il fut considéré comme inventeur. Il me paraît évident que la prétendue Vis-d'Archimède n'était pas autre chose que ces *Limaces-hydrauliques* , mises en mouvement par des esclaves-, et qui fonctionnaient à Babylone sous Nabopolassar·, vainqueur des Egyptiens , trois cent cinquante ans avant la naissance du Grec illustre, dont l'amour-propre bien connu de ses compatriotes a donné le nom à une machine qui n'en est pas moins précieuse, quel qu'en soit le véritable auteur.

Les ponts , les aqueducs, les ponts-canaux , les syphons , et beaucoup d'autres ouvrages d'art relatifs aux irrigations, ont été connus et employés en Egypte au temps de son antique prospérité.

Le Nil continue d'amener périodiquement des eaux fertilisantes sur cette terre classique ; mais le temps et les révolutions ont détruit les constructions antiques , et les ressources actuelles du pays seraient loin de suffire à leur rétablissement sur leur échelle primitive ; d'autant plus que le défaut d'entretien des digues et des canaux a donné lieu depuis longtemps à des colmatages irréguliers qui ont modifié notablement les anciens niveaux de la vallée inférieure du fleuve. Il est bien vrai qu'une partie de la Basse-Egypte est encore fécondée par l'irrigation et le colmatage ; mais les travaux modernes ne sont presque rien auprès de ceux qui existaient du temps des Pharaons.

La Chine est encore un des pays où l'irrigation paraît avoir été le plus anciennement pratiquée. Placé entre le vingtième et le quarantième degrés de latitude, ce pays jouit de la température moyenne la plus favorable aux arrosages, et la grande chaîne de montagnes qui le traverse alimente les eaux vives qu'ils réclament. De nombreux canaux sillonnent les vallées et servent, autant que possible, tout à la fois les intérêts du commerce et ceux de l'agriculture.

Les plus petits ruisseaux y sont utilisés ; enfin là où les eaux courantes ne sont ni assez abondantes, ni assez régulières, *de nombreux réservoirs artificiels formés dans la partie supérieure des vallons y suppléent et recueillent les eaux pluviales, toujours abondantes en hiver, pour les distribuer et les répandre sur les terres, quand les besoins de la végétation le réclament.*

Dans ce pays, toute source pérenne coulant à un niveau un peu élevé est considérée avec raison comme un trésor pour l'agriculture, et les eaux en sont soigneusement utilisées. En un mot, depuis un temps immémorial, l'art des irrigations a été regardé chez les Chinois comme une des bases de l'agriculture, et les travaux qu'elle exige comme un des emplois fructueux les plus assurés des bras de la classe ouvrière.

Il existe, à la bibliothèque nationale, un ouvrage

composé par Sin-Kuang-Ki, ministre de l'empereur de la Chine vers l'an 1400 de notre ère ; il est rédigé dans la forme d'un rapport au souverain. Le ministre y considère les irrigations comme un des plus puissants moyens de combattre la famine, ce grand épouvantail de la population chinoise.

Après s'être livré à des considérations préliminaires sur les eaux en général, c'est-à-dire sur les sources, les lacs, les rivières, etc., *il examine aussi l'utilité des réservoirs artificiels*. Il compare l'importance d'un bon aménagement des eaux dans son pays, à celle de la circulation régulière du sang dans le corps humain, et rappelle que sous la dynastie de Tchi-Ou, mille ans avant l'ère chrétienne, les règlements sur l'irrigation marchaient de pair avec les lois fondamentales sur la propriété du sol.

Il serait bien à désirer que des appréciations aussi justes inspirassent nos législateurs et nos ministres.

Quand les Chinois ne peuvent disposer d'une pente naturelle et suffisante du terrain, qu'on a appelée avec raison la *grande machine agricole au point de vue de l'arrosage,* ils emploient des roues à chapelet de toutes forces, mues par des hommes, des mulets ou des bœufs ; des roues à augets, faites de tubes de bambou et déversant les eaux dans de longues conduites du même bois (1).

J'ai déjà parlé dans ma première livraison des Indiens, des Persans, des anciennes monarchies des

____

(1) Nadault de Buffon, *des irrigations*, tom. 111, page 558.

bords de l'Euphrate et du Tigre, des habitants des déserts de l'Arabie et de ceux des rivages de l'orient et du sud de la Méditerranée ; je ne reviendrais pas ici sur des détails qui me paraissent suffisants.

Les Etrusques, et autres peuples plus anciens, qui ont habité l'Italie avant la domination romaine, ont pratiqué l'irrigation, comme le prouvent les débris de leurs monuments.

Les Grecs ne négligèrent pas un art aussi essentiel ; les fêtes instituées en l'honneur de Palès, déesse qui présidait aux prairies et aux troupeaux, prirent naissance dans les montagnes de la Thessalie. Ces réunions pastorales eurent lieu bientôt dans toute la Grèce. Les Romains les adoptèrent à leur tour, car ils voulaient appeler les bienfaits du ciel sur tout ce qui concernait les pâturages et les troupeaux, attendu qu'un grand accroissement de population rendait chez eux de plus en plus nécessaire la multiplication du bétail, base essentielle des subsistances, dont la rareté se faisait souvent sentir et qu'ils finirent par payer fort cher.

Leurs hommages étaient surtout adressés à *Palès génératrice*.

Le berger disait : — « Protége, ô déesse, le [maître » et son troupeau. Pardonne à ma faute si celui-ci a » terni le cristal d'une fontaine sacrée où les lacs qui » servent aux bains de Diane ; nymphes, dryades et » vous divinités éparses des bois, j'implore mon par- » don. Loin de nous la faim cruelle ; qu'il y ait abon-

» dance d'herbes et de feuillages, de l'eau bonne à
» boire et à laver..... »

De ces détails que nous a transmis Ovide, on pourrait déjà conclure que les Romains s'appliquaient à
l'irrigation ; mais des monuments encore sur pied, et
des traditions certaines ne laissent aucune incertitude
à cet égard. Le traité d'agriculture de Caton et les
écrits de Virgile en fournissent des preuves nombreuses. Le premier regarde le *solum irriguum* comme
l'espèce de propriété préférable à toute autre ; le second dit aux bergers, en leur recommandant le soin
des prairies :

« *Claudite jàm rivos, pueri, sat prata biberunt...* »

Le poète revient plusieurs fois, dans ses Géorgiques
sur un sujet qui lui était familier ; car, depuis une
époque immémoriale, l'irrigation était pratiquée dans
les plaines de Mantoue, sa patrie.

Il existe, en Italie, de nombreux vestiges de barrages et de canaux romains. Une inscription consu-
laire, gravée sur une plaque de marbre conservée à
Milan, mentionne le barrage qui existait autrefois au
pont de l'*Archetto*, comme un des ouvrages les plus
remarquables qui eussent été construits par le peuple
roi pour effectuer des irrigations.

Cependant, il faut le reconnaître : si les anciens
l'ont emporté par le grandiose des constructions dont
les débris nous étonnent encore, les modernes ont de
grands avantages sur eux par la perfection des instruments dont ils se servent, et par les progrès immenses qu'ont faits les connaissances théoriques.

En abandonnant Rome pour Constantinople, les derniers empereurs laissèrent l'Occident faible et mal défendu.

Déjà les barbares avaient envahi l'empire de toutes parts, et les Visigoths que conduisait Alaric 1er lui avaient porté les coups les plus funestes.

Ce conquérant jeta les fondements d'une monarchie militaire qui s'établit pour plusieurs siècles en Espagne et dans la Gaule-Narbonnaise, où, sous le rapport des irrigations, elle a laissé de fort importants souvenirs.

Alaric II régna non-seulement sur la péninsule, mais sur l'Aquitaine, la Narbonnaise et l'ancienne Province-Romaine ; ce qui étendait sa domination sur les deux versants des Pyrénées et sur toutes les provinces du Midi, depuis les Alpes du Dauphiné jusqu'au golfe de Gascogne.

Il est remarquable que ce territoire, tel que le réduisirent les victoires de Clovis, est précisément la région du midi de la France qui jouit le mieux de la faculté d'être facilement irriguable, soit par la Durance, soit au moyen de nombreux cours d'eau qui descendent des flancs des Alpes et des Pyrénées. De plus, la moitié des nombreux petits canaux, qui, depuis le bassin de l'Adour jusqu'aux plaines de l'ancien Roussillon, vivifient les belles prairies que la France possède au pied de cette dernière chaîne de montagnes, remontent au temps des Visigoths.

Leur monarchie, qui a duré trois siècles, n'a laissé que de bons souvenirs dans nos provinces méridio-

nales ; traitant avec modération les habitants et surtout les cultivateurs des pays conquis, ils firent régner
la justice , respecter leurs lois, et fleurir l'agriculture.

Bientôt, appelés par un père outragé, les Arabes
renversent l'empire des Visigoths en Espagne. Ces
nouveaux conquérants, que conduit le fanatisme ,
semblent particulièrement s'attacher à la possession
des contrées où l'irrigation pouvait être pratiquée avec
succès. N'en avaient-ils pas éprouvé la privation
cruelle dans les sables brûlants des déserts ; n'en
avaient-ils pas admiré les merveilles en Chaldée et
en Egypte ?

Dans leurs possessions de l'Occident, ils continuè-
rent, ils agrandirent le système d'arrosage que les Visigoths avaient eux-mêmes amélioré sur les Romains.
Une grande partie des canaux de l'Espagne et de
ceux que nous possédons encore en deçà des Pyrenées
remontent à cette origine. Mais , après sept siècles
de luttes, les Arabes, qui avaient obstinément défendu pied à pied leurs conquêtes de Septimanie et
d'Espagne contre les chrétiens , durent enfin abandonner tout-à-fait le sol de l'Europe. Ils n'en avaient
pas moins donné à l'agriculture, dans leurs possessions,
une impulsion qui , depuis, n'a pas été égalée. C'est
le peuple qui a le mieux exploité le sol des provinces
qu'il avait conquises , et nul autre , au moyen-âge ,
n'a attaché plus d'importance à l'irrigation dont il fut
le promoteur le plus actif dans le midi de l'Europe.

Si, de nos jours encore , elle est pratiquée avec un
soin , un succès remarquables dans certaines vallées

des montagnes de l'Asie mineure, par les Kourdes et quelques autres peuplades indépendantes, c'est qu'elles sont les derniers débris du peuple maure expulsé d'Europe.

Au reste, si on les compare aux travaux des Romains, les nombreux canaux construits dans le midi de la France et notamment le long des Pyrénées, soit par les Visigoths, soit par les Arabes, n'offrent rien de remarquable au point de vue de la grandeur, de la solidité de leur établissement et de leurs ouvrages d'art, l'utilité seule a préoccupé leurs auteurs.

Ce fut vers la fin du onzième siècle, c'est-à-dire environ trois cents ans après l'envahissement des provinces du midi par les Sarrazins, que les premières croisades amenèrent un immense concours des populations européennes vers les contrées de l'Orient, où l'irrigation avait pris naissance. Alors l'impulsion que l'influence arabe avait déjà donnée aux entreprises de cette nature se trouva complétée, et les résultats en devinrent bientôt évidents.

Le fait capital de l'histoire des irrigations dans l'Europe moderne consiste assurément dans la création des deux vastes canaux qui, sur le territoire milanais, furent dérivés du Tessin et de l'Adda, l'un à la fin du douzième siècle, l'autre au commencement du treizième. A eux seuls, ils portent un volume d'eau régulier plus considérable que celui que formeraient par leur réunion tous les canaux d'arrosage du midi de la France.

Et pourtant, ces grands ouvrages remontent à une

époque antérieure à l'invention des écluses de navigation, à une époque où les connaissances en mathématiques, en hydraulique surtout, étaient nécessairement dans l'enfance.

Peu importe donc qu'ils présentent quelques im-
perfections dans leur tracé ; que leurs pentes rapides
offrent des difficultés à la navigation qui ne s'est établie sur l'un d'eux, que longtemps après leur ouverture : le but principal n'en a pas moins été pleinement
atteint. *Ces deux canaux fournissent ensemble l'arrosage de près de cent mille hectares de terrain, aujourd'hui d'une valeur inappréciable, et presque
exclusivement formés, avant eux, de cailloux et de
grèves sablonneuses.*

Véritablement, l'imagination s'effraie en pensant
à tout ce qu'il a fallu d'efforts et de persévérance pour
la réalisation de conceptions pareilles, dont les créateurs, comme ceux des basiliques admirables qu'on
élevait à la même époque, sont des architectes inconnus.

Le milieu du quinzième siècle produisit pour l'hydraulique les découvertes et les travaux les plus remarquables.

On fait remonter à l'année 1444 le remplacement de
l'ancien barrage à pertuis de Viarenna, sur le canal
intérieur de Milan, par une écluse de navigation à
sas et à doubles portes busquées. Cette construction,
faite sous le dernier des Visconti, est la plus ancienne
de l'Europe en ce genre ; car les écluses du canal de
la Brenta près de Padoue, ne remontent qu'à l'an

1481 , et celles qu'on avait employées en Hollande à
la fin du siècle précédent, construites sur un tout autre système , ne pouvaient atteindre le même but.

On doit au zèle pour le bien public de François
Sforce, duc de Milan , gendre de Philippe-Marie Visconti , les deux canaux de la *Martezana* et de *Béréguardo* qui complètent si heureusement pour le territoire milanais le bienfait des irrigations , déjà en partie réalisé par les canaux du *Tessin* et de la *Muzza*.

Sur ces deux canaux , antérieurs à l'invention des
écluses , la navigation est contrariée par de trop fortes
pentes ; les canaux de Sforce , construits plus tard ,
furent pourvus de ce mécanisme précieux. La *Martezana*, qui n'a qu'une écluse, conserve encore des pentes
rapides ; mais le *Béréguardo* en a onze sur un trajet
de dix-neuf kilomètres , et il ne reste à ses biefs
qu'une pente presque insensible , *ce qui ne l'empêche
pas de fonctionner très-bien, à la fois , comme canal
de navigation et d'arrosage.*

Admirable époque pour le développement de l'esprit humain, le seizième siècle fut illustré en Italie par
des hommes véritablement extraordinaires qui excel-
laient, dans la peinture , la sculpture ou quelque autre branche des Beaux-Arts , en même temps que
dans l'architecture, et particulièrement dans celle qui
se consacre à l'hydraulique. Admis dans l'intimité de
leurs souverains , ils leur étaient doublement utiles
dans les nécessités de la guerre et les loisirs de la paix.

Bramante, Raphaël, Peruzzi, Julien et Antoine de
San-Gallo remplissaient auprès des pontifes Jules II,

Léon X, Clément VII, Alexandre VI, les fonctions
d'ingénieurs militaires et hydrauliciens. Léonard de
Vinci résolvait, par la jonction des canaux de la
Martezana et du *Tessin* une difficulté regardée jusqu'alors comme insurmontable ; tandis que Jules
Romain utilisait ses talents comme ingénieur militaire et hydraulicien, en exécutant avec un plein succès les fortifications de Mantoue, et l'assainissement
de cette ville que baignent les eaux du Mincio.

L'injustice, l'envie, n'épargnèrent pas ces esprits
d'élite ; quelques-uns même moururent prématurément par le poison.

Le fondateur du plus grand canal d'irrigation qui
ait été créé jusqu'à présent sur le sol de la France,
Adam de Craponne, n'éprouva pas un sort meilleur.

Né en 1519, à Salon, d'une famille noble, originaire de Toscane ; passionné pour les mathématiques,
et surtout pour la science hydraulique, il avait vu
dans son enfance que l'eau, partout si essentielle à
la prospérité de l'agriculture, était, sous le ciel brûlant de la Provence, d'une nécessité plus absolue encore. Dès lors, tous ses efforts furent portés, avec une
rare persévérance sur les moyens de doter sa patrie
d'un grand canal d'arrosage. Il obtint en 1554 des
lettres-patentes d'autorisation pour dériver de la Durance le canal qui porte son nom, mais qui, de son
vivant, ne put être achevé, faute de fonds.

Il avait conçu le projet d'un canal *des deux mers*,
qui eût réuni la Saône et la Loire, par le Charollais,
dans une direction plus courte que celle du canal du

centre. Il avait aussi rédigé le projet d'un canal de *Provence*, qui devait porter les eaux de la Durance sur le territoire de la ville d'Aix.

On voit que les ingénieurs italiens , que les créateurs illustres des canaux de la Muzza, du Tessin , de la Martezana , du Béréguardo, on voit qu'Adam de Craponne , le créateur des canaux d'irrigation en France, qui aspirait à être aussi celui de la navigation intérieure artificielle, ont compris comme nous les devoirs de l'ingénieur hydraulicien au service de son pays, et qu'ils n'ont eu garde de mutiler , d'amoindrir leur propre science, en isolant l'arrosage des besoins des usines et de la navigation, en séparant, contre toutes les analogies et les indications naturelles , les intérêts de ces divers éléments de la prospérité publique. Les barques sillonnent les grands canaux de la Lombardie et du Piémont , qui sont flanqués d'usines importantes à chaque écluse , à chaque chute des biefs, et qui , percés de tous côtés et sur toute leur longueur de bouches bienfaisantes , distribuent incessamment au sol la vie et la fécondité.

Chargé par le roi Henri ii de la haute direction de tous les travaux considérables qui s'exécutaient sous son règne , Adam de Craponne présida au dessèchement de plusieurs marais sur le littoral de la Méditerranée depuis Arles jusqu'à Nice.

Enfin, en 1559 , ayant reçu mission de vérifier des travaux à la citadelle de Nantes et les ayant trouvés mal exécutés, il fut empoisonné et mourut victime de la vengeance des entrepreneurs. La mort du roi et celle de cet ingénieur habile et si dévoué aux intérêts public, amenèrent l'abandon de plusieurs canaux , commencés d'après ses plans , dans le midi de la France.

Le moyen-âge avait bien pu ouvrir, avec les deux premiers canaux du Milanais, une source de prospérité pour l'agriculture ; toutefois , le but n'était encore qu'imparfaitement rempli. En effet , obtenir des eaux courantes là où il n'en existe pas naturellement , c'est sans doute la condition première ; — mais établir pour ces mêmes eaux une distribution de détail , bonne et équitable dans l'intérêt de l'agriculture, c'est une chose aussi très-essentielle.

Les lumières du seizième siècle pouvaient seules y pourvoir.

Les premiers concessionnaires sur les bords des canaux abusèrent immédiatement, en s'emparant de plus d'eau qu'il ne leur en revenait de droit et qu'ils n'en avaient même besoin ; de sorte qu'au milieu de l'époque que nous venons de citer, le Milanais voyait le trésor inépuisable, en apparence, de ses eaux courantes devenu stérile par les usurpations sans nombre qui avaient lieu. Il fallait trouver remède à un mal qui s'est partout effrontément reproduit en pareille circonstance.

L'invention d'un module de distribution des eaux courantes exigeait de longues méditations, des combinaisons délicates, la connaissance des principes d'hydrostatique, science qui venait à peine de naître. L'ingénieur Soldati présenta pour la première fois aux autorités milanaises, en 1570 , son module régulateur de la distribution des eaux.

La découverte de cet homme laborieux et modeste, profondément versé dans l'hydraulique , devait être féconde en résultats utiles.

Léonard de Vinci était alors le seul génie créateur qui eût fait faire un pas notable à la théorie , à la science des eaux et à celle des machines , mais ses principaux écrits ne furent publiés que longtemps après sa mort ; à cette époque , Galilée méditait encore ses admirables découvertes ; l'ingénieur milanais ne put donc tirer qu'un bien faible avantage des recherches faites avant lui.

Comme Galilée, Soldati eut beaucoup à souffrir de l'injustice des hommes ; tous deux se virent à la fin de leurs jours , pour prix de leurs travaux, accablés de chagrins et de misère.

Les usagers des eaux du Milanais , qui , à force d'abus , avaient fini par s'en approprier des quantités beaucoup plus grandes que celles aux quelles ils avaient droit, pouvaient-ils pardonner à Soldati de les avoir troublés dans leurs jouissances illégales ? Cependant , à mesure qu'ils en étaient évincés , l'administration publique disposa successivement, en faveur de nouveaux arrosages, de plus du quart de la portée d'eau du grand canal.

Plus tard , cette utile mesure fut successivement étendue aux autres canaux du pays ; puis des méthodes analogues furent bientôt adoptées dans toutes l'Italie septentrionale, et le résultat palpable de cette utile mesure fut une extension inespérée du bienfait des arrosages.

Trouver un module d'une justesse rigoureuse, à l'abri de toute critique, était sans contredit une découverte de la plus haute portée ; mais, cette découverte faite, la tâche n'était pas encore accomplie. L'application des appareils nouveaux ne pouvait être réalisée, sans difficultés, sans résistances. C'était là le grand écueil, et ce sera toujours la plaie de l'administration des canaux d'arrosage, surtout quand ces canaux remontent à des époques reculées ; les concessions particulières y sont alors conçues en termes si incomplets, si vagues, souvent même tellement inconcevables, qu'on est forcé de regarder les abus comme ayant force de loi, et qu'en présence de leur ancienneté, l'autorité se trouve avoir les mains liées.

En Lombardie même, les modellations prescrites ne furent qu'incomplètement exécutées, et il existe encore des abus auxquels, peut-être, on ne pourra jamais apporter un remède efficace.

En matière d'arrosage, toute bouche non réglée est une bouche abusive ; de sorte que le pays, qui, sans l'adoption préalable de ce régulateur, voudrait entrer dans la voie des grandes irrigations, ne verrait jamais se réaliser qu'imparfaitement les avantages qu'il avait droit d'attendre.

Partout les eaux courantes représentent un vaste capital national, dont le bon usage est du plus haut intérêt pour la richesse publique. L'administration peut seule en être la dispensatrice dans une haute mission d'ordre et de prévoyance.

A la fin du quinzième siècle et pendant le seizième, on fonda dans le Piémont et dans le Navarais plusieurs canaux qui existent encore ; tels sont : le *canal d'Ivrée* , les *Roggie Mora* et *Biragua* , dérivées de la gauche de la Sesia ; la *Roggia Sforzesca* naissant à la rive droite du Tessin ; le canal *Caluso* , que le maréchal de Cossé-Brissac fit exécuter.

Vers la même époque, on s'occupait en France des premiers projets du canal de la Brillanne, le plus élevé de ceux qui puisent leurs eaux dans la Durance, *et qui n'est pas encore terminé aujourd'hui*. On s'occupait aussi de nouveau du grand canal de **Provence**, qui devait porter les eaux sur le territoire d'Aix et de Marseille , et qui , de nos jours , n'a été remplacé qu'en partie par le canal *Montricher*, qui n'a que des fonctions beaucoup plus restreintes.

Dans le courant du dix-septième siècle, des lettres-patentes de Louis xiv furent délivrées au duc de Guise et au prince de Conti pour l'ouverture des canaux d'irrigation des Alpines et de Pierrelatte ; mais le premier ne fut exécuté que près d'un siècle plus tard par les états de la Province ; le second , après plusieurs tentatives avortées, a été repris, il y a quelques années seulement, par une compagnie nouvelle et sur un tracé largement modifié.

Le dix-huitième siècle vit ouvrir dans le midi de la France les canaux de Peyrolles et de Crillon, dérivés, l'un de la rive gauche, l'autre de la rive droite de la Durance.

Enfin, au siècle où nous sommes, on a terminé en Italie le grand et beau canal *qui sert à la fois à l'arrosage et à la navigation entre Milan et Pavie*. Le canal Charles-Albert, qu'une compagnie a récemment exécuté dans le Piémont, ne remplit pas parfaitement son but, et ne peut être considéré comme une bonne opération.

En France, le gouvernement de la Restauration, pas plus que celui de l'Empire, n'ont rien fait qu'on puisse citer, sur le territoire national, en faveur des arrosages. Les ministres de Louis-Philippe montrèrent plus de sollicitude pour d'aussi graves intérêts. Celui des travaux publics présenta aux chambres, en 1846, le grand projet *d'aménagement et de distribution des eaux de la Neste*, pour lequel M. le comte de Gasparin disait :

« En se chargeant de son exécution, le jeune gou-
» vernement de Juillet montrera que son ardeur peut
» s'associer à une sage maturité, et que, s'il a beau-
» coup fait jusqu'ici pour l'industrie, il veut aussi
» payer sa dette à l'agriculture (1). »

II.

La chaîne des Pyrénées, en y comprenant le petit rameau qui, des Aldudes, va aboutir à Fontarabie,

(1) Ce paragraphe est extrait du discours préliminaire de l'ouvrage *sur les irrigations* par M. Nadault de Buffon, p. 1 à 67 du tome 1er.

offre une longueur totale de quarante myriamètres (1);
sa plus grande largeur , qui est vers le centre, atteint
douze myriamètres (2) : c'est là que se trouvent grou-
pées les sommités les plus élevées de tout le système.

C'est aussi vers ce même point et immédiatement
au-dessus des sources de la Garonne , que la chaîne
forme un coude brusque vers le Nord , pour reprendre,
quatre myriamètres plus loin , sa direction générale
vers l'Est. A part cet accident singulier, elle peut être
considérée comme rectiligne. Une inflexion pareille a
lieu en Espagne , dans le Guipuscoa, et forme la
transition des Pyrénées aux montagnes des Astu-
ries.

La hauteur moyenne des sommets pyrénéens peut
être évaluée à trois mille mètres entre les sources de
l'Aude et celles de la Bidassoa ; celle des cols ou *ports*
est d'environ deux mille quatre cents mètres ; la hauteur moyenne de la ligne de faîte est donc d'à peu près
deux mille sept cents mètres.

Les Pyrénées jettent des deux côtés de nombreux
rameaux , presque tous perpendiculaires à la chaîne
centrale ; aussi n'y trouve-t-on pas de vallées longitu-
dinales proprement dites.

Le versant général du côté de l'Espagne est plus
rapide que celui de la France et par terrasses suivies de ressauts, ce qui fait qu'on trouve un plus grand
nombre de lacs sur le premier ; en outre, les sommets
les plus élevés , au lieu de se trouver placés sur le

(1) Quatre-vingts lieues. — (2) Vingt-quatre lieues.

faîte , sont situés sur la pente méridionale , tels sont le Posets, la Maledetta et le Mont-Perdu.

Le rameau le plus remarquable des Pyrénées est celui des Corbières. Il se sépare de la chaîne à la source de l'Aude , entre les villes d'Ax et de Mont-Louis ; ses sommets s'abaissent rapidement et viennent finir au col de Naurouse , à cent quatre-vingt-neuf mètres au-dessus de la mer. Ce point offre la moindre hauteur de la ligne de séparation des eaux des deux mers dans toute l'étendue de la France , aussi fut-il choisi par Riquet pour y creuser le bief de partage du canal de Languedoc (1).

Les Pyrénées, qu'aucun peuple , selon Ritter , ne traversa jamais impunément , offrent , dans leur ensemble , un système beaucoup plus simple que celui des Alpes. Les passages y sont moins nombreux , plus élevés et presque impraticables. Quelques-uns portent le nom de brèche , comme la *Brèche de Rolland* , que ce héros ouvrit avec son épée , suivant la tradition poétique du moyen-âge. Un seul est d'un accès moins difficile : c'est celui de Roncevaux , célèbre aussi dans nos annales par plusieurs défaites des Sarrazins , et par celle de Charlemagne lui-même. Il conduit de Pampelune à Saint-Jean-Pié-de-Port.

Comme la chaîne , qui est un véritable mur de séparation entre la France et l'Espagne, s'abaisse brusquement au voisinage des deux mers , une route contourne chacune de ses extrémités.

(1) Bravais. — Dans *Patria* , t. 1 , p. 58.

Il y a peu de glaciers dans les Pyrénées , et point de lacs importants. Presque toutes les rivières sont sur le versant français et se réunissent à l'Adour et à la Garonne , pour se rendre vers l'Océan ; — à l'Aude pour se diriger vers la Méditerranée.

Les vallées sont très-profondes ; les ruisseaux impétueux connus sous le nom de Gaves (1), se précipitent fréquemment en cascades. Les sommets calcaires présentent les formes fantastiques de tours et de créneaux ; tandis qu'à leurs pieds, la roche est creusée en forme de cirques , d'amphithéâtres , d'*oules* ou chaudières , antiques réservoirs des eaux , qui semblent solliciter la main de l'homme pour les rendre , dans l'intérêt de l'agriculture , à leur usage primitif , en fermant la déchirure étroite et profonde qui s'est ordinairement ouverte sur l'un de leurs côtés.

Du golfe de Biscaye à celui du Lion , entre les Pyrénées et la chaîne des Cévennes , s'étend une plaine basse , divisée par le col de Naurouse en deux pentes ou versants d'une très-inégale étendue.

Le plus rapide, qui incline vers l'Orient , comprend le département de l'Aude et l'ancien Roussillon, l'une des clefs de la France ; il offre un sol fertile et le climat de l'Italie.

Le versant occidental est beaucoup plus froid , plus humide et moins productif. La température y est soumise à des variations subites , et des landes occupent toute sa partie de l'Ouest.

(2) *Cave* , prends garde.

Deux fleuves y rassemblent principalement les torrents qui descendent par cascades des flancs escarpés des Pyrénées : ce sont l'Adour et la Garonne.

Echappé du sein des rochers , l'Adour traverse les fertiles plaines de la Bigorre , s'accroît, sur la droite après être entré dans le département du Gers , des flots réunis du Boués et de l'Arros ; — la Douze , grossie par le Midou , s'épanche aussi dans l'Adour. Le Gave de Pau et celui d'Oléron , auquel s'unit le Gave de la vallée d'Aspe , la Bidouze et la Nive coulent sur sa rive gauche et lui amènent leurs eaux.

Son embouchure dans la mer , près de Bayonne , n'y a pas toujours été fixée : on sait qu'elle existait au *Vieux Boucau*, près de Messanges , vers le milieu du quatorzième siècle ; mais , plus anciennement , elle était placée au point où on la voit aujourd'hui.

Suivant M. Lesseps , l'Adour se rendait primitivement par le plus court trajet à la mer , qui n'est éloignée que de quatre kilomètres de Bayonne. Des bancs de sable, transportés dans le lit de cette rivière par une tempête furieuse soulevée par un vent impétueux, en détournèrent le cours , de sorte que , durant un long espace de temps , elle fut , en serpentant vers le Nord , déboucher à vingt-huit kilomètres de distance , au lieu qu'on appelle aujourd'hui le *Boucau-Vieux* et qu'on nommait alors le *Port d'Albret*.

En 1578 , le fameux ingénieur , Louis de Foix , fut chargé de reporter l'embouchure de l'Adour près de Bayonne. Ses travaux étaient dignes d'être couronnés par le plus éclatant succès , et la nature même vint dans cette occasion au secours de l'art. A peine Louis de Foix avait-il affermi une forte digue dans le cours oblique du fleuve, qu'il tomba dans les Pyrénées une énorme quantité de pluie et que l'Adour extrêmement gonflé, ne pouvant plus s'épancher sur la droite, entraîna les sables qui obstruaient son cours primitif, et ouvrit de nouveau le port qui existe aujourd'hui.

L'Adour commence à être navigable à Saint-Sever, à cent quatorze mille mètres au-dessus de son embouchure.

Cette rivière est impétueuse, sujette à des débordements; son cours sinueux est de soixante-dix lieues.

La rivière de Leyre, que quelques géographes croient être la même que le *Sigman* des anciens, sourd vers le milieu du département des Landes, et, après avoir parcouru des lieux peu fertiles, vient terminer son cours dans le bassin d'Arcachon.

La Nivelle, née sur le revers méridional de la montagne des Aldudes, ne porte point ses flots à une autre rivière; elle entre en France et continue son cours grossi d'un grand nombre de ruisseaux, jusqu'à Saint-Jean-de-Luz où elle le termine dans l'Océan.

Si l'Adour est un fleuve considérable, qui fut couvert de vaisseaux romains à l'époque où Auguste et Messala soumirent les Cantabres; s'il reçoit le tribut et les ondes d'un nombre infini de torrents et de plusieurs rivières; si son cours vers l'Océan est déterminé par une pente de terrain qui commence dans la région la plus élevée des montagnes; à partir des mêmes sommets, une pente opposée conduit la Neste et ses affluents dans le bassin de la Garonne.

Celle-ci est le plus beau fleuve des Pyrénées. La longueur de son cours, les nombreux affluents qu'elle reçoit, dont plusieurs sont navigables ; les villes considérables qu'elle baigne de ses ondes, tout se réunit pour lui donner une grande importance.

Il faut remonter assez haut dans le *val d' Aran*, pour entrer dans la gorge d'Artigues-Tellines et parvenir aux principales sources de la Garonne. C'est d'un gouffre immense que sort, par deux branches, la plus grande partie de ses eaux. Il paraît qu'il existait là primitivement un lac profond dont les flots ont forcé la barrière pour s'élancer vers la vallée qu'arrose l'Eaune ou la Pique. Pénétrant sur le territoire français au sortir de la vallée, elle voit un grand nombre de villes s'élever sur ses bords : Pont-du-Roi, Saint-Béat, Montrejau, Saint-Gaudens, Carbonne, Muret, Toulouse, Castel-Sarrazin, Agen, Aiguillon, Marmande, la Réole, Castres, Bordeaux et Blaye.

Elle est flottable dès Pont-du-Roi sur soixante-quinze kilomètres de longueur ; sa navigation commence à Cazères et continue jusqu'à la mer sur quatre cent vingt-huit kilomètres ; elle reçoit la branche occidentale du canal du Languedoc à Toulouse, et prend enfin le nom de Gironde à son confluent avec la Dordogne au Bec-d'Ambès.

Sept de ses affluents sont navigables.

Le *Salat*, qui prend sa source dans les Pyrénées et se jette dans la Garonne au-dessus de Saint-Mariory , flottable sur seize kilomètres de longueur , est navigable sur vingt. Cette partie pourrait s'étendre jusqu'à Saint-Girons , si quelques travaux d'art s'exécutaient sur la rivière, et l'on sent quelle serait l'importance d'une prolongation qui établirait entre l'ancien Couserans et les plaines de Toulouse des communications faciles et peu coûteuses. Les bois de construction, les marbres arrachés aux montagnes seraient transportés avec facilité et à peu de frais.

L'*Ariége* naît également dans les Pyrénées , au-dessus d'Ax. Il est flottable entre Foix et Pamiers sur quarante-un kilomètres , puis navigable sur trente kilomètres. Cette rivière , l'une de celles qui , depuis les temps reculés , sont renommées pour l'or qu'elles charrient , se jette dans la Garonne à deux lieues et demie au-dessus de Toulouse.

D'abord dirigées du midi au nord , l'Ariége et la Garonne , lorsqu'elles sont réunies , se détournent vers le nord-ouest depuis Toulouse jusqu'à la mer , et dans ce grand circuit elles enferment entre, leur cours, la chaîne de montagnes et l'Océan : la Navarre , le Béarn , l'ancienne Gascogne , le comté de Comminges , la plus grande partie de celui de Foix, c'est-à-dire , les départements de l'Ariége , de la Haute-Garonne , du Gers, des Hautes et Basses-Pyrénées et celui des Landes.

Partant du pied du grand plateau de Lannemezan, un grand nombre de cours d'eau arrivent en divergeant au lit du fleuve sur divers points de son parcours ; cependant ses affluents les plus considérables viennent par sa rive droite , en descendant de la chaîne des Cévennes.

Le *Gers* , l'un des affluents nés à Lannemezan , se jette dans la Garonne à une petite distance de Leyrac. Son lit présente comme un bief tout formé pour établir des communications sûres et faciles avec le canal du Midi , avec les affluents navigables de la Garonne , avec Toulouse , Bordeaux et l'Océan. *Il ne manque essentiellement à cette rivière qu'un volume d'eau suffisant pendant l'été* ; car quelques redressements et la construction d'un petit nombre d'écluses la rendraient très-propre à la navigation. Les marbres et les bois des Hautes-Pyrénées aboutiraient ainsi facilement au fleuve et au canal ; les denrées de première nécessité , qui abondent dans les contrées riveraines , obtiendraient une valeur plus élevée , au grand profit de l'agriculture.

Il en serait de même de la canalisation de la Bayse , autre affluent pyrénéen de la Garonne. Elle prend sa source sur le plateau de Pinas , au-dessus de Lannemezan , passe par Mirande , Valence , Condom , Nérac , Lavardac et Vianne et se perd dans le fleuve au-dessous d'Aiguillon. Sa navigation s'étend sur vingt kilomètres ; on travaille à la faire remonter jusqu'à Condom ; mais les sècheresses estivales sont l'obstacle le plus sérieux sur tout le versant sous-pyrénéen qui nous occupe, et particulièrement dans la partie basse comprise entre la Garonne et l'Adour. Là se trouvent des landes stériles, couvertes de bruyères, de pins , et défendues par des dunes contre la mer.

Nous n'avons pas à nous occuper aujourd'hui des affluents que la chaîne cévennique envoie à la Garonne sur sa rive droite ; nous ne fixons en ce moment notre attention que sur l'hydrographie des départements pyrénéens. Il s'y trouve sans doute un très-grand nombre de cours d'eau que nous n'avons pas même indiqués ; mais, aussi bien que ceux que nous avons passés en revue, ils sont tous fortement influencés par l'étiage, ce qui nuit d'une manière très-fâcheuse au développement de l'arrosage et de la navigation.

Il en est de même au-delà de la Garonne et de l'Arriége, sur le revers français de la partie orientale des Pyrénées.

La *Gly* prend sa source au-dessus de Saint-Paul, dans le département de l'Aude. Elle reçoit à droite la Boulzonne, passe à Latour, à Rives-Altes et se jette dans la Méditerranée, après un cours de soixante et dix mille mètres. Cette rivière est flottable sur la majeure partie de son développement.

La *Têt*, qui naît au-dessus de Mont-Louis, passe sous ses murs, puis à Ville-Franche, Prades, Ille, Perpignan, et se jette à la mer après un cours de quatre vingt-dix mille mètres, dont cinquante quatre mille sont flottables.

Après un cours de soixante-cinq mille mètres, le Tech, qui passe à Arles, se jette à la mer au-dessous d'Elne.

Telle est la description sommaire que j'ai cru devoir présenter de la chaîne des Pyrénées, de son versant français en particulier ;

Des principaux cours d'eau qui le sillonnent et qui composent les ressources réelles pour l'industrie, pour l'arrosage, pour la navigation.

D'un côté, la Garonne et l'Adour ; l'Aude de l'autre, sont les récipients, les *colateurs* de cette multitude de cours d'eau dont ils dirigent le produit vers l'Océan ou la Méditerranée.

Dans les paragraphes qui suivent, nous examinerons le parti qu'on a su tirer jusqu'ici de cette masse de liquide, et ce qu'on pourrait en faire encore de plus avantageux ; c'est-à-dire que nous décrirons les canaux d'arrosage et de navigation qui existent ; et que nous indiquerons ceux qui ne sont encore qu'en projet. La réalisation de plusieurs d'entr'eux serait d'une utilité de premier ordre (1).

III.

Si la neige se maintenait perpétuellement sur tout le faîte des Pyrénées, la région du midi de la France qui s'étend au pied de ces montagnes serait extrêmement riche en eau propre aux irrigations. Mais il n'en est ainsi que sur quelques points privilégiés et les cours d'eaux pyrénéens n'ont point la même régularité que ceux qui coulent au pied des Alpes. Cepen-

(1) Voyez pour ce paragraphe. — Dumége, *statistique générale des départements pyrénéens*, t. 1, p. 120 à 135.

Dutens. — *Histoire de la navigation intérieure de la France*, t. 1, p. 39 à 44 et 62 à 66.

Géographie de Ritter, abrégée par Rougemont, p. 256 à 282.

dant, des sources abondantes et très-multipliées pourraient fournir un précieux aliment à beaucoup d'irrigations partielles qui sont encore à créer dans des localités qui jouissent d'une température avantageuse et
d'un sol éminemment fertile.

Dans la partie occidentale des Pyrénées, où se trouvent les riches territoires sillonnés par les Gaves, par
l'Adour et par leurs nombreux affluents, les terres
peuvent être, sans difficulté, soumises à l'arrosement,
d'après la disposition naturelle des lieux.

Dans les départements de la Haute-Garonne et des
Pyrénées-Orientales, où il existe déjà de nombreux
arrosages, l'établissement des canaux éprouve au contraire plus d'entraves, exige plus de dépenses.

Le résumé des superficies actuellement arrosées
sur le versant français de cette chaîne de montagnes
donne :

Pour le dép. des Basses-Pyrénées	3,000 hect.
Hautes-Pyrénées	5,546
Haute-Garonne.	4,000
Ariége.	1,300
Pyrénées-Orientales.	12,914
Total.	26,760

Non-seulement cette quantité peut être augmentée
de beaucoup, mais on peut surtout améliorer considérablement les irrigations existantes. Depuis long-
temps on s'est préoccupé du soin de bien mettre en
valeur pour l'agriculture les ressources en eaux courantes qu'on trouve très-largement départies à cette

région quand on considère l'ensemble des autres départements.

La société d'agriculture de Toulouse s'est occupée
de plusieurs mémoires relatifs aux projets d'irrigations à réaliser, particulièrement dans la Haute-Garonne : 1° depuis Montrejau jusqu'à l'embouchure du
Salat ; 2° depuis ce point, jusqu'à celle du Tarn, dans
le département de Tarn-et-Garonne.

L'amélioration des riches plaines de Saint-Martory,
de Valentine, de St-Gaudens , de Toulouse , de Gre-
nade , etc., était l'objet de dérivations projetées sur
les deux rives de la Garonne. D'autres, à exécuter sur
la Neste et le Salat, devaient compléter ce vaste système d'arrosages ; mais, qu'il y a loin de la conception
d'un projet à sa réalisation !...

Il y a quelques années que M. l'ingénieur Montet
proposa d'utiliser les eaux de la Garonne et de la
Neste, tant pour rendre navigables le Gers et la Bayse
que pour alimenter un canal de navigation et d'arrosage entre Saint-Martory et Toulouse.

Antérieurement M. Galabert avait conçu l'idée
d'un canal qui , en continuant celui du Midi depuis
Toulouse jusqu'à Bayonne , établirait une nouvelle
jonction de l'Océan à la Méditerranée. Ce canal serait, sans contredit, d'une grande utilité ; mais il suffit de jeter les yeux sur la carte des Pyrénées pour
reconnaître combien son exécution offrirait de difficultés, puisque sa direction , au lieu de suivre le cours
d'une ou deux vallées, comme cela se voit ordinairement, aurait à couper transversalement une quantité

innombrable de contreforts , à passer dans de petits vallons très-accidentés, où le sol est des plus impropres à retenir les eaux. Nous reviendrons bientôt, au reste, sur ces projets de canaux de navigation et d'autres analogues.

M. Mescur de Lasplanes s'est aussi occupé des améliorations possibles pour cette contrée. D'après les dernières études faites par cet ingénieur militaire, ce serait sur les bords du Salat , l'un des principaux affluents de la Haute-Garonne, qu'il projetterait entre Salies et Mazères une dérivation dont le produit passerait, à l'aide d'un pont-aqueduc, sur l'autre rive de la Garonne, pour y servir à l'irrigation de la vaste plaine existant entre Martres et St-Martory. Ces divers projets ont obtenu l'assentiment des populations et des autorités locales.

Le midi de la France , dans la région des Pyrénées, est appelé à tirer un très-grand parti des irrigations. On peut, sans exagérer , porter à plus de cent mille hectares la surface des terrains , qui, par leur situation doivent prétendre à ce bienfait ; plus de cinquante mille hectares se trouvent dans ce cas en amont et en aval de Toulouse, d'un côté, depuis la plaine de Saint-Gaudens ; de l'autre , jusqu'au confluent du Tarn.

Mais deux grandes questions sont en regard de ces avantages ; — l'une qui concerne les dépenses des travaux à faire et les difficultés d'exécution ; — l'autre qui se rapporte aux quantités d'eau disponibles ; — car l'agriculture ne peut obtenir indéfiniment sur les cours d'eau des concessions qui finiraient par être préjudiciables aux intérêts généraux du pays, et notamment à celui de la navigation.

Deux départements occupent la partie centrale du versant Nord de la chaîne qui nous sépare de l'Espagne. Ce sont les départements de la Haute-Garonne et des Hautes-Pyrénées. Au couchant de celui-ci, le département des Basses-Pyrénées se prolonge jusqu'à l'Océan ; — tandis qu'à l'est de la Haute-Garonne se trouvent les départements de l'Ariége et des Pyrénées-Orientales, celui-ci s'abaissant jusqu'au bord de la Méditerranée. Commençant notre revue au centre de la chaîne, nous la poursuivrons successivement jusqu'à chacune de ses deux extrémités.

Dans les *Hautes-Pyrénées*, le canal qui porte encore le nom d'*Alaric* passe pour avoir été établi sous le règne de ce souverain, vers la fin du cinquième siècle ou le commencement du sixième. Il est dérivé du côté droit de l'Adour à environ quatre kilomètres en aval de Bagnères-de-Bigorre, qui est au pied des Pyrénées. Il fournit aux irrigations d'une partie considérable de la belle plaine au milieu de laquelle est située la ville de Tarbes.

Ce canal a six mètres de largeur moyenne et environ quarante kilomètres de longueur sur la rive droite de l'Adour entre Bagnères et Rabastens. En temps ordinaire, il a cinquante centimètres de hauteur d'eau, et celle-ci y coule avec une vitesse d'un mètre par seconde. Sa portée, dans les eaux abondantes, qui se maintient ordinairement jusqu'en août, est de trois mètres cubes par seconde, avec lesquels le canal arrose environ deux mille deux cents hectares.

L'Adour prend naissance au pied du pic du Midi qui ne conserve que peu ou point de neige pendant les chaleurs de l'été ; mais, par l'effet des sources assez abondantes et pérennes qui alimentent cette rivière, l'eau qu'elle fournit au canal d'Alaric paraît être dans des conditions favorables à l'arrosage. Néanmoins, vers le milieu de l'automne, *les irrigations deviennent souvent difficiles dans les sécheresses ; et les riverains inférieurs, notamment les habitants du territoire de Tarbes viennent, de leur autorité privée, fermer les prises d'eau supérieures, ce qui amène de fréquentes contestations.*

Ce canal est pourtant le plus considérable de ceux qui existent dans cette contrée.

Celui de la Gespe, dérivé du côté gauche de l'Adour, à Hys, à peu près à égale distance de Bagnères et de Tarbes, a douze kilomètres de longueur ; il est le plus important après celui d'Alaric qui existe sur l'autre rive. Sa portée moyenne est de deux mètres cubes environ, et la superficie qu'il arrose de quatorze cents hectares.

Viennent ensuite les deux canaux de Tarbes, naissant l'un et l'autre sur la rive gauche de l'Adour ; ils ont leur embouchure à environ trois kilomètres en amont de cette ville. L'un d'eux est principalement destiné aux usines et met en mouvement quarante roues hydrauliques ; — l'autre en dessert aussi quel-

. ques-unes ; — certains jours de la semaine sont exclusivement affectés aux irrigations.

La longueur de chacun de ces canaux est de cinq
kilomètres, et leur largeur moyenne d'environ trois
mètres et demi avec des pentes très-considérables ; ils
débitent, moyennement, dans la saison des arrosages,
chacun un mètre et six dixièmes par seconde. Ils irriguent une superficie totale de dix-neuf cent quarante-six hectares.

D'autres petits canaux appartenant soit à des communes, soit à des particuliers dans les arrondissements
de Tarbes, de Bagnères et Argelès , dérivent encore
près d'un mètre cube de divers cours d'eau, et servent
à l'arrosage régulier de plus de cinq cent cinquante
hectares de prés et cultures diverses.

Basses-Pyrénées. — La partie supérieure de ce
département , comprenant la plus grande partie des
arrondissements de Pau, Oleron et Mauléon, se trouve
encore dans des conditions convenables au succès des
arrosages. Sa partie inférieure, formée des arrondissements d'Orthez et de Bayonne , n'est point aussi
favorisée.

Il existe dans les trois premiers territoires un assez
grand nombre de petit canaux particuliers ; mais leur
alimentation , moins régulière que dans les Hautes-
Pyrénées, ne permet pas une grande extension à l'industrie des arrosages. *L'eau devient plus rare à mesure qu'on s'éloigne des sommets les plus élevés.*

La réunion de ces petits canaux distribue , par approximation, près de quatre mètres cubes et demi par seconde , et la superficie arrosée n'est que de trois mille hectares, eu égard aux jardins , ce qui n'est pas la vingtième partie des prairies naturelles , qui , dans ce département , approchent de soixante-huit mille hectares.

Retournons au centre de la chaîne.

Département de la Haute-Garonne. — Le cours supérieur du fleuve traverse , notamment dans l'arrondissement de Saint-Gaudens , des plaines élevées, dont le sol, naturellement fertile , ne manque , pour donner les produits les plus abondants, que du secours de l'eau pendant la saison convenable.

Depuis une époque ancienne , il avait été question d'établir latéralement à la Garonne , entre Saint-Martory et Toulouse , *un canal qui eût servi à la fois à l'arrosement et à la navigation* ; mais, comme cette entreprise ne se réalisait pas , M. Marc , propriétaire à Montrejau , demanda l'autorisation d'ouvrir , à ses frais , un canal d'irrigation sur la rive droite de la Garonne, entre les communes de La Bruquère et de Valentine. Il disait dans la pétition :

— « Entre le fleuve et le pied des Pyrénées , il » existe une plaine d'environ trois mille hectares dont » la fertilité n'est que médiocre , tandis qu'elle pour- » rait être couverte des plus gras pâturages. Il ne s'a- » git , pour la féconder , que de distraire une faible » portion des eaux de la Garonne , et de les conduire » par un canal d'irrigation à travers de cette plaine

» qu'il est facile d'enrichir ainsi. Les communes voi-
» sines appellent de tous leurs vœux l'accomplisse-
» ment de ce projet ; — et celui qui l'exécutera assu-
» rera le bien-être de leurs habitants.....

» Il ne porterait aucun préjudice au flottage sur la
» Garonne, attendu que celle-ci , qui n'est encore
» dans la localité qu'un petit torrent , *ne tire un peu*
» *d'importance que des eaux de la Neste* , dont le
» confluent est en aval de la prise d'eau projetée. »

M. Marc obtint d'établir un barrage dans la Garonne à l'entrée de son canal. Le Conseil d'arrondissement de Saint-Gaudens, le Conseil-général du département , la Chambre de commerce de Toulouse , les
Conseils municipaux des communes intéressées , furent unanimes pour appeler de tous leurs vœux la
prompte réalisation de cette entreprise. L'utilité publique fut déclarée.

Prenant son origine à quatre cent vingt mètres en
aval du pont de la Bruquère , à l'aide d'un barrage
transversal, le canal côtoie la rive droite de la Garonne jusqu'au confluent de la Neste, sur un développement d'environ six kilomètres. Il se retourne
ensuite dans la plaine du Gourdan , en traversant ce
village ; il contourne la vallée de Cier et le pied des
collines formées par les derniers contreforts des Pyrénées. Ensuite, passant par le village de Labarthe,
il aboutit dans la Garonne , à un kilomètre en aval de
la ville de Valentine.

Un premier embranchement se dirigera sur la commune de Pointis ;

Un second sur Valentine, en traversant le milieu de la plaine de Bazer.

La direction principale ayant vingt-deux kilomètres, la première branche huit et la seconde dix, c'est environ quarante kilomètres qu'aura tout le canal.

La section principale sera large de cinq mètres ; celles des embranchements seront moindres et diminueront à mesure que les eaux seront distribuées. L'estimation des travaux, qu'on doit croire beaucoup trop faible, ne s'élève pas à deux cent quatre-vingt mille francs.

La prise d'eau devra être réglée au moyen d'un déversoir de superficie, réduisant à un mètre par seconde le volume d'eau à introduire en temps d'étiage, c'est-à-dire lorsque le *Garonomètre* placé à Toulouse à l'entrée du canal du Midi ne se trouve qu'à la cote. 0 m. 97 c. *Hors de cette époque des basses eaux, assez courte dans la localité, le canal pourra atteindre et même dépasser la portée de deux mètres et cinquante par seconde* (1). Avec ce volume d'eau, le canal du Bazer pourra irriguer assez complètement quinze cents et même deux mille hectares, *si l'on admet des irrigations incomplètes ou interrompues, comme dans beaucoup de contrées du midi de la France.*

(1) De sorte que c'est précisément au moment où l'eau est la plus précieuse à l'agriculture qu'un canal à ouvrir n'en obtient que les deux cinquièmes de ce qu'il lui faudrait, *et cela dans un des départements et sur un des points les plus riches de la France, sous ce rapport......*

Le conseil-général des Ponts-et-Chaussées a réduit à un maximum de 0 m. 40 c. les pentes projetées , qui allaient de 0 m. 55 c. à 0 m. 93 c. par kilomètre. Les excédants seront rachetés par des murs de chute pouvant être utilisés pour l'établissement d'usines.

Le prix réclamé pour l'arrosement d'un hectare de terrain est de 31 fr. 50 c., et la Société d'agriculture a reconnu , ainsi que la Commission d'enquête , qu'il n'était nullement exagéré , eu égard aux dépenses de l'entreprise et à l'augmentation de valeur des terres , dont profiteraient les arrosants.

Le sieur Marc , simple cultivateur , dépourvu des ressources de l'éducation première , et n'ayant d'autre fortune que ses modestes épargnes , fruit d'une vie laborieuse et honorable, a trouvé dans les avantages de son entreprise des garanties suffisantes pour l'exécuter à ses risques et périls. On l'a vu, pendant ces dernières années , constamment à la tête de nombreux ouvriers, travaillant lui-même avec une ardeur infatigable à établir, sur les points les plus difficultueux , le tracé de ce canal de huit lieues de longueur , et passant tantôt sur des pentes rapides , tantôt placé au milieu de rochers qu'il fallait faire sauter. Toujours animé de la même confiance et du même zèle qui lui ont mérité les suffrages de toutes les populations voisines , ce particulier poursuit avec persévérance sa courageuse entreprise. C'est là un fait assurément digne d'éloges , mais qui n'est pas sans exemples dans l'histoire des irrigations.

« Faisons des vœux , disait à ce sujet la Société

» d'agriculture de la Haute-Garonne , pour que l'ad-
» ministration veille sur l'avenir d'un homme simple
» et désintéressé , qui sacrifie son repos et toute son
» aisance au bien de son pays , — qu'aucun obstacle
» n'étonne et qui a usé sa santé en partageant les plus
» pénibles travaux. Puisse-t-il ne pas éprouver de
» cruels mécomptes dans les calculs qu'il aura faits,
» en se fiant avec trop d'abandon à la parole d'agri-
» culteurs intéressés à payer les bienfaits de l'arrosage
» au-dessous de leur valeur !... »

Deux autres petits canaux d'irrigation, alimentés par la Garonne, ont été créés, il y a peu d'années, aux environs de Saint-Gaudens ; l'un par M. de Saint-Arromans , l'autre par M. Martin-Lacoste. Ils ont été exécutés sur des dimensions plus restreintes que celles qu'on leur avait d'abord assignées. Ils ont , l'un et l'autre , moins de 1 mètre 60 centimètres de largeur moyenne, et n'arrosent ensemble qu'environ neuf cents hectares.

Quelques autres irrigations particulières, pratiquées dans la partie méridionale de ce département, boni-fient encore environ onze cents hectares.

Département de l'Ariége. — Jusqu'ici , cette circonscription administrative n'a eu qu'une faible part au bénéfice des arrosages, auxquels , cependant , son territoire se prête, même pour leur établissement sur une large échelle.

L'Ariége, le Salat et plusieurs affluents de ces rivières principales offrent , dans la partie supérieure de leur cours, de précieuses ressources qui n'ont pas encore été utilisées. Les arrondissements de Saint-Girons et de Foix se trouvent placés, sous ce rapport, dans des conditions très-favorables dont bientôt, sans doute, on voudra tirer parti. Des projets d'association se forment dans ces localités, ce qui doit faire espérer qu'avant peu de nouvelles eaux, actuellement improductives, seront mises au service de l'agriculture.

Pyrénées-Orientales. — L'irrigation remonte à la plus haute antiquité dans les fertiles plaines du Roussillon. Cette partie de la Gaule-Narbonaise est, en effet, favorisée d'une manière remarquable par un sol d'une grande richesse, et par sa situation au pied des hautes montagnes qui lui procurent en abondance des eaux vives, capables de mitiger très-avantageusement pour l'économie agricole la température élevée de cette partie la plus méridionale de la France.

Les Romains, qui ont toujours attaché beaucoup d'importance à la possession de cette contrée, y ont laissé des travaux relatifs à l'irrigation ; mais cette pratique était surtout devenue florissante sous la domination des Visigoths et sous celle des Arabes, qui occupèrent successivement cette contrée pendant plus de huit siècles.

Le *ruisseau* (1) *du Vernet*, dérivé du Tech, rivière

(1) Dans le Roussillon, des canaux dérivés reçoivent souvent le nom impropre de *ruisseaux*.

torrenticlle d'un volume abondant et assez régulier, appartenait, au neuvième siècle, aux religieux du chapitre d'Elne ; et d'anciens titres de cette époque constatent qu'il fut vendu, en 863, à l'évêque de cette ville, ainsi que les moulins qu'il faisait tourner.

Le *ruisseau d'Els-Molis*, autre dérivation de la même rivière, existe depuis une époque très-ancienne; il en est fait mention dans des titres particuliers qui remontent à l'an 866. Ce canal, qui a environ deux mètres de largeur et 0 mètre 80 centimètres de hauteur d'eau, avec une pente considérable sur un lit de rochers, fait tourner plusieurs moulins et usines, en même temps qu'il est employé à l'irrigation.

M. Jaubert de Passa, dans son volume sur les canaux d'arrosage des Pyrénées-Orientales, fait mention de plus de quatre-vingts *ruisseaux* ou petits canaux du même genre qui irriguent les plaines de ce département, et qui ont leurs principales dérivations dans les rivières du Tech, de la Têt et de la Gly. Leur existence remontant à la domination des Visigoths et à celle des Arabes, peut-être même à l'époque de la domination romaine; elle se trouve relatée, comme déjà ancienne, dans des chartes et cartulaires du neuvième au quatorzième siècle. Mais le temps et la barbarie ont détruit les documents antérieurs.

Le *ruisseau de Las Canals* ou de Perpignan est dérivé de la Têt, en amont de la commune d'Ille. Sa largeur moyenne est de quatre mètres, sa longueur de trente kilomètres. Il a des pentes très-fortes de deux.

à quatre mètres par kilomètre, malgré lesquelles il conserve encore à l'entrée de la ville une chute de plus de trente mètres. Cette circonstance permet de l'introduire directement dans la citadelle, d'où les eaux, enfermées dans des tuyaux, vont, à la faveur de cette pente considérable, alimenter les fontaines de la cité. Ce canal sert, en outre, à l'arrosage sur toute l'étendue de son cours.

Sa portée est peu considérable relativement à sa longueur ; néanmoins, indépendamment de l'eau qu'il fournit aux usines, il a pour le service de l'irrigation quatre-vingt-deux petites bouches circulaires de 0^m 19 à 0^m 24 de diamètre nommées *œils*, et dont le débit moyen est d'environ trente-deux litres par seconde, ce qui porterait le volume total, consacré aux arrosages, à 2^m cube 62 par seconde à peu près.

Deux mille huit cents hectares sont à l'arrosage le long de ce canal ; *mais les usagers sont souvent en souffrance par suite des fréquentes contestations qui se renouvellent à chaque sécheresse*, soit entr'eux, soit avec l'autorité militaire et municipale, *de sorte que le nombre d'hectares régulièrement arrosés ne dépasse guère dix-huit cents.*

Quoique propriété exclusive de la ville de Perpignan, le *ruisseau de Las Canals* traverse le territoire de sept autres communes.

Ce canal étant généralement creusé dans un sol très-résistant, ses talus ne sont inclinés qu'à quarante-cinq degrés. Il a de chaque côté un franc bord d'un mètre et demi de largeur.

Malgré le médiocre volume d'eau que porte ce canal, son établissement n'a pu avoir lieu qu'avec des frais considérables. Des digues ont été nécessaires pour le défendre en certains endroits contre l'action des eaux. Il traverse sur un pont-aqueduc d'environ soixante-dix mètres le torrent de *Las Calmellas* et, sur un autre pont-aqueduc de vingt-cinq mètres, le torrent de *Granganel*. Deux collines sont percées par des galeries ayant ensemble trois cent soixante-quatorze mètres de longueur ; travail très-considérable si l'on se reporte à l'époque où il fut effectué. Il y a en outre quelques ponts-aqueducs moins importants, plusieurs déversoirs et des ponceaux de trois à quatre mètres de débouché.

A différentes époques le *ruisseau de Las-Canals* et ses ouvrages d'art ont été exposés à des dommages considérables par l'irruption des eaux de la Têt. En 1833, les dégâts furent tels qu'on s'était déterminé à changer la place de l'ancienne prise d'eau et à la reporter plus en amont. Ce projet paraît avoir été abandonné par la ville de Perpignan.

L'étendue des terres arrosées par le grand nombre des anciens canaux dérivés des cours d'eau des Pyrénées-Orientales est très-considérable. Cependant cette superficie ne doit pas être portée à plus de douze mille six cents hectares, *eu égard surtout aux étiages si désavantageux que plusieurs de ces cours d'eau éprouvent annuellement.*

Cette circonstance rend véritablement problématiques les avantages que peuvent éprouver certains terrains qu'il vaudrait autant ne pas comprendre dans la superficie arrosable ; *elle prouve encore évidemment que les grands bassins de réserve et d'aménagement pour les eaux sont nécessaires partout, puisque sans eux l'eau manque en été, même dans les pays de hautes montagnes.*

En 1840, une association syndicale a été autorisée dans la commune de Formiguières, pour dériver de la rivière de *Lladore* un canal destiné à l'arrosage d'une partie du territoire, chaque intéressé devant concourir aux dépenses d'établissement et d'entretien en proportion de l'étendue de ses terres irrigables.

La rivière qui alimente cette prise d'eau étant, comme la plupart de celles qui coulent dans cette région, d'un régime peu régulier, et se trouvant réduite au milieu de l'été, tout au plus à 1 m. c. 60 par seconde, le canal de Formiguières n'a qu'une portée fort restreinte. Il est disposé comme les autres canaux du pays, ayant une direction principale que l'on nomme *Canal Mayor* et des ramifications ou *agouilles*, partant d'un petit bassin pour aller distribuer les eaux dans diverses directions.

Le canal principal n'a qu'un mètre et demi de largeur au fond et demi-mètre de hauteur d'eau. Ses pentes sont très-fortes, mais c'est l'usage de la localité, et cet usage, surtout comme ici dans la partie supérieure des vallées, se justifie par les fortes déclivités des terrains irrigables. Le canal est accompagné dans toute sa longueur de deux francs-bords d'un mètre de largeur chacun.

Le volume disponible de ce canal étant d'environ un mètre et un dixième par seconde, il pourrait fournir à l'irrigation d'un territoire plus considérable que celui auquel il a été destiné. Il n'arrose maintenant qu'environ deux cents hectares ; mais , avec des dépenses peu considérables , cette superficie peut être quadruplée.

Une association semblable à celle de Formiguières s'est formée dans une commune voisine , appelée Fonpédrouse , pour créer un canal d'environ cinq kilomètres de longueur , destiné à l'irrigation de quarante-quatre hectares en nature de prés, champs et jardins. On voit que, pour l'arrosage, les petites associations peuvent fonctionner aussi bien que les grandes. Plusieurs moins considérables encore que celle de Fonpédrouse se sont formées dans le département et bonifient ensemble environ quatre-vingts hectares seulement.

Au reste, les bénéfices qu'on doit attendre de l'irrigation sont généralement d'autant plus grands que les produits du terrain qu'on y soumet étaient primitivement plus faibles. En effet, le revenu qu'on doit attribuer à l'irrigation, celui qui lui est propre, ne se compose que de la différence des produits obtenus avec elle , comparés avec ceux qu'on aurait recueillis sans son secours. Or, pour peu que les eaux employées soient elles-mêmes fertilisantes et bonnes , le sol le plus maigre, le terrain le plus ingrat deviennent, après quelques années du régime d'un arrosage bien dirigé , égaux en valeur et en produits aux terrains naturels les plus favorisés.

· Ainsi que nous l'avons annoncé en commençant , ce paragraphe n'est qu'un extrait du premier chapitre du grand ouvrage de M. Nadault de Buffon , qui m'a paru contenir de très-utiles renseignements importants à propager et à répandre.

A mon point de vue particulier, il en découle un enseignement précieux.

·Après le versant français des Alpes, celui des Pyrénées est le point du pays le plus favorisé pour l'abondance et la régularité des eaux ;

Et cependant, à l'étiage, la sècheresse se fait tellement sentir, les moyens d'irrigation sont si insuffisants , qu'on se dispute , et quelquefois à main armée , le produit restreint des canaux.

Des réservoirs d'alimentation construits dans les hautes vallées produiraient donc un bien immense pour l'agriculture.

Mais s'il en est ainsi pour une région que la nature a si favorablement dotée, qu'en doit-il être pour celles où l'eau manque presque absolument.

L'étude que nous avons faite au point de vue agricole, nous allons l'essayer, au point de vue des canaux de navigation , dans le chapitre suivant ; et la nécessité des grands réservoirs n'en deviendra que plus évidente.

Si l'administration voulait faire des concessions utiles à l'agriculture , *elle ne pourrait cependant au-*

toriser qu'un nombre de dérivations très-restreint sur la plupart des cours d'eau de France, et, pour quelques particuliers favorisés, la masse des riverains inférieurs aurait à souffrir au point de vue de la salubrité de l'agrément et du revenu de ses propriétés.

Que si, au contraire, chaque riverain prenait une part de l'eau commune, proportionnelle à l'étendue de sa propriété, les quantités de chacun deviendraient si minimes qu'elles ne pourraient être d'aucune utilité.

Injustice d'une part ; fractionnement de l'autre équivalents à la perte de l'objet commun ; — tels sont et seront les résultats inévitables, — tant que la construction des réservoirs n'aura pas régularisé le régime des eaux.

C'est le seul moyen efficace contre l'injustice du privilége, ou la dissipation par le fractionnement illimité ; — je le compare à un gouvernement sage et régulier qui met une nation à l'abri du despotisme et de l'anarchie.

CHAPITRE DOUZIÈME.

—

*Des canaux de navigation en général et particuliè-
rement de ceux de la région sous-pyrénéenne. —
Distribution des eaux de la Neste.*

I.

La navigation a offert le premier moyen considérable de transport aux hommes réunis en société. On la
trouve en usage chez les peuples les plus anciens et ,
parmi les différents sujets qui décorent les temples de
l'Egypte , on voit représentés des bateaux munis de
leur gouvernail et d'agrès assez compliqués, en usage
dès les temps les plus reculés , tandis qu'aujourd'hui
même , dans ce pays , on ne trouve encore que des
chariots d'une structure assez grossière. C'est, qu'en
effet , l'établissement des routes suppose un concours
d'intérêts et de volontés entre les habitants des contrées qu'elles traversent , et , par conséquent , un
degré assez avancé de civilisation. Les rivières, au contraire, sont des chemins naturels que les hommes ont
trouvés tout faits.

Non seulement les gouvernements s'attachèrent
dans tous les temps à perfectionner la navigation des
grands cours d'eau ; mais ils cherchèrent encore à

étendre ce bienfait de la nature en formant des *riviè-*
res artificielles.

C'est, en effet , la seule dénomination qu'on puisse
donner aux canaux qui furent ouverts par les anciens
et même par les modernes avant l'invention des
écluses.

Le canal qui , traversant l'isthme de Suez , devait
établir une communication entre la mer Rouge et la
Méditerranée ; — celui qui , en perçant l'isthme de
Corinthe , devait mettre en rapport les deux ports
de Cenchrée et de Léchée et unir la mer Egée à
la mer Ionhienne, n'eussent été que de nouveaux bras
de mer , — tandis que le canal de Ravenne ou la
Fosse d'Auguste ; — celui de Parme et de Plaisance
ou la *Fosse Scaurienne* ; — le canal des *Marais-*
Pontins , qui fut creusé parallèlement à la voie Appienne , sous le règne d'Octave; — celui de *Marius* ,
qui facilitait les communications entre Marseille et
l'un des bras du Rhône ; — enfin , celui projeté par
Lucius-Vetus , général romain , pour unir la Moselle
au Rhône ; — et celui même qui fut ouvert par Dru-
sus, du Rhin à l'Issel, — ne devaient être et n'ont
été, en effet, que *de nouveaux bras de rivière*, qu'on
ne pouvait établir utilement qu'autant que la différence de niveau, entre leurs points de départ et d'arrivée, n'offrirait pas une trop forte pente et une rapidité qui eût nui à la navigation.

La sollicitude avec laquelle les anciens cherchèrent à
établir plusieurs de ces canaux , bien qu'ils eussent
tous les vices qu'offrent , en général , les cours d'eau

abandonnés à leur propre impulsion, et qu'ils se trou-
vassent le plus ordinairement privés du volume de
fluide nécessaire, atteste donc la préférence que, dès
les premiers siècles de la civilisation, le commerce
donnait aux transports par eau sur ceux par terre.

C'était particulièrement dans les Gaules, qui se
trouvent arrosées par plusieurs grands fleuves, que
les services de la navigation devaient être justement
appréciés.

« Toute la Gaule, dit Strabon, est arrosée par
» des fleuves qui descendent des Alpes, des Py-
» rénées, des Cévennes, et qui vont se jeter,
» les uns dans l'Océan, les autres dans la Méditer-
» ranée. Les lieux qu'ils traversent sont, pour la plu-
» part, des plaines et des collines qui donnent nais-
» sance à des ruisseaux assez forts pour porter ba-
» teau.

» Les lits de tous ces fleuves sont, les uns à l'égard
» des autres, si heureusement disposés par la nature,
» qu'on peut aisément transporter les marchandises
» de l'Océan à la Méditerranée et réciproquement ;
» car la plus grande partie des transports se fait par
« eau en descendant ou en remontant les fleuves, et
» le peu de chemin qui reste par terre est d'autant plus
» commode qu'on n'a que des plaines à traverser.

» Le Rhône surtout a un avantage marqué sur
» les autres fleuves pour le transport des marchandi-
» ses ; non seulement parce que ses eaux communi-
» quent avec celles de plusieurs autres cours d'eau
» importants, mais encore parce qu'il se jette dans la

» Méditerranée, qui l'emporte sur l'Océan par l'ac-
» tivité des relations commerciales, et parce qu'il
» traverse, d'ailleurs, les plus riches contrées de la
» Gaule.

» Relativement aux productions de ce pays, la
» Narbonaise entière donne les mêmes fruits que l'I-
» talie. Cependant, à mesure qu'on avance vers le
» Nord et les Cévennes, l'olivier et le figuier dispa-
» raissent, bien que tout le reste y croisse. Il en est
» de même de la vigne, qui réussit moins dans la partie
» septentrionale de la Gaule. Tout le pays produit
» beaucoup de blé, de millet, de glands, et abonde
» en bétail de toute espèce.

» Aucun terrain n'y est en friche, si ce n'est les par-
» ties occupées par des marais ou par des bois; encore
» ces lieux mêmes sont-ils habités, ce qui est plutôt
» l'effet du grand nombre que de l'industrie des Gau-
» lois. Leurs femmes sont très-fécondes et excellen-
» tes nourrices ; mais les hommes sont portés aux
» exercices de la guerre plutôt qu'aux travaux des
» champs. Aujourd'hui, cependant, forcés de mettre
» bas les armes, ils s'occupent d'agriculture.

» Je l'ai dit et je le répète encore : Ce qui mérite
» surtout d'être remarqué dans cette contrée, c'est la
» parfaite correspondance qui règne entre ses divers
» cantons par les fleuves qui les arrosent, et par
» les deux mers dans lesquelles ils se déchargent ;
» cette correspondance qui, si l'on y fait attention,
» constitue en grande partie l'excellence de ce pays,
» par la grande facilité qu'elle donne aux habitants

» de communiquer les uns avec les autres et de se
» procurer réciproquement tous les secours et toutes
» les choses nécessaires à la vie. Cet avantage
» devient surtout sensible au moment où, jouissant
» des loisirs de la paix, ils s'appliquent à cultiver
» la terre avec plus de soin et se civilisent de
» plus en plus.

» Une si heureuse disposition des lieux, par cela
» seul qu'elle semble être l'ouvrage d'un être intelli-
» gent plutôt que l'effet du hasard, suffirait pour
» prouver la Providence ; car on peut remonter le
» Rhône bien haut avec de grosses cargaisons, qu'on
» transporte en divers endroits du pays par le moyen
» d'autres cours d'eau navigables qu'il reçoit et qui
» peuvent également porter des bateaux pesamment
» chargés. Ces bateaux passent du Rhône dans la
» Saône, et ensuite sur le Doubs qui se décharge
» dans ce dernier fleuve. De là les marchandises
» sont transportées par terre jusqu'à la Seine qui les
» conduit à l'Océan, à travers le pays des *Lexovii* et
» des *Caletes* (1) éloignés de l'île de Bretagne de
» moins d'une journée.

» Cependant, comme le Rhône est difficile à re-
» monter à cause de sa rapidité, il y a des marchan-
» dises que l'on préfère porter par terre au moyen de
» chariots ; par exemple, celles qui sont destinées
» pour l'Auvergne et celles qui doivent être embar-

(1) Les habitants des deux bords des embouchures de la
Seine.

» quées sur la Loire , quoique ces cantons avoisinent
» en partie le Rhône. Un autre motif de préférence ,
» c'est que la route est unie et n'a que huit cents sta-
» des environ. On charge ensuite ces marchandises
» sur la Loire , qui offre une navigation commode ;
» ce fleuve sort des Cévennes et va se jeter dans
» l'Océan.

» De Narbonne , on remonte l'*Atax* (l'Aude) à
» une petite distance ; mais le chemin qu'on a ensuite
» à faire pour gagner la Garonne par terre est plus
» long ; on l'évalue à sept ou huit cents stades (1) ; ce
» dernier fleuve se décharge également dans l'Océan.»

Je n'ai pu me refuser au plaisir de citer en entier ,
malgré leur longueur , ces passages si pleins de vérité et d'esprit d'observation philosophique , écrits
sur notre pays il y a dix-neuf siècles ; car on y trouve,
dessinée à grands traits, la constitution hydrique de la
France. Ses divisions primaires sont le point de départ de toute subdivision pour l'étude des cours d'eau
en harmonie avec la nature. M. Dutens ajoute pourtant :

« Si , dans ces deux fragments si remarquables ,
et qui donnent une si juste idée de la position respective des cinq grands fleuves qui arrosent la France
ainsi que des besoins de son agriculture et de son commerce , le plus ancien des géographes qui aient fait
connaître ces contrées, n'indique pas d'une manière
aussi formelle la jonction du Rhône au Rhin , dont

(1) De 27 à 29 lieues.

s'occupa un siècle après Lucius Vetus (1) , et qu'on peut considérer , pour ainsi dire , comme une communication européenne ; — l'auteur grec ne semble-t-il pas avoir signalé la triple jonction du Rhône avec la Seine , la Loire et la Garonne , et *avoir ainsi tracé, plus de quinze siècles avant le commencement de son exécution., le système de navigation intérieure que la nature a assigné à la France ,* et dont le gouvernement et les particuliers n'ont fait, jusqu'à ce jour, que suivre dans leurs efforts l'impérieuse et salutaire indication.

Par sa position et ses reliefs géographiques , la France étant douée de climats différents, ses produits sont très-variés, et , de cette diversité jointe à l'étendue de son territoire , résulte un besoin d'échanges qui se fait sentir intérieurement à de grandes distances.

Une longue ligne de faîte divise notre Continent en deux versants généraux , placés l'un au nord-ouest , et l'autre au sud-ouest.

En entrant en France . cette grande dorsale européenne s'élève d'abord au nord avec le Jura , et après avoir projeté dans la même direction la courte , mais forte branche des Vosges ; — s'avançant plus bas

---

(1) Vetus Mosellam atque Ararim , factâ inter utrumque fossâ, connectere parabat, ut copiæ, per mare , dein Rhodano et Arare subvectæ, per eam fossam , mox fluvio Mosellâ in Rhenum, exin Oceanum decurrerent. (*C. Cornelii Taciti Annal.* lib. xiii , pag. 53.)

vers l'ouest avec les Monts-Faucilles ; — se retournant, après, brusquement au sud, elle va, au midi du plateau de Langres par la Côte-d'Or et la longue chaîne des Cévennes, continuer à l'ouest en s'y réunissant, les Pyrénées centrales et occidentales avec lesquelles elle entre en Espagne aux sources de l'Agra.

L'espace compris entre les Cévennes et les Alpes Graïes et Cottiennes forme le bassin du Rhône, qui, descendant des hauteurs du mont St-Gothard, traversant le lac de Genève et forçant le passage entre les Alpes et le Jura, vient, après un cours de cent vingt lieues, se perdre par sa double embouchure dans la Méditerranée.

Le bassin du Rhône, qui s'agrandit pour ainsi dire, à l'est du bassin cotier du Var que forment à leur point de rencontre les Alpes Cottiennes et les Apennins ; et, à l'ouest, du bassin de l'Hérault, de l'Aude et de celui de la Gly et du Têt, que voit naître de ses flancs la chaîne des Cévennes avant que de se réunir aux Pyrénées, forme avec ces bassins secondaires notre versant total méditerranéen.

A l'est, les Vosges forment la partie du bassin du Rhin qui se trouve en France.

Des Monts-Faucilles, comme d'un large tronc, partent trois branches principales.

La première, courant du sud-est au nord-ouest par les monts de la Moselle, ouvre en s'inclinant à gauche une vallée spacieuse d'où surgit la rivière de ce nom, qui, portant la vie sur la moitié de son cours irrégulier dans trois des plus riches départements de la France, va se jeter dans le Rhin sous les murs de Coblentz, après un développement de plus de quatre-vingts lieues.

A l'ouest de cette première branche des Monts-Faucilles, il en naît *une seconde* qui, sous le nom de Monts-d'Argonne et d'Ardennes occidentales, la suit parallèlement jusqu'aux limites du territoire français, et ne s'en éloigne que d'environ une lieue et demie pour livrer à la Meuse un étroit bassin. Cette rivière, née dans les Monts-Faucilles, après un cours de cent lieues en France, reçoit la Sambre au-delà des frontières et vient se jeter dans la mer à peu de distance des plages où se perd le Rhin.

La même branche s'écartant ensuite brusquement de la première, et se dirigeant du sud à l'ouest jusqu'aux sources de la Sambre, ouvre à cette hauteur par une triple ramification : — au nord, le bassin de l'Escaut et celui de l'Aa, qui n'en est séparé que par un rameau léger ; — au midi, celui de la Somme, fleuve qui après un cours de cinquante lieues se jette dans la mer au-dessous de St-Valéry ; et, enfin, enceint, au nord par sa longue projection, le vaste bassin de la Seine, où le fleuve a un cours total de cent soixante lieues.

Du plateau de Langres, prolongement méridional des Monts-Faucilles, s'élève, entre les sources de l'Armançon et de l'Ouche, la *troisième branche* qui, après s'être infléchie d'abord vers le sud-ouest, se dirige ensuite du sud-est au nord-ouest sur cent lieues de longueur, par les monts du Morvan, le plateau d'Orléans et les montagnes de Normandie et d'Arrée, jusqu'au-dessus des sources de la Sarthe et de la Rille, et, après avoir projeté en s'épanouissant six rameaux : — au nord, jusqu'à Honfleur ; — au nord-ouest jusqu'à la pointe de la Hogue; — à l'ouest, d'une part jusqu'au Conquet, et de l'autre, jusqu'à la pointe du Raz; — et au midi, d'abord jusqu'à Sarzeau, et ensuite jusqu'à Saint-Nazaire, se termine en donnant naissance aux six bassins cotiers de l'Orne, de la Selune, de la Rance, de l'Aulne, du Blavet, de la Vilaine ; enfin cette même branche, limitant sur sa longue étendue le bassin de la Seine à l'aspect du midi, borne au nord celui de la Loire, — ce grand fleuve qui, prenant sa source dans les montagnes du Vivarais (appendice des Cévennes), au mont Gerbier, après un cours de cent vingt lieues va porter à la mer le tribut de ses rapides ondes entre Paimbeuf et Saint-Nazaire, à douze lieues en aval de Nantes.

Toujours à l'est, mais plus au midi des monts élevés de l'Auvergne qui ne se lient aux Cévennes (ce long chaînon de la dorsale) que par la montagne de la Margeride, — près des sources de l'Allier, se projette du Mont-d'Or une branche qui, se prolongeant par les montagnes du Limousin, le mont Jargean et le plateau de Gatine, borne dans son développement, par son versant septentrional le bassin de la Loire, et par son bassin méridional celui de la Garonne, puis se divise aux sources de la Tardoire, affluent de la

Charente, en deux rameaux extrêmes pour ouvrir le bassin cotier de celle-ci.

Enfin, tout-à-fait au midi, les derniers chaînons de la dorsale qui sous le nom de Cévennes se composent des montagnes du Vivarais, du Gévaudan, des Garigues, de celles de l'Orb, des monts d'Espinouse, des montagnes noires et du coteau de Saint-Félix, en se réunissant aux Pyrénées centrales, ferment par leurs parois du nord le large bassin de la Garonne. Celui-ci, divisé un moment à son origine, par la courte branche qui, partant du Plomb-du-Cantal, sépare les sources de la Dordogne et du Lot, n'est plus resserré à l'ouest, à son extrémité, que par le faible rameau qui, s'élevant des Pyrénées entre les sources de la Garonne et celles de l'Adour, forme bientôt par sa bifurcation, au nord le bassin cotier du Leyre et des côtes des Landes, et au midi celui de l'Adour.

Telle est la constitution physique et la distribution des chaînes de montagnes qui divisent la France en six grands bassins où coulent les six principaux fleuves qui l'arrosent : le Rhin, —la Meuse, —la Seine, la Loire, la Garonne, — et le Rhône ; — et quinze petits bassins, que parcourent les quinze cours d'eau moins importants de l'Escaut, de l'Aa, de la Somme, de l'Orne, de la Selune, de la Rance, de l'Aulne, du Blavet, de la Vilaine, de la Charente, du Leyre, de l'Adour, de la Gly, de l'Hérault et du Var.

Des six grands fleuves, trois, la Seine, la Loire et la Garonne ; — et des quinze autres petits fleuves, cinq , la Somme, la Charente , la Selune , l'Aulne et l'Adour, coulent sur la plus grande longueur de leur cours de l'Est à l'Ouest.

Un seul grand fleuve , le Rhône ; et quatre petits , le Blavet, la Vilaine', l'Hérault et le Var , coulent du Nord au Midi ;

Et deux des grands fleuves , le Rhin et la Meuse ; et cinq autres petits, l'Escaut, l'Aa, l'Orne , la Rance et la Leyre, coulent dans une direction contraire, du Midi au Nord ;

Enfin, la Gly se dirige de l'Ouest à l'Est.

Ceux des cours d'eau qui marchent de l'Est à l'Ouest exportent de l'intérieur aux ports , et apportent de ceux-ci vers le centre , les divers objets d'échange ; ils sont plus particulièrement destinés au service du commerce extérieur.

Ceux qui se dirigent , au contraire , du Midi au Nord et du Nord au Midi , se trouvant avoir leur cours dans le sens le plus ordinaire des mouvements du commerce intérieur , semblent devoir plus spécialement servir aux transports auxquels il donne lieu et se lier aux deux lignes de navigation dont il réclame le secours.

La France, possédant un littoral étendu sur l'Océan et sur la Méditerranée, fut une des premières nations que leur position appela à commercer avec les autres peuples. Déjà longtemps avant la domination romaine, la Gaule avait vu s'élever l'antique Marseille et ses colonies littorales qui succédaient même à celles de Tyr et de Rhodes. Sous le peuple-roi , on vit prospérer les ports d'Arles , de Narbonne , de Bordeaux et plusieurs autres.

Indépendamment de ces grandes et magnifiques voies de terre dont les débris nous causent encore de l'étonnement , les deux fleuves de notre Midi , le Rhône et la Garonne , présentaient des moyens de transport et des débouchés qui ne pouvaient que favoriser l'extension du commerce.

Dès ce temps reculé , on vit s'établir sur toutes les rivières navigables des compagnies et corporations de marchands, qui encouragés par de grands priviléges , et sous le nom général de *Nautes* , se chargèrent des transports qui s'effectuaient sur ces cours d'eau.

Sur ceux de moindre importance , le *collége des utriculaires* effectuait les transports sur des radeaux légers supportés par des outres gonflées de vent. On démontait à volonté l'attirail de navigation et on le transportait à dos d'homme ou avec des bêtes de somme et des chariots , ce qui donnait l'avantage de franchir les crêtes qui séparent les rivières ou de passer d'une vallée dans l'autre.

La période de prospérité commerciale pour la Gaule sous la domination romaine fut de courte durée ; — la navigation fut assujettie par les barbares à une foule de droits dont la totalité excédait souvent la valeur des chargements. Un pareil régime devait être l'anéantissement de toute industrie , de tout commerce.

Celui-ci reparut pendant quelque temps au septième siècle et reprit sa direction naturelle du Midi au Nord.

Plus tard, sous l'impulsion de Charles-le-Grand , les seigneurs se livrèrent à l'agriculture et encouragèrent le trafic qui prit une rapide extension ; mais bientôt les Normands , portant le ravage et l'effroi , interrompirent pendant un siècle toute relation commerciale entre la France et les nations voisines.

Plusieurs de nos rois cherchèrent à les ranimer. Saint Louis s'appliqua à donner au commerce, par de sages règlements , une sûreté dont jusqu'alors il n'avait joui que par intervalles. Notre pays ne possédait que peu de ports sur l'Océan , et aucun sur la Méditerranée, lorsque l'acquisition d'Aiguesmortes et la réunion du comté de Toulouse à la couronne donna plusieurs moyens d'accès sur cette mer.

Enfin, après plusieurs siècles de luttes opiniâtres et de glorieux efforts, surtout contre l'Angleterre si longtemps maîtresse de la plus belle partie de notre littoral sur l'Océan , la France reprit peu à peu le rang qu'elle doit occuper sous le rapport du développement de l'industrie et du commerce.

Quoique notre puissance maritime soit bien inférieure à celle de la Grande-Bretagne , nous sommes , sous un rapport plus avantageusement dotés. En effet, la plus grande partie de son commerce étranger ne consiste que dans l'exportation de produits industriels dont les autres nations, par leur propre travail , peuvent un jour apprendre à se passer. La France , au contraire, qui possède dans son sol, aussi étendu que varié, une mine inépuisable de produits naturels qui , par les qualités qui leur sont propres, lui assurent la conservation pour un temps illimité des marchés extérieurs, n'a point à craindre un encombrement accablant d'objets, que la consommation de ses nombreux habitants retiendra toujours à peu près dans de justes limites.

Dans l'industrie manufacturière, nous avons l'avantage d'appliquer notre propre travail à plusieurs matières premières que nous devons à notre sol, à notre climat; et le goût, l'élégance des formes que nos artistes, nos ouvriers savent apporter dans la fabrication de la plupart des produits industriels, nous donnent une supériorité reconnue sur les autres nations, que nous conserverons, sans doute, longtemps.

Toutefois comme, au point de vue où l'industrie est parvenue, l'extension du commerce avec l'étranger est une des conditions sans lesquelles on verrait notre prospérité générale décroître, il n'est point d'encouragement et d'efforts que le gouvernement ne doive mettre en usage pour la soutenir et l'augmenter.

Or, l'un des secours les plus efficaces que puisse recevoir le commerce extérieur, c'est la réduction du prix des objets à échanger avec les nations étrangères, et, par conséquent, l'abaissement du coût des transports pour les matières premières dans l'intérieur, et, pour les produits manufacturés, depuis le point de leur fabrication jusqu'au lieu de leur embarquement maritime.

Rien ne peut mieux influer sur cet abaissement que la multiplication des communications par eau, dont l'effet est d'autant plus admirable qu'il concourt à la fois au bien-être des individus, en mettant par l'abaissement de prix les objets de consommation à la portée d'un plus grand nombre de classes ; et à la prospérité nationale, en activant également par là le commerce extérieur et le commerce intérieur du pays.

Les plantes céréales se cultivent plus particulièrement dans nos départements du nord, et la vigne dans ceux du midi ; — le lin, le chanvre, les graines pour les huiles grasses prospèrent mieux à une latitude élevée ; — l'olivier, au contraire, le mûrier, divers fruits, le châtaignier, ne réussissent qu'au sud.

Les bois viennent principalement du midi et de l'est ; le liége, surtout du département de Lot-et-Garonne.

La houille s'extrait en grand dans les départements du nord, de l'est et du sud, et se transporte de ces points dans le centre et dans l'ouest de la France.

Les produits de l'industrie subissent les mêmes migrations que ceux de la nature, et l'on calcule que la totalité des échanges du nord au sud de notre pays, équivaut à la moitié de son entier commerce avec toutes les autres nations.

Cette considération, et, de plus, celle que ces mêmes produits sont généralement de première nécessité et d'une consommation plus étendue fournissent une double raison qui doit engager le gouvernement à en faire baisser le prix, et à les mettre ainsi à la portée de la généralité des citoyens qui ont les pre-

miers droits à ces bienfaits de la nature et du perfectionnement des arts.

C'est particulièrement chez les nations continen-
tales , et lorsque la division de la propriété favorise
la population , que le bonheur individuel devient un
des éléments de la puissance nationale.

La préférence à accorder aux communications par
eau sur celles par terre a été reconnue de tout temps ;
elle présente une économie des deux tiers environ ,
et la France a la gloire d'avoir donné , dans les temps
modernes, le premier exemple sur une grande échelle
de cette espèce de communications (1).

Les chemins de fer , dira-t-on, exécutent les transports au même prix que les canaux et avec une célé-
rité plus grande.

Le moment n'est peut-être pas encore venu de porter trop vite sur ces voies de communication tant prô-
nées un jugement définitif, comme pour la vie des
personnages illustres , immédiatement après leur
mort.

Le fait de plus grande vitesse est assurément incontestable ; — mais quel en est le mérite pour la
majorité des transports ?

De plus , le bon marché se soutiendra-t-il avec un
personnel nombreux , avec des voies et surtout un
matériel roulant qui se détruisent si vite ?

(1) Le premier canal important et difficile qu'on ait exécuté
en Europe a été le canal de Briare , pour la jonction de la
Loire avec la Seine.

11

Enfin, une consommation énorme de combustible , quand on pourrait l'éviter , n'est-ce point une imprudence très-grave au point de vue de l'avenir ?

Si les Romains ont largement profité des voies naturelles de communication par eau qu'ils rencontrèrent dans les Gaules ; si les exactions des Barbares en détruisirent presque toute l'activité : l'établissement des moulins à eau , qui eut lieu dans l'Occident vers le milieu du quatrième siècle , leur porta encore un préjudice grave dans le présent et dans l'avenir.

Les Francs s'étant attribué la propriété des divers cours d'eau qui traversaient leurs domaines , leurs descendants obstruèrent successivement le lit du plus grand nombre par la construction de ces engins , et assujettirent en même temps la navigation à des péages qui se multiplièrent sous toutes les formes et se renouvelaient chaque fois que l'on passait du territoire d'un seigneur sur celui du seigneur limitrophe.

A cette époque remonte l'origine de la lutte entre les navigateurs sur les rivières et les propriétaires qui construisaient des usines et des barrages au travers ; lutte qui, se continuant sous diverses formes depuis ces temps reculés , n'a point encore entièrement cessé de nos jours.

Il n'est aucun historien qui n'ait gémi des abus qui s'étaient joints à cet envahissement de la propriété nationale et des empiètements successifs de l'intérêt particulier sur l'intérêt public, auxquels une législation toujours entravée dans ses moyens de répression par l'ancienneté d'une propriété dont les titres sont si difficiles à discuter , n'oppose en réalité qu'une police faible et incertaine.

Il n'y a eu qu'une voix pour attribuer à ces différents abus, la décadence et la ruine de notre navigation intérieure. Plusieurs de nos rois, notamment François Iᵉʳ, n'ont cessé de prendre la défense de la navigation contre les usurpations et les anticipations des seigneurs et des propriétaires des moulins, qui n'ont que trop su se soustraire de tout temps au pouvoir des lois , aux règlements spéciaux sur cette matière.

Sans spécifier ici les différentes causes qui ont pu contribuer à amener l'état de détérioration dans lequel se trouvent aujourd'hui la plupart des rivières en France , on n'en est pas moins obligé de reconnaître que plusieurs d'entr'elles , qui offraient jadis un moyen facile de communication , ne sont plus susceptibles de rendre les mêmes services. Des rivières qui étaient navigables au temps de Strabon ne pourraient aujourd'hui recevoir les moindres barques.

Cet état de choses , qui n'a fait qu'empirer de jour en jour , était déjà le sujet d'observations et de plaintes graves de la part du commerce au seizième siècle, et particulièrement vers le milieu du dix-huitième.

« On croirait, dit Lalande (1), que la France, où
» la pente des rivières est disposée avec tant d'avan-
» tages, entretient une navigation florissante dans l'in-
» térieur de ses provinces qu'un commerce immense
» doit enrichir par la vente facile de leurs denrées su-

(1) Lalande. — *Histoire des canaux de navigation*, page 419.

» perflues et la fourniture presque immédiate de tout
» ce qu'il faut à leurs besoins : — il n'en est rien, *car
» la navigation des rivières est encore à créer dans le
» royaume* ; elle existe à peine sur les grands fleuves,
» et d'une façon si précaire à cause de mille obstacles,
» qu'il est de l'intérêt de l'Etat d'y pourvoir inces-
» samment, comme il est du devoir d'un auteur ci-
» toyen d'en chercher les moyens et de les faire con-
» naître. »

Depuis Lalande, on a beaucoup fait dans le pays
pour l'amélioration de la navigation fluviale et pour la
construction de nombreux canaux ; mais des estimations erronées sur le prix des travaux, — des espérances exagérées au point de vue du revenu immédiat et
direct ; —enfin un engouement passionné pour les voies
ferrées, ont détourné subitement les efforts généreux
de cette direction, et, je le crains bien, — au détriment de la prospérité publique.....

II.

Dans un pays aussi montueux que nos départements
pyrénéens, l'établissement des canaux de navigation
est bien plus difficile, sans contredit, que celui des
canaux d'arrosage : aussi, est-ce au travers de celui
qui est le moins accidenté, qu'on a d'abord eu le projet de se rapprocher de la chaîne frontière par les
canaux des grandes et des petites Landes ; on a pensé
plus tard à celui des Pyrénées, et enfin, à l'extrémité
orientale de la chaîne, à celui de Narbonne à Port-
Vendres, en passant par Perpignan.

Si ces projets se réalisaient jamais , ce serait un complément précieux de la magnifique conception du canal du Midi ou des deux mers.

On pourra bien arriver ainsi jusqu'aux deux extrémités de la chaîne pyrénéenne ; on pourra même s'en approcher vers le centre ; mais la partie élevée des Hautes et Basses-Pyrénées , de la Haute-Garonne et de l'Ariége , des Pyrénées-Orientales même , sera toujours inaccessible aux voies de la navigation ; ces lieux escarpés ne peuvent être que les sources de son alimentation naturelle , augmentées par la main de l'homme , au moyen de la construction de grands réservoirs.

Les Landes de Bordeaux sont un immense territoire , presque sans culture , que l'ouverture d'un canal vivifierait. M. Desbiey en dressa un projet , couronné en 1776 par l'Académie de cette ville. Selon lui , les Landes ne manquent pas d'eaux , mais celles-ci manquent de lits assez encaissés, assez réguliers pour que la navigation s'établisse. On y parviendrait cependant sans de grands efforts , parce que l'abondance du produit de plusieurs ruisseaux et leur grande élévation au-dessus du bassin d'Arcachon, de la Garonne et de l'Adour , rendrait l'exécution de ce canal aussi sûre que facile. Une nouvelle province se créerait ainsi, on peut le dire sous la main de l'homme, par la prospérité de l'agriculture et du commerce.

On se plaint de la cherté du bois ; les Landes en ont en surabondance et n'éprouvent que la difficulté de s'en défaire. La résine , le bray , le goudron , y sont sans emploi faute de moyens de transport, surtout en temps de blocus maritime. Des minerais de fer excellents gisent, aussi, sans utilité dans ces localités délaissées.

Après le mémoire de M. Desbiey, cinq projets différents furent bientôt mis au jour sur le même objet.

La compagnie Nizer offrit de réunir tous les étangs d'eau douce qui se trouvent le long de la côte, depuis le plus voisin de la Gironde jusqu'au ¦bassin d'Arcachon, et, après, à partir de ce lieu jusqu'à l'Adour. Ce projet était spécieux ; le canal semblait presque fait par la nature ; il n'y avait que peu à creuser d'un étang à l'autre : mais ces étangs ont-ils une profondeur d'eau suffisante ; les sables des dunes ne combleraient-ils pas les tronçons de canaux intermédiaires ; enfin, cette voie côtière n'approcherait pas assez des bois à exploiter, des mines à ouvrir, des terrains à mettre en culture.

M. Chevalier, avocat, auteur d'un ouvrage publié en 1772 sur le défrichement des Landes, proposa de creuser, de la Garonne à l'Adour, un canal dont le point de partage, placé près de la Mothe, serait alimenté par la rivière de Leyre. On craignit l'insuffisance de cet affluent ; cependant, un projet analogue a été reproduit de nos jours sous le nom de *canal des Grandes-Landes*,

Le troisième projet appartient à M. Desbiey luimême. Il voulait pousser, plus avant dans les terres que M. Chevalier, son tracé qui, passant par Dax,

Arjusan et Parentis, n'était qu'une variante de la direction de celui-ci, jetée un peu plus vers l'orient.

M. Thivent, négociant de Bordeaux, auteur du quatrième projet, se portait plus au levant encore ; mais, ni le Gomer, qui se perd dans la Garonne près de Castres ; ni les étangs du Villagrin et du Haut-Saint-Magne, ni le ruisseau du Bélier, 'qui se réunit à la Leyre, n'auraient suffi pour alimenter le point de partage de son canal.

Un projet plus restreint, c'était de joindre seulement Bordeaux au bassin d'Arcachon par un canal aboutissant au port de la Teste-de-Buch, de manière à réduire, de cent quatre-vingts *milles* à vingt-cinq, la distance qui existe entre ces deux points pour les navires : ce serait une communication directe de Bordeaux à la mer par le sud-ouest. Un armateur de cette ville, nommé Lorth, offrait de l'établir à ses frais, moyennant qu'on lui concédât la propriété, jusqu'à six lieues de distance, de la partie des Landes riveraines qui n'était ni cultivée, ni habitée.

Dans les moments de danger, une nouvelle entrée pour le port de Bordeaux en aurait rendu l'accès plus facile, et le bassin de la Teste aurait été, par certains vents, un lieu précieux et sûr de refuge ou de stationnement. La ligne de ce canal est à peu près suivie par le chemin de fer actuel.

En 1775, on proposa de canaliser le Ciron jusqu'aux Landes de Bazas : ce n'est pas la première fois qu'on a voulu rendre navigables des rivières sans eau. On avait déjà projeté, en 1753, d'établir la navigation sur l'Adour , depuis Tarbes jusqu'à Bayonne ; *mais il faudrait pour cela des réservoirs immenses auxquels on n'a pensé que beaucoup plus tard.* Il y avait encore d'autres obstacles à vaincre , car la Chambre de commerce de Bayonne se plaignait , en 1741 , de ce que l'Adour , la Midouze , l'Arros , le Gave et la Nive , étaient obstrués pas des digues ou *peissières* pour les moulins , des nasses pour la pêche , par des pieux et des attérissements , et que les règlements n'étaient pas exécutés. C'est la lutte éternelle , dont nous avons parlé dans l'article précédent , entre la navigation et les propriétaires d'usines. Très-long-temps les religieux de Calers , refusant d'ouvrir un pertuis à l'écluse de leur moulin , ont arrêté la navigation à Hauterive dans le comté de Foix , l'empê-chant ainsi de s'étendre jusqu'à Saverdun , au grand préjudice des intérêts du pays.

M. d'Etigny, intendant de la province de Gascogne, travailla avec un zèle ardent à rendre le Gave navigable pour le transport des bois de constructions maritimes , des Hautes-Pyrénées à Bayonne ; mais il fut enlevé par une mort prématurée.

On proposa aussi à la même époque de joindre la Midouze au Ciron afin qu'on pût aller , par Langon , Bazas et Mont-de-Marsan , de la Garonne à l'Adour. C'était l'embryon du canal des Petites-Landes.

Les esprits n'avaient pas moins d'activité du côté opposé de la chaîne.

En Roussillon , le frère Pons et le père Truchet , de l'ordre des Carmes , voulaient qu'on ouvrît :

1° Un canal qui commençerait à la rivière de la Têt au-dessus d'Ille et qui aurait neuf mille toises jusqu'à Perpignan ;

2° Un autre canal de quatre mille toises jusqu'à un port de mer qu'on aurait construit à Canet ;

3° Enfin, un de six mille toises, commençant entre Castel-Roussillon et Canet jusqu'aux étang de Salces et de Leucate, pour communiquer au canal commencé en 1686 sous les ordres M. de Vauban : canal qui entre dans celui des Romains conduisant à Narbonne. Par là, le Roussillon aurait facilement communiqué avec le canal de Languedoc.

D'après ces auteurs, le port de Canet devait recevoir et mettre à l'abri les plus-grands navires, avec trente-cinq pieds de tirant d'eau à l'entrée.

L'Intendant jugea ce port inexécutable. Par un effet naturel de la décentralisation, les Etats du Languedoc s'opposèrent au projet, tandis que les députés du commerce, qui n'étaient pas dominés par l'esprit étroit de localité, en sollicitèrent la réalisation.

Il n'est pas douteux qu'il n'y eût un très-grand avantage, surtout en temps de guerre, à pouvoir transporter les denrées de toute espèce, les vivres, les approvisionnements, les munitions, les troupes, par une ligne non interrompue de canaux parallèle à la mer sur toutes nos côtes, où l'on n'aurait à redouter ni la tempête, ni les entreprises de l'ennemi.

La Révolution arriva. Tout grand projet de constructions publiques fut interrompu forcément par la tourmente ; mais, lorsque le calme fut redonné à la

France par un génie réparateur , les esprits éclairés
revinrent tout naturellement aux choses utiles. Les
anciennes idées furent remises sur le tapis ; seulement,
les projets furent beaucoup mieux conçus et rédigés
parce qu'ils émanèrent presque exclusivement du corps
de nos ingénieurs des Ponts-et-Chaussées, si dévoué,
si habile, si utile dès son institution (1).

Nous allons brièvement exposer les projets qu'a
produits l'ère actuelle.

Canal de la Nouvelle à Port-Vendres. — Nous
venons de voir qu'on s'était déjà préoccupé de l'utilité
d'ouvrir une communication intérieure du canal de
Languedoc avec Perpignan et même avec Port-Vendres , construction qui serait un appendice important
du canal de Narbonne.

Cette nouvelle ligne , d'environ 70,000 mètres de
longueur , y compris la traversée des deux étangs
de la Palme et de Leucate , quoique particulièrement
utile pour favoriser le service militaire et l'approvisionnement de la place de Perpignan et de nos armées vers l'Espagne , surtout dans le cas d'une guerre
maritime qui rendrait très-dangereux les transports
par la Méditerranée ; cette entreprise, disons-nous
de plus , ne serait pas sans intérêt pour le commerce,
sans avantage pour un pays renommé par l'excellence de ses vins ; elle serait d'ailleurs peu coûteuse
du moins jusqu'à Perpignan.

(1) Ce corps a été institué , à peu près comme il l'est encore
aujourd'hui, par décret du 25 août 1804.

Ce canal , dont deux parties ont déjà été creusées , la première depuis le port de la Nouvelle jusqu'à l'étang de la Palme sur cinq mille mètres de longueur , et la seconde depuis l'étang de Leucate jusqu'à Saint-Hippolyte, sur deux mille mètres, pourrait être dirigé de ce dernier point jusqu'à la presqu'île de Pedros.

On peut choisir trois directions pour aboutir à Perpignan :

La première, traversant directement, sur quinze mille quatre cents mètres de longueur le milieu de l'étang, sur lequel la navigation se ferait à la voile, joindrait la partie de canal anciennement ébauchée près de Saint-Hippolyte , s'élèverait dans les terres en contournant le coteau voisin , traverserait la rivière de Gly , vis-à-vis de la chapelle ruinée de Saint-Jacques, ensuite suivrait, sur environ deux mille mètres de longueur , la plaine d'Ortolanne parallèlement à la grande route , et aboutirait sous les murs de Perpignan , à un bassin qui pourrait servir de port , et qui deviendrait le point de partage dans le cas où le canal serait prolongé jusqu'à Port-Vendres : ce point de partage devrait être alimenté par les eaux des rivières de Têt et de Gly.

La pente depuis le port de la Nouvelle jusqu'à Perpignan est de 14 m. 08 , qu'on rachèterait par cinq écluses. La longueur du canal , en suivant cette direction , serait de quarante-deux mille mètres , et sa dépense était évaluée à dix-huit cent mille francs environ.

La seconde direction traverserait directement l'étang jusqu'à Salces , où le canal serait accolé au grand alignement de la route d'Espagne jusqu'à la rencontre du coteau qui termine , au midi , la plaine d'Ortolanne. On traverserait la rivière de Gly au moyen d'un pont-canal , sur lequel passerait également la route de terre , et on aboutirait au bassin commun à la première direction , après avoir contourné le coteau.

La longueur du canal , suivant cette ligne , est de quarante-un mille neuf cents mètres , et la dépense évaluée à trois millions et demi.

La troisième direction, plus occidentale, croisant la Gly près du pont de Rives-Altes , aboutirait , à partir de sa séparation avec la deuxième, par un alignement de neuf mille deux cent mètres , et sa longueur totale serait de quarante quatre mille quatre cents : sa dépense serait de trois millions cents quarante-six mille francs.

L'auteur de ces divers projets et le Conseil des Ponts-et-Chaussées , considérant l'inconvénient d'avoir à croiser la rivière de Gly dont la traversée serait souvent interceptée par les crues ou dans le temps des grandes sècheresses , donnèrent la préférence à la deuxième direction , où l'on devait franchir la rivière sur un pont-aqueduc. L'unique modification qui fut apportée au projet , c'est que le pont-canal serait construit près de Salze , et que la rivière de Gly serait détournée et jetée dans la partie sud de l'étang , dont elle favoriserait l'atterrissement , ce qui donnerait la faculté de conduire le canal par Leucate et Saint-Laurent, où l'on pourrait établir des ports de commerce avec avantage.

Les difficultés qu'on éprouverait pour la création de la seconde partie de la ligne navigable qui nous occupe, c'est-à-dire de celle qui irait depuis Perpignan jusqu'à Port-Vendres, à cause des passages des rivières de la Têt, de Béarn et du Tech, qu'on ne pourrait franchir sans des dépenses excessives, à cause aussi des difficultés que présenteraient les rochers qui avoisinent Port-Vendres, et qui ne pourraient être traversés qu'au moyen de tranchées et de souterrains, sur plus de sept mille mètres de longueur, laissent bien peu d'espérance de voir exécuter de longtemps cette partie extrême du canal de Roussillon.

Canal des Petites-Landes. — Outre que cette voie navigable nouvelle se rattacherait à la grande ligne du canal du Midi continuée par la Garonne, elle rendrait encore d'importants services au commerce, en opérant la jonction de la Garonne et de l'Adour au moyen de la Bayse et de la Midouze.

Les avantages qui résulteraient de cette entreprise font depuis longtemps l'objet des vœux d'un pays qu'elle vivifierait évidemment. Les différents administrateurs, les ingénieurs qui se sont succédé dans la contrée en ont démontré la possibilité et l'importance. Avant la Révolution, MM. Clavaux et Charreton, ingénieurs-géographes, entreprirent d'améliorer les anciens projets, et formèrent une compagnie d'exécution qui fut dissoute par les malheurs du temps.

En 1805 , les départements les plus intéressés agi-
rent auprès du gouvernement qui ordonna l'entreprise
des travaux le 12 juillet 1808.

Une première idée de M. Lafitte-Clavé établissait le
point de partage entre le ruisseau du petit Rimber et
celui de Manorin ; MM. Clavaux et Charreton avaient
proposé de le fixer dans la plaine de Saint-Jouannet,
entre les sources du Rimber et celles de l'Estampon.

Une nouvelle étude ayant fait reconnaître que les
origines du premier étaient de 26 m. 44 au-dessous
du point de partage indiqué , ce qui obligeait de creuser le bief à cette profondeur sur une longueur de neuf
mille deux cents mètres en tranchée ou en souterrain,
on pensa qu'il était préférable d'abaisser le point de
partage , de l'établir entre Saint-Cric et Cornonillac ,
en y amenant seulement les eaux du Rimber qui fournit sept mille cinq cents mètres cubes par jour : la
coupure se trouvait ainsi réduite à quinze cents mètres
de longueur. Plusieurs ingénieurs furent chargés de
terminer les plans ; mais les événements de 1814 arrêtèrent malheureusement leurs opérations.

Elles ne furent reprises qu'en 1824 , par M. Goury
le jeune , ingénieur en chef , qui présenta son projet
en 1828.

Il se sert des vallées de la Midouze, de la Douze du
Luby , de la Gélise et de la Bayse ; seulement , pour
le point de partage , il substitue aux vallons de Saint-
Cric et de Lahitte-Bernard , ceux de la Balle et du
Bénazit.

Les ressources d'alimentation sont également fournies par le Rimber; mais on en prend les eaux à une cote moins élevée de trente mètres que dans les projets antérieurs, non loin de leur embouchure, et lorsqu'elles se sont enrichies de toutes les sources inférieures à l'ancienne rigole. On peut ainsi disposer, dans les temps les plus secs, de cinquante-un mille mètres cubes par jour, quantité suffisante quelles que soient la nature et l'activité de la navigation.

Malgré qu'on ait ainsi de l'eau pour toutes les éventualités, par excès de précaution on en retiendra encore aux moments convenables, dans un réservoir de 274,412 m. de superficie, au moyen d'une digue de 144 m. 30 c. de longueur au sommet, dont la plus grande hauteur ne sera, toutefois, que de 6 m. 92 c. Ce réservoir contiendra 685,470 mètres cubes.

Divers autres cours d'eau pourraient, au besoin, être amenés au bief de partage, auquel le produit du Rimber arrivera d'abord par une rigole de deux mille huit cent vingt mètres de longueur, et versera dans une gare ou réservoir servant de station pour les bateaux, qui aura 17,779 mètres de surface.

Le terrain dans lequel le bief de partage sera creusé est d'une marne argileuse d'une nature excellente pour la conservation des eaux. Ce premier bief, qui suivra le vallon du Bentéjac, celui du Rimber, remontera la vallée de la Gélise jusqu'à l'embouchure du Bénazit, et aura 17,729 mètres de longueur.

Il pénétrera, en tranchée, du vallon de la Gélise jusqu'à celui du Masséjo où il deviendra souterrain.

Après avoir franchi sous une galerie de 2,900 mètres le seuil qui sépare les deux versants , il débouchera dans le vallon de la Balle , et suivra ensuite celui du Luby jusqu'auprès de la Douze. Là , le canal se tien-dra sur la rive droite de cette rivière, jusqu'à ce qu'il s'y confonde près de la ville de la Bastide. Le long de ce versant , le lit artificiel aura 11,187 mètres de lon-gueur sur 18 de pente.

Depuis l'entrée dans la Douze jusqu'à la Midouze à Mont-de-Marsan , la ligne sera de 49,685 mètres sur 53 m. 16 c. de pente. Ainsi la longueur totale de cette branche occidentale du canal sera de soixante mille huit cent soixante-douze mètres , et la pente de 71 m. 16 c., rachetée par trente écluses.

Deux ports seront construits sur cette branche, l'un à Roquefort, l'autre à Mont-de-Marsan.

Au-dessous de cette ville , la navigation existe de temps immémorial ; mais il faut l'améliorer non-seu-lement jusqu'à la rencontre de l'Adour , mais même sur toute l'étendue de ce fleuve jusqu'à Bayonne, c'est-à-dire sur une longueur totale de cent vingt-huit mille mètres , dont 41,336 sur la Midouze , et 86,664 sur l'Adour. Depuis le bief de partage jusqu'à Bayonne , la longueur totale du versant occidental sera de 188,872 mètres.

La branche orientale du canal , celle qui des-cend vers la Garonne , partira du réservoir de Benté-jac. Elle traversera le Rimber sur un pont , se déve-loppera sur la rive gauche du vallon jusqu'à sa réunion avec la Gélise dans laquelle le canal entrera aux environs de la Garonne , après un parcours de douze mille trente-deux mètres et une pente de vingt-huit.

De ce point à Lavardac , la longueur est de vingt-huit mille trois cent soixante-cinq mètres et la pente de 35,17. La longueur totale de cette branche sera donc de 40,397 mètres. Sa pente , de 67 m. 17, sera rachetée par vingt-huit écluses.

Lavardac est situé sur la Bayse , à quinze cents mètres en aval de son confluent avec la Gélise et à 17,050 mètres de la Garonne. Cette partie exigera des améliorations.

L'estimation des travaux doit être portée à vingt millions au moins , en grande section , en suivant les dimensions du canal du Languedoc comme le propose M. Goury. Le décret de 1808 , au contraire , prescrivait l'ouverture en petite section ; mais, en 1826 , le Conseil des Ponts-et-Chaussées pensa qu'il fallait laisser le choix à la compagnie exécutante , pourvu qu'au cas où elle se déciderait pour la petite section , la largeur des biefs et des écluses fût sous-double de celle du canal de Languedoc.

Indépendamment des services que le canal des petites Landes rendrait au commerce en général, comme nouveau moyen de communication entre l'Océan et la Méditerranée , comme ouvrant des relations plus faciles et plus économiques entre Bayonne , Toulouse , Marseille , Lyon , le cours de la Garonne , du Rhône, et tous leurs affluents , — il serait aussi d'une utilité très-grande pour le pays qu'il traverserait , en faisant participer plusieurs de ses cantons au mouvement de la circulation générale. De plus , en temps de guerre, ce serait une voie précieuse entre Bayonne et Bordeaux, qui ne peuvent correspondre aujourd'hui que par la mer. Ce canal assurerait au commerce les moyens de répandre plusieurs produits importants qui, excédant la consommation des lieux qui les voient naître, restent aujourd'hui sans emploi.

C'est par cette voie que pourraient s'écouler, comme on l'a proclamé depuis si longtemps, les arbres à liége, les chênes et les pins qui croissent dans les forêts situées sur les bords de la Gélise, les grains, les vins de ces contrées, les eaux-de-vie excellentes de l'Armagnac, enfin toutes les denrées que sont destinées à produire un jour plusieurs milliers d'hectares de marais, de bruyères et de landes dont ce canal faciliterait le dessèchement ou la mise en culture.

Canal des Grandes-Landes. — Proposé aussi dans la vue d'appeler à la vie, au commerce et à la civilisation, la contrée comprise entre la Garonne, et la Gironde au nord, la mer à l'ouest, l'Adour au sud, et les départements du Gers et de Lot-et-Garonne à l'est, ce canal entrerait en concurrence avec celui des *Petites-Landes*, en offrant une direction plus rapprochée de la mer entre Bordeaux et Dax où il rencontrerait l'Adour.

Il est inutile d'insister sur l'avantage d'enrichir pour ainsi dire la France d'un nouveau territoire, qui, bien que plus favorisé par la nature qu'on ne l'a cru longtemps, a été privé cependant jusqu'à ce jour de tous les secours sociaux qui pourraient y développer les germes du bien-être.

La partie des Landes renfermée dans les limites que nous venons d'indiquer, présente une superficie de neuf cents lieues carrées, et seulement une population d'environ cent trente-cinq mille âmes, ou *cent cinquante habitants par lieu carrée !....*

Le sol des Landes n'est pourtant pas improductif : partout où se fait remarquer une industrie bien dirigée, le cultivateur se voit amplement payé de ses soins : «Toutes les espèces de céréales, toutes les
» variétés de plantes fourragères, fait remarquer M.
» Deschamp, auteur du projet de canal qui nous oc-
» cupe ; — tous les arbres des différents climats réus-
» sissent, sur la terre qui leur est assignée avec dis-
» cernement. Le pin, le liége, le chêne s'emparent
» spontanément des sols qui se refusent à des cultu-
» res plus productives. Presque partout des carrières
» de minerais de fer paraissent à la surface ; mais, de
» toutes parts des eaux sauvages faute de direc-
» tion, se déversent çà et là, au hasard, sur des ter-
» rains bas qu'elles convertissent en marais incultes
» et infects, et aucune route, aucun moyen de trans-
» port n'ouvrent les débouchés nécessaires aux pro-
» duits qui pourrissent sur les lieux qui les ont vu naî-
» tre, et dont cependant l'abondance et, par suite
» la multiplication toujours croissante, animée par les
» besoins d'une consommation étrangère, donne-
» raient lieu, en procurant de nouveaux objets d'é-
» change, à des relatious plus actives avec les dépar-

» tements voisins , et , en ouvrant ainsi de nouvelles
» voies au travail , assureraient de nouvelles garan-
» ties à un accroissement de population. »

Ce canal , dont M. l'inspecteur-général Deschamp
n'a présenté le projet qu'après vingt ans de méditations, aurait son origine dans la Garonne, à Bordeaux,
soit au quartier de Bacalon, soit à celui de Paludate ;
il se dirigerait ensuite vers la commune de Taillan ,
s'élèverait de trente-cinq mètres au-dessus des basses
eaux de la Garonne jusqu'au plateau des Landes, aux
confins de la commune de Castelnau de Médoc.

Il traverserait les communes du Temple et d'Au-
denge , et , s'élevant après le passage du Leyre à la
hauteur de quarante-cinq mètres au-dessus des basses
eaux de la Garonne , se retournerait vers Parentis ,
traverserait les communes de Ste-Eulalie, St-Paul ,
Escource , Mezos , Levignac , Lincé , Castels , pour
descendre, en parcourant celles de Mégèse, Soustons,
St-Vincent, et aboutir à l'Adour, au-dessous de Sou-
basse , dans le canton de St-Vincent-de-Tirosse.

Ce canal aurait trois cent cinquante mille mètres de
développement entre la Gironde et l'Adour. Ses écluses seraient au nombre de dix-neuf pour chaque versant : il y aurait de plus deux écluses d'embouchure
à grands sas et avec portes de flot, l'une dans la Garonne et l'autre dans l'Adour.

La navigation serait desservie par deux prises
d'eau , l'une dans le Leyre oriental , l'autre dans le
Leyre occidental ; les biefs emprunteraient aussi les
eaux des courants naturels qu'ils traverseraient. Deux

barrages de prise serviraient de point de départ aux rigoles alimentaires du Leyre , qui pourraient être appropriées au flottage des bois , ainsi que toutes les autres.

L'établissement du canal exigerait la construction de soixante ponts-aqueducs et de cinquante ponts de routes pour le service des communications.

Ce canal, ouvert en grande section , à raison de dix mètres au plafond et vingt en couronne , avec écluses de six mètres de largeur entre les bajoyers , était estimé vingt-cinq millions ; et , en petite section , avec écluses en charpente et sas en terre , seize millions et demi.

On pensait que le produit net serait immédiatement de quatre cent mille francs par an , mais qu'au bout de dix années il irait de huit à neuf cent mille francs.

Si le produit était d'abord minime , l'augmentation qu'il donnerait aux valeurs imposables pouvant procurer à l'Etat une augmentation de revenu de trois à quatre millions , on pensait que celui-ci devait faire l'avance du montant des deux tiers de l'entreprise et ne laisser , au moins pour longtemps , que le dernier tiers à la charge d'une compagnie.

Ceci soulève une des plus graves questions de l'économie politique, celle de savoir si , et jusqu'à quel point le gouvernement doit prendre à sa charge des entreprises qui , ne promettant que des avantages éloignés , exigent pendant longtemps des sacrifices au-dessus des forces individuelles , de celles même de l'association. L'affirmative ne me paraît pas douteuse en principe, et la quotité se détermine suivant les circonstances.

Une portion, seulement, du canal des Grandes-Landes, a été concédée pour quatre-vingt-dix-neuf ans ; c'est celle qui, de la Teste, sur le bassin d'Arcachon, doit aboutir à l'étang de Mimizan. La compagnie n'a encore poussé l'exécution que jusqu'à l'extrémité méridionale de celui de Parentis. Ce tronçon a huit écluses de trente mètres sur six ; son tirant d'eau est de 1 m. 65. C'est un canal à point de partage concédé par une loi de 1834.

La longueur depuis le bassin d'Arcachon jusqu'à l'étang de Cazeaux est de 24,679 mètres ; la traversée de celui-ci de 10,000 mètres ; entre cet étang et celui de Parentis il y a 5,161 mètres ; traversée de ce dernier, 9,000 mètres ; longueur à exécutér, 39,840 mètres.

En 1847 il restait à faire, depuis la sortie de l'étang de Parentis jusqu'à celui de Mimizan, 10,000 mètres. La longueur totale de la partie concédée étant de 49,840 mètres ; celle du versant du côté du bassin d'Arcachon de 13,779 mètres, il reste 36,061 mètres pour celui du côté de Mimizan.

Grand canal des Pyrénées. — Sous l'Empire, M. Laupies, ingénieur en chef à Toulouse, concevait le projet de mettre cette ville et Bayonne en communication par un canal dont il avait fixé le point de partage sur le plateau de Lannemezan, où une dérivation de la Neste lui aurait fourni l'eau nécessaire aux deux parties de cette ligne ; celle qui aurait été dirigée vers la Garonne aurait rejoint le fleuve à Muret , en suivant le cours de la Louge.

La Bayse et le Gers , dont les sources existent au plateau de Lannemezan ou dans la Lande de Pinas , deviendraient facilement deux canaux de navigation d'une assez grande importance , en recevant une partie des eaux dérivées de la Neste.

Le projet de M. Laupies fut repris et perfectionné en 1827 par M. Galabert , pour procurer au canal du Languedoc un débouché sur l'Océan par le golfe de Gascogne , en réduisant ainsi à sa moindre étendue l'intervalle des deux mers , ce qui serait un précieux complément de l'idée de l'illustre Riquet.

« Bientôt , dit M. Galabert , une communication » prompte sera établie entre l'Océan et la Méditerra- » née pour des bâtiments de cent à cent cinquante » tonneaux. Les Anglais , les Hollandais , les habi- » tants des villes anséatiques , les Danois , les Sué - » dois , les Russes et les restes languissants de la » marine marchande de l'Italie, de la Sicile, des côtes » de l'Adriatique , des îles de l'Archipel , des ports » de la Grèce , ainsi que les vaisseaux qui vont ex- » ploiter le commerce de l'Egypte , de la Turquie et » de l'Afrique , profiteront , dans beaucoup de cir- » constances , d'un passage qui abrégera singulière- » ment les distances qui séparent les deux mers. »

Le rôle du canal des Pyrénées ne serait pas borné à rendre des services d'une importance générale, suivant son auteur, pour l'Europe entière ; il est d'autres avantages , si ce n'est aussi brillants , du moins peut-être plus solides , qui résulteraient de son exécution.

Contournant, dans son développement, les immenses contreforts que projette vers la France la haute chaîne des Pyrénées depuis Toulouse jusqu'à Bayonne , il recueillerait, dans un parcours de plus de trois cent mille mètres , et verserait ensuite dans la circulation une multitude de produits agricoles et minéralogiques que récèlent ces pays élevés , et , qu'à défaut de débouchés vers le centre de la France, le travail des hommes n'a pas encore utilisés. Des forêts, facilement concédées par le gouvernement espagnol , fourniraient des mâtures excellentes et des bois de construction , d'âge et de dimensions qui deviennent de jour en jour plus rares. Des carrières de marbres statuaires et autres , de qualité supérieure et d'une abondance remarquable , suffiraient à la consommation de la France tout entière.

Ce canal, *alimenté par les eaux abondantes de la Neste*, aurait son point culminant à 424 m. 45 au-dessus de son entrée dans le canal du Languedoc à Toulouse, et à 535 m. 34 au-dessus de son point d'arrivée au bec du Gave de Pau , dans l'Adour.

Sa branche orientale , à partir de Toulouse , suivrait la rive gauche de la Garonne, en passant par Muret et St-Gaudens , et , ensuite, la rive gauche de la Neste jusque près d'Izaux , où serait établi le bief de partage.

Cette branche aurait 124,354 mètres de longueur ,

et sa pente de 424 mètres serait rachetée par 123 écluses, y compris une écluse d'entrée.

A 133 m. 54 au-dessus du seuil qui sépare la vallée
de la Neste de celle de l'Arros , serait établi le bief de
partage , dont une partie serait creusée en souterrain
sur une longueur de 3,856 mètres.

Sa branche occidentale suivrait le ruisseau de l'Ave-
zaguet, la rive droite de l'Arros, ensuite la rive droite
de l'Adour , en passant vis-à-vis dé St-Sever et Dax
et viendrait se terminer dans cette rivière au bec du
Gave de Pau. Sa longueur serait de 217,074 mètres ;
et sa pente de 535 m. 34 , serait rachetée , y compris
une écluse en rivière, par cent cinquante-trois écluses.

Ce canal aurait vingt-deux mètres de largeur au
plafond et trois mètres de tirant d'eau ; les écluses ,
7 m. 80 de largeur et trente-huit de longueur. Les dépenses n'étaient estimées qu'à 28,427,844 francs.

Les produits , y compris *la vente des eaux nécessaires à l'irrigation de trente mille hectares* , étaient
estimés à plus de cinq millions. Les revenus extraordinaires, pour l'approvisionnement des troupes en
temps de guerre , devaient compenser , à peu près ,
suivant l'auteur du projet , ce que le mouvement commercial pourrait perdre en pareille occurrence.

Le Conseil des Ponts-et-Chaussées déclara, en 1827,
que le canal proposé était exécutable et pouvait offrir
de nombreux avantages ; *le pays parcouru , et la
Neste en particulier* , lui paraissant offrir toutes les
ressources en eau désirables ; — mais que des dimensions plus grandes que celles du canal de Languedoc

entraîneraient à une dépense excessive ; et que ,
même en y ramenant les tracés , l'exécution de cette
grande entreprise ne pouvait être évaluée à moins de
cinquante-huit millions et demi.

Prévoyant bien que de pareilles sommes à dépenser
seraient un obstacle insurmontable , M. Eudel , ingénieur en chef de la Haute-Garonne , s'était appliqué
à les réduire , en 1826 ; il fixa à vingt-un millions la
dépense d'un canal à petite section , dont le parcours
n'était plus que de deux cent douze mille mètres , attendu qu'il profitait , sans y faire de grands travaux ,
de toutes les parties navigables de la Garonne et de
l'Adour.

En adoptant cette idée , M. Eudel satisfait à ce que
réclament les intérêts locaux ; car , à l'aide de ce
moyen de transport , on livrera rapidement à la consommation les richesses naturelles dont la contrée
abonde , et , par suite , les produits manufacturiers
que l'esprit industriel doit faire éclore au milieu d'une
population qui n'attend pour cela que des communications faciles et peu coûteuses , pour chercher des
débouchés avantageux au-delà de ses montagnes.

Toutefois , on ne peut nier que ce nouveau canal ,
établi suivant les mêmes dimensions que celui de Languedoc , ne dut présenter une voie d'une toute autre
importance , et beaucoup plus courte que celles qui
existent', au travers d'un pays qui , par son assiette
géographique et son interposition , non-seulement
entre les nations du nord et du midi de l'Europe ,
mais encore entre l'ancien et le nouveau monde , se

trouvé placé de la manière la plus favorable pour recueillir les bienfaits du commerce de transit , lequel
doit, de jour en jour, prendre plus d'activité entre
ces régions si différentes par leur sol , leurs mœurs ,
leurs besoins et leur industrie.

III.

Après avoir montré la possibilité d'étendre en France
*le bienfait de l'irrigation à quatre millions et demi
d'hectares de terrain*, M. de Gasparin ajoutait , en
1843 : — « Ce but n'est pas au-dessus des forces
» d'un gouvernement intelligent qui comprendrait bien
» les intérêts du pays. Pour l'atteindre , l'agriculture
» n'attend que des encouragements, et surtout une
» direction que le pouvoir doit imprimer. (1) »

M. Darblay , député , disait à peu près à la même
époque devant le comice agricole de Seine-et-Oise :
— « Le gouvernement est vivement sollicité de ne
» jamais omettre à l'avenir la pensée agricole dans
» l'ordonnancement des travaux publics , et notam-
» ment, de *faciliter l'irrigation , soit par des rete-
» nues d'eaux pluviales dans les sols supérieurs* , soit
» au moyen de prises d'eau sur les canaux , toutes les
» fois que les besoins de la navigation n'y feront point
» obstacle....(2) »

D'après M. le comte d'Esterno :

(1) *De l'administration de l'agriculture* , dans la *Revue des
Deux-Mondes*, 1er janvier 1843.

(2) Congrès agricole. — Procès-verbal.

« Les irrigations sont une question vitale pour
» l'agriculture ; — c'est la question des bestiaux , —
la question des engraissements , — la question chevaline.... »

Enfin , suivant M. d'Angeville , député : — « C'est
» faute d'une quantité suffisante de prairies que nous
» payons annuellement à l'étranger pour près de cent
» millions de francs de matière animales.... De 1823
» à 1841 , l'importation des chevaux a dépassé l'expor-
» tation de près de trois cent mille têtes , soit , en
» moyenne annuelle , quinze mille sept cent quatre-
» vingts... »

En présence de faits aussi graves , on peut dire que
le gouvernement avait presque devancé les vœux des
citoyens. Dès 1838 , l'administration supérieure des
Ponts-et-Chaussées ordonnait l'étude d'un vaste projet de distribution d'eau basé sur ce double principe
d'économie politique :

« Prévenir , dans les limites du possible , les dé-
» bordements de nos fleuves et de nos rivières , en
» faisant profiter l'agriculture , le commerce et l'in-
» dustrie de leurs eaux surabondantes.... »

Ou , en d'autres termes :

« D'un mal désastreux faire sortir un bien , profi-
» table au premier des intérêts de la prospérité pu-
» blique. »

La nature nous offre un grand et bel exemple de
l'application de ce principe : — ce sont les vastes lacs
situés au pied des Alpes , qui règlent et tempèrent
l'écoulement des eaux descendues de leurs cimes en

torrents impétueux et dévastateurs ; et qui sont ,
pour la Lombardie , la source permanente et inépuisable de ses irrigations , les plus belles du monde.

« Un lac interposé sur le cours d'un torrent y pro-
» duit surtout l'effet d'un régulateur qui transforme
» les produits irréguliers des cours d'eau'à fortes pentes
» en un débit successif et réglé , tel qu'il est si dési-
» sirable de l'obtenir pour tous les usages quelconques,
» mais plus particulièrement encore pour l'irrigation ;
» il opère, en un mot , sur ces eaux torrentielles le
» même effet que le réservoir à air qui donne dans les
» pompes un jet continu , en échange d'une alimenta-
» tion intermittente (1).

» Toutes les eaux qui arrosent la vaste plaine de
» la Lombardie, dit Burger , descendent des Alpes,
» et sont reçues, sauf quelques exceptions , dans les
» lacs qui dominent la plaine ; c'est dans ces larges
» réservoirs que vient expirer la fureur des torrents (2).

Si l'on se plaçait sur un point assez élevé pour pouvoir saisir l'ensemble de la topographie du Milanais ,
depuis le faîte des Alpes jusqu'au cours du Pô , on
verrait :

1° Une grande étendue de la région culminante qui
domine cette vaste plaine , occupée par des neiges
perpétuelles qui lui versent chaque année leur tribut
régulier ;

2° Au pied des montagnes , de beaux lacs , placés

(1) Nadault de Buffon , — *Traité des irrigations.*
(2) *De l'Agriculture du royaume Lombardo-Vénitien.*

là comme tout exprès pour modérer et pour épurer
les eaux torrentielles chargées d'un limon siliceux,
dont les dépôts, sans être utiles à l'agriculture, encombrent promptement les canaux;

3° Ensuite des rivières d'une abondance et d'une
limpidité admirables, qui, à la faveur de la déclivité
naturelle du sol du nord au midi, s'y répandent avec
facilité et distribuent dans tous les sens les irrigations ;

4° Enfin le Pô, ce grand colateur, qui reçoit et
entraîne toutes les eaux, soit naturelles soit dérivées,
et qui procure ainsi au sol de la Lombardie le rare
avantage d'être continuellement salubre, quoique continuellement humecté.

La nature aurait beaucoup fait pour ce pays en le
dotant seulement des rivières considérables du Tessin,
et de l'Adda, si remarquables par leur mode d'alimentation dans les neiges ; mais sa richesse hydrogra-
phique s'accroît encore par l'existence de ces lacs
situés dans la région supérieure, parmi les dernières
ondulations du grand soulèvement des Alpes ; de sorte
que leur ensemble représente dans le Haut-Milanais
l'accumulation d'une énorme masse d'eau limpide, et,
en grande partie, exempte des variations funestes
qui sont propres aux rivières torrentielles et de ce
transport de sédiments, de sables, de galets, fléaux
de l'agriculture et cause d'encombrements ruineux
pour les canaux.

Par sa topographie, son climat, ses eaux, le Milanais était une région en quelque sorte prédestinée à

recueillir aussi complètement que possible les grands avantages de l'irrigation (1).

Sauf l'élévation relative des Pyrénées, moindre que celle des Alpes, et l'absence des grands lacs, l'ancienne province de Gascogne et ses annexes, la Navarre et le Béarn, offrent avec la Lombardie une analogie très-grande :

Rivières abondantes et nombreuses, la Garonne, l'Ariége, la Neste, la Save, la Gimone, l'Arrast, le Gers, les Bayses, la Losse, la Gélise, la Douze, l'Arros, les Gaves, l'Adour, descendant d'une chaîne considérable de montagnes ;

Plan du terrain s'inclinant de tous les côtés vers la Garonne ou l'Adour, colateurs généraux vers la mer de cet espace immense.

Malheureusement l'homme ne peut rien pour augmenter la hauteur des sommets et la masse des neiges éternelles, malheureusement les cours d'eau français faiblissent à l'étiage et les provinces du midi souffrent cruellement des sècheresses prolongées.

Mais, pour les conjurer, ne pourrait-on pas éviter de se livrer avec tant d'imprévoyance à la destruction des forêts ; ne pourrait-on pas construire des réservoirs artificiels pour remplacer les grands lacs que la nature nous refuse ?

Les vallées presque closes, les grands cirques des Pyrénées n'en furent-ils pas autrefois ; et ne suffirait-il pas, pour obtenir des eaux pérennes, de relever

(1) Nadault de Buffon, *loc. cit.* t. 1, p. 296 et suiv.

leurs barrages écroulés sous le poids des siècles et le choc des éléments ?

C'est l'état primordial de la nature que M. l'ingénieur en chef Montet s'est proposé d'imiter dans son admirable projet de *distribution des eaux de la Neste*.

Il veut s'en rapprocher, — « d'aussi près du moins » que les forces humaines peuvent le permettre, en » profitant de dispositions locales qui semblent créées » tout exprès pour servir à une vaste distribution » d'eau.... »

A côté d'immenses besoins , la Providence a placé de non moins grandes ressources et les moyens les plus faciles de les appliquer au mal qu'elles peuvent guérir.

« *C'est le plateau de* Lannemezan , *situé au pied* » *des Pyrénées entre les deux principaux bassins qui* » *en reçoivent les eaux , celui de la Garonne et celui* « *de l'Adour. Là doit être le centre d'une vaste en-* » *treprise , innovation importante et d'un grand* » *avenir dans nos travaux publics.* »

Dominé d'un côté par les cimes les plus élevées des Pyrénées centrales , que recouvrent des neiges éternelles se fondant et se renouvelant sans cesse , le plateau de Lannemezan peut recevoir les eaux qui en descendent avec une abondance intarissable par la Neste et par l'Arros ;

Dominant de l'autre la vaste contrée qui s'étend des rives de la Garonne à celles de l'Adour, et du pied des Pyrénées au bord de l'Océan , il pourra lui rendre les eaux qu'il aura reçues , en les distribuant dans les rivières nombreuses qui la sillonnent , et dont il est lui-même la commune origine.

Pour mieux faire comprendre la topographie, vraiment très-extraordinaire, de cette localité, M. Montet dit dans une des notes du mémoire que nous analysons :

« On se fera une idée assez exacte de la forme qu'af-
» fecte le plateau de *Lannemezan*, si l'on considère
» l'avant-bras un peu relevé vers le coude , comme re-
» présentant le contre-fort, qui, vers le sud , le relie à
» la chaîne des montagnes. La paume de la main (en
» supination) représentera le plateau lui-même , et les
» doigts écartés seront les nombreuses ramifications
» montueuses qui s'en détachent et entre lesquelles
» sont les vallées, *qu'il s'agit de pourvoir des eaux qui*
» *manquent à leurs besoins.*

» Au sommet du cône aplati que forme le plateau,
» naissent les trois *Bayses*, rivières qui , après un
» parcours d'environ soixante mille mètres vers le
» nord , se réunissent dans un même lit ;

» Un peu vers l'est, apparaissent à des hauteurs
» égales la Save et le Gers ;

» En dessous des sources de la Save, on trouve , à
» droite la Lauge et la Nère ; à gauche la Gimone et la
» Gesse ; et en se rapprochant de l'ouest, on rencontre
» l'Arrast, la Losse , la Gélise, etc., etc.

» Tous les cours d'eau que nous venons de citer ap-
» partiennent au bassin de la Garonne ; mais sur la
» partie nord-ouest du plateau , on trouve la Lenne et
» le Boués, affluents de l'Arros, qui prennent leurs

» sources près de celles des Bayses ; et plus bas, la
» Douze et le Mi-Dour, qui portent leurs eaux à la
» Midouze ;

« L'Arros et la Midouze sont les principaux affluents
» de l'Adour.

» Toutes ces petites rivières pourront, soit directe-
» ment, soit à l'aide de rigoles, en général courtes et
» faciles, recevoir les eaux qu'on aura amenées sur le
» plateau de Lannemezan...»

En considérant les sommets escarpés de Pyrénées
couverts de neiges éternelles ; — le contre-fort qui
s'en détache comme un promontoire incliné vers la
plaine, — et le vaste plateau qui le termine du côté
de la Gascogne :

Ne semble-t-il pas voir le Génie de ces montagnes,
à la tête blanchie, qui, pour répandre autour de lui
des trésors inépuisables, étend le bras vers les plaines
altérées. Il porte dans sa puissante main le bienfait
de l'irrigation qu'il peut retenir ou répandre à volonté entre ses doigts, collines divergentes qui dis-
tinguent et séparent les vallées.

Mais, si celles-ci sont étendues, les pluies et la
fonte des neiges n'envoient-elles pas des eaux en
abondance, par le cours de la Neste, depuis les sommets les plus elevés des Pyrénées. Quant à la main
allégorique *qui est le plateau de Lannemezan*, M. l'ingénieur Montet veut pouvoir l'ouvrir et la fermer
à volonté, au moyen de réservoirs immenses.

La disposition des lieux est unique peut-être ; et ce
qui constitue une des faces les plus remarquables de

son projet, c'est la convergence vraiment extraordinaire vers un même point de toutes les vallées qui,
par leur développement, recouvrent cette partie de
la région sous-pyrénéenne, limitée par la Garonne
et par l'Adour. Cette configuration du sol permettra
de distribuer, partout où les besoins se feront sentir,
l'eau qui aura été rassemblée sur le plateau de Lannemezan. La nature prévoyante a elle-même fait à
l'avance tous les frais de conduite et de répartition.

Les besoins sont d'autant plus grands dans la contrée que le plateau de Lannemezan domine et qu'il
pourra arroser, que lui même rejette à droite dans la
Garonne, à gauche dans l'Adour, toutes les eaux descendues des montagnes.

Livrée à ses seules ressources pluviales, toute la
contrée semble désolée dès les premières atteintes du
soleil d'été.

La végétation s'arrête, la terre quelque abondants
que soient les principes de fécondité qu'elle renferme,
y paraît complétement stérile; elle durcit, aucune
charrue ne peut la pénétrer et le travail de l'homme
doit cesser comme a cessé celui de la nature.

« Lorsqu'on voyage dans une partie du midi de la
» France, dit M. d'Angeville, l'œil est attristé par
» l'aspect du pays; on se croirait sur une terre à demi-
» inculte, à demi-déserte.... on dirait presque une
» terre de désolation.... Telle était la Lombardie
» avant qu'un bon système d'irrigation fût venu la fé-
» conder.... et la rendre l'une des plus belles et des
» plus fertiles provinces du monde...»

Suivant M. Cavenne, inspecteur général des Ponts-et-Chaussées : — « Avec un sol de bonne nature, et » une terre riche et profonde, on n'a cependant, *sur* » *la contrée qu'arroseront les eaux de la Neste,* » qu'une agriculture misérable, qu'une population » souffrante et une race d'animaux chétive, parce que » la sècheresse dévore tout, parce que des jours sans » pluie sont suivis de nuits sans rosée ; enfin, parce » que, pendant six mois de l'année, la terre résiste » au tranchant du soc et ne peut recevoir de la-» bours. (1) »

Mais, si d'abondantes eaux venaient se joindre à cette chaleur brûlante qui dévore tout ce qu'elle frappe de ses rayons, leur action combinée se montrerait, pour activer et pour féconder la végétation, plus puissante encore que l'action du soleil seule l'est aujourd'hui pour tromper toutes les espérances du laboureur. ·

De tous les secours que l'Etat peut prêter à l'agriculture, l'irrigation est, sans contredit, le plus puissant ; elle est peut-être le seul vraiment efficace, et, bien certainement aussi celui qui rendra le plus immédiatement aux caisses du trésor, et avec les intérêts les plus élevés, les avances que l'Etat aura faites.

Celui-ci rentrera dans ses déboursés :

Directement, par la vente de l'eau consentie aux arrosants et aux usines, et par l'impôt devenu plus fort sur les terres irriguées ;

______

(1) Rapport *sur le projet de distribution des eaux de la Neste.*

Indirectement, par les droits perçus sur les muta-
tions de ces mêmes terres, dont la valeur aura considérablement augmenté et sur le mouvement de leurs
produits devenus plus abondants.

D'après Berra, le rendement en herbe d'une *pertica*
(6 ares 54 centiares) est en Lombardie :

Dans le mois de février de 1049 livres ;

de mars...... 1573

d'avril....... 1639

de juillet.... 918

de septembre. 786.

Suivant ce calcul, un hectare fournit sept cent quatorze quintaux d'herbe. Si on veut la réduire en foin,
il faut retrancher les trois quarts du poids total pour
l'eau qui s'évapore lors de la dessiccation, et il restera
178 quintaux.

On ne s'étonnera plus, dit Burger, que de tels
prés se vendent jusqu'à mille francs la *pertica* (1).

Les droits perçus annuellement sur le canal d'Ar-
ragon, s'élevaient, en 1795, à 595,510 fr., malgré que
le canal ne fût pas achevé, malgré que les droits, tels
qu'ils étaient établis, prêtassent singulièrement à la
fraude, et malgré les abus inséparables, en Espagne,
de toute perception d'impôt (2).

En Piémont les eaux des divers canaux d'irrigation qui appartiennent au gouvernement, et ce sont
les moins nombreux, ont été affermées de 1837 à 1846

(1) *De l'agriculture du royaume Lombardo-Vénitien.*
(2) *Du canal impérial* par le comte Sastago.

à 410,800 francs par année, à un régisseur général qui sous-traite avec chaque propriétaire à un prix pour lui très-avantageux, de sorte qu'il n'y pas de doute que la somme que le gouvernement doit toucher n'augmente à chaque renouvellement de bail (1).

Cent dix mille deux cents hectares sont arrosés dans le Piémont par des canaux dérivés des fleuves et des rivières. Sur ce chiffre, les canaux royaux ne fournissent qu'à quarante-un mille huit cents.

Partout les particuliers trouvent un très-grand avantage à se procurer la faculté d'irriguer à trente-un francs par hectare, prix moyen de ce qu'ils paient pour cela soit au fermier de l'Etat, soit aux familles ou aux compagnies propriétaires des canaux.

Or, à ce prix, les irrigations faites par les canaux royaux devraient produire près de treize cent mille francs au lieu de quatre cent dix ; il est vrai qu'à cette somme il faut ajouter les frais du personnel de la régie, ceux de l'entretien des canaux et de leurs accessoires, et une large part pour les traitants. A trente-un francs par hectare, tous les canaux du Piémont ensemble, rapporteraient trois millions et demi.

Mais le prix de fermage est loin de représenter intégralement l'avantage que l'agriculture retire de l'irrigation ; celui-ci est certainement double de l'autre, de sorte que les canaux procurent au Piémont une augmentation de revenu d'au moins sept millions tous

(3) Nadault de Buffon, *Des irrigations*, tom I, p. 275.

les ans, soit un capital de cent quarante millions qu'ils n'ont certainement pas coûté.

En France, dans les départements de Vaucluse, des Bouches-du-Rhône et de la Drôme, l'arrosement par an et par hectare coûte :

Au canal des Alpines......fr.	33	»
de Peyrolles.......	33	»
de Craponne.......	36	»
de Marseille.......	60	»
de Crillon..........	23	44
de Cambis..........	23	44
de Bonaventure.....	28	51
de Cabedan-Neuf...	27	»
de Carpentras......	25	»
de Pierrelate.......	50	(1).

Le prix auquel les eaux sont livrées à l'agriculture est naturellement influencé par les difficultés que les constructeurs de canaux ont eues à se les procurer, et par le nombre des demandes ; mais le prix de louage, comme celui de revient sont choses qu'il ne faut pas confondre avec l'avantage ou l'augmentation de produit que l'irrigation procure à ceux qui en jouissent.

Le prix moyen de location par ces canaux français serait en effet de 29 fr. 33 et nous connaissons, dans le Midi, bien des localités qui pourraient, avec un grand profit, payer l'arrosage quatre-vingts, cent francs

(1) *De l'amélioration de la Camargue,* par MM. les ingénieurs du Service hydraulique, p. 112.

l'hectare et même plus. Au dernier chiffre, les canaux du Piémont rendraient onze millions 'de produit.

De pareils résultats pourraient être doublés, dans des localités où les eaux auraient été très-rares jusqu'à la création des canaux, où l'arrosage n'aurait pas encore été pratiqué ; — et les produits seraient bien plus élevés encore si l'on avait soin de combiner, dans les projets de construction, l'approvisionnement de villes avec celui des campagnes.

Trois cent vingt mille hectares sont arrosés en Lombardie, et le prix des concessions est en général très-favorable, puisque la moyenne par an et par hectare n'est que de 12 fr. 15 ; c'est, comme le dit M. Nadault de Buffon, *un avantage extrême pour l'agriculture*, qui profite d'autant plus que le prix de l'arrosage est plus bas ; et si, de fait, un hectare irrigué produit cent francs de plus que s'il ne l'était pas, les canaux de la Lombardie augmentent tous les ans de trente-deux millions le revenu de cette province, ou représentent une valeur capitale de six cent quarante millions, *que certainement ils n'ont pas coûté*. Nous ne tenons aucun compte dans ce calcul, ni de l'approvisionnement des villes, ni des profits de la navigation qui est en activité sur plusieurs d'entr'eux, ni du produit des usines.

Dans le département de Vaucluse, l'irrigation fait élever le prix de sols naturellement inférieurs, à douze et quatorze mille francs l'hectare (1).

(1) Auguste de Gasparin. — *Du plan incliné, etc.*

Dans le Roussillon, le rapport dans le prix de location d'une terre arrosée et d'une terre de même qualité qui ne peut l'être, *est de douze à un pour les mauvaises, et de trois à un seulement pour les bonnes* (1).

L'eau est le plus puissant et le moins coûteux des instruments de production que nous donne la nature. Tous les peuples l'ont ainsi compris depuis les temps les plus reculés jusqu'à nos jours; l'histoire en fait foi, et les ruines que nous rencontrons sur tous les points du globe de ces grands canaux, de ces vastes réservoirs, que les révolutions humaines ont détruits plutôt que le temps, sont les témoins parlants et irrécusables du prix que les nations anciennes et modernes, barbares et civilisées, ont attaché, à toutes les époques et sous tous les climats, à l'emploi de l'eau pour l'irrigation des terres.

« Quand on se rappelle, dit M. Dalloz, député, le
» soin, en quelque sorte religieux, avec lequel les an-
» ciens peuples utilisaient les eaux dans l'intérêt de
» l'agriculture, on s'étonne que notre législation, en
» général si progressive, ait si peu fait jusqu'ici pour
» féconder ce précieux élément de la richesse agri-
» cole......»

La nature nous a abondemment fournis d'eau, si nous savons convenablement en tirer parti. Nos départements méridionaux surtout, qui en éprouvent

______

(1) Jaubert de Passa, — *Mémoire sur les cours d'eau et les canaux d'arrosage des Pyrénées-Orientales.*

les plus grands besoins, et qui retireraient de son emploi les plus importants résultats , en reçoivent des
Alpes et des Pyrénées de quoi satisfaire largement à
toutes les exigences , quels que soient les développements qu'elles pourront prendre ; il ne s'agit que d'employer les moyens convenables.

Les eaux des Pyrénées centrales qui peuvent être
amenées sur le plateau de Lannemezan , en descendent par la Neste , affluent de la Garonne, et par
l'Arros affluent de l'Adour.

Les eaux de l'Arros, quoique moins abondantes que
celles de la Neste, présentent cependant d'importantes ressources , *qui pourraient au besoin s'accroître
encore par des réserves faites à propos.*

La Neste , dont le projet s'occupe seule , à l'effet
d'utiliser les eaux superflues aux besoins de ses rives, a un régime annuel qui peut se partager comme
suit :

105 jours d'eaux basses ou étiage ;
105 jours d'eaux moyennes ;
145 d'eaux fortes ou de crues.

Le débit varie, pendant les eaux basses, en mètres
cubes par seconde , de . . . . 10 à 20
Pendant les eaux moyennes, de. . . . . 20 à 50
Pendant les eaux fortes , mais
non compris les grandes crues, de. . . . . . 50 à 80

Ce qui donne 1,298,160,000 mètres cubes de débit
moyen annuel, ou, par seconde 41 m. cubes 16 ,
c'est-à-dire de quoi fournir à l'arrosement de 129,816

hectares, en accordant, par an, dix mille mètres cubes par hectare.

Les trois quarts de ces eaux s'écoulent inutiles et perdues pour tous , et peuvent être détournées de leur cours naturel sans nuire à aucun intérêt présent ou d'avenir ; et si l'on considère , qu'au pied même du plateau de Lannemezan on rencontre , à gauche l'Arros et l'Adour, à droite la Garonne et le Salat, et plus bas l'Ariége ⚹ dont les eaux surabondantes peuvent se joindre à celles de la Neste et en sextupler le volume, on comprendra, qu'avec de telles ressources , on peut tout entreprendre sans craindre que les emplois à créer les dépassent jamais.

Pourquoi sommes-nous alors demeurés tant en arrière des autres peuples ? pourquoi , lorsque l'Italie et l'Espagne montrent, à nos portes, comme des exemples à suivre et des épreuves réalisées , les résultats merveilleux de leurs irrigations , nous laissons-nous devancer même par l'Angleterre et l'Allemagne ? L'Angleterre et l'Allemagne qui ont plus d'humidité que nous , et un soleil moins ardent ; qui ont , par conséquent , un besoin moins impérieux de l'irrigation , et à qui elle doit profiter bien moins qu'à nous ! ....

Ainsi, tandis que l'Italie et la Sardaigne s'attachent à perfectionner de jour en jour l'emploi des eaux qui déjà depuis si longtemps vivifient leur culture , — les gouvernements de l'Allemagne , justement soucieux de la production territoriale, si attentifs à écarter tous les obstacles qui peuvent en contrarier le développement, travaillent à doter leur agriculture des facilités d'irrigation dont elle était privée.

Dès l'année 1830, le Grand-Duché de Hesse a promulgué une loi destinée à favoriser l'accroissement des prairies ; treize ans plus tard, la Prusse en faisait autant, et, à la même époque, les Etats de Wurtemberg discutaient une proposition conçue dans le même but.

En Angleterre, aussi, les circonstances rurales avaient éveillé l'attention sur l'utilité des eaux ; au rapport de M. Passy, ancien pair de France, un bill soumis au parlement en 1843 et qui n'avait en vue que les défrichements, s'y est transformé en loi sur les irrigations.

Faut-il chercher la cause de notre retard, de notre torpeur dans l'état de notre population agricole, *dispersée, sans liens, sans moyens d'action, réduite à l'individualité?*.....

Quoi qu'il en soit, un grand exemple d'irrigation donné par l'Etat, dans le moment où l'association industrielle se développe sur de larges bases, et alors que chacun sent le besoin de redoubler d'efforts s'il ne veut bientôt être dépassé, doit profiter à tous (1):

A l'agriculteur, qui ne voit point encore assez dans l'irrigation le moyen de multiplier ses produits, et au capitaliste qui n'aperçoit pas dans les canaux d'arrosage et dans la vente de l'eau un emploi productif de ses fonds. Ce double progrès, dans les lu-

(1) M. Montet écrivait en 1846.

mières du capitaliste industriel et de l'agriculteur, sera une des conséquences les plus importantes de l'entreprise projetée ; ce sera pour l'agriculture surtout , le commencement d'une ère nouvelle de prospérité.

Cependant, si un premier et grand exemple d'irrigation régulière , encore inconnue en France , entrepris sur une large échelle , *est le but principal et le plus important du projet de la distribution des eaux de la Neste, là ne se bornent pas les améliorations qu'il doit réaliser.*

Le commerce et l'industrie manufacturière, comme l'agriculture et les besoins des travaux publics , y trouveront aussi leur part.

L'ouverture des voies navigables qui seraient impossibles sans le secours d'eaux étrangères, et la création de forces motrices puissantes et économiques seront des bienfaits, non moins propres que l'irrigation, à faciliter le développement de la richesse publique, dont l'accroissement sera cependant obtenu , sans qu'aucun dommage particulier en vienne altérer le prix ; *il sera une conquête nouvelle sur les ressources, trop souvent négligées, que la nature nous présente.*

Aucune atteinte, ni directe , ni indirecte , ne sera portée aux droits acquis; ils seront rigoureusement respectés dans tous leurs développements possibles.

Les eaux dont on projette l'emploi sont les eaux superflues , inutiles aux rives qu'elles baignent ; — celles dont la trop grande abondance porte le trouble et le ravage sur leur parcours tant qu'elles ne sont pas prudemment arrêtées, tant qu'elles sont trop abondantes.

On trouve dans les gorges des Pyrénées des lacs nombreux, moins étendus que ceux des Alpes sans doute, *mais susceptibles cependant , par des travaux faciles, dont la nature prévoyante a fait les principaux frais , de devenir de vastes réservoirs d'eaux utilisables.*

Ces réservoirs , certes , ne supprimeront pas les grands débordements des fleuves dans lesquels les Pyrénées déchargent le produit de leurs neiges amoncelées, mais ils en modéreront l'étendue et préviendront une partie des désastres qui en résultent.

Dans tous les cas, ils seront une puissante ressource, *alors que l'eau vient à manquer* , nous ne dirons plus seulement aux usines, à la navigation, aux arrosages, mais aux nécessités les plus indispensables de la vie.

N'arrive-t-il pas souvent, en effet, que tous les cours d'eau secondaires qui se détachent du plateau de Lannemezan sont entièrement désséchés , et que l'on se dispute les rares filets des sources qui n'ont pas encore entièrement tari ?......

Les avantages inappréciables que présente le plateau de Lannemezan pour un grand essai d'économie d'eau ne pouvaient être plus longtemps négligés, alors que de toutes parts des vœux s'élevaient sur l'emploi de ce puissant élément de richesse publique.

Ces vœux se sont simultanément fait entendre au sein des chambres législatives, au sein des Conseils-généraux , au sein des comices agricoles , etc. , etc..

mais la presse été sans dissidences pour les redire et s'y associer.

« Le bon sens naturel ne s'est jamais mieux fait
» sentir que par le cri unanime d'*irrigation* qui est parti
» de tous les points du territoire , du Midi et de
» l'Ouest, de l'Est , du centre et du Nord..... *c'est le*
« *cri de salut et de rédemption , l'apostolat de la loi*
» *nouvelle, le baptéme agricole du pays...... Rien de*
» *plus grand ne peut étre mis à l'ordre du jour de la*
» *nation, que la régénération du sol, par la pondéra-*
» *tion des éléments producteurs* (1).

» *Le gouvernement seul est en mesure de recher-*
» *cher les vallées où pourraient se former dans la*
» *saison pluviale les approvisionnements de la saison*
» *sèche ; le gouvernement seul est en mesure d'exé-*
» *cuter ces magnifiques travaux......* Ne pourrait-il
» pas prendre l'engagement de nous demander les
» fonds nécessaires pour une grande entreprise qui
» réclame sa puissance, sa prompte , son énergique
» intervention ? (2).

La distribution et l'emploi justement ménagé des eaux surabondantes, qui, des Pyrénées centrales, descendent par la Neste seront un essai et un exemple de solution pratique des questions sans cesse renaissantes et toujours débattues ;

Sur la cherté de la viande et des matières animales en général ;

(1) Comte de Gasparin, alors Pair de France.
(2) Séance de la chambre des députés du 13 février 1843.

Sur l'insuffisance de notre race chevaline ;

Sur le renchérissement du combustible considéré comme production de forces motrices ;

Sur les débordements des fleuves et des rivières, etc., etc.

Et enfin , nous entrerons par là dans la voie qui seule semble devoir conduire à une loi bien complète sur l'irrigation...., *la pratique.*

C'est, en le considérant surtout sous ce dernier point de vue , que le projet de distribution des eaux de la Neste prend un grand caractère d'intérêt général.

La France ne connaît pas, pour ainsi dire, l'irrigation ; elle l'ignore, tant sous le rapport des aménagements d'eau et des grandes distributions, que sous le rapport des distributions partielles , des assolements , des cultures diverses auxquelles elle convient sous notre climat.

Nous ignorons peut-être plus encore l'irrigation sous le point de vue administratif, et, considérée ainsi, il n'est pas de peuple qui puisse nous fournir un bon exemple à suivre applicable à nos habitudes, à nos mœurs, à nos institutions.

Tous les hommes, toutes les associations qui, en France et ailleurs , ont voulu faire de l'arrosement l'objet d'une spéculation, d'une industrie, y ont trouvé leur ruine ; *et cependant les canaux qu'ils ont ouverts , n'ont pas tardé à développer une prospérité nouvelle dans les contrées qu'ils traversent , et des milliers de familles on trouvé et trouvent chaque*

*jour leur fortune , là où un seul des fondateurs n'a
pu faire la sienne.*

Une administration mauvaise, mal entendue, expli-
que seule des faits aussi contradictoires.

L'art d'administrer et de gérer les grandes entreprises a fait depuis quelques années de notables progrès (1) ; appliqué à l'irrigation , celle-ci fera la fortune de ceux qui en auront créé les moyens , *comme
elle a toujours fait la fortune de ceux qui ont pu en
profiter.*

Le travail proposé pour la distribution des eaux de
la Neste doit donc être considéré, surtout, comme une
grande école administrative et pratique dont il appartenait au gouvernement de prendre l'initiative et la
direction ;

En se renfermant dans les limites du projet , tel
qu'il a été tracé, l'irrigation pourra s'étendre sur cinquante mille hectares , savoir : — trente mille sur les
plaines qui bordent la rive gauche de la Garonne ,
au moyen du canal de *Saint-Martory à Toulouse* ; et
vingt mille dans les vallées secondaires qui se détachent du plateau de Lannemezan , au moyen des eaux
dérivées de la Neste , qui seront jetées dans ces
vallées.

Les irrigations sur les plaines qui bordent la Garonne ne peuvent se faire que par de grandes dérivations qui dépassent les forces individuelles des arro-

(1) Illusion de 1846 , que 1848 a démentie , sur le compte de
la plupart de ces administrateurs.

sants ; le canal de Saint-Martory à Toulouse sera une de ces grandes dérivations.

Il n'en est pas de même dans les vallées secondaires, où les eaux retenues et relevées dans leur lit par les nombreux barrages qui les traversent, seront aisément detournées et répandues sur les terres par les riverains eux-mêmes ; *mais l'Etat seul est en position de donner à ces vallées l'eau qui manque à leurs besoins.*

En portant à trente francs seulement le prix de l'arrosage par hectare, le produit de l'eau s'élèvera, alors que l'irrigation aura pris tout son développement, à quinze cent mille francs, c'est-à-dire à près de six pour cent de la dépense totale évaluée à vingt-six millions ; à ce produit viendront se joindre les avantages et les revenus indirects que nous avons déjà énumérés et qui nous paraissent beaucoup plus importants que le produit direct en espèces.

Les travaux que comprend ce premier projet seront aussi une préparation à un plus grand développement de l'arrosage par les eaux des Pyrénées centrales. *Ainsi l'Etat remplira sa tâche, et la pensée de faire des économies d'eau par de vastes emmagasinements, pourra trouver de nombreuses applications en France, après qu'un premier exemple aura été donné.*

Sur cette pensée repose certainement la prospérité la mieux assurée aux départements que dominent des montagnes toujours abondamment pourvues d'eau ; et, comme l'a dit un des membres du Conseil général

des Ponts-et-Chaussées : — « Elle est peut-être le
» moyen le meilleur, le plus simple et le plus direct
» d'obtenir les améliorations demandées pour la navi-
» gation du Rhône ?.....»

Mais n'en serait-il pas de même de celle de la Garonne, de la Loire, de la Seine, en un mot de l'amélioration du régime de tous nos cours d'eaux, qui,
s'ils ne sont pas tous navigables ou ne peuvent pas le
devenir, peuvent, du moins, sans exception, devenir
bien plus utiles qu'ils ne le sont à l'agriculture et à
l'industrie....

« Quand l'Etat, dit M. Montet en terminant sa bro-
» chure, —quand l'Etat aura favorisé l'établissement
» des grands bassins de retenue, ainsi que la distri-
» tion de leurs eaux ;

» Quand il en aura créé lui-même un exemple important,

» *Il aura rempli sa tâche....*»

Cette tâche, en 1847, le gouvernement aurait voulu
l'accomplir sans doute :

Mais la pénurie du trésor ;

L'embarras des fortunes privées, par suite de l'engouement pour les entreprises de chemins de fer, qui,
absorbant les fonds nécessaires à l'agriculture, à l'industrie et au commerce, avaient compromis tant
d'existences, — et qui, par l'élévation subite des uns
et la ruine des autres avaient amené tant de prodigalités et de mécontentements, également funestes à la
chose publique ;

Mais la révolution qui ne tarda pas à éclater sous l'influence de cet état fâcheux des esprits et des mœurs ;

Tous ces obstacles réunis ont empêché , jusqu'à ce jour , la réalisation du projet et des vœux de M. l'ingénieur Montet.

Espérons que cette magnifique conception pourra être incessamment reprise et exécutée sous sa direction ;

Espérons que des vœux analogues pour toute la France , compris , acceptés par le gouvernement et la généralité des citoyens, deviendront l'objet des méditations, des études et des propositions régulières , enfin des triomphes bienfaisants du corps nouveau de MM. les ingénieurs du Service hydraulique.

Anduze , 21 août 1850.

FIN DE LA TROISIÈME LIVRAISON